U0662732

高等职业教育智能制造领域人才培养系列教材
机械工业出版社精品教材

智能制造基础与应用

第2版

主　编　王　芳　赵中宁
副主编　张良智　丁明伟
参　编　王兰军　丁林曜

机械工业出版社
CHINA MACHINE PRESS

智能制造已经成为制造产业未来发展的方向。互联网+、物联网、云计算、大数据、人工智能等新技术为实现智能制造提供了重要的条件。掌握智能制造的新特点、新模式，培养符合时代要求的专门人才是高等教育特别是高等职业教育的重要任务。

本书基于智能制造的实际情况，分析总结了智能制造的特点，比较系统地介绍了智能制造所涉及的基本概念、基础理论、核心知识、关键技术、应用案例、未来发展等内容。这些理论知识和应用案例对人才培养、企业培训以及开展相关研究等将起到积极的推动作用。

本书可作为高等职业院校机电类专业的教材，也可供相关工程技术人员参考。

本书配有视频微课，读者可在手机应用商店中下载"高德e课"App扫码观看。

图书在版编目（CIP）数据

智能制造基础与应用 / 王芳，赵中宁主编 . —2 版 . —北京：机械工业出版社，2022.6（2025.6 重印）
高等职业教育智能制造领域人才培养系列教材　机械工业出版社精品教材
ISBN 978-7-111-70678-6

Ⅰ.①智… Ⅱ.①王…②赵… Ⅲ.①智能制造系统－高等职业教育－教材　Ⅳ.① TH166

中国版本图书馆 CIP 数据核字（2022）第 076245 号

机械工业出版社（北京市百万庄大街 22 号　邮政编码 100037）
策划编辑：薛　礼　　　　　责任编辑：薛　礼
责任校对：张　征　刘雅娜　封面设计：鞠　杨
责任印制：单爱军
三河市航远印刷有限公司印刷
2025 年 6 月第 2 版第 11 次印刷
184mm×260mm · 20.75 印张 · 512 千字
标准书号：ISBN 978-7-111-70678-6
定价：59.80 元

电话服务　　　　　　　　网络服务
客服电话：010-88361066　机 工 官 网：www.cmpbook.com
　　　　　010-88379833　机 工 官 博：weibo.com/cmp1952
　　　　　010-68326294　金　书　网：www.golden-book.com
封底无防伪标均为盗版　机工教育服务网：www.cmpedu.com

第2版前言

世界强国的兴衰史和中华民族的奋斗史一再证明，没有强大的制造业，就没有国家和民族的强盛。党的二十大报告指出："建设现代化产业体系。坚持把发展经济的着力点放在实体经济上，推进新型工业化、加快建设制造强国、质量强国、航天强国、交通强国、网络强国、数字中国。"二十大报告为制造业的高质量发展指明了前进的方向。以人工智能、云计算、物联网、大数据和智能终端等为代表的新一代信息技术已广泛应用于制造业，推动制造业从量变到质变，形成智能制造的新发展格局。

智能制造的科学进程也由初级阶段发展到中、高级阶段。不断学习和完善智能制造的新知识，发现和分析智能制造解决的新问题等是修订本书的主要目的。当前，智能制造的模式也在推陈出新，主要体现在智能制造的迭代已由纵向提升向纵、横交叉、多门类多领域融合。因此，智能制造的理论基础需要深耕、专业知识需要跨越、应用领域需要扩展。

本书在第1版的基础上，删除了政策性和一般性介绍，增加了智能制造技术的内容，涵盖智能制造概述、智能制造技术认知等；对可编程序控制器（PLC）的内容进行了重新编写，体现先进性和完整性，同时系统地梳理了智能制造的基础内容，更新了相关知识和部分图示。

本书在编写过程中，先后调研了国家智能制造示范工厂、华中数控股份有限公司、潍柴集团等智能制造领域的先进企业，同时邀请部分企业专家、科研技术人员参加研究，进一步明确了书中内容。本书还得到了山东省经济和信息化委员会等单位领导的充分肯定和大力支持，在此一并表示衷心的感谢！

本书由王芳、赵中宁担任主编，张良智、丁明伟担任副主编，王兰军、丁林曜参与编写。第一章、第六章和第八章由王芳、赵中宁编写；第二章、第七章由张良智编写；第三章由丁林曜编写；第四章由丁明伟编写；第五章由王兰军编写。

本书可用于机电类相关专业的教材，特别推荐作为新开设的智能制造相关专业的专业基础课教材。本书为广大学生开阔视野、学习掌握智能制造的新知识、新技术、新应用，适应智能制造领域的新要求提供了基础支撑，同时也为相关教师、企业工程技术人员开展进一步研究提供了参考和借鉴。

本书配有视频微课，读者可在手机应用商店中下载"高德e课"App扫码观看。

由于编者水平有限，书中难免有不当之处，敬请批评指正。

编　者

第1版前言

互联网时代带来了全新的变革，云计算、物联网、大数据、智能终端等新信息技术的成熟与应用，人工智能与现代制造业的紧密结合，为智能制造的兴起和发展带来了无限空间。

智能制造基于互联网技术与先进制造技术的深度融合，它贯穿于用户、设计、生产、管理、服务等制造全过程，是具有互动体验、自我感知、自我学习、自我决策、自我执行、自我适应等功能的新一代制造系统，它改变了传统的制造模式。

产业发展，人才先行。互联网+和智能制造时代对应用型技能人才的知识结构、综合素质要求更高，高等职业教育需要不断适应互联网+制造发展的新要求，更新人才培养理念和教学内容，主动研究企业需求和人才培养模式，努力跟上时代步伐，培养具备互联网思维、符合智能制造要求的高素质应用型技能人才。本书就是在这个大背景下编写的。

本书以2015—2016年山东省教育厅重点教改课题《企业智能化生产背景下技术技能人才的培养与实践》的研究为基础，先后深入西门子（中国）有限公司、中国石油集团济柴动力总厂、潍柴集团、浪潮集团、山东临工工程机械有限公司、泰山玻璃纤维有限公司、三角集团有限公司等智能制造领域的先进企业进行调研和交流，同时邀请部分企业专家、科研技术人员参加研讨；以智能制造为研究和探索对象，通过制造过程自动化、数字化、智能化的相关性研究分析，比较系统地介绍了智能制造所涉及的基本概念、基础理论、核心知识、关键技术、应用案例、未来发展等内容，按照智能制造发展的特点，结合学习者的认知规律编写而成。

本书第一章、第六章和第八章由王芳、赵中宁编写，第二章、第七章由张良智、郭安东编写，第三章由丁林曜、刘伟编写，第四章由王兰军、于海勃编写，第五章由丁明伟、王其编写。本书在编写过程中得到了山东省经济和信息化委员会、西门子（中国）有限公司、中国石油集团济柴动力总厂、潍柴集团、浪潮集团、山东临工工程机械有限公司、泰山玻璃纤维有限公司、三角集团有限公司等企业领导的大力支持，企业提供的大量应用案例代表了国内外智能制造的先进水平和发展趋势，具有较高的教学及研究价值。西门子（中国）有限公司、潍柴集团、浪潮集团等企业为本书提供了高水平应用案例成为本书的一大特点，对高校、企业开展教学研究、职工培训等具有较高的参考价值，在此对这些企业的无私奉献一并表示衷心的感谢。

本书可作为高等职业院校机电类专业的教材，也可供相关教师、企业工程技术人员参考、借鉴。由于编者水平有限，本书难免有不当或错误之处，敬请读者批评指正。

编　者

二维码索引

名称	二维码	页码	名称	二维码	页码
智能工厂概述		4	基于 RFID 的自动化流水线概述		106
智能化设计系统概述		31	智慧云制造技术		110
智能化执行系统		70	传感器概述		138
物联网技术		87	PLC 与机器人通信原理		149
智能工厂之工业机器人概述		93	大数据及其在智能产线中的应用		277
智能工厂之AGV概述		94	智能服务		305
3D 打印技术		99			

目录

第2版前言

第1版前言

二维码索引

第一章 绪论 ···························· **1**

第一节 智能制造概述 ······················ 1

第二节 工业4.0概述 ······················ 4

第三节 智能制造技术认知 ·················· 11

思考题 ······························ 18

第二章 智能制造数字化基础 ·············· **19**

第一节 概述 ·························· 19

第二节 数字化设计与仿真 ·················· 31

第三节 数字化工艺 ······················ 40

第四节 数字化加工与装配 ·················· 48

第五节 数字化控制 ······················ 60

第六节 数字化生产管理 ·················· 70

第七节 数字化远程维护 ·················· 79

思考题 ······························ 83

第三章 智能制造关键技术 ·············· **85**

第一节 概述 ·························· 85

第二节 工业物联网 ······················ 87

第三节 工业机器人 ······················ 93

第四节 3D打印技术 ······················ 99

第五节 射频识别技术 ···················· 106

第六节 云计算与大数据 ·················· 110

第七节 虚拟现实与人工智能技术 ············ 115

第八节 智能制造的信息安全技术 ············ 128

思考题 ······························ 133

第四章 智能控制技术基础…………………………**135**

第一节　概述………………………………… 135

第二节　传感技术…………………………… 138

第三节　可编程控制技术…………………… 149

第四节　变频调速控制技术………………… 178

第五节　工业人机界面……………………… 194

第六节　组态监控技术……………………… 208

思考题………………………………………… 220

第五章 柔性制造系统与计算机集成

　　　　制造系统………………………… **223**

第一节　概述………………………………… 223

第二节　柔性制造硬件系统………………… 227

第三节　柔性制造运行控制系统…………… 236

第四节　柔性制造系统应用案例…………… 253

第五节　计算机集成制造系统……………… 260

思考题………………………………………… 273

第六章 智能制造中人与设备的关系………… **275**

第一节　智能制造中人的角色与任务……… 275

第二节　人在智能制造中的作用…………… 277

第三节　智能制造条件下的人机交互……… 282

思考题………………………………………… 284

第七章 智能产品与服务智能化……………… **285**

第一节　智能家居…………………………… 286

第二节　智能仪器仪表……………………… 289

第三节　智能汽车…………………………… 292

第四节　智能穿戴设备……………………… 303

第五节　智能产品的远程服务应用………… 305

思考题………………………………………… 307

第八章 智能制造典型应用…………………… **309**

第一节　西门子双星轮胎智能化技术解决方案……… 309

第二节　潍柴集团智能工厂建设方案……… 313

思考题………………………………………… 322

参考文献…………………………………… **323**

第一章
CHAPTER 1

绪　　论

第一节　智能制造概述

一、智能制造的概念

智能制造（Intelligent Manufacture，IM）是指由具有人工智能的机器和人类专家共同组成的人机一体化智能制造系统。理论上讲，智能制造系统在制造过程中可以进行智能活动，如交互体验、自我分析、自我判断、自我决策、自我执行、自我适应等，就如同制造过程有了"大脑"指挥系统。

智能制造具有状态感知、实时分析、精准执行、自主决策、自我适应、人机交互等显著特点。

智能制造领域也已成为全球经济增长的新热点，当传统的规模化生产模式在劳动力成本上升、能源需求居高不下等刚性约束下时，如何走出一条集约化、绿色化的可持续发展之路是世界各国企业面临的重大挑战。与此同时，互联网、大数据、云计算、物联网等新一代信息技术的出现，为传统制造系统的创新，实现传统制造到智能制造的跨越创造了条件。我国2016—2020年智能制造发展规划纲要已经明确指出：智能制造在全球范围内的快速发展已经成为制造业重要发展趋势，对产业发展和分工格局带来了深刻影响。

二、智能制造是信息化与工业化高度融合的全新制造系统

早在2006年，美国科学家海伦吉尔（Helen Gill）就提出过信息物理系统（Cyber Physical System，CPS）的概念。2008年，IBM也提出了智慧生产的理念。2011年，德国、美国也相继提出工业4.0战略、工业互联网战略。我国在2014年提出《中国制造2025》的国家战略计划。

第一，智能制造是工业化发展的一个高级阶段，它是伴随科学技术的发展而发展的，特别是伴随信息科学技术迅猛发展而产生的。世界工业化经历了蒸汽机、电气化、计算机、互联网等不同的发展时代，制造业作为工业的重要组成部分，承担着生产产品或零部件的任务，制造现代化是一个动态的发展进程，由一种技术取代另一种技术，推动工业制造不断演变。因此，只有从动态的视角、发展的眼光来审视智能制造，才能科学地学习和掌握其形成的规律和本质特点。

第二，智能制造是信息化与工业化高度融合的新一代制造系统，是将传统的制造主体、制造技术、制造装备与现代信息化技术有机融合，并将机器赋予智能与人类智慧融为一体而诞生的全新制造系统。智能制造主要包括信息物理系统CPS、高精度感知控制、虚拟设备集成、云计算、大数据和新型人机交互等多项核心技术。

第三，智能制造主要解决的问题如下：

1）全面改变设计与制造关系，让设计与制造之间"互认、互联、互通"，实现在线设计与在线制造的"无缝对接"。

2）减少制造成本和生产周期。通过数据集成和大数据分析，形成最优制造策略，达到优化配置生产要素的目的，从而实现节约成本、提高生产效率的管理目标。传统自动化生产布局是层级式的，而智能制造是网络式的，可通过自我组织的产线平台最大限度地提高生产效率，同时保证设备的健康安全。图1-1所示为基于CPS的自动化。

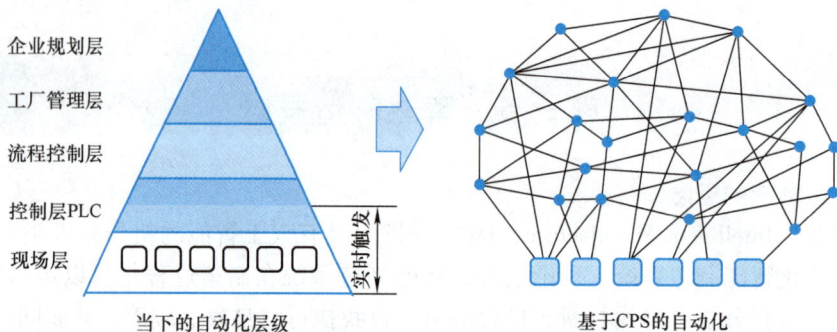

图 1-1　基于 CPS 的自动化

3）提供快速、有效、批量个性化的产品和服务。互联网使用户可以在线参与体验设计过程，实现个性化的需求，而制造的智能化过程可以实现批量的个性化定制生产，这个批量不仅是数量的概念，而是快速生产的效率含义。以往，企业最不愿意做的业务就是"小批量多品种"，而智能制造就是要解决这个问题，从而提高企业的竞争力。

智能制造的目的是通过智能方法、智能设计、智能工艺、智能加工、智能装配和智能管理等进一步提高产品设计及制造全过程的效率，实现制造业在集约化、精益化、个性化、批量定制、绿色环保等方面的创新。实际上，智能制造本身还将孕育许多新的业态，催生出新的生产服务业。例如，某些生产汽车的企业可能成为典型的出租车或专车服务企业，由原来的制造汽车企业转向汽车服务企业，向使用汽车的消费者在线收费；生产电冰箱的企业可能成为向家庭收费的"营养管理大师"等。

通过传统制造与智能制造的对比不难发现，满足市场个性化需求、实现快速定制是制造业的发展方向之一。一个企业要想实现这个目标且形成规模，提高市场竞争力，还需要完成以下几项任务。

（1）生产设备的智能化升级　以现有工厂的信息化和自动化为基础，逐步将专家知识不断融入制造过程中，建立工业机器人及智能化柔性生产线，实现灵活和柔性的工厂生产组织，使工厂生产模式向规模化定制生产转变，充分满足个性化定制需求。

（2）建立统一的工业通信网络　实现智能工厂内部整套装备系统、生产线、设施与移动操作终端泛在互联，信息安全更具有保障。构建智能工厂车间的全周期信息数据链，以车间级工业通信网络为基础，通过软件控制应用和软件定义机器的紧密联动，促进机器之间、机器与控制平台之间、企业上下游之间的实时连接和智能交互，最终形成以信息数据链为驱动，以模型和大数据分析为核心，以开放和智能为特征的智能制造工业系统。

（3）构建资源共享的信息化平台 依据现有系统，逐步建设新的系统、完善已有平台并将各系统和平台进行不断集成，主要包含建设协同云制造平台、能源管理平台、智能故障诊断与服务平台及智能决策分析平台等，无缝集成与优化企业的虚拟设计、工艺管理、制造执行、质量管理、设备远程维护、能耗监测、环境监控和供应链 SCP 等系统，实现智能工厂的科学管理，全面提升智能工厂的工艺流程改进、资源配置优化、设备远程维护、在线设备故障预警与处理、生产管理精细化等水平，并实现研发、生产、供应链、营销及售后服务等各环节的信息贯通及协同。

（4）实现生产全过程的自动监控和产品数据跟踪系统 随着精益生产、全面质量管理、快速售后服务等先进理念的推广和应用，需要企业进一步加强对车间生产现场的支撑能力和控制能力，实现对最基本生产制造活动全过程的监控和信息收集。

生产过程采集与分析主要以 MES 系统中扫描追溯模块为主实现各环节的数据记录和采集，同时以 MES 集成相关工序的数据采集系统，实现管理最优化和生产可视化，全面提升现场管理和产品服务质量。

（5）构建基于互联网的支撑协同研发平台 例如，潍柴集团的全球协同研发平台秉承"统一标准、全球资源、快速协同、最优品质、集中管控"五大原则，充分考虑数据安全性，依托明确的信息共享机制，通过分布式部署，将法国、美国、上海、重庆、扬州和杭州等研发中心紧密地相连在一起，利用各地专业化技术优势资源，使同一项目可以在不同地区进行同步设计，加快了研发进程，大大缩短新产品推向市场的时间。另外，依托多视角BOM 管理、图文档管理、研发项目管理、模块化设计等功能，以及在此平台上不断完善的TDM、多维设计、计算机辅助制造等系统，为协同研发提供了信息化支撑。以配套海监船的发动机为例，通过采用北美先进排放技术研究、潍坊和法国博杜安研发中心协同设计、杭州仿真验证的四地协同研发模式，使研发周期由原来的 24 个月缩减至 18 个月，整体研发效率提升 25%，并为后续研发留存了大量有用数据。

三、智能制造核心特征

智能制造信息（大数据）集成是智能制造技术的应用核心，根据阿什比理论，"应对生态的多样性，只有通过生产组织的复杂体系才能适应"。而这个复杂体系只有通过对信息（大数据）集成处理才能得以实现，即"越复杂越智能，越智能越集成"。智能制造系统是一个复杂的系统，其具有以下六个基本特征：

1）主动适应环境变化，与环境要求适度交互匹配。

2）制造过程中数据代替人工而减少直接干预。

3）单一管理生产向系统智能管理进化。

4）对生产过程进行再设计，智能系统再优化和再创造。

5）对外部参数及系统及时反馈与智能响应。

6）虚拟制造技术与现实制造有机结合。

智能制造的核心特征是三个集成：一是企业内部的纵向集成，实现企业生产到管理的信息共享和优化管理；二是企业外部的横向集成，实现外部供应链的信息共享和管理优化；三是产品端到端的集成，实现用户个性化批量定制，如图 1-2 所示。

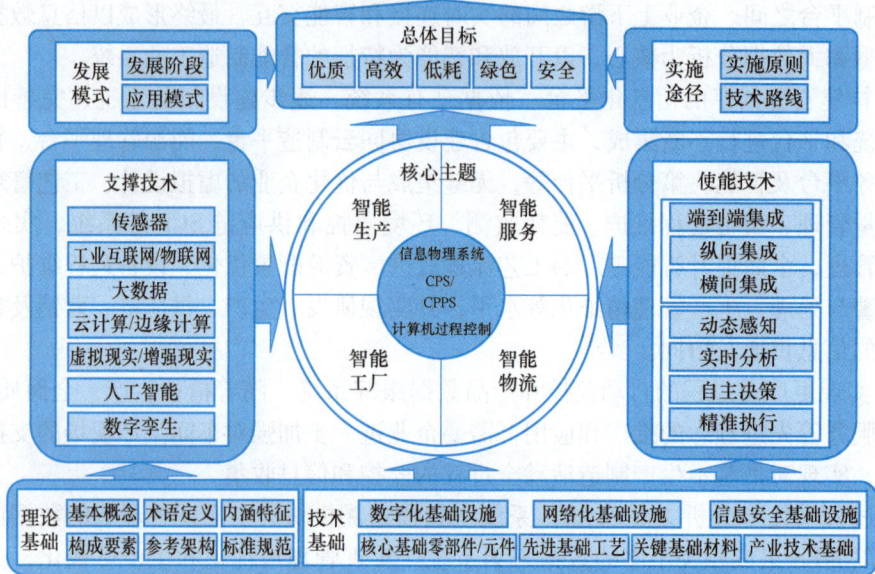

图 1-2　智能制造核心特征示意图

第二节　工业 4.0 概述

一、工业 4.0 的概念

德国是全球制造业中最具竞争力的国家之一，其装备制造行业全球领先。这是由于德国在创新制造技术方面的研究、开发和生产，以及在复杂工业过程管理方面具有高度的专业化水平。德国拥有强大的机械和装备制造业，在信息技术能力方面的优势地位显著，在嵌入式系统和自动化工程领域具有很高的技术水平，这些都意味着德国确立了其在制造工程行业中的领导地位。因此，德国以其独特的优势开拓新型工业化的

智能工厂概述

潜力，在新一轮工业革命中占领先机，在德国工程院、弗劳恩霍夫协会、西门子公司等德国学术界和产业界的建议和推动下，德国工业 4.0 项目于 2013 年 4 月在汉诺威工业博览会上被正式推出。这一研究项目是 2010 年 7 月德国政府《高技术战略 2020》确定的十大未来项目之一，旨在支持工业领域新一代革命性技术的研发与创新。

工业化始于 18 世纪末机械制造设备的引进，那时像纺织机这样的机器彻底改变了货物的生产方式。第二次工业革命大约开始于 19 世纪中期，在劳动分工的基础上，采用电力驱动产品的大规模生产。20 世纪 70 年代初，第三次工业革命又取代了第二次工业革命，并一直延续到现在。第三次工业革命引入了电子与信息技术（IT），从而使制造过程不断实现自动化，机器不仅接管了相当比例的体力劳动，还接管了一些脑力劳动。德国将机械化、电力化和计算机技术分别定义为工业 1.0、工业 2.0 和工业 3.0，并把互联网、物联网和云服务等新一代信息技术应用到制造业，引发第四次工业革命，即工业 4.0。因此，工业 4.0 是整个科学技术发展到今天的产物，也是一个逐渐演变的过程。图 1-3 所示为从工业化进程看工

业4.0。

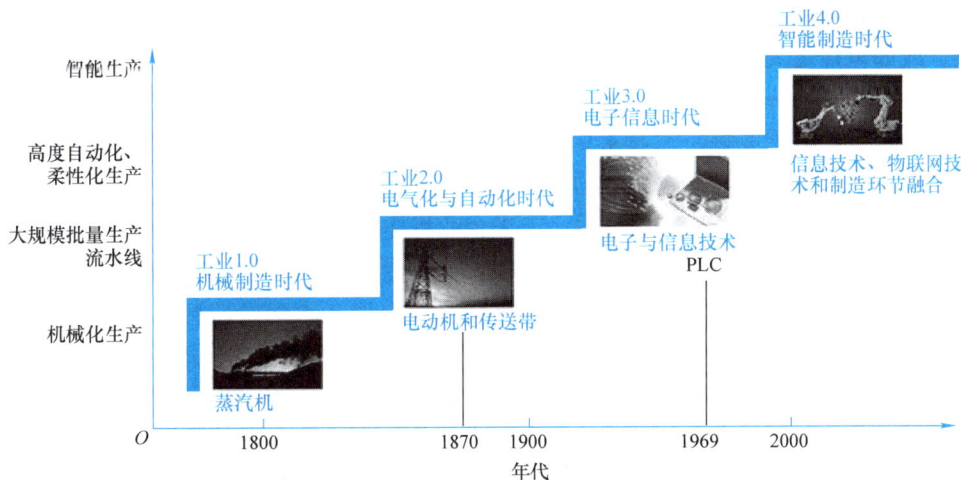

图 1-3　从工业化进程看工业 4.0

二、工业 4.0 的基本任务

为了将工业生产转变到工业 4.0，德国的装备制造业不断地将信息和通信技术集成到传统的技术领域中。要实施工业 4.0，需要完成以下关键任务。

（1）建立标准化和参考架构　贯穿整个价值网络，工业 4.0 将涉及一些不同公司的网络连接与集成。只有开发出一套共同标准，这种合作伙伴关系才可能形成。需要一个参考架构为这些标准提供技术说明，并促使其执行。

（2）管理复杂系统　产品和制造系统日趋复杂。适当的计划和解释性模型可以为管理这些复杂系统提供基础。因此，工程师们要具有开发这些模型所需的方法和工具。

（3）建立全面宽频的基础设施　可靠、全面和高质量的通信网络是工业 4.0 的一个关键要求。因此，不论是德国内部，还是德国与其伙伴国家之间，宽带互联网基础设施需要进行大规模扩展。

（4）安全和保障　安全和保障对于智能制造系统是至关重要的：要确保生产设备和产品本身不能对人和环境构成威胁；与此同时，生产设备和产品，尤其是它们包含的数据和信息，需要加以保护，防止滥用和未经授权的获取。因此，不但要部署统一的安全保障架构和独特的标识符，还要相应地加强培训，增加持续的专业发展内容。

（5）工作的组织和设计　在智能工厂，员工的角色将发生显著变化。工作中的实时控制将越来越多，这将改变工作内容、工作流程和工作环境。在工作的组织中应用社会技术将使工人有机会承担更大的责任，同时促进他们个人的发展。要使其成为可能，有必要设置针对员工的参与性工作设计和终身学习方案，并启动模型参考项目。

（6）培训和持续的专业发展　工业 4.0 将极大地改变工人的工作技能。因此，有必要通过促进学习、终身学习和以工作场所为基础的持续职业发展等计划，实施适当的培训策略和组织工作。为了实现这一目标，应推动示范项目和"最佳实践网络"，研究数字学习技术。

（7）监管框架　虽然在工业 4.0 中新的制造工艺和横向业务网络需要遵守法律，但是考虑到新的创新，也需要调整现行的法规。这些挑战包括保护企业数据、责任问题、处理个人数据以及贸易限制。这不仅需要立法，也需要企业自定的规范，包括准则、示范合同和公司协议，或如审计之类的自我监管措施。

（8）资源利用效率　抛开高成本不谈，制造业消耗了大量的原材料和能源，这给环境和安全供给带来了若干威胁。工业4.0将提高资源的生产率与利用效率。故有必要计算在智能工厂中投入的额外资源与产生的节约潜力之间的平衡。

实现工业4.0将是一个渐进的过程。未来企业将建立全球网络，把它们的机器、存储系统和生产设备融入虚拟网络+信息物理系统中。在制造系统中，这些虚拟网络+信息物理系统包括智能机器、存储系统和生产设备，能够相互独立地自动交换信息、触发动作和控制。这有利于从根本上改善包括制造、工程、材料使用、供应链和生命周期管理的工业过程。正在兴起的智能工厂采用了一种全新的生产方法。智能产品通过独特的形式加以识别，可以在任何时候被定位，并能知道它们自己的历史、当前状态和为了实现其目标状态的替代路线。嵌入式制造系统在工厂和企业之间的业务流程上实现纵向网络连接，在分散的价值网络上实现横向连接，并可进行实时管理——从下订单开始，直到外运物流。此外，它们形成的且要求的端到端的工程贯穿整个价值链。

工业4.0拥有巨大的潜力。智能工厂使个体用户的需求得到满足，这意味着即使生产一次性的产品也能获利。在工业4.0中，动态业务和工程流程使生产在最后时刻也可以变化，也可能为供应商对生产过程中的干扰与失灵做出灵活反应。制造过程中提供的端到端的透明度有利于优化决策。工业4.0也将带来创造价值的新方式和新的商业模式。特别是它将为初创企业和小企业提供发展良机，并提供下游服务。此外，工业4.0将应对并解决当今世界所面临的一些挑战，如资源和能源利用效率、城市生产和人口结构变化等。工业4.0使资源生产率和效率增益不间断地贯穿于整个价值网络中。它使工作的组织考虑到人口结构变化和社会因素。智能辅助系统将工人从执行例行任务中解放出来，使他们能够专注于创新、增值的活动。鉴于即将发生的技术工人短缺问题，这将允许年长的工人延长其工龄，保持更长的生产力。灵活的工作组织使工人能够将他们的工作和私人生活相结合，并且继续进行更加高效的专业发展，在工作和生活之间实现更好的平衡。

三、工业4.0的特征及聚焦的重点

1. 工业4.0的特征

工业4.0的特征包括以下七个方面。

1）制造中采用物联网和服务互联网。图1-4所示为智能工厂的架构。

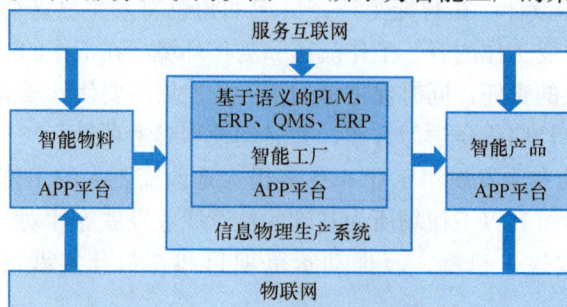

图1-4　智能工厂的架构

2）满足用户个性化需求。图 1-5 所示为面向智能工厂的 APP 商店。

3）智能制造的人机一体化协同创造。图 1-6 所示为智能工厂中的机器人技术。

4）实现信息集成的优化决策。图 1-7 所示为德国工业 4.0 计划示意图。

5）资源有效利用，实现绿色可持续发展。图 1-8 所示为智能绿色生产示意图。

6）通过新的服务创造价值。图 1-9 所示为已经开始实施工业 4.0 的德国公司。

7）人与制造系统之间的互动协作。图 1-10 所示为面向智能工厂的人机交互系统。

■ 下载量身定制的用户界面

图 1-5 面向智能工厂的 APP 商店

机器人不再被固定在安全工作地点，而是与人一起协同工作

今天

明天

图 1-6 智能工厂中的机器人技术

■ 工业4.0——德国高科技战略计划

■ 三个设想：产品、设施、管理

　■ 产品：集成有动态数字存储器、感知和通信能力，承载着在其整个供应链和生命周期中所需的各种必需信息

　■ 设施：由整个生产价值链所集成，可实现自组织

　■ 管理：能够根据当前的状况灵活决定生产过程

图 1-7 德国工业 4.0 计划示意图

高精度、高品质、多品种、小批量的智能产品

工业4.0

城市生产
智能工厂位于城市的城市生产

绿色生产：清洁、资源利用率高的可持续发展

图 1-8 智能绿色生产示意图

TRUMPF公司　　SAP公司　　BOSCH公司

WITTENSTEIN公司　　FESTO公司

图 1-9 已经开始实施工业 4.0 的德国公司

图 1-10 面向智能工厂的人机交互系统

2. 工业4.0聚焦的重点

工业4.0将重点聚焦在以下方面。

1）引领智能化机械和设备制造的市场。

2）全球瞩目的IT集群地。

3）嵌入式系统和自动化工程领域领先的创新者。

4）高度熟练和高素质的劳动者。

5）供应商和用户间距离相近且在某些领域紧密地合作。

6）先进的研究基地和人才培训基地。

7）通过价值网络实现的横向集成。

8）贯穿整个价值链端到端的工程数字化集成。

9）垂直集成和网络化制造系统。

工业4.0实施的目的是要拟订出一个最佳的一揽子计划，通过充分利用德国高技能、高效率并且掌握技术诀窍的劳动力优势来形成一个系统的创新体系，以此来开发现有技术和经济的潜力。

四、工业4.0未来的发展领域

1. 智能工厂

在整个制造领域中，贯穿整个智能产品和系统的价值链网络包括垂直网络、端到端工程和横向集成等。工业4.0的重点是创造智能产品、程序和过程。其中，构成智能工厂是工业4.0的一个关键特征。智能工厂能够管理复杂的事物，不容易受到干扰，能够更有效地制造产品。在智能工厂里，人、机器和资源如同在一个社交网络里一般自然地相互沟通协作。智能产品理解它们被制造的细节以及将被如何使用。它们积极协助生产过程，回答如"我是什么时候被制造的？""哪组参数应被用来处理我？""我应该被传送到哪里？"等问题。智能工厂将成为未来智能基础设施中的一个关键组成部分，同时导致传统制造业的转变和新商业模式的产生。工业4.0将在制造领域的所有因素和资源间形成全新的社会技术互动水平，它将使生产资源（生产设备、机器人、传送装置、仓储系统和生产设施）形成一个循环网络。这些生产资源将具有自主性、可自我调节以应对不同形势、可自我配置、基于以往经验配备传感设备、分散配置等特性，同时，它们也包含相关的计划与管理系统。作为工业4.0的一个核心组成部分，智能工厂将渗透到公司间的价值网络中，并最终促使数字世界和现实的完美结合。智能工厂以端对端的工程制造为特征，这种端对端的工程制造不仅涵盖制造流程，也包含了制造的产品，从而实现数字和物质两个系统的融合。智能工厂将使制造流程的日益复杂性对于工作人员来说

■ 工业4.0——德国高科技战略计划

两大主题：智能工厂、智能生产

■ 智能工厂
　□ 重点研究智能化生产系统与过程，以及网络化分布式生产设施的实现

■ 智能生产
　□ 主要涉及整个企业的生产物流管理、人机互动、3D打印以及增材制造等技术在工业生产过程中的应用

图1-11　工业4.0计划任务图

变得可控，在确保生产过程具有吸引力的同时，使制造产品在都市环境中具有可持续性，并且可以盈利。图1-11所示为工业4.0计划任务图。

2. 智能产品

智能产品具有独特的可识别性，可以在任何时候被分辨出来，甚至在被制造时，就可以知道整个制造过程中的细节。在某些领域，这意味着智能产品可以实现半自主地控制生产的

各个阶段。此外，智能产品也有可能确保它们在工作范围内发挥最佳作用，同时在整个生命周期内随时确认自身的损耗程度。这些信息可以汇集起来供智能工厂参考，以判断工厂是否在物流、装配和保养方面达到最优；当然，也可以用于商业管理应用的整合。图 1-12 所示为智能化汽车展示图。

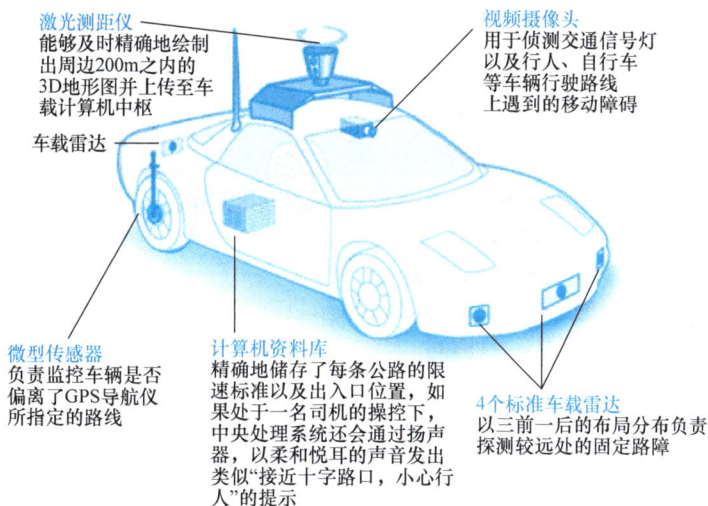

激光测距仪
能够及时精确地绘制出周边200m之内的3D地形图并上传至车载计算机中枢

车载雷达

视频摄像头
用于侦测交通信号灯以及行人、自行车等车辆行驶路线上遇到的移动障碍

微型传感器
负责监控车辆是否偏离了GPS导航仪所指定的路线

计算机资料库
精确地储存了每条公路的限速标准以及出入口位置，如果处于一名司机的操控下，中央处理系统还会通过扬声器，以柔和悦耳的声音发出类似"接近十字路口，小心行人"的提示

4个标准车载雷达
以三前一后的布局分布负责探测较远处的固定路障

图 1-12　智能化汽车展示图

3. 个性化产品

未来，工业 4.0 将有可能使有特性需求的用户直接参与到产品的设计、制造、预订、计划、生产、运作和回收各个阶段。更有甚者，在即将生产前或者在生产的过程中，如果有临时的需求变化，工业 4.0 都可立即使之变为可能。当然，这仍可以使生产独一无二的产品或者小批量的产品获利。工业 4.0 就是未来的智能制造，如图 1-13 所示。

工业4.0就是
未来的智能制造

图 1-13　工业 4.0 就是未来的智能制造

4. 高度人性化（制造岗位的灵活设置）

工业 4.0 的实施将使企业员工可以根据形势和环境敏感的目标来控制、调节和配置智能制造资源网络和生产步骤。员工将从执行例行任务中解脱出来，使他们能够专注于创新性和高附加值的生产活动。因此，他们将保持其关键作用，特别是在质量保证方面。与此同时，灵活的工作条件将使他们可以在工作和个人需求之间实现更好的协调。图 1-14 所示为智能制造增强现实技术展示图。

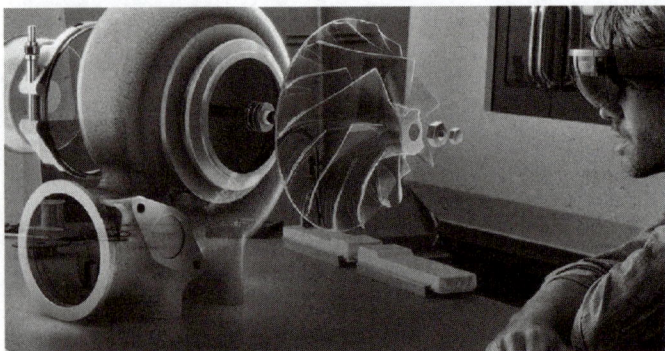

图1-14　智能制造增强现实技术展示图

5. 基于信息安全下的云平台

工业4.0的实施需要通过系统化的服务协议来进一步拓展基于云计算的安全的相关网络基础设施和特定的网络服务质量。这将可以满足那些具有数据密集型应用要求，同时也可以满足那些提供运行时间保障的服务供应商的要求。图1-15所示为智慧云网络图。

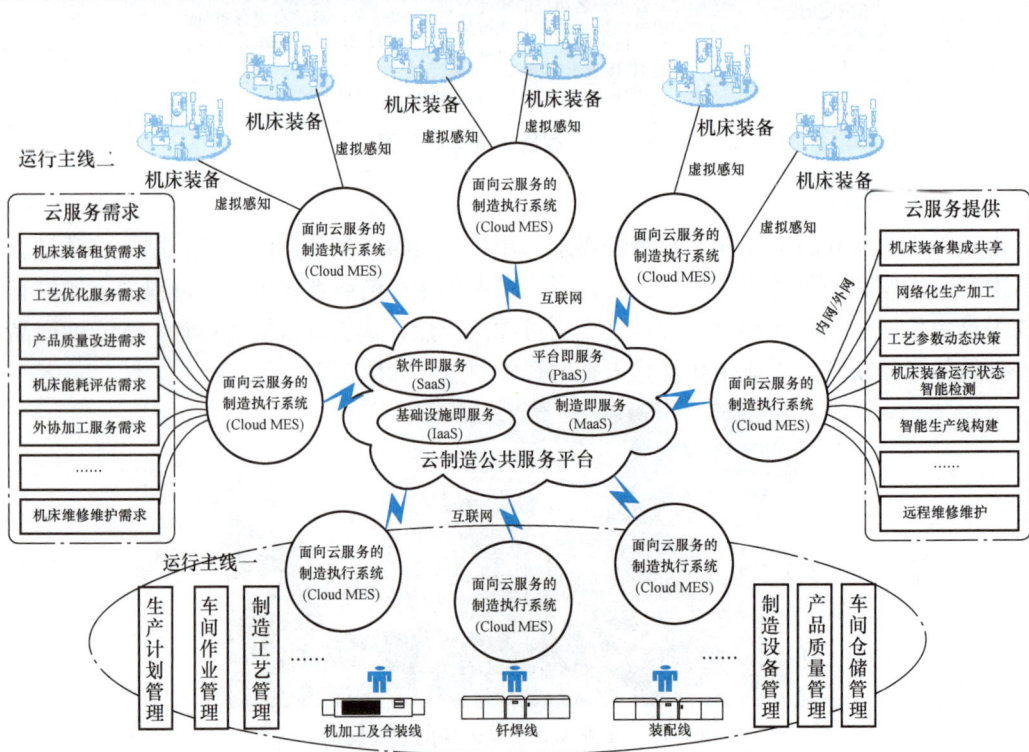

图1-15　智慧云网络图

工业4.0将发展出全新的商业模式和合作模式。工业4.0往往被冠以如"网络化制造""自我组织适应性强的物流"和"集成用户的制造工程"等特征。它将产生新的组织系统及专业的供应商。

1）多品种、小批量的定制化，同时实现敏捷生产是工业4.0的目的。

2）基于信息通信技术实现智能工厂和绿色生产。

3）信息物理系统、物联网、互联网等产生大数据，通过集成处理大数据实现优化、高效的制造。

4）基于信息物理系统的工业辅助实现对新一代智能制造工人的培养。

未来的工业4.0，技术人员将不再手动连接他们所管理的设备。生产系统将如同"社会机器"一样运转，在类似于社交网络的工业网络中自动连接到基于云计算的网络平台去寻找合适的专家来处理问题。专家们通过集成的知识平台、视频会议工具和强大的工程技术，通过移动设备更有效地进行远程维护服务。此外，设备将通过网络持续加强和扩展自身的服务能力，不断通过自动更新或加载相关的功能和数据，通过网络平台实现标准化以及更安全的通信链路，真正实现"信息找人、找设备"。图1-16所示为面向服务的工厂系统布局。

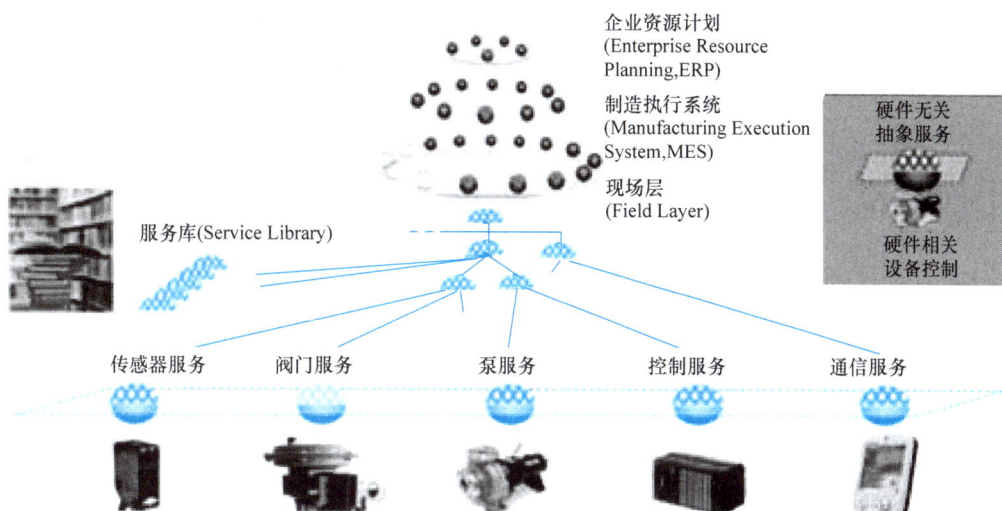

图 1-16 面向服务的工厂系统布局

第三节 智能制造技术认知

智能制造是从数字制造、数字网络化制造演进发展出来的。数字制造是智能制造的基础，贯穿于三个基本模式，并不断发展。数字网络化制造将数字制造提高到一个新的水平，可实现各种资源的集成与协同优化，重塑制造业的价值链。智能制造是在前两种模式的基础上，通过先进制造技术与新一代信息技术融合所发挥的决策性作用，使制造具有了真正意义上的智能价值，是新一轮工业革命的核心技术。智能制造就是智能技术与制造技术的融合。

智能制造技术主要包括智能装备、数据传感及采集、智能工业软件和大数据云服务技术等，具体表现为地面设备，如工业机器人、数控机床等通过以太网（或其他总线、5G通信等）"互联互通"，将PLC、SCADA、MES和ERP相互通信，构成"人、机、料、法、环境"内部集成，同时与供应链、用户及产品生命周期等互联形成外部集成，实现数据共享、制造过程可视及虚拟人机交互，最后通过边缘计算、大数据挖掘及云服务等赋能技术应用形成制造过程的决策智慧能力。如果将数字制造理解为工业互联网的应用场景，智能制造就是人工智能在制造领域的应用场景。

智能制造的"智能"程度取决于机器学习、深度学习的能力。智能制造也有初级、中级和高级阶段。认识智能制造需要从技术的角度、动态的角度和发展的角度来实现。智能制造技术整体上分为设备、数据传感与控制等构成的生产现场控制层，以 MES 为核心包括数据分析、排产计划等服务软件构成的生产管理执行层，供应链管理、ERP 和用户关系管理构成的企业管理计划层以及企业产业链、营销系统等企业外部服务层等，如图 1-17 所示。

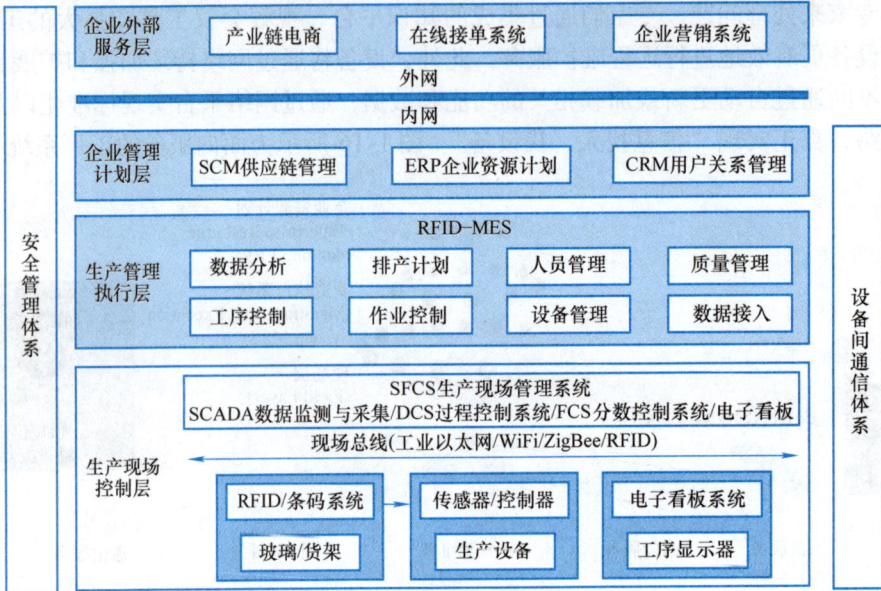

图 1-17　智能制造技术结构示意图

一、智能数控加工设备

智能数控加工设备具有高速高精、多轴高效、复合加工、智能化和网络化的特点。

1）高速高精。多种现代综合技术的应用、精益求精的制造方式和管理模式将机床的几何精度、控制精度和加工精度推向微米、亚微米级新高度，有力促进了全球制造业日趋精密化制造的发展。

2）多轴高效。现代机床通过多种自动化技术已经将其效率提到很高的程度，主要集中在机器人与机床的结合、多轴多刀多工位加工以及减少辅助时间。

3）复合加工。复合加工得益于高档数控系统强大的控制能力、日益精湛的设计与制造技术，复合机床以其强大的工艺、工序集约复合的能力顺应了一机多能、多品种、小批量、一次装夹完成全部加工的个性化市场需求。

4）智能化。智能化是自动控制技术的高级发展形态，是现代科技与人工智能相互融合的产物。智能技术所要面对和解决的是复杂环境以及多变条件下加工过程中众多动态随机的、不确定的、以前只能通过停机并人工干预才能解决的问题。现在对于工作环境变化，材料变化，工件质量、尺寸、形状、位置的变化，刀具磨耗变化，切削条件变化，工艺系统刚度变化等因素或多因素综合效应引发的问题，智能设备可以自动进行动态调整，通过自我感知、自我决策、自我执行实现加工过程的自适应控制，达到提高加工质量、效率、效益以及降低操作难度等要求。

5）网络化。网络化、信息化要求作为制造业基础的装备改变单纯作为生产制造末端的封闭角色，具有类似个人计算机的开放性，成为某一信息化制造系统或某一云系统的基础单元和信息节点。这就要求智能装备成为信息的互通者和信息的使用者，信息的互通需要具备强大的网络功能，信息的使用需要各类应用软件和开放兼容的应用环境。

国产智能高速五轴数控加工中心是一款具备高速功能、主轴转速达 20000r/min、专门用于加工复杂曲面的高性价比机床，可用于加工叶轮、叶片、螺旋桨、曲轴等工业产品，以及大力神杯、国际象棋、人物立体像等各类复杂造型的工艺品，能满足钢件加工需求，可以做三轴加工、四轴加工、3+2 加工以及五轴联动加工，如图 1-18 所示。它具有以下特点：

1）五轴联动 RTCP 采用统一五轴运动学模型，实现双转台、双摆头和转台摆头 RTCP 功能。

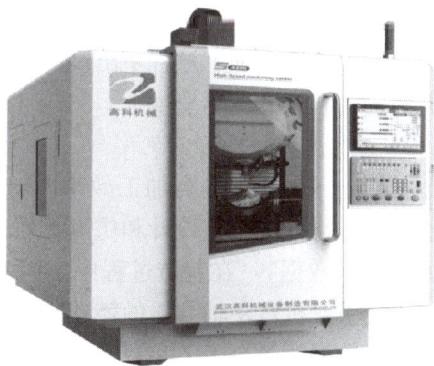
图 1-18 智能高速五轴数控加工中心

2）多轴多通道 HNC-848D 多通道控制功能满足数控机床的复杂加工工艺及控制要求，解决了复合加工机床、柔性生产线等多轴协同控制难题，可实现复合控制、降低制造成本、提高加工效率、减少工件装夹次数，提高加工精度。

3）五轴参数智能标定 将三轴加工路径变换到定向平面上，可实现五轴定向多面体加工。运动链结构尺寸自动标定采用触发式测头和标准球，通过测量宏程序采集数据点拟合五轴机床结构参数，提高测量精度和测量效率，不需要专业操作人员即可完成参数智能标定。

智能五轴加工中心可以加工的复杂零部件如图 1-19 所示。

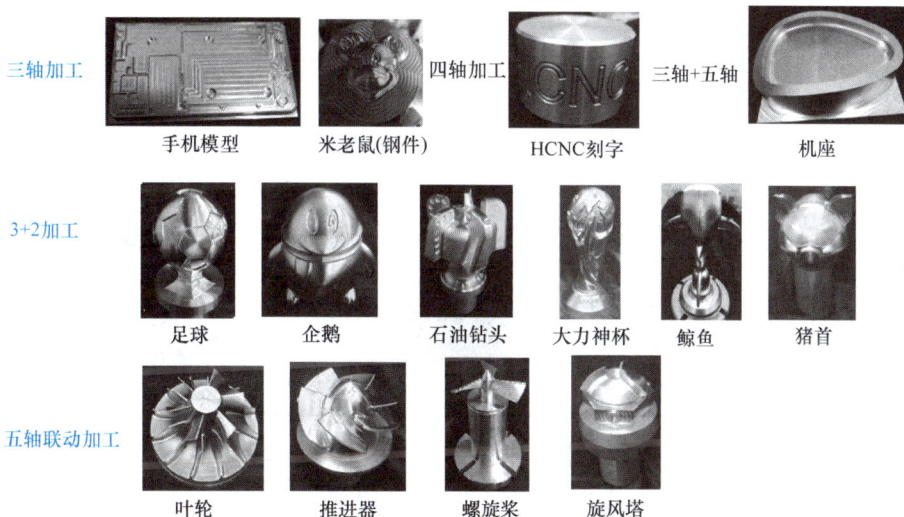
图 1-19 智能五轴加工中心加工的复杂零部件

二、智能装备的自我决策

智能制造系统利用大数据、虚拟仿真优化等决策资源，可实现生产过程的可视化、数据信息的动态化和决策指令的自动闭环。下面介绍智能决策的应用场景。

1. 大数据技术应用的实时故障诊断

智能装备的数控系统可以对机床数据进行采样,形成机床运行大数据,并与机床运行的设定数据进行对比。通过对比可以评估机床的健康状况,并在加工过程中实时监控刀具的工作状况。因此可以提前发现机床的潜在故障隐患,更加科学合理地进行设备维护保养,避免非计划性停机;在加工过程中出现刀具意外断裂的情况时,系统会自动停机报警,避免引起更大的损失和意外情况发生。

2. 三维虚拟仿真工艺优化

智能工厂为达到提高加工效率、节约能源以及提高设备寿命的目的,利用 CAPP/PLM 智能软件进行三维工艺设计和仿真,对加工工艺路径进行优化,并自动生成机器深度学习的数据(知识数据)。在制造过程中实时采集大数据,生成数据波形图,然后对图进行监控,如找出会引发机床主轴共振的转速数据,在加工时自动规避共振转速,降低机床振动;同时通过知识数据对各个工艺参数进行评估和优化,削峰填谷,使设备负载更加均衡,进一步提高加工质量和加工效率。

三、数据传感

在智能制造中,数据传感的仪器仪表由硬件和软件构成,是数据收集和传送的关键层级,包括 RFID(射频识别)、SCADA(数据监测与采集控制系统)、PLC(可编程序控制器)及路由器等,其中生产线物流中 RFID 应用广泛。

RFID 在制造业车间中混流生产的应用场景:混流制造是企业在一定时期内在一条流水线上生产多种产品的生产方式,将工艺流程、生产作业方法基本相同的若干个产品品种在 RFID 的传感下,在一条流水线上科学地编排投产顺序,实行有节奏、按比例的混合连续流水生产,并以品种、产量、工时、设备负荷全面均衡为前提构建的混流加工模式,如图 1-20 所示。

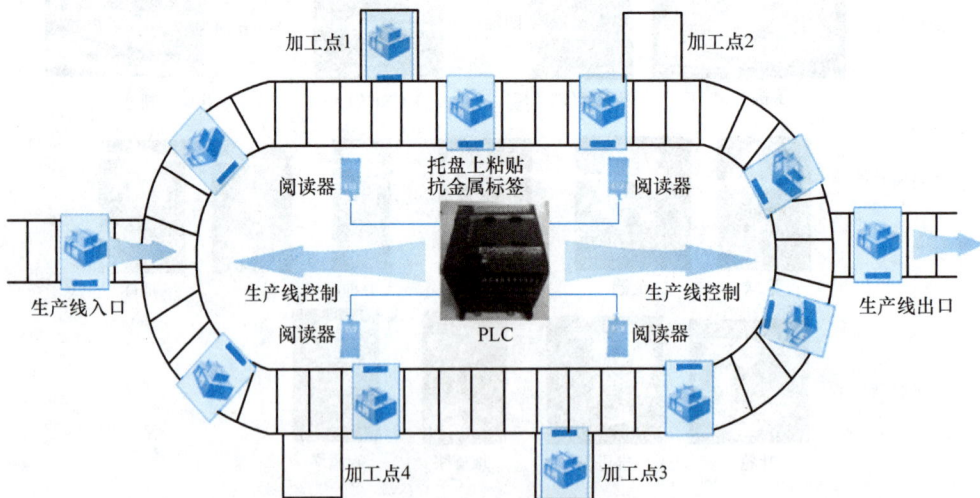

图 1-20 **RFID 的混流加工模式示意图**

在智能制造的条件下,混流生产是自我组织的矩阵式动态系统,这个系统在阅读器(RFID)传感下将加工件按照设备的实际状态或健康状态自我排产,4 个加工点间"互联互通,相互替代",实现了车间的网络化纵向集成。

四、MES 在智能制造中的作用

建立基础信息平台、实现业务环节联通共享、生产过程智能化是智能制造必须要经历的三个过程，MES 作为工厂车间信息管理技术的载体，在实现生产过程自动化、智能化过程中发挥着越来越重要的作用。智能制造系统是一套完整的人机一体化智能系统，它在制造过程中能进行智能分析、推理和决策等活动，通过人和智能设备的协同运作，能逐步取代人类员工在工业生产过程中的体力劳作方式，甚至是部分脑力劳动，将生产过程变得更加柔性化、智能化和集成化。

MES 的工作流程如图 1-21 所示。

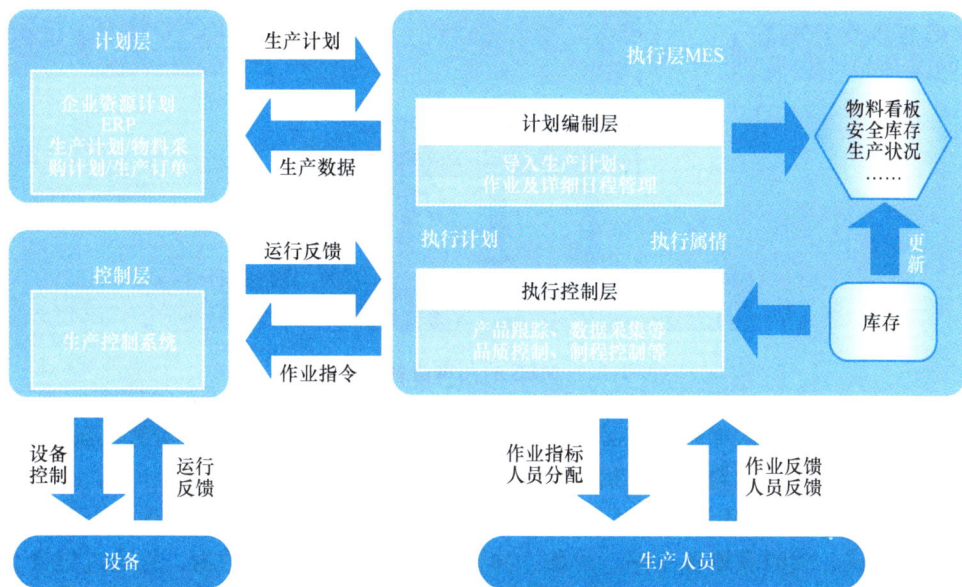

图 1-21　MES 的工作流程

MES 在智能制造中起"上传下达"的中枢作用，属于生产车间的"指挥系统"。MES 具有面向订单、组织生产、安排设备和人员、安排原料或零件的配置以及优化车间管理等功能，具体解决的问题包括：①完成订单需要怎么做；②需要什么资源支撑；③车间目前可以生产的状态；④产品质量如何保证；⑤生产业绩如何保证；⑥追溯体系建立。MES 根据生产要素提出"切实可行的"解决方案，同时将这些数据传送到企业管理级的 ERP（企业资源）、PDM（产品数据管理）、WMS（仓储物流）、SCADA（监控管理）及业务信息系统，共享信息与解决方案的落实，如图 1-22 所示。

MES 在生产过程智能化中的具体表现如下：

1）过程控制。MES 管理生产订单的整个生产过程，通过对生产过程的所有突发事件实时监控，自动纠正生产过程中的错误或提供决策支持，以实现生产调度要求。在出现异常或与生产计划偏离太大时，及时反馈给相关人员，使其采取相应的改进措施。

2）任务派工。MES 在生产计划完成后，自动生成任务派工单，根据生产设备实际加工能力的变化，制订并优化生产的具体过程及各设备的详细操作顺序。为了提高生产柔性，生产任务根据生产执行具体情况及设备情况，结合资源配置进行现场动态优化分配。

3）质量管理。MES 跟踪原材料进厂到成品入库的整个生产过程，对产品原料、生产设

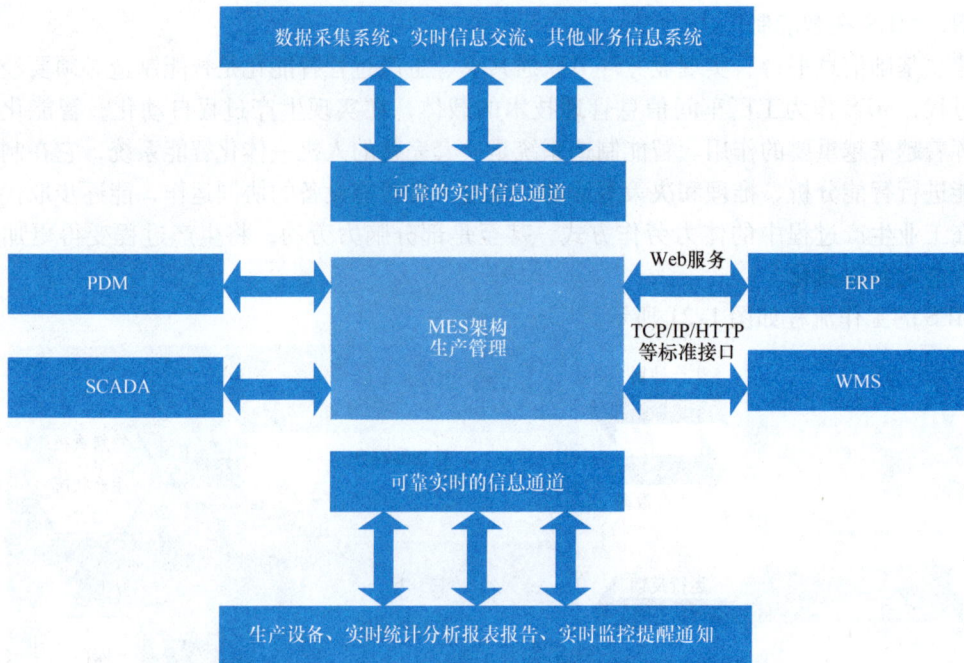

图 1-22　MES 的共享信息示意图

备、操作人员、工序批次等数据实时采集，为产品的使用、改进设计及质量控制提供依据，根据检测结果确定产品问题、提供相应的优化 PLM 决策支持。

4）数据采集分析。MES 根据不同的数据、应用场景、人员能力和设备投入等采取不同的数据采集方式，实时获取各工序、设备、物料和订单完成情况等数据，并通过统计、分析形成其他系统、管理者所需的数据信息。这些数据可以使整个制造过程可视化和透明化，生产决策者可以根据数据分析结果或将数据反馈到 MES，以指导优化生产。这些数据还可以输入虚拟制造系统中，实现数字双胞胎的虚实相互对应场景。这时，只要将大数据分析"嵌入"虚拟制造中，系统自己生成最优策略，并将最优策略自动反馈到 MES 中，指导生产层实现智能化，如图 1-23 和图 1-24 所示。

五、智能制造大数据云平台

智能制造不仅生产过程须实现自动化、透明化、可视化和精益化，而且产品检测、质量检验和分析、生产物流也应当与生产过程实现闭环集成，保证车间信息共享、准时配送以及协同作业。智能制造的实现必须依赖无缝集成的信息系统（核心系统主要包括 PLM、ERP、CRM、CPS、云平台和工业大数据分析），保障企业运营指令和经营数据的自由流通。在大量的经营数据存储云平台后，企业运用大数据分析，支撑业务战略决策，提高用户服务水平，促进销售获得用户，开发创新产品，强化财务管理，实现决策自动化。

工业大数据应用将带来工业企业创新和变革的新时代。工业大数据分析是一个多数据融合的数据平台，将企业数据和外部数据各类要素信息实现同步采集、管理和调用，从各类活动数据中通过统计分析、特征提取、关联挖掘、模式识别和深度学习等智能分析方法，实现活动数据的认知和预测，分析数据通过两个平台的实时传输接口，反映至企业数据云和工业大数据云，所有数据通过云平台发布至"企业互联和互动门户"。同时，工业大数据分析采

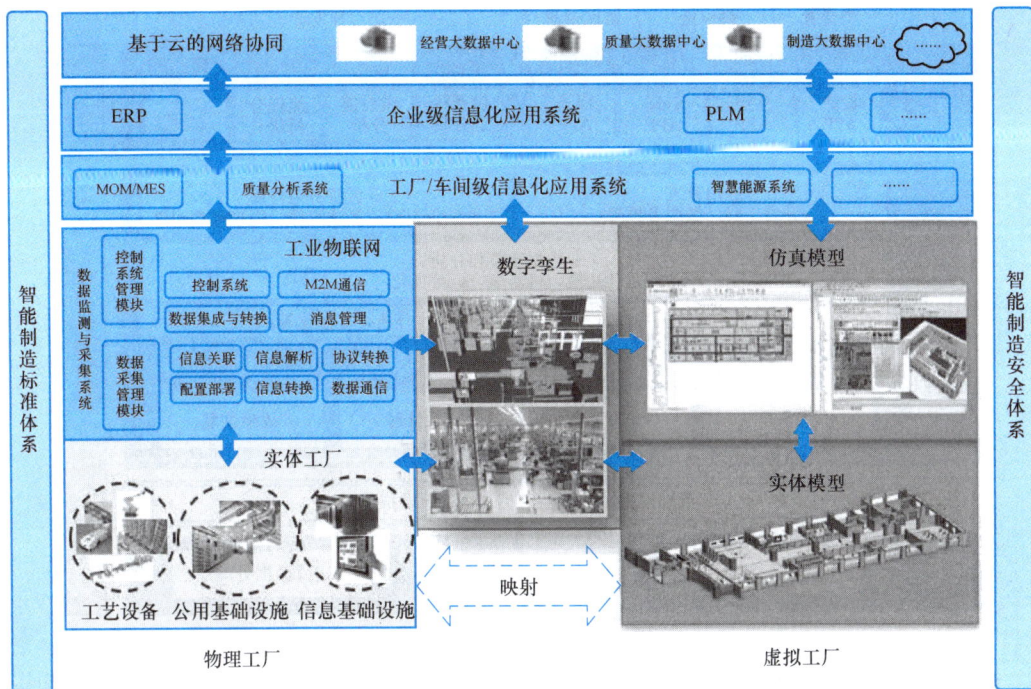

图1-23 数字双胞胎动态分析系统

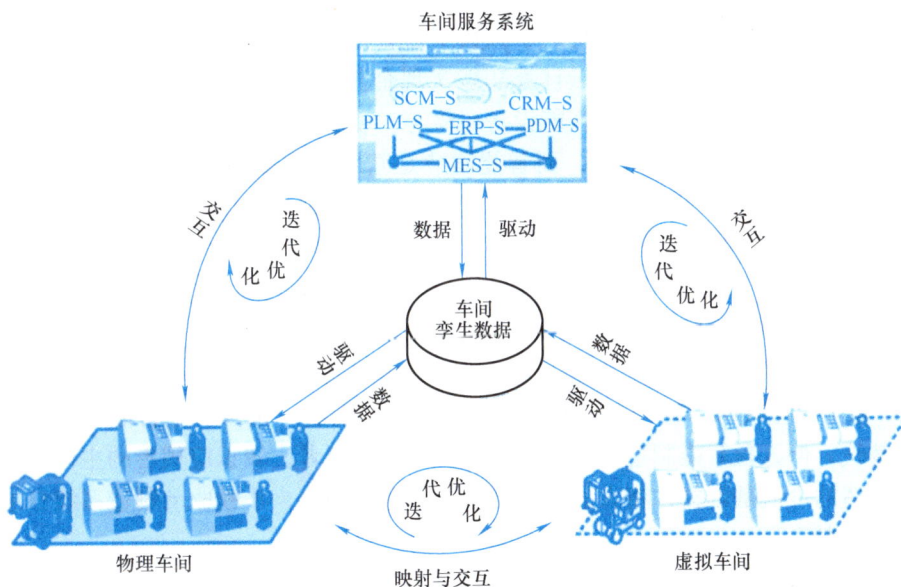

图1-24 虚实数据交互迭代示意图

用开放式计算框架，企业、独立开发者可通过协议获取平台数据进行独立计算。

云平台包括云存储、云计算和云服务三大部分。它支持数据存储，将大量的供应链信息、智能装备信息、生产信息、质量信息和物流信息等存储在云端，形成大数据云，如图1-25所示。

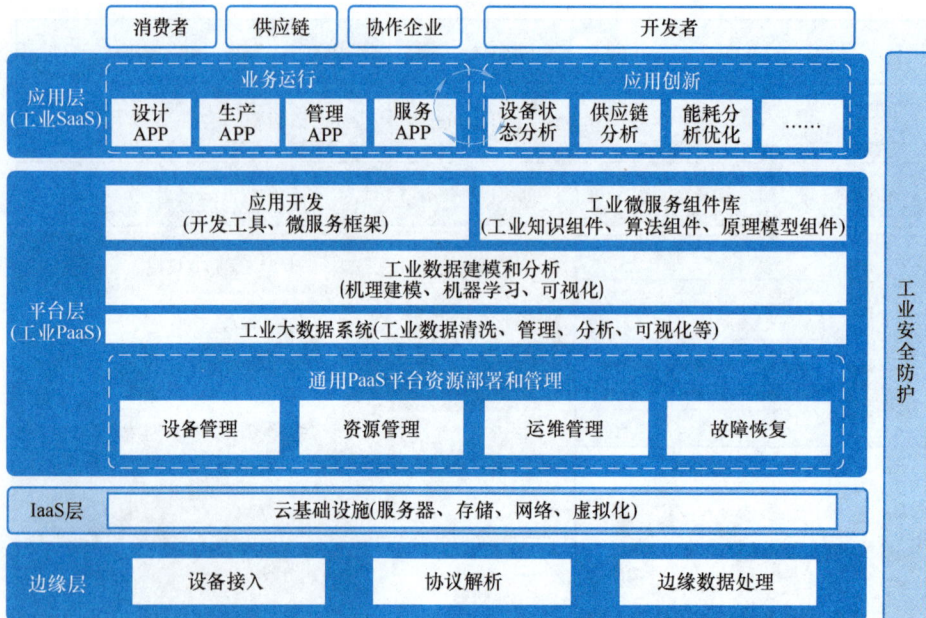

图 1-25　大数据云结构图

　　边缘层是指智能装备及数据传感。IaaS 层是指基础 IT 设施服务层，生产者可以购买软硬件，基础设施即服务。平台层工业 PaaS 是指平台即服务，这个平台可提供各类应用开发工具、大数据处理等。应用层工业 SaaS 是指软件即服务，设备管理、质量管理、运行管理及应用创新知识服务。这三个层级构成了大数据云服务，而云计算即创新知识服务，是整个系统最具价值的部分，生产者通过云计算功能实现企业的智能销售、智能服务、智能采购、智能生产、智能质检、智能仓储和智能设备巡检等，可涵盖智能制造全过程。

　　数字制造是基于大数据的处理，而智能制造是基于知识的处理。知识是通过算法得到的。智能制造利用物联网产生的大数据，通过大数据分析处理提供有效数据服务，云计算基于算法为制造系统提供新的知识解决方案。这个知识解决方案又贯穿 ERP、PLM、VIF、MES、CAPP、WMS、PLC、SCADA 等，使制造系统形成知识数据大闭环，这个知识数据大闭环指挥制造系统按照新的知识解决方案实施运行，这是智能制造的运行逻辑。

　　智能制造也是人机智慧协作的新生产模式，智能制造的重要推动力是人工智能技术的应用，而 5G 和工业互联网的融合为智能制造的快速发展创造了条件。在智能制造中，人的作用被部分替代，但人是智能制造系统的设计者、经验输出者、知识应用者的主体地位没有改变。智能制造的价值是创新，将人的智慧与机器的智能融合，不断驱动制造系统自主决策并走向"精益求精"。

思考题

1. 简述智能制造的特点。
2. 工业 4.0 主要解决什么问题？
3. 智能制造的主要技术内容是什么？
4. 智能制造中大数据云的作用是什么？举例说明。

第二章
CHAPTER 2
智能制造数字化基础

数字制造和智能制造是制造技术创新的共性使能技术，也是工业革命的关键与核心。数字制造采用数字化的手段对制造过程、制造系统与制造装备中复杂的物理现象和信息演变过程进行定量描述、精确计算、可视模拟与精确控制，实现对产品设计、功能的仿真以及原型制造，进而快速生产出符合用户需求的产品。数字制造给产品的设计制造方式以及核心技术创新带来了一系列的变革，是提升制造企业技术含量、促进企业转型升级的有效手段。图 2-1 所示为数字制造示意图。

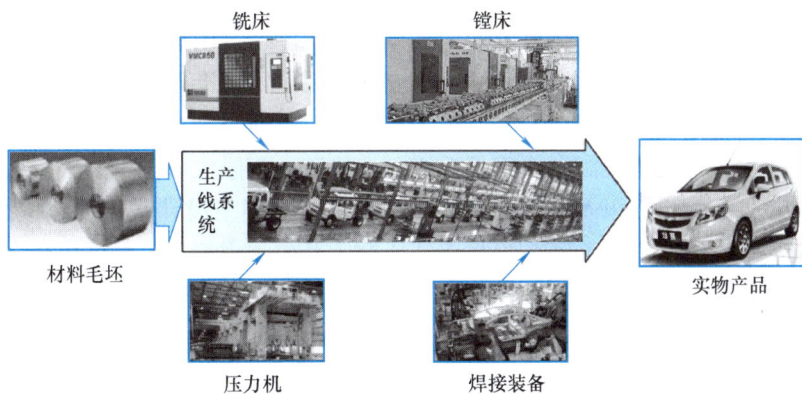

图 2-1　数字制造示意图

智能制造借助计算机收集、存储、模拟人类专家的制造智能，进行制造各环节的分析、判断、推理、构思和决策，取代或延伸制造环境中人的部分脑力劳动，实现制造过程、制造系统与制造装备的智能感知、智能学习、智能决策、智能控制与智能执行。智能制造将制造数字化、自动化扩展到制造柔性化、智能化和高度集成化，是世界各国抢占新一轮科技发展制高点、重振制造业的重要途径。图 2-2 所示为智能制造示意图。

数字制造是实现智能制造的基础与手段，而智能制造是先进制造、数字化技术与智能方

工艺设计
智能化、知识化
✔ 制造工艺的智能设计
✔ 制造工艺的实时规划

传感检测
信息化、实时化
✔ 装备运行环境检测
✔ 制造质量检测

控制执行
柔性化、自动化
✔ 装备自动控制
✔ 装备柔性操作

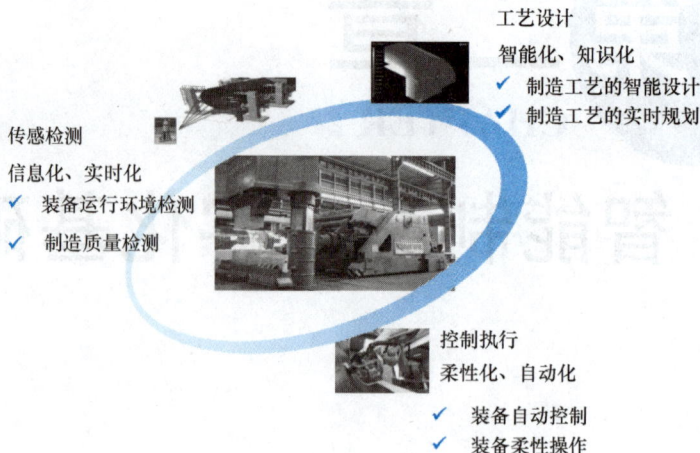

图2-2 智能制造示意图

法的有机集成与深度融合，是数字制造发展的必然。因此，从数字制造到智能制造是工业发展的必然趋势。

一、国外数字制造与智能制造的发展现状

在工业技术先进的国家，数字制造技术已成为提高企业和产品竞争力的重要手段。计算机和网络技术的发展使基于多媒体计算机系统和通信网络的数字制造技术为现代制造系统的并行作业、分布式运行、虚拟协作、远程操作与监视等提供可能。与此同时，数字制造的一些子系统不断完善，并随着网络技术和电子商务的发展进入实用阶段，数字制造系统呈现出柔性化、敏捷化、用户化、网络化和全球化等基本特征。

在数字制造技术发展与应用研究方面，美国处于国际研究的前沿，许多大学和科研机构都在从事虚拟制造的研究工作。美国华盛顿州立大学在国家标准和技术研究所的资助下，对虚拟装配环境、装配规划、装配分析与评估等方面进行了研究。斯坦福大学研究了复杂装配的分析、评估技术，开发了装配分析工具系统。卡内基·梅隆大学探索了虚拟装配模型、虚拟装配环境、虚拟装配设计以及装配评估等，提出了面向网络设计制造的虚拟工具集系统。国家标准及技术局制造工程实验室系统集成部研究了开放式虚拟现实测试机床和国家先进制造测试机床等。

在数字化制造产业，美国波音公司在B777/787飞机的研制中，通过采用虚拟设计制造、全生命周期设计制造（PLM）、并行工程（CE）、数字化预装配系统等全数字化设计制造的研制策略（图2-3和图2-4），使飞机的整机设计、部件测试、整机装配均在高性能工作站上的虚拟环境中通过数字样机完成，在设计阶段就解决了零件间的装配干涉和零件的最终装配确定等制造中的关键问题，并在全球协同化制造环境下展开研制。B777飞机的开发周期从过去的8~9年缩短到4年（缩短了40%以上），成本降低了25%，出错返工率降低了75%，用户满意度也大幅度提高。

美国通用汽车公司利用数字化设计制造、虚拟样机等技术，将轿车的开发周期由原来的48个月缩短到了现在的24个月，碰撞试验的次数由原来的100多次降到50次；另外，全球采购和分销、大规模定制等新的生产模式也帮助其减少了10%的销售成本。图2-5所示为

图2-3 B777飞机开发示意图

美国B777的开发
- 开发周期：8~9年→4年
- 成本降低：25%
- 100%整机数字化设计

B777　　　　B737NG　　　　B787

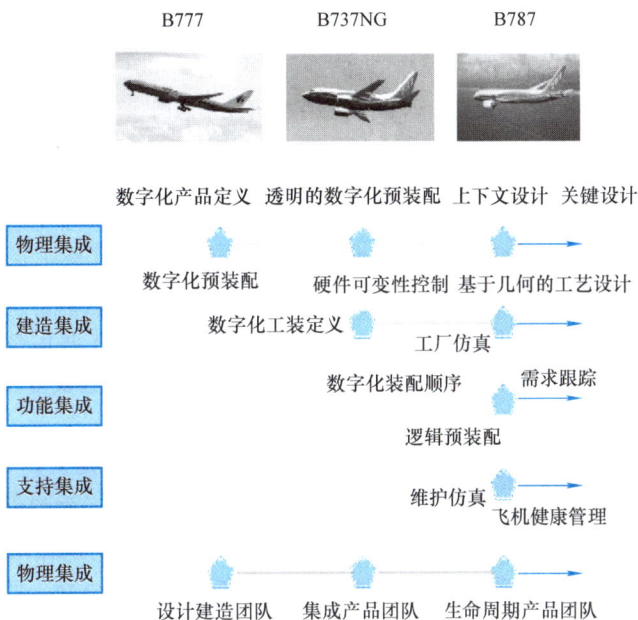

数字化产品定义　透明的数字化预装配　上下文设计　关键设计

物理集成
数字化预装配　　硬件可变性控制　基于几何的工艺设计

建造集成
数字化工装定义
工厂仿真

功能集成
数字化装配顺序　需求跟踪
逻辑预装配

支持集成
维护仿真
飞机健康管理

物理集成
设计建造团队　集成产品团队　生命周期产品团队

图2-4 B787飞机的研制策略

汽车的数字化开发示意图。

自2008年金融危机以来，在寻求危机解决方案的过程中，美国、德国、日本、加拿大等发达国家和地区纷纷提出通过发展智能制造来重振制造业，高度重视智能制造技术的研究与推广，并将智能制造列为支撑未来可持续发展的重要智能技术。

2011年6月，美国正式启动包括工业机器人在内的"先进制造伙伴计划"。2012年2月，又出台"先进制造业国家战略计划"，提出通过加强研究和试验（R&E）税收减免，扩大和优化政府投资，建设智能制造技术平台，以加快智能制造的技术创新。2012年，设立美国制造业创新网络，并先后设立增材制造创新研究院和数字化制造与设计创新研究院。2012年8月，美国总统奥巴马拨款3000万美元，在俄亥俄州建立了国家级3D打印工业研究中心，投入大量经费用于3D打印技术的研发。目前，3D打印已初步形成了成功的商用模式。例如：纽约一家创意消费品公司Quirky通过在线征集用户的设计方案，以3D打印技术制成实物产品，并通过电子市场销售，每年能够推出60种创新产品，年收入达到100万

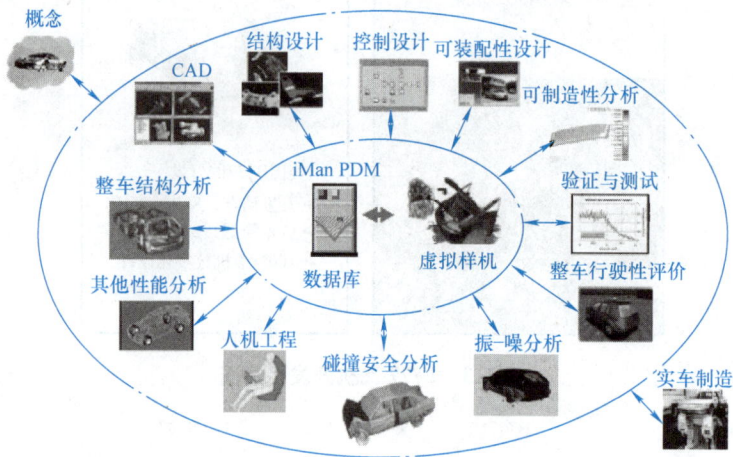

图 2-5　汽车的数字化开发示意图

美元。

　　美国斯坦福大学和麻省理工学院合作开展"基于 internet 的下一代远程诊断示范系统"的研究，美国 NSF（National Sanitation Foundation）成立了智能设备维护技术中心，其成员包括 Intel、Ford Motor、Applied Materials、Xerox、United Technologies 等著名大公司。中心的研究宗旨是开发基于 Web 的智能设备诊断、维护技术。随着现代通信技术和 IT 业的发展，许多企业都相继推出了具有网络集成能力和一定智能化水平的制造设备和控制系统，通过网络可以实现对设备的远程技术服务。

　　作为制造业强国，德国继实施智能工厂之后，又启动了一个投入达 2 亿欧元的工业 4.0 项目。德国政府 2010 年制定的《高技术战略 2020》计划行动中，意图以工业 4.0 项目奠定德国在关键工业技术上的国际领先地位，并在 2013 年 4 月举行的汉诺威工业博览会上正式将此计划推出。工业 4.0 概念最初是在德国工程院、弗劳恩霍夫协会、西门子公司等德国学术界和产业界的建议和推动下形成的，目前已上升为国家级战略。

　　德国西门子安贝格电子制造厂被认为是工业 4.0 的样板工厂（图 2-6）。这座位于德国安贝格市的工厂，是德国的政府、企业、高校和研究机构共同打造的全自动化联网智能工厂的协力合作的初期案例。该厂拥有欧洲最先进的数字化生产平台，体现了现阶段的智能运营工厂的潜能。目前，它的自动化运作程度已经达到 75% 左右，其 1150 名员工主要从事计算机运行和生产流程监控工作。

图 2-6　德国西门子安贝格电子制造厂

　　日本于 1990 年提出为期 10 年的智能制造系统（IMS）的国际合作计划，并与美国、加拿大、澳大利亚、瑞士和欧洲自由贸易协定国在 1991 年开展了联合研究，其目的是克服柔性制造系统（FMS）、计算机集成制造系统

（CIMS）的局限性，把日本工厂和车间的专业技术与欧盟的精密工程技术、美国的系统技术充分地结合起来，开发出能使人和智能设备都不受生产操作和国界限制、且能彼此合作的高技术生产系统。

日本政府大力推动智能制造以应对用工短缺问题，全自动生产线和机器人在日本企业得到了广泛应用。由日本本田技术研究公司研发的新一代智能机器人"阿斯莫"在工厂已经服役了十多年。日本最大的玩具生产商万代玩具公司实行智能制造，产品由机器人从机器内取出，搬运由无人自动搬运机完成，其静冈分公司拥有 17 台 4 色全自动注塑机，每班仅需 7 人完成进料、出料、维修等辅助工作。日本著名机床厂商山崎马扎克公司于 2002 年开发出"无人机械加工系统"，与 20 世纪 90 年代开发的无人加工系统相比，加工成本降低了 43%。这套系统与传统机械加工相比，完成同样的产量只需要 13 台机床外加 36 名操作员。

加拿大制定的 1994—1998 年发展战略计划认为，未来知识密集型产业是驱动全球经济和加拿大经济发展的基础，发展和应用智能系统至关重要，并将具体研究项目选择为智能计算机、人机界面、机械传感器、机器人控制、新装置、动态环境下系统集成。

欧盟各国高度重视云计算技术与制造业的结合，利用云制造这一服务化、网络化、智能化的制造模式，实现基于网络的共享与协同分散制造资源，提高制造资源和能力利用率，降低资源消耗，实现绿色制造和服务型制造。欧盟第 7 框架于 2010 年 8 月启动了制造云项目，总投资 500 万欧元，目的是为用户提供可配置的基于软件的制造能力服务，并能通过网络实现面向用户的产品个性化定制。

二、我国数字制造与智能制造的发展现状

1. 国内数字制造业智能制造发展现状分析

在制造业信息化工程专项的推动下，我国近年来在制造业信息化、数字化方面取得了显著进步。我国制造业数字化方面的投入不断加大，主要行业大中型企业数字化设计工具普及率超过 60%；生产线上的数控装备比例已经达到 30%。我国工业软件覆盖面广泛，包括汽车、机械、化工、能源等领域，增速维持在 14% 以上，到 2014 年，市场规模已达到 1200 亿元。CAD、CAE、PDM、ERP、SCM 等信息技术在产品研发部门和生产制造部门得到了有效应用，装备技术水平也大大地提高。这些数字化设计制造软件的推广应用，改变了传统的设计生产、制作模式，已经成为我国现代制造业发展的重要技术特征。

我国许多著名企业、高校与研究机构在相关项目的支持下，进行了有关产品数字化设计及预装配系统的开发和应用，取得了一些成果。神龙汽车制造有限公司对轿车装配生产线进行了轿车预装配数字化系统的开发，基本实现了总装柔性生产，如图 2-7 所示。

中航商用飞机有限公司在 ARJ21 飞机（图 2-8）研制中应用了产品数字化定义技术、产品数据管理技术、数字样机技术、数字化工艺与虚拟装配技术等数字化设计制造技术和并行工程方法，实现了大部段对接一次成功，飞机上天一次成功，取得了显著的经济效益。

我国云制造相关技术及系统的研究已取得显著的成果，构建了面向航天复杂产品的集团企业云制造服务平台、航天科技集团云制造服务平台，面向制造及管理的集团企业云制造服务平台，面向模具与柔性材料行业的云制造服务平台、汽车零部件新产品研发的云制造服务平台、钢铁产业链协同的云制造服务平台等，并针对不同类型企业的需求和特点分别开展应用示范工作。中国中车股份有限公司 418km/h 动车组广泛应用传感网技术和 RFID 技术，实现制造过程智能化和列车运营的控制、监测与诊断。云服务平台示意图如图 2-9 所示。

图 2-7 神龙汽车制造有限公司的总装柔性生产

图 2-8 中航商用飞机有限公司研制的 ARJ21 飞机

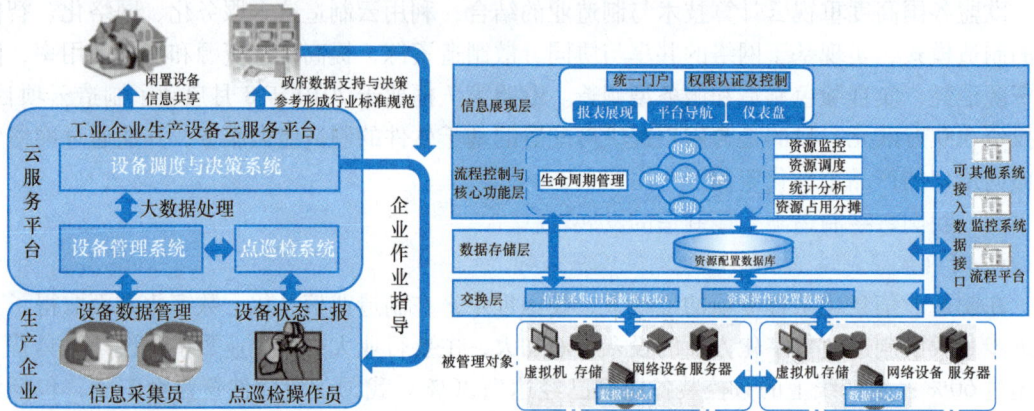

图 2-9 云服务平台示意图

　　我国数字化智能化制造产业快速发展。仪器仪表产业近年来增长迅速，2015 年，仪器仪表产业总产值近万亿元，年平均增长率为 15% 左右。数控机床制造业迅速发展，进口依存度下降至 45%。机器人研发投入持续加大，工业机器人大量应用。2016 年，在中国销售的工业机器人达 2.9 万台，同比增长 16.8%。多关节机器人销售成为最突出的增长引擎，2016 年销量首次过万台，为 11756 台，同比增长 92.7%，占国产工业机器人总销量的比例提升了近 13%，达到 40.4%。"机器换人"已经成为企业提高生产率、降低人力成本的重要手段。富士康科技集团宣布在三年内购置百万台机器人，2016 年在山西晋城建成了世界最大的智能化机器人生产基地。京东方科技集团的北京 8.5 代线面板工厂也已经大量启用机器人操作。机器人的应用如图 2-10 所示。

　　我国 3D 打印等新兴产业发展迅速。在 3D 打印基础技术方面，华中科技大学、北京航空航天大学、西北工业大学和北京航空 625 所相继开展了熔融沉积制造、电子束融合技术以及选择性激光烧结等研究。这些研究成果在航空发动机叶片制造、飞机承力件制造、汽车车型开发、颌骨重建和义齿加工等方面得到了应用。在 3D 打印装备研制方面，我国已成功研制了一批先进光固化、激光选区烧结、激光选区熔化、激光近成形、熔融沉积、电子束制造

a)　　　　　　　　　　　　　　　　b)

图 2-10　机器人的应用

a）富士康科技集团车间内的机器人　b）广东省实施"机器换人"

等工艺装备。在 3D 打印产业化发展方面，我国已经涌现出 30 多家 3D 打印技术设备制造与服务企业，并在上海、深圳、宁波等地相继出现了一批 3D 打印技术服务中心与公共服务平台，辅助当地企业的新产品快速开发，为个性化的家电、数码等产品的快速研发与更新换代提供技术支撑。3D 打印技术的应用如图 2-11 所示。

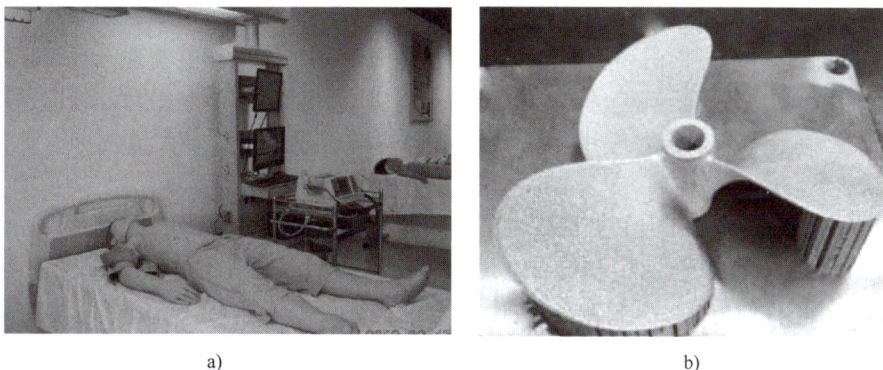

a)　　　　　　　　　　　　　　　　b)

图 2-11　3D 打印技术的应用

a）3D 打印在医学上的应用　b）3D 打印的金属产品

2. 我国智能制造与国外先进水平的差距

当前，新一轮的工业革命正在深化，以数字化技术为基础，在互联网、物联网、云计算、大数据等技术的强力支持下催生的产业模式创新，也会使制造业的产业模式发生根本性变化。西方工业发达国家依靠科技创新，以智能制造为核心，抢占国际竞争制高点，提高经济发展核心竞争力，谋求未来发展的主动权，在智能制造方面已经走在前列。

我国早在 2010 年已成为世界第一制造业大国，我国制造业也不再局限于生产廉价的劳动密集型产品，技术与资金密集的装备制造业产品越来越多，部分有实力的中国制造企业也开始收购西方竞争对手资产。但与工业发达国家相比，目前我国制造业仍主要集中在中低端环节，产业附加值低，中低端制造装备面临来自发达国家加速重振制造业与发展中国家以更低生产成本承接国际产业转移的"双向挤压"，高端智能制造装备及核心零部件仍然严重依赖进口。从智能制造的经济效益来看，52% 的企业其智能制造收入贡献率低于 10%，60% 的企业其智能制造利润贡献率低于 10%。另外，较为低廉的人力成本形成成本洼地，企业使用智能设备替代人工动力不足，严重阻碍了对智能装备应用需求的释放。

在制造业智能化的核心技术掌握及应用方面，我国与工业发达国家存在很大差距。我国对大数据驱动的知识挖掘及知识库构建相关研究起步较发达国家晚，还未形成整体力量，企业应用数据挖掘技术尚不普遍。目前，国内相关技术主要集中于数据挖掘相关算法、实际应用及有关理论方面的研究，涉及行业比较广泛，包括金融业、电信业、网络相关行业、零售业、制造业、医疗保健、制药及科学领域，单位集中在部分高等院校、研究所和 IT 等新兴领域的公司，如华为技术有限公司、阿里巴巴集团、百度公司等，但我国制造企业几乎没有应用数据挖掘技术，也未构建产品设计制造相关的知识库。

我国许多制造企业在复杂装备研发过程中，利用有限元分析软件进行产品性能仿真分析时，较少考虑机、电、液、控等多个学科的耦合作用，而仅进行其中某个单一学科的性能仿真分析，其分析结果对于产品性能优化设计的指导作用有限。

我国制造业与物流业信息资源融合度较低。虽然大多数物流企业与制造企业都建立了各自的信息系统，但物流企业与制造企业的信息资源相对独立，信息系统不能很好地融合，信息资源不能有效交换与共享，存在严重的"信息孤岛"和信息不对称现象。物流业与制造业不能形成信息联动，降低了物流业对制造业服务的响应能力，制约了制造业与物流业联动发展。

我国在云制造技术方面的研究及应用还处于初级阶段，远远不能实现云环境下的信息快速共享和重用需求。基于云制造的多学科虚拟样机协同设计仿真原型平台、面向微小型企业的 B2C 模式云制造平台架构等应用需要不断地深入和完善，还需要大量技术、资金及政策的支持。

随着网络化、数字化进程的加快，设备制造企业不仅要技术创新，开发新产品和提高产品质量，还要对产品的生产使用过程提供全生命周期的技术服务支持，实行设备终生保修。这就要求我国设备制造企业从制造型向制造、服务型转变，在其产品中加入远程监测、诊断、维护功能，并通过网络提供设备使用、维护的技术支持。

我国工业机器人及含工业机器人的自动化生产线相关产品的年产销额已经突破 60 亿元，随着产业升级的不断推进，我国工业机器人发展空间巨大。但是，我国工业机器人市场上完全国产的工业机器人不到 20%，其余都是从日本、美国、瑞典、德国、意大利等 20 多个国家引进的。从制造方面来说，在欧美和日本，机器人已经从产业发展阶段进入了智能化发展阶段，机器人的操控越来越简单，不需要人示教，甚至不需要高级技术人员来操作即可完成。而我国机器人产业总体上还处于起步阶段，机器人企业多以仿制和集成模式为主，即采购国外核心零部件组装机器人，再根据国内市场需求进行设计和集成，缺乏关键核心技术，高性能交流伺服电动机、精密减速器及控制器等关键核心部件长期依赖进口。欧洲和日本仍是工业机器人的主要供应商，其中 ABB、KUKA、FANUC 和 YASKAWA 四大品牌占据着工业机器人 60% ~80% 的市场份额。

我国在 3D 打印技术研发和产业发展中仍面临巨大的挑战。首先，在材料成形机理、关键技术、装备开发、工业标准等方面，还面临大量基础理论和关键技术尚未突破，未能形成原创技术源泉。3D 打印装备所需的大功率激光器、工业喷头和高精度控制器等核心零部件目前还没有突破。其次，我国尚未形成 3D 打印公共技术平台，创新资源集中度低。当前，科研机构各自为战，合作研究的动力不足，缺乏对技术兼容性研究和相关标准的制定，开放式的集成创新体系尚未形成。再次，我国 3D 打印产业化尚处于萌芽阶段，金融资本参与度不高，产业缺乏资金支持。在我国，直接从事 3D 打印业务的企业多属于典型的中小企业，产值普遍处于千万量级以下，多数企业处于生存边缘，盈利艰难。从全产业链的角度来看，尚未形成精细化分工，总体呈现产业发展初期的"作坊式"生产模式，劣质产品多，知识产权意识弱，缺乏产品标准和客观权威的评测。最后，我国 3D 打印工程化应用技术研究不够，尚未形成具有广泛工程意义的完备技术体系，工程领域和产业界对 3D 打印制造技术需求不够迫切，技术发展缺乏市场的强大牵引。

因此，要实现智能制造的目标，必须充分利用我国在数字化制造技术的已有基础，深入研究实现从数字制造到智能制造发展的共性关键技术，构建从数字制造到智能制造发展的技术路线图，并在典型行业进行应用推广，通过规模化生产，尽快收回技术研究开发投入，从而持续推进新一轮的技术创新，推动智能制造技术的进步，实现制造业升级。

3. 数控机床行业典型制造企业数字制造与智能制造现状

数控机床是国家战略层面的基础制造装备。我国数控机床制造企业经过几十年的学习与模仿发展历程后，随着各类数字化建模及分析软件的应用，数字化设计制造经历了从无到有的过程，并在逐渐完备和普及的道路上前行。

从产品层次构成上看，我国数控机床行业"低端混战，高端失守"的状况仍未得到根本扭转，高端产品层面与国外先进企业之间还存在相当大的差距。一方面，国内市场对各类机床产品，特别是数控机床有大量需求；另一方面，我国数控机床设计能力不足，生产能力低下，国外机床产品充斥市场。这种现象的出现，根本原因在于以高速度、高精度、复合化、智能化为特征的数控机床数字化设计制造共性技术的缺失，使我国数控机床的品种单一、性能不足，新产品（包括基型、变型和专用机床）设计研发周期长，且很难做到针对用户需求深度定制，不能及时为用户提供满意的产品。

在数控机床领域，我国制造企业的产品与国外先进机床产品之间"形似而神不似"的问题十分突出。我国数控机床制造企业在产品的研制过程中缺乏对机床设计制造方法的深入研究，其产品在功能层面上与国外先进机床产品差距较小，但性能层面上差距甚大，这也决定了其机床产品在高精、高速加工领域仍处于弱势地位。由此可见，想要在数控机床市场占有一席之地，必须全面推进数字化设计制造，缩短新产品设计制造周期，提升设计制造水平。

（1）典型数控企业及其机床的基本情况 昆明机床股份有限公司是开发、设计、制造和销售精密数控卧式坐标镗床、卧式加工中心等精密设备的骨干企业，其主要产品均处于国内领先水平，创造了中国 140 个第一：第一台大型卧式镗床、第一台高精度坐标镗床、第一台电动立体仿型铣床、第一台精密卧式加工中心等。该公司的机床产品主要分为卧式加工中心、龙门镗铣床、卧式镗铣床、落地镗铣床 4 类，共 16 个系列。昆明机床股份有限公司的设备如图 2-12 所示。

（2）典型数控企业数字化设计制造的现状分析 在三维造型方面，我国数控机床制造企业能够使用 Pro/E、UG、CATIA、SolidWorks 等各类三维造型软件进行机床部件的造型设计，可实现数控机床关键部件设计过程的无纸化，为数控机床设计的模块化奠定了数据基础。

数控机床关键部件分析方面，使用 Adams、Ansys、Anstran 等分析软件，依托各规格的

a) b)

图 2-12　昆明机床股份有限公司的设备
a）KHC 系列五轴加工中心　b）柔性生产线

激振器、高灵敏度传感器、激光测振仪、三坐标测量仪等设备形成的数控机床关键部件信息采集系统，对数控机床关键部件进行动、静、热等多方面分析，确保数控机床关键部件的结构和材料特性符合工况需求。除此之外，机床企业还自行开发了进行机床产品需求转换的数字化设计工具，能够采集用户对新产品的需求，并以此为基础在机床案例库中进行类比，对新产品功能进行初步设计。

目前，数字化设计制造存在的问题如下。

1）在大数据时代，机床产品设计制造活动已经从过去的以经验为主过渡到以知识为主。计算机、互联网技术的迅速发展与广泛应用方便了新产品研发人员对设计制造知识的获取，但也让数控机床设计制造知识的数量呈几何级数增长，如何从庞大的知识库中检索到满足当前新产品研制需求的数控机床设计制造知识，并面向特定的设计人员和设计任务进行精确与动态的知识推送，是提高数控机床新产品研发效率需解决的关键问题。

2）用户在追求高质量机床产品的同时，也会更多地追求低价格和短交货期。但机床企业一直沿用的"设计 – 研制 – 试验 – 修改"开发模式，这会增长数控机床的开发周期，降低开发效率。以云计算为基础的数控机床数字化设计资源部署、匹配、调用技术的缺失无法面向特定的设计任务有效匹配、调用数字化设计资源，从而降低优化设计效率，延长交货期，不利于企业利用有利时机快速抢占市场。

3）数控机床加工的对象越来越复杂，需要长时间连续运行，才能完成对复杂零件的精密加工，这就要求数控机床的传感与检测系统具有全天候的监控能力：一是对数控机床各项运行参数的全面检测与分析；二是对数控机床运行参数的连续检测与记录能力。但当前数控机床监测系统对机床运行参数的监控相对单一，分析能力不足，且监测系统长时间运行的稳定性不高，欠缺对数控机床工况的持续性智能感知与检测。

4）由于数控机床的专用化和加工对象的复杂化，一个特征复杂的工件需要多台机床按照一定的工序对待加工部位进行多次精确装夹和精密加工，并在加工过程中实现多台数控机床的工作状态信息和加工数据流转。这就需要将同一加工过程中的机床以物联网的形式进行连接，以确保多台数控机床加工的紧密衔接，构建由数控机床组成的智能制造执行系统，实现数控机床对工件加工的精密化、智能化。但当前数控机床设计中数据接口并未统一，导致数控机床间存在信息交互壁垒，阻碍数控加工系统智能化的实现。

三、数字制造的科学定义与内涵

数字制造是指在虚拟现实、计算机网络、快速原型、数据库和多媒体等支撑技术的支持下，根据用户需求迅速收集资源信息，对产品信息、工艺信息和资源信息进行分析、规划和重组，实现对产品设计、功能的仿真以及原型的制造，进而快速生产出符合用户期望性能的产品的整个制造过程。简言之，数字制造是在对制造过程进行数字化描述而构建的数字空间中完成产品的制造过程，如图 2-13 所示。

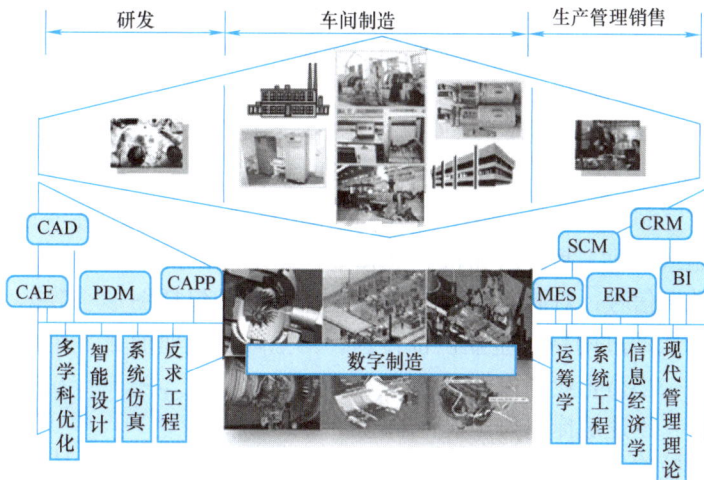

图 2-13　数字制造示意图

1. 以控制为中心的数字制造

数字制造的概念，首先来源于数控技术（CNC）与数控机床。数控技术就是用数字量及字符发出指令并实现控制的技术。它不仅控制位置、角度、速度等机械量，也可控制温度、压力、流量等物理量，这些量的大小不仅可用数字表示，而且是可测、可控的。如果一台设备实现其自动工作过程的命令是以数字形式来描述的，则称其为数控设备。显而易见，这远不是数字制造，却是数字制造的一个十分重要的基础。

随着数控技术的发展，出现了对多台机床用一台或几台计算机进行集中控制的方式，即所谓的直接数字控制（DNC）。为适应多品种、小批量生产的自动化，发展了若干台计算机数控机床和一台工业机器人协同工作，以便加工一组或几组结构形状和工艺特征相似的零件，从而构成所谓的柔性制造单元。借助一个物流自动化系统，将若干柔性制造单元或工作站连接起来实现更大规模的加工自动化就构成了柔性制造系统。以数字量实现加工过程的物料流、加工流和控制流的表征、存储与控制，就形成了以控制为中心的数字制造。

2. 以设计为中心的数字制造

计算机的发展以及计算机图形学与机械设计技术的结合，产生了以数据库为核心、以交互式图形系统为手段、以工程分析计算为主体的计算机辅助设计（CAD）系统。CAD 系统能够在二维与三维空间精确地描述物体，大大提高了生产过程中描述产品的能力和生产率。CAD 的产生和发展为制造业产品设计的过程数字化、自动化打下了基础。

将 CAD 产品设计信息转换为产品制造、工艺规则等信息，使加工设备按照预定的工序和工步的组合排序，选择刀具、夹具、量具，确定切削用量，并计算每个工序的机动时间和辅助时间，这就是计算机辅助工艺规划（CAPP）。将制造、检测、装配等方面的所有规划以及产品设计、制造、工艺、管理、成本核算等所有信息数字化，并被制造过程的全阶段所共享，就形成了基于 CAD/CAM/CAPP 的以产品设计为中心的数字制造。

3. 以管理为中心的数字制造

通过建立企业内部物料需求计划（MRP），根据不断变化的市场信息、用户订货和预测，从全局和长远利益出发，通过决策模型评价企业的生产经营状况，预测企业的未来和运行状况，决定投资策略和生产任务安排，这就形成了制造业生产系统的最高层次管理信息系统（MIS）。为使制造企业经营生产过程能随市场需求快速重构和集成，出现了能覆盖整个企业从产品的市场需求、研究开发、产品设计、工程制造、销售、服务、维护等生命周期中信息的产品数据管理系统（PDM），从而实现以产品和供需链为核心的过程集成，这就是基于 MRP/MIS/PDM 的以管理为中心的数字制造。

由此可见，数字制造是计算机数字技术、网络信息技术与制造技术不断融合、发展和应用的结果，也是制造企业、制造系统和生产系统不断实现数字化的必然。对制造装备而言，其控制参数均为数字信号；对制造企业而言，各种信息（包括图形、数据，甚至知识和技能）均以数字的形式通过网络在企业内部传递；对全球制造业而言，用户通过网络发布需求信息，各大、中、小型企业则根据需求，优势互补，动态组合，迅速敏捷地协同设计制造出相应的产品。在数字制造环境下，在广域内形成了一个由数字织成的网，个人、企业、车间、设备、经销商和市场成为网上的一个个结点，由产品在设计、制造、销售过程中所赋予的数字信息成为主宰制造业的最活跃的驱动因素。数字制造的概念轮图如图 2-14 所示。网络制造是数字制造的全球化实现，虚拟制造是数字工厂和数字产品的一种具体体现，电子商务制造是数字制造的一种动态联盟。

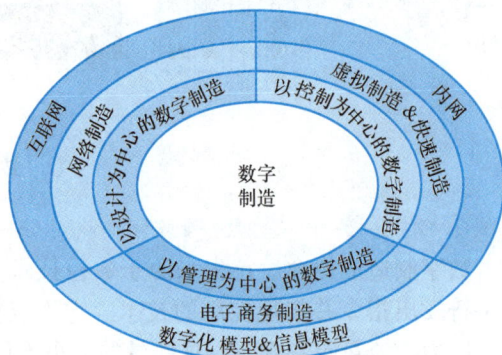

图 2-14　数字制造的概念轮图

四、数字制造是实现智能制造的前提

数字制造是智能制造的基础，智能制造是在数字制造的基础上发展的更前沿的阶段。以机床为例，计算机与机床结合产生的数控机床，实现了程序化控制，这是数字化时代的产物。智能机床则需要传感器随时感知其工作状况、环境参数，需要有能够体现人们对加工工艺过程优化的智能控制软件，即传感器、数控机床、智能控制三者共同构成智能机床。智能制造还包括车间级、企业级等制造系统的智能化。

智能制造会比数字制造带来更大的收益。仍以机床加工为例，数控机床按照程序规定的命令执行，若加工过程中出现振动、主轴发热等问题，机床自身是无法控制的。而智能机床则可以随时监测刀具是否出现磨损、主轴是否发热过多、振动是否加剧等，并可随时干预加工过程，改变运行参数、降低转速、减少进给速度或者停止运转等，以达到保护机床或保证加工质量的效果。

数字制造系统与智能制造系统有着本质区别（图 2-15）：①数字制造系统处理的对象是

数据，而智能制造系统处理的对象是知识；②数字制造系统处理的方法是机械的，而智能制造系统处理的方法是智能的；③数字制造系统建模的数学方法是经典数学（微积分）方法，而智能制造系统建模的数学方法是非经典数学方法；④数字制造系统的性能在使用中是不断退化的，而智能制造系统具有自优化功能，其性能在使用中可以不断优化；⑤数字制造系统在环境异常或使用错误时无法正常工作，而智能制造系统则具有容错功能。

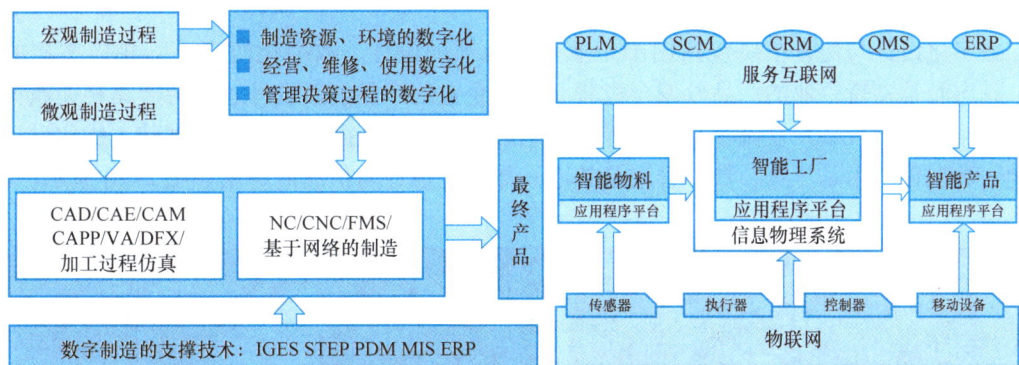

图 2-15　数字制造系统与智能制造系统的区别

数字制造技术是智能制造的基础技术，因此，数字制造的核心技术（包括数字建模技术、曲线曲面拟合与生成技术、数据库技术、计算机网络技术、CAD/CAM 技术、数字化协同设计制造技术、数字微分分析技术、数控插补技术、数控驱动技术、电子线路逻辑设计技术、数控编程技术、虚拟现实与模拟仿真技术等）均为智能制造的基础技术。

将数字制造技术与智能化数学建模方法（如数据挖掘、知识表示与处理、模式识别、图像处理、计算机视觉、人工智能、人工生命、启发搜索、联想记忆、多智能体系统、免疫网络、物联网、云制造、机器学习、并行工程、3D 打印等）相结合，就形成了各种各样的智能制造技术，如数字样机模拟仿真技术、制造装备工况智能感知与检测技术、云制造与装备智能监控技术等。数字制造与智能化方法的结合方式非常灵活，可采用领域交叉、学科交叉、层次交叉、方法交叉等方式。

在全球疫情肆虐之时，中国强大的数字化制造能力供应了全球大部分的抗疫物资。中国的抗疫工作卓有成效，为全球供应链和经济复苏发挥了重要作用。在物联网、工业互联网等新一代数字技术的推动下，我国人机交互能力大大增强，黑灯工厂、智能制造等发展趋势尤其明显，生产领域的数字化应用呈现出日新月异的发展势头。

第二节　数字化设计与仿真

数字化设计推动信息化进程向前发展，而仿真则是验证设计结果的有效手段。在现代制造企业产品设计和制造过程中，数字化设计和仿真一直是不可或缺的两个工具，在缩减经费、缩短开发周期、提高产品质量方面发挥了巨大作用。数字化设计与仿真是计算机辅助技术、系统及集成技术的重要组成部分，其是智能制造的基础，使企业从依靠资源要

智能化设计系统概述

素竞争逐渐向创新能力竞争进行转变。

一、数字化设计与仿真的基本概念

数字化是指信息（计算机）领域的数字（二进制）技术向人类生活各个领域全面推进的进程。数字化设计与仿真是指利用计算机软硬件及网络环境，实现产品开发全过程的一种技术，即在网络和计算机辅助下通过产品数据模型，全面模拟产品的设计、分析、装配和制造等过程。

数字化设计与仿真主要包括用于企业计算机辅助设计、数字化仿真及其相应文档的设计，其内涵是支持企业的产品开发全过程、支持企业的产品创新设计、支持产品相关数据管理、支持企业的产品开发流程与优化等。归纳起来就是：产品建立模块是基础，优化设计是主题，数据化技术是工具，数据管理是核心。数字化设计与仿真的应用如图2-16所示。

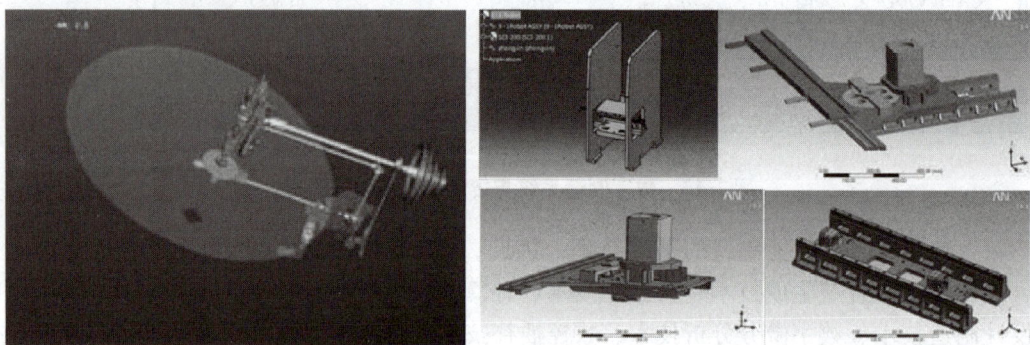

图 2-16 数字化设计与仿真的应用

二、数字化设计与仿真和传统设计的比较

产品按照传统的开发设计方式，一般需要经过设计→样机制造→试验测试→修改设计的流程，若产品性能达不到用户要求，则需要修改设计，再制造样机，再试验测试，这样反复设计，直到性能符合要求为止。传统研发设计模式存在开发周期长、各系统开发分散、反复试验成本高等缺点。而随着计算机辅助设计技术的发展，现代数字化设计方法在产品开发中起着越来越重要的作用。现代数字化设计一般需要经过设计→仿真分析→结果评估→优化设计→样机制造→试验测试→修改设计的流程，这个过程看似非常复杂、烦琐，但反复循环设计的次数少，能使产品性能很快达到期望要求。

传统设计方法与数字化设计方法之间的比较如图2-17所示。使用数字化设计方法可以快速预估新产品的性能，结合数字仿真分析结果可以快速进行产品优化改进，达到快速研发设计、提高设计质量和减少设计成本的目的。

从设计过程的总体结构来看，数字化设计与传统设计的过程和思路大致相仿，即两者都是与设计人员思维活动相关的智力活动，是一个分阶段、分层次、逐步逼近解答方案并逐步完善的过程。从表2-1中可以看出，由于计算机技术、信息技术和网络技术等的飞速发展，使得设计过程中各个设计阶段所采用的设计工具、设计理念和设计模式发生了深刻的变化。因此，数字化设计是利用数字化技术对传统产品设计过程的改造、延伸和发展。

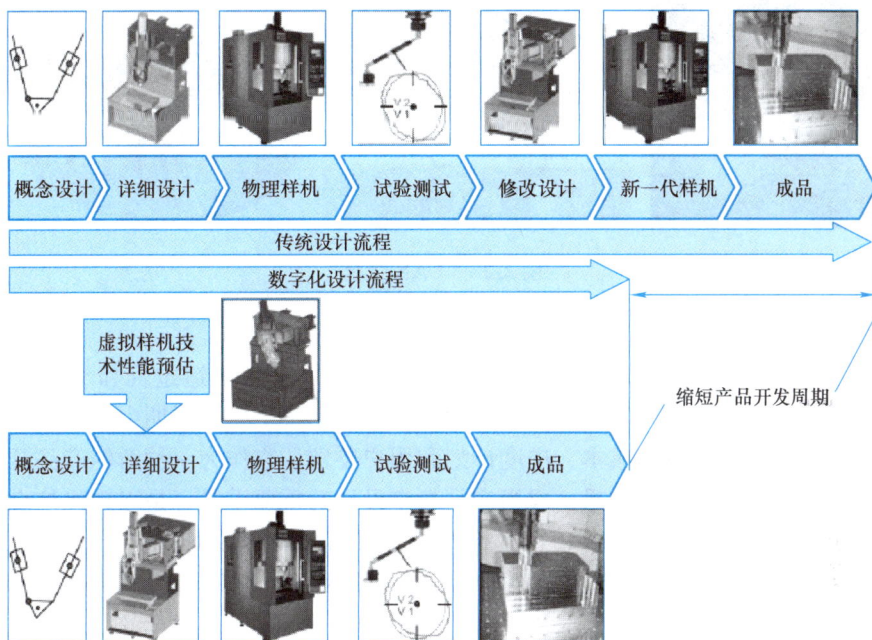

图 2-17　传统设计方法与数字化设计方法之间的比较

表 2-1　传统设计与数字化设计各方面比较

项目	传统设计	数字化设计
设计方式	手工绘图	计算机绘图
设计工具	绘图板、丁字尺、圆规、铅笔、橡皮等	计算机、网络、CAD/CAE 软件、绘图机、打印机等
产品表示	二维工程图样、各种明细表等	三维 CAD 模型、二维 CAD 电子图样、BOM 等
设计方法	经验设计、手工计算、封闭收敛的设计思维	基于三维的虚拟设计、智能设计、可靠性设计、有限元分析、优化设计、动态设计、工业造型设计等现代设计方法
工作方式	串行设计、独立设计	并行设计、协同设计
管理方式	纸质图档、技术文档管理	基于 PDM 的产品数字化管理
仿真方式	物理样机	虚拟样机、物理样机
特点	过早进入物理样机阶段，从设计到物理样机反复迭代修正由个人经验、手工计算带来的设计错误，设计周期长，成本高	形象直观、干涉检查、强度分析、动态模拟、优化设计、外观和色彩设计等通过虚拟样机实现。设计错误少，设计周期短，成本低

三、数字化设计与仿真基本技术

1. CAX 工具

CAX 是 CAD、CAM、CAE、CAT 等技术的总称，是利用计算机进行产品的概念化设计、三维几何建模、虚拟装配、生成工程图及设计相关文档。CAX 工具的出现和广泛应用，标志着数字化设计的开始，如图 2-18 所示。

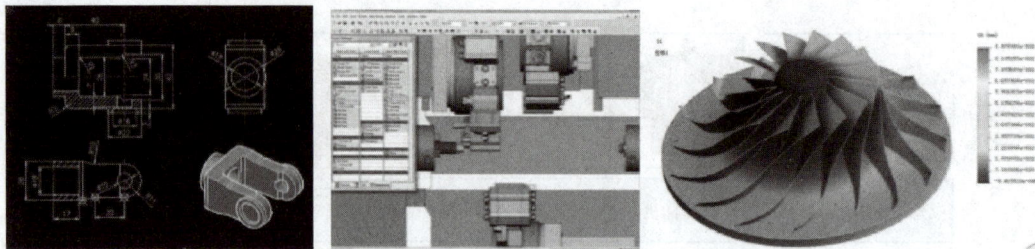

图 2-18　CAX 工具

2. 并行工程

并行工程是集成地、并行地设计产品及其相关过程（包括制造过程和支持过程）的系统方法。这种方法要求产品开发人员在一开始就考虑产品整个生命周期中从概念形成到产品报废的所有因素，包括质量、成本、进度计划和用户要求。它作为一种新的产品开发理念吸收了计算机技术、信息技术的成果，成为产品数字设计的重要手段，是以现代信息技术为支撑的、对传统的产品开发方式的一种根本性改进。PDM（产品数据管理）技术及 DFX（如DFM、DFA 等）技术是并行工程思想在产品设计阶段的具体体现。并行工程示意图如图 2-19所示。

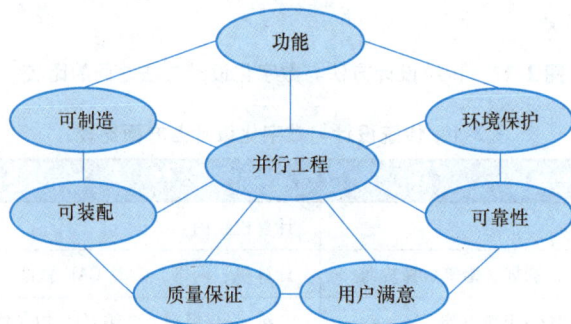

图 2-19　并行工程示意图

四、先进数字化设计与仿真技术——虚拟样机

随着技术的不断进步，仿真在产品设计过程中的应用变得越来越广泛和深刻，由原先的局部应用（单领域、单点）逐步扩展到系统应用（多领域、全生命周期）。虚拟样机技术正是这一发展趋势的典型代表。虚拟样机也被称为数字化功能样机，同时虚拟样机技术也是一门综合学科的技术，以机械系统运动学、多体动力学、有限元分析和控制理论为核心，运用计算机技术将产品的设计分析集成起来，建立机械系统的数字模型。运用虚拟样机技术可以快速建立包含控制系统、液压系统、气动系统在内的多体动力学虚拟样机，并对产品的多种设计方案进行测试、评估，在设计中不断发现问题、解决问题、优化整体设计。美国的B777 客机便是世界上首个以无图方式研发和制造的飞机，虚拟样机技术在整个设计、生产、装配、评估环节发挥着极其重要的作用，并确保产品最终一次拼接成功。

1. 产生的背景

传统的设计方式要经过图样设计、样机制造、测试改进、定型生产等步骤，为了使产品满足设计要求，往往要多次制造样机，反复测试，费时费力，成本高昂。虚拟样机技术的出现，改变了传统的设计方式，采用数字技术进行设计。它能够在计算机上实现设计→试验→设计的反复过程，大大降低了研发周期和研发资本，能够快速响应市场，适应现代制造业对产品 T（Time）、Q（Quality）、C（Cost）、S（Services）、E（Environment）的要求，极大地促进了敏捷制造的发展，推动了制造业的数字化、网络化和智能化。

2. 虚拟样机技术的定义

虚拟样机（Virtual Prototyping，VP）技术是指在产品设计开发过程中，将分散的零部件设计和分析技术（指在某一系统中零部件的 CAD 和 FEA 技术）糅合在一起，在计算机上建造出产品的整体模型，并针对该产品在投入使用后的各种工况进行仿真分析，预测产品的整体性能，进而改进产品设计、提高产品性能的一种新技术。

虚拟样机技术是一门综合多学科的技术，其核心部分是多体系统运动学与动力学建模理论及其技术实现。CAD/ FEA 技术的发展为虚拟样机技术的应用提供了技术环境和技术支撑。虚拟样机技术改变了传统的设计思想，将分散的零部件设计和分析技术集成于一体，提供了一个全新的研发机械产品的设计方法。虚拟样机技术设计流程如图 2-20 所示。

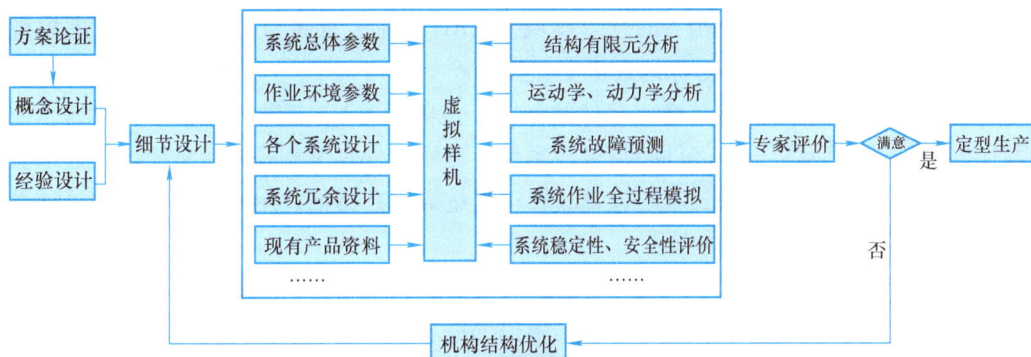

图 2-20 虚拟样机技术设计流程

3. 虚拟样机的分类

虚拟样机按照实现功能的不同可分为结构虚拟样机、功能虚拟样机和结构与功能虚拟样机。

结构虚拟样机主要用来评价产品的外观、形状和装配。新产品设计首先表现出来的就是产品的外观形状是否满意；其次，零部件能否按要求顺利安装，能否满足配合要求。这些都是在产品的虚拟样机中得到检验和评价的。

功能虚拟样机主要用于验证产品的工作原理，如机构运动学仿真和动力学仿真。新产品在满足了外观形状的要求以后，就要检验产品整体上是否符合基于物理学的功能原理。这一过程往往要求能实时仿真，但基于物理学功能分析，计算量很大，与实时性要求经常冲突。

结构与功能虚拟样机主要用来综合检查新产品试制或生产过程中潜在的各种问题。这是将结构虚拟样机和功能虚拟样机结合在一起的一种完备型的虚拟样机。它将结构检验目标和功能检验目标有机结合在一起，提供全方位的产品组装测试和检验评价，实现真正意义上的虚拟样机系统。这种完备型虚拟样机是目前虚拟样机领域研究的主要方向。

4. 虚拟样机技术的特点

（1）新的研发模式　传统的研发方法是一个串行过程，而虚拟样机技术真正实现了系统角度的产品优化。它基于并行工程，使产品在概念设计阶段就可以迅速分析、比较多种设计方案，确定影响性能的敏感参数，并通过可视化技术设计产品、预测产品在真实工况下的特征以及所具有的响应，直至获得最优的工作性能。

（2）更低的研发成本、更短的研发周期及更高的产品质量　通过计算机技术建立产品的数字化模型，可以完成无数次物理样机无法进行的虚拟试验，从而无须制造及试验物理样机就可获得最优方案，因此不但减少了物理样机的数量，而且缩短了研发周期，提高了产品质量。

（3）实现动态联盟的重要手段　动态联盟是为了适应快速变化的全球市场，克服单个企业资源的局限性，出现了在一定时间内，通过互联网临时缔结的一种虚拟企业。为实现并行设计和制造，参盟企业之间产品信息的交流尤显重要。而虚拟样机是一种数字化模型，通过网络输送产品信息，具有传递快速、反馈及时的特点，进而使动态联盟的活动具有高度的并行性。

5. 虚拟样机的功能组成

虚拟样机技术必备的三个相关的技术领域是 CAD 技术、计算机仿真技术和以虚拟现实（Virtual Reality，VR）为最终目标的人机交互技术。

虚拟样机技术实现的前提是虚拟部件的制造。成熟的 CAD 三维造型软件能快速、便捷地设计和生成三维模型。虚拟部件必须包含颜色、材质、外表纹理等外在特征，以显示真实的外观；同时还必须包含质量、重心位置、转动惯量等内在特征，用来进行精确的机械系统动力学仿真运算。

CAD 生成的三维模型数据只有在导入虚拟样机环境，在其中能测量和装配，并能显示出三维模型的外观后才能成为真正意义上的虚拟部件。CAD 三维造型还是实现最终从虚拟部件制造到现实部件制造的基础。

虚拟样机是代替物理样机进行检测的数学模型。它的内核是包含组成整机的不同学科子系统的大模型，即 Digital Mock - UP，简称为 DMU。由于 DMU 同时包含了产品设计的所有学科提供的多个视角，并对产品的外形、功能等方面进行了科学、连贯的评价，因此通过虚拟样机能进行产品综合性能评测。传统设计方法注意力集中于单学科，重视子系统细节，而忽视了整机性能，就是因为无法同时从多视角对产品综合性能进行评定。

虚拟样机必须具备交互的功能。设计师通过交户界面对参数化"软模型"进行控制，实现虚拟样机原型多样化。而虚拟样机反过来通过动画、曲线和图表等方式向设计师提供产品感知和性能评价。最好的交互手段是虚拟现实技术。除了应用上述传统方式，设计师还能通过数据手段，修改虚拟部件的参数，对虚拟部件重新装配，生成新的虚拟样机。虚拟样机仿真模型，通过力反馈操纵杆等传感装置，向设计师传递虚拟样机操纵力感，通过立体眼镜向设计师提供实时的立体图像。有了这些人类对产品的直观感知，就能使设计师产生强烈的"虚拟现实"沉浸感，协助设计师和用户对产品性能做出评价。

计算机网络、计算机支持的协同工作技术（Computer Supported Cooperative Work，CSCW）、产品数据管理（PDM）和知识管理等是实现虚拟样机技术的重要低层次技术支撑。通过这些技术将产品的各个设计、分析小组人员联系在一起，共同完成新产品从概念设计、初步设计、详细设计到方案评估的整个开发过程。

6. 虚拟样机的生产流程

虚拟样机的生产流程如图 2-21 所示。

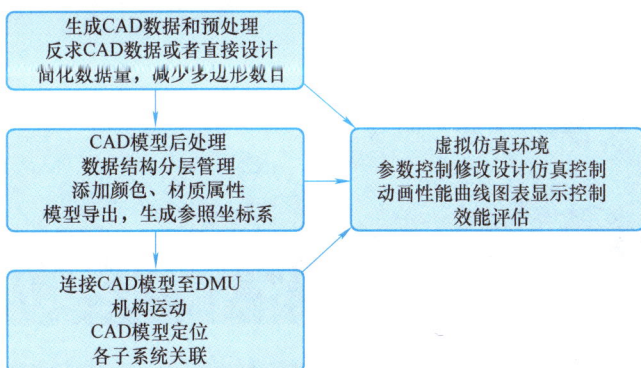

图 2-21 虚拟样机的生产流程

第一阶段，描述虚拟部件的 CAD 数据必须产生，并且做针对实时应用的预处理。生成 CAD 数据可以采用反求工程方法，从现有产品上获取，或直接由 CAD 三维造型软件产生。

第二阶段，针对 DMU 仿真的需要，对 CAD 几何模型进行后处理。首先是对模型的几何部分进行分层管理，以支持对每个零件的交互访问，实现参数修改。这一点在常用的三维造型软件中都能做到。其次是给零件添加颜色、材质等属性，赋予虚拟部件的真实外观。最后为 CAD 几何模型能准确导入虚拟样机仿真环境中进行处理，建立参照坐标系。

第三阶段，将处理好的 CAD 三维模型连接到虚拟样机内核上，使之与定义好的运动联结（Joints）、运动约束（Constraints）的机构系统以及其他子系统有机联系在一起，最后在虚拟样机仿真环境下生成虚拟样机。

7. 虚拟样机技术的应用

在美国、德国等发达国家，虚拟样机技术已被广泛应用，应用的领域涉及汽车制造、机械工程、航空航天、军事国防和医学等领域，涉及的产品由简单的照相机快门到庞大的工程机械。虚拟样机技术使高效率、高质量的设计生产成为可能。

美国波音公司的 B777 飞机是世界上首架以无图样方式研发及制造的飞机，其设计、装配、性能评价及分析均采用了虚拟样机技术，这不但使研发周期大大缩短（其中制造周期缩短 50%），研发成本大大降低（减少设计更改费用 94%），而且确保了最终产品一次拼接成功。通用动力公司于 1997 年建成了第一个全数字化机车虚拟样机，并行地进行产品的设计、分析、制造及夹具、模具工装设计和可维修性设计。日产汽车公司利用虚拟样机进行概念设计、包装设计、覆盖件设计和整车仿真设计等。Caterpillar 公司采用虚拟样机技术，从根本上改进了设计和试验步骤，实现了快速虚拟试验多种设计方案，从而使产品成本降低，性能却更加优越。John Deere 公司利用虚拟样机技术找到了工程机械在高速行驶时的蛇行现象及在重载下的自激振动问题的原因，提出了改进方案，且在虚拟样机上得到了验证。美国海军的 NAVAIR/APL 项目利用虚拟样机技术，实现了多领域多学科的设计并行和协同，形成了协同虚拟样机（Collaborative Virtual Prototyping，CVP）技术。他们研究发现，协同虚拟样机技术不仅使得产品的上市时间缩短，还使产品的成本减少了至少 20%。虚拟样机技术的应用如图 2-22 所示。

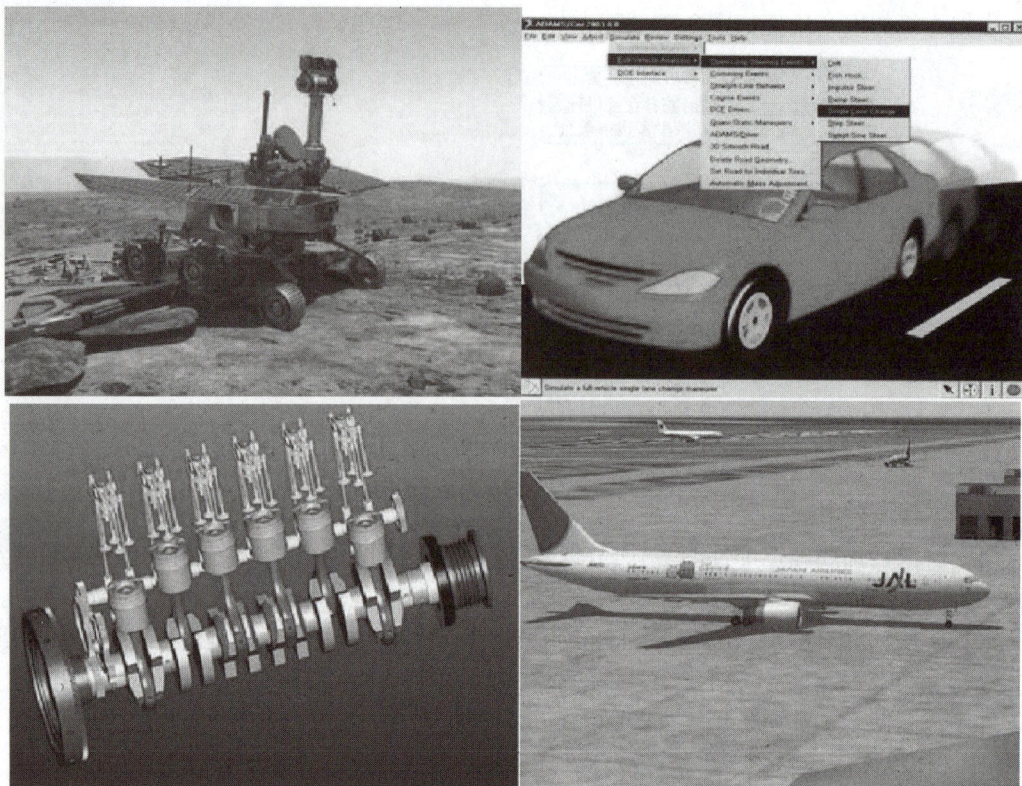

图 2-22 虚拟样机技术的应用

我国虚拟样机技术最早应用于军事、航空领域，如飞行器动力学设计、武器制造、导弹动力学分析等。随着计算机技术的发展，虚拟样机技术已经广泛地应用到了机械工程、汽车制造、航空航天、军事国防等各个领域，在很多具体机械产品的设计制造中发挥了作用。例如：复杂高精度数控机床的设计优化、机构的几何造型、运动仿真、碰撞检测、运动特性分析、机构优化设计、热特性和热变形分析、液压系统设计等。在虚拟造型设计、虚拟加工、虚拟装配、虚拟测试、虚拟现实技术培训、虚拟试验以及虚拟工艺等方面都取得了相应的成果。例如：将虚拟样机技术应用于机车车辆这样复杂产品的研发中，将传统经验与虚拟样机技术相结合，使动力学计算、结构强度分析、空气动力学计算、疲劳可靠性分析等问题得到更好解决，为铁路机车车辆虚拟样机的国产化提供了一条有效的解决途径。在机构设计中，采用虚拟样机技术对机构进行动力学仿真，分析机构的精度和可靠性。虚拟样机技术应用在重型载货汽车的平顺性研究上，可以有效地评价汽车的平顺性。虚拟样机技术还可以对复杂零件进行虚拟加工，检验零件的加工工艺性，为物理样机研制提供保障。虚拟样机技术应用于内燃机系统动力学研究，可为内燃机的改进设计提供依据。

五、应用案例

液压支架传统设计是一种基于经验、类比的设计模式，这种建立在物理样机上的研发模式成本高，开发周期长。如果物理样机试验不够充分，产品定型后会造成不可预知的结果，从而影响液压支架的质量。因此，企业可利用数字化设计与仿真技术解决传统设计中遇到的问题。

1. 数字化设计

在传统的工程设计中，设计人员首先在头脑中形成产品的三维轮廓，然后在图样上利用二维工程图表示，其他设计人员以及工艺生产等不同部门的人员再通过二维图样将产品还原为三维影像。由于图样问题和理解偏差，生产人员总是不能很好地理解和实现设计人员的意图，加之设计周期较长等诸多因素，使三维模型设计成为必然。尤其对于液压支架，采用三维模型设计能更好地表达其结构，是产品快速设计的重要途径。液压支架部分零件的三维模型如图 2-23 所示。

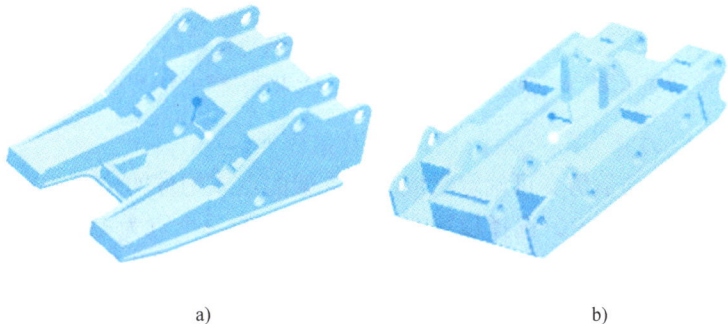

a)   b)

图 2-23   **液压支架部分零件的三维模型**

a）底座的三维模型   b）掩护梁的三维模型

2. 虚拟装配

液压支架零件的三维实体模型完成后，为了建立数字化样机，需要对其各个零件进行虚拟装配。通过确定零件之间的位置、约束关系，可以把支架中的各个三维零件装配成一个整体——液压支架数字化样机。零件的准确装配是液压支架运动仿真的前提，装配关系的正确与否直接影响液压支架运动仿真能否正确实现。通过仿真结果，可以根据需要对生成的零件和特征进行修改定义，直至达到液压支架设计要求为止。液压支架的三维模型如图 2-24 所示。

图 2-24   **液压支架的三维模型**

液压支架装配完成后，需要进行干涉检查。通过干涉检查可以获知零件之间是否存在干涉、干涉的面积有多大等。在进行干涉检查时，首先要对元件位置进行调整，然后应用软件，通过在拖动过程中施加临时约束来调整支架的最低和最高位置，并拍下快照。调整好位置后，对所采用模型进行分析，执行全局干涉，分别对支架处于最低和最高位置时进行全局干涉检查，检查结果直接显示在模型中，同时用数字给出干涉区域的面积。通过对整个支架的装配结构进行干涉检查，可以观察和分析出现的干涉问题，及时查找问题，直到无干涉存在。

3. 液压支架的运动仿真

液压支架在工作过程中，必须具备升架、降架、推溜和移架四个基本动作，这些动作是利用泵站供给的高压乳化液，通过工作性质不同的千斤顶和立柱来完成的。液压支架的仿真部分采用动画仿真的方式，可以在不设定运动的情况下，用鼠标拖动组件，仿照动画制作过程，一步一步快拍，最后插入关键帧，完成仿真并捕捉输出。液压支架的运行过程如图 2-25 所示。

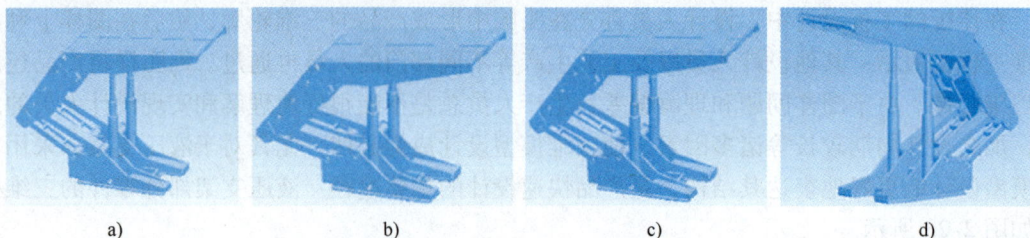

图 2-25　液压支架的运行过程

a) 正常工作位置　b) 降架至最低位置　c) 升架过程　d) 到达支护位置

4. 基于 ADAMS 的液压支架数字样机的运动学分析

基于 ADAMS 的运动学仿真可确定组成液压支架的点或构件的位移、速度和加速度的变化范围。在 ADAMS/ View 中，选择顶梁梁端中间位置的一个点为测量点，建立一个测量，定义测量特征为移动位移（Translational Displacement），测量分量分别为 x、y。设定 STEP 函数，在设置好驱动后，运行 ADAMS 软件的仿真模块 ADAMS/ Solver，进行仿真运算，并可绘制运动轨迹。在 ADAMS/Postprocessor 中，可以绘制液压支架顶梁梁端标记点 x、y 方向的位移变化曲线，如图 2-26 所示。由图 2-26可知，顶梁只是上下工作，所以 x 方向位移不变，y 方向位移由 A 值减小到 C 值，C 值增大到 E 值；支架不工作时，y 方向位移保持在 E 值不变。顶梁的运动轨迹呈双扭线变化，双向摆动。

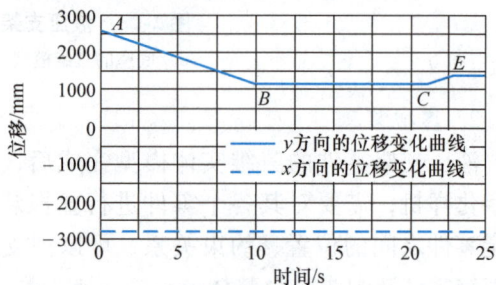

图 2-26　液压支架顶梁梁端标记点 x 和 y 方向的位移变化曲线

通过 Pro/ E 软件进行三维建模，准确地建立液压支架的数字化样机模型，并且采用 Pro/ E 的动画仿真功能，实现液压支架的运动过程仿真。通过仿真，既可观察所设计的产品零部件是否达到预期的设计目的，又可以根据观察到的结果对产品进行修改、更新或重新设计，为新产品开发及研制提供了有效的途径。后续工作还需要结合 ADAMS 软件对液压支架的动力特性进行详细模拟和分析，以保证液压支架的设计质量。

第三节　数字化工艺

产品的制造过程就是将原材料通过一定的工艺方法按设计要求加工成产品的过程。

传统手工工艺设计对工艺设计人员要求较高。由于工艺设计需要生成大量的工艺文件，因此工作量大且效率低下。数字化设计虽已普及，但工艺设计绝大多数还依靠人工方式进行，无法利用和共享 CAD 图形和数据，难以保证数据的准确性。因此，应进一步提高工艺管理水平，把工艺技术人员从烦琐的事务性工作中解放出来，让他们集中精力探索最先进的工艺方案。

一、计算机辅助工艺过程设计

工艺设计工作不仅涉及企业的生产类型、产品结构、工艺装备及生产技术水平等，甚至还受工艺人员实际经验和生产管理体制的制约，其中的任何一个因素发生变化，都可能导致工艺设计方案的变化。因此，工艺设计是企业生产活动中最活跃的因素，工艺设计对其使用环境的依赖必然导致工艺设计具有动态性和经验性。

随着计算机在制造型企业中的普遍应用，通过计算机进行工艺辅助设计已成为可能，计算机辅助工艺过程设计的应用将为提高工艺文件的质量，缩短生产准备周期以及将广大工艺人员从烦琐、重复的劳动中解放出来提供一条切实可行的途径。应用计算机辅助工艺过程设计的必要性已被越来越多的企业所认识，选取一个适宜本企业生产及管理环境的计算机辅助工艺过程设计系统，不但能充分发挥计算机辅助工艺过程设计的优越性，更能为企业数据信息的集成及管理打下良好的基础。

1. CAPP 的概念

计算机辅助工艺过程设计（Computer Aided Process Planning，CAPP），是指借助于计算机软硬件技术和支撑环境，利用计算机进行数值计算、逻辑判断和推理等来制订零件机械加工工艺过程。CAPP 的功能如图 2-27 所示。借助于 CAPP 系统，可以解决手工工艺设计效率低、一致性差、质量不稳定、不易达到优化等问题。CAPP 也是利用计算机技术辅助工艺师完成零件从毛坯到成品的设计和制造过程。

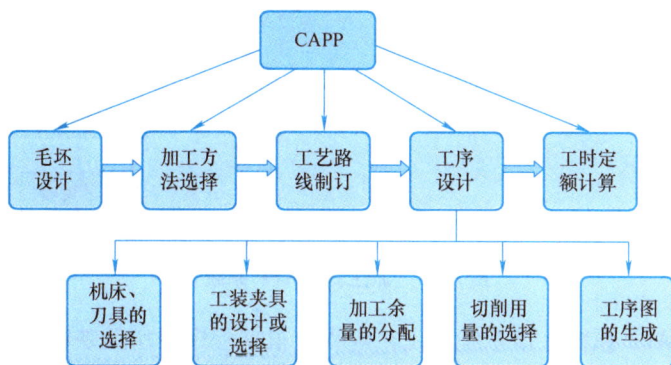

图 2-27　CAPP 的功能

2. CAPP 的发展历程

CAPP 的开发、研制是从 20 世纪 60 年代末开始的。在制造自动化领域，CAPP 的发展是最迟的部分。世界上最早研究 CAPP 的国家是挪威，并于 1969 年正式推出世界上第一个 CAPP 系统 AUTOPROS；1973 年正式推出商品化的 AUTOPROS 系统。在 CAPP 发展史上具有里程碑意义的是于 1976 年推出的 CAM – Ⅰ's Automated Process Planning 系统。取其字首的第一个字母，称为 CAPP 系统。目前对 CAPP 这个缩写法虽然还有不同的解释，但把 CAPP 称为计算机辅助工艺过程设计已经成为公认的释义。

我国对 CAPP 的研究始于 20 世纪 80 年代初。迄今为止，在国内学术会议、刊物上发表的 CAPP 系统已有 50 多个，但被工厂、企业正式应用的系统只是少数，真正形成商品化的 CAPP 系统还不多。

3. CAPP 系统的分类

自从第一个 CAPP 系统诞生以来，各国对使用计算机进行工艺辅助设计进行了大量的研究，并取得了一定的成果。目前，按照传统的设计方式，CAPP 可分为以下三类。

（1）派生式 CAPP 系统　该系统建立在成组技术（GT）的基础上。它的基本原理是利用零件的相似性，即相似零件有相似工艺规程。一个新零件的工艺规程是通过检索系统中已有的相似零件的工艺规程并加以筛选或编辑而成的。计算机内存储的是一些标准工艺过程和标准工序；从设计角度看，与常规工艺设计的类比设计相同，也就是用计算机模拟人工设计的方式，其继承和应用的是标准工艺。派生式 CAPP 系统必须有一定量的样板（标准）工艺文件，在已有工艺文件的基础上修改编制生成新的工艺文件。派生式 CAPP 系统如图 2-28 所示。

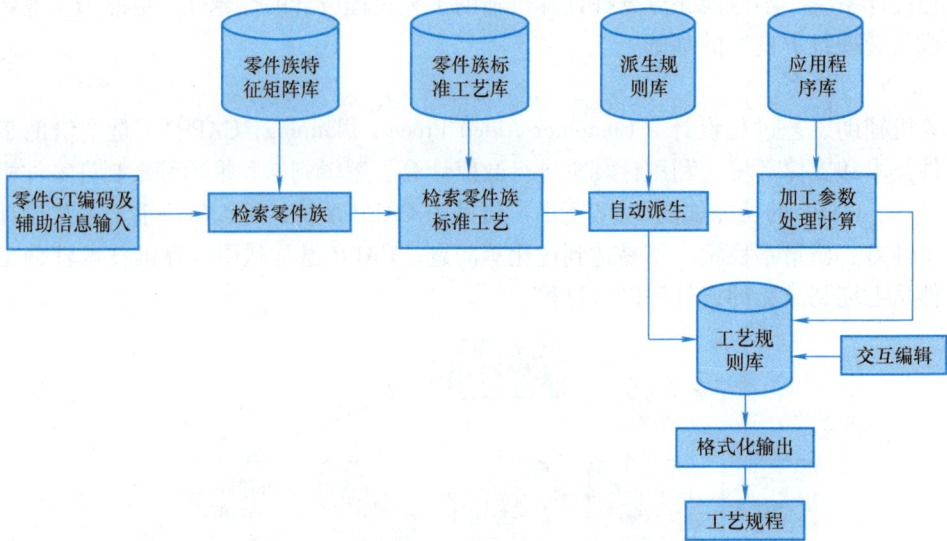

图 2-28　派生式 CAPP 系统

（2）创成式 CAPP 系统　该系统的工艺规程是根据程序中所反映的决策逻辑和制造工程数据信息生成的，这些信息主要是有关各种加工方法的加工能力和对象、各种设备及刀具的适用范围等一系列的基本知识。工艺决策中的各种决策逻辑存入相对独立的工艺知识库，供主程序调用。向创成式 CAPP 系统输入待加工零件的信息后，系统能自动生成各种工艺规程文件，用户不需或略加修改即可。创成式 CAPP 系统如图 2-29 所示。

创成式 CAPP 系统不需要派生法中的样板工艺文件，在该系统中只有决策逻辑与规则，系统必须读取零件的全面信息，在此基础上按照程序所规定的逻辑规则自动生成工艺文件。

（3）综合式 CAPP 系统　该系统是将派生式 CAPP 系统、创成式 CAPP 系统与人工智能结合在一起综合而成的，如图 2-30 所示。

从以上三种 CAPP 系统工艺文件产生的方式可以看出，派生式 CAPP 系统必须有样板文件，因此它的适用范围局限性很大，它只能针对某些具有相似性的零件产生工艺文件。在一个企业中，如果这种零件只是一部分，那么其他零件的工艺文件派生式 CAPP 系统就无法解决。创成式 CAPP 系统虽然基于专家系统，自动生成工艺文件，但需输入全面的零件信息，

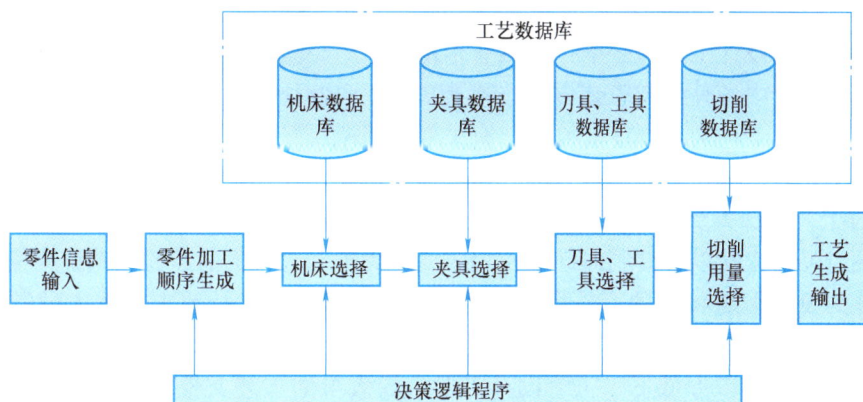

图 2-29 创成式 CAPP 系统

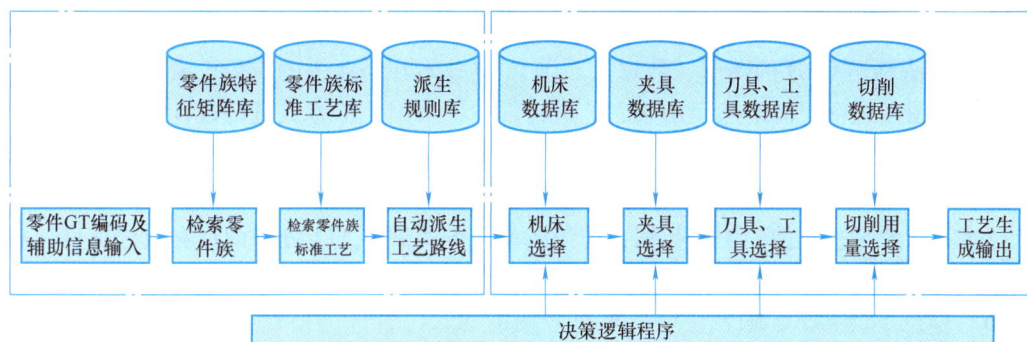

图 2-30 综合式 CAPP 系统

包括工艺加工的信息。信息需求量极大、极全面，系统要确定零件的加工路线、定位基准和装夹方式等，从工艺设计的特殊性及个性化分析，这些知识的表达和推理无法很好地实现。正是由于知识表达的"瓶颈"与理论推理的"匹配冲突"，至今仍无法很好地解决，自优化和自我完善功能差，因此 CAPP 的专家系统方法仍停留在理论研究和简单应用的阶段。

目前，国内商品化的 CAPP 系统可分为以下几种。

1）使用 Word、Excel、AutoCAD 或二次开发的 CAPP 系统。此类 CAPP 系统所生成的工艺文件是以文本文件的形式存在的，无法生成工艺数据，更谈不上工艺数据的管理。

2）常规的数据库管理系统。工艺卡片使用 Form、Report 或在 AutoCAD 上绘制卡片的 CAPP 系统。此类 CAPP 系统所生成的工艺卡片是由程序生成的，工艺卡片的填写无法实现所见所得，如果企业的卡片形式需要更新，就需要更改源程序。

3）注重卡片的生成，但工艺数据的管理功能较弱的 CAPP 系统。此类 CAPP 系统的工艺数据是分散在各个工艺卡片当中的，很难做到对工艺数据的集中管理。

4）采用"所见所得"的交互式填表方式 + 工艺数据管理、集成的综合式 CAPP 系统。此类 CAPP 系统的填表方式更符合工艺设计人员的工作习惯，方便地与企业的 PDM 系统集成，管理产品的工艺数据，并为 MRP Ⅱ、MIS 等系统提供有效的生产和管理用的工艺数据。

4. 传统工艺设计的局限性

一个好的工艺设计工程师必须：①具有丰富的生产经验；②熟知企业的各种设备的使用情况；③熟知企业内各种生产工艺方法；④熟知企业内各种与生产加工有关的规范；⑤熟知与生产管理有关的各种规章制度；⑥能与有关各方保持友好协作。

传统的工艺设计都是由人工进行的，这就不可避免地存在以下缺点。

（1）对工艺设计人员要求高　传统的工艺设计是由工艺人员手工进行设计的，工艺文件的合理性、可操作性以及编制时间的长短主要取决于工艺人员的经验和熟练程度。这会导致工艺文件的设计周期和质量不易保证。因此，传统的工艺设计要求工艺人员具有丰富的经验。

（2）工作量大，效率低下　工艺设计需要生成大量的工艺文件，这些工艺文件多以表格、卡片的形式存在。手工进行工艺设计一般要经过以下步骤：由工艺人员按零件设计工艺过程填写工艺卡片、绘制工序草图等；校对；审核；誊写、描图；晒图；装订成册。另外，工艺人员还要进行大量的汇总工作，如工装汇总、设备汇总等。这些工作的工作量很大，需要花费很长时间。

（3）无法利用 CAD 的图形、数据　二维 CAD 技术在企业中的应用已很普及，各部门之间通过电子图档进行交流。然而由于工艺设计部门仍采用人工方式进行设计，无法有效利用 CAD 的图形及数据。

（4）难以保证数据的准确性　工艺设计需要处理大量的图形和数据信息，并通过工艺设计产生大量的工艺文件和工艺数据；传统的设计方式需要人工处理图形和数据信息，由于数据繁多且很分散，处理起来烦琐、易出错。

（5）信息不能共享　随着企业计算机应用的深入，各部门所产生的数据可以通过计算机进行数据交流和共享。如果工艺部门仍采用手工方式，其他部门的数据就只能通过手工查询，工作效率低且易出错。

二、制造过程管理

日益激烈的竞争环境要求企业从传统的大规模生产模式革新为大规模定制模式，实现产品的快速和个性化定制生产。制造企业不仅要通过计算机高效地生成和管理工程图样（CAD），还要利用 PDM 为平台将各种应用系统集成在统一的平台下；不仅要以订单为驱动将企业管理过程的信息进行集成的管理（ERP），还要重视生产制造过程工艺信息的管理——这是产品形成的关键过程，也是决定产品质量、上市时间、生产成本的关键因素。制造过程管理（Manufacturing Process Management，MPM）是一种贯穿计划、设计、制造和管理全过程的协同工作环境，旨在对生产过程中的工艺信息进行协调的统一管理。MPM 的功能如图 2-31 所示。

MPM 解决方案主要解决了生产管理部门在制造过程中复杂工艺过程的管理问题，应用在制造工艺管理中的各个阶段，包括规划阶段和工程阶段。在这些阶段中，系统采用其本身的计划工具、运营过程仿真优化工具、工程工具、装配仿真工具、质量控制工具等来仿真和优化制造过程，同时又可以使用支持协同作业的浏览器工具等对整个工艺过程进行统一的监控和管理。通过与 CAD、PDM、ERP 系统的集成和交互，企业可实现产品数据、工艺数据和资源数据的共享。

学术上将以 MPM 为代表的数字化制造系统定义为连接设计和制造之间的桥梁，它通过

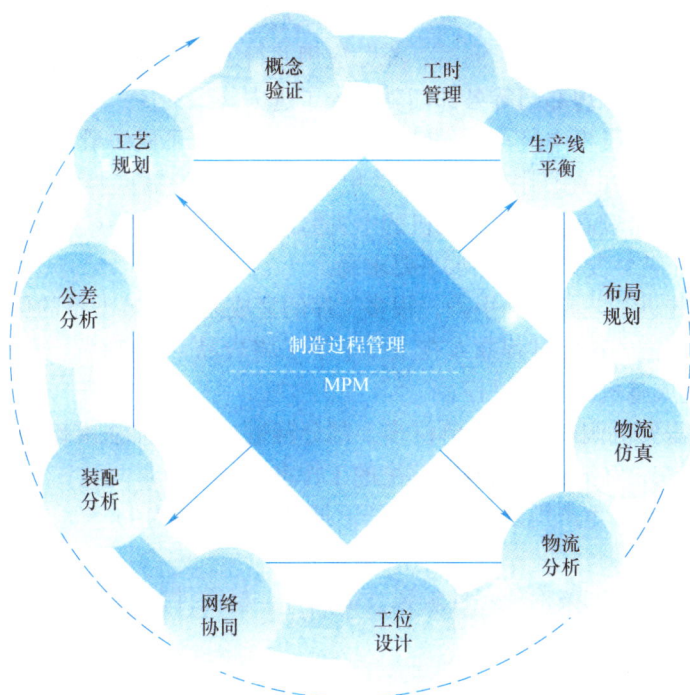

图 2-31　MPM 的功能

一系列工厂、工艺设计及管理工具，仿真产品制造的全过程，在实际产品制造之前用可视化的方式规划和优化产品的制造工艺方案。

MPM 是为制造企业在工艺规划、工艺设计、工艺仿真过程中提供一系列结构化、可视化的工具和技术，其核心技术可以分为工艺设计和仿真技术（主要包括 CAM 技术、装配过程与仿真技术、物流设计与仿真技术、公差分析、机器人离线编程及仿真技术、人机作业模拟与仿真技术）以及工艺管理（主要包括 PBOM 管理、工艺设计管理、工艺资源管理、工艺报表）。

数字化制造是利用数字化技术及工具在实物产品被生产制造出来之前，进行规划、设计、仿真和管理的过程，其内涵包含工艺规划、工艺设计、工艺仿真和工艺管理四个方面。

（1）工艺规划　描述组成产品的制造工序流程，主要是描述整个产品所有零部件的作业流程、操作地点以及相互之间的关系。

（2）工艺设计　描述某一个零件或者部件在某一道工序具体的加工过程以及所需的设备、工装、工时等信息的过程，在数控加工环境下，则需要编制零件的数控加工代码。

（3）工艺仿真　利用三维及虚拟仿真技术，在计算机虚拟的环境中真实再现工艺规划、工艺设计的实现过程，并且允许用户实时操作工艺设备或改变相关参数。

（4）工艺管理　管理工艺规划、工艺设计、工艺仿真过程中产生的文档、数据以及这些文档、数据的产生过程。

三、应用案例

1. 基本情况

ARJ21 是 Advanced Regional Jet for the 21st Century 的简称，是 70 ~ 90 座级的中、短航程

支线飞机，拥有国内自主知识产权，按照世界上最新技术设计，研制过程中全面采用数字化技术是该新支线飞机的又一特点。同时，充分应用并行工程技术，从飞机总体方案起，设计部门、工艺部门、项目管理部门等各部门就介入了进去。

中央翼组件结构是飞机中最重要的结构件之一，是整个飞机中最重要的承力结构，同时也是西安飞机工业（集团）有限责任公司承担 ARJ21 飞机的最重要装配件，其装配结构复杂，装配工艺技术要求较高。ARJ21 飞机的中央翼组件具有如下特点。

1）生产过程工艺性复杂，专业水平要求高。

2）采用国外先进工艺方法和手段，很多工序的完成需要工装设备的保障。

3）手工作业性强，装配过程靠人在飞机上手工将成品、零部件、材料、标准件、电缆导管组成系统而完成整机的装配过程。

4）生产过程需要协调的问题和单位多，部分问题的出现无法准确地确定，依靠原理、经验判断问题的所在，需要协调和协助解决的工作多。

5）生产过程复杂，生产周期相对比较长，批量生产周期为 45 天左右，新机生产为 4 个月左右。

6）生产过程中对生产条件依赖性较强，零部件、标准件的配套和成品材料的供应等直接制约生产周期，缺一不可。

2. 案例分析

目前国内整个飞机制造过程中处于重要地位的飞机装配过程基本沿袭了数字量传递与模拟量传递相结合的工作模式，装配工艺的设计主要采用 CAPP 系统，但仍然停留在二维产品设计的基础上，与 CAD 系统没有建立紧密的联系，更谈不上与设计的协同工作，无法将装配工艺过程、装配零件及与装配工艺过程有关的制造资源紧密结合在一起实现装配工艺过程的仿真，无法在工艺设计环境中进行三维的虚拟工艺验证，零部件能否准确安装，在实际安装过程中是否发生干涉，工艺流程、装配顺序是否合理，装配工艺装备是否满足需要，装配人员及装配工具是否可达，装配操作空间是否具有开放性等一系列问题无法在装配设计阶段得到有效验证。上述任一环节在实际生产中出现问题都将影响飞机的研制周期，造成费用的损失。

3. 解决方案

应用 DELMIA 软件系统可解决上述问题。该系统包括两个相互关联的独立软件：DPE（Digital Process Engineer）和 DPM（Digital Process Manufacture）。DPE 为数字化工艺规划平台，是产品工艺和资源规划应用的平台。利用在产品设计初步阶段产生的数字样机或 EBOM（工程材料表，它包括零件、装配件、外购件及其对应信息——图样、文件、材料等）数据，进行产品分析、工艺流程定义、总工艺设计计划、工艺细节规划、工艺路线制订；同时还可实现工艺方案评估、工时分析、车间设施布局和车间的物流仿真等功能。DPM 为工艺细节规划和验证应用的环境。它是按照 DPE 中设计好的各种工艺并结合各种制造资源，以实际产品的三维（或数字样机）模型，构造三维工艺过程，进行数字化装配过程仿真与验证。利用验证的结果可分析出产品的可制造性、可达性、可拆卸性和可维护性。它真正实现了产品数据和三维工艺数据的同步。DPE 与 DPM 的相互关系如图 2-32 所示。

具体项目实施内容如下。

1）在 CATIA 软件中，读入已经设计好的 ARJ21 飞机的中央翼产品数据，并通过脚本文

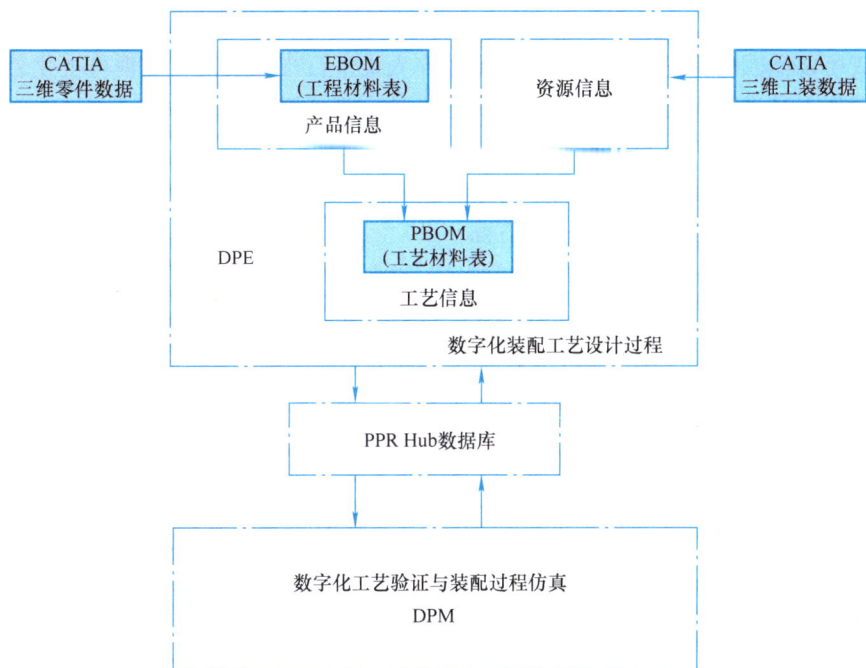

图 2-32　DPE 与 DPM 的相互关系

件生成该产品的 EBOM 。

2）在 DPE 软件中，将 EBOM 导入针对西安飞机工业（集团）有限责任公司特别定义的工艺设计模板中，形成 DPE 的产品信息表。将已定义好的相关资源（如厂房、工装、人等）加入 DPE 环境中，形成资源信息表。并且根据实际装配工艺，在 DPE 中构建详细装配工艺信息表，同时将与该工艺有关的产品和资源加入该工艺中。最后将规划好的装配工艺存入 PPR Hub 数据库中。该软件可根据各装配工艺模型和装配型架、夹具、工厂等制造资源创建三维模型，按照确定的装配流程进行全面的工艺布局设计和三维数字化装配工厂仿真，进行生产能力的平衡分析，并不断对工艺布局和装配流程进行调整、优化。

3）通过 PPR Hub 数据库，将 DPE 中设计好的工艺过程导入 DPM 中，进行详细的二维工艺验证和仿真。在 DPM 软件中完成的主要内容如下。

① 装配顺序的仿真。利用已有的装配工艺流程（Process）信息、产品（Product）信息和资源（Resource）信息，在定义好每个零件的装配路径的基础上，实现产品装配过程和拆卸过程的三维动态仿真，从而发现工艺设计过程中装配顺序设计的错误。

② 装配干涉的仿真。在装配顺序仿真过程中对每个零件进行干涉检查。当系统发现它们之间存在干涉情况时予以报警，并显示出干涉区域和干涉量，帮助工艺设计人员查找和分析干涉原因。

③ 产品和制造资源的仿真。在装配顺序仿真的基础上，引入工装等制造资源的三维实体模型，对产品和制造资源进行三维动态仿真，以发现产品与制造资源发生干涉的问题。

④ 人机工程仿真。在对产品与制造资源仿真的基础上，将定义好的三维人体模型放入该环境中，进行人体和其所制造、安装、操作与维护的产品之间互动关系的动态仿真，以分析操作人员在该环境下工作的姿态、负荷等，进而修改和优化工艺流程和制造资源。

⑤ 装配过程的记录。利用以上装配过程的三维数字化仿真功能，将整个装配过程记录下来，形成可以播放的影片格式，指导现场操作人员进行飞机装配，实现可视化装配，同时也可以对操作人员进行上岗的培训，帮助操作人员直观了解操作全过程。

⑥ 生成相关文档。整个装配仿真过程经验证无误后，可以按照需要，定制生成相关的文档。

通过中央翼组件的数字化工艺设计与过程仿真验证，可以发现中央翼总装型架和中央翼总装工作梯的设计存在如下需要改进的方面。

1）中央翼总装工作梯立柱位置不合理。一般情况下，操作人员是双手端着工具盒上到型架上，而原始设计的工作梯立柱恰好挡住了操作人员上到型架上的路径。

2）操作人员从地面上到型架上，型架地板面距地面距离约为500mm，以操作人员平均身高1720mm分析，其右腿抬得过高，此时人会失去重心。

3）操作人员拿着工具上到中央翼上翼面工作，型架工作梯距上翼面边缘有730mm距离，操作人员来回行走存在安全隐患。

4）通过观察操作人员拿着工具进入中央翼里工作的仿真图片，可以看到这个姿势很不舒服，右腿与上部躯体夹角为106.532°，接近极限角度113°，工作环境极为恶劣。

第四节　数字化加工与装配

一、数控加工设备

1. 数控加工的基本概念

数控加工是指由控制系统发出指令，使刀具做符合要求的各种运动，按照以数字和字母形式表示的工件形状和尺寸等技术要求和加工工艺要求进行的加工。它泛指在数控机床上进行零件加工的工艺过程。

数控机床是一种用计算机来控制的机床。数控机床的运动和辅助动作均受控于数控系统发出的指令。而数控系统的指令是由程序员根据工件的材质、加工要求、机床的特性和系统所规定的指令格式（数控语言或符号）编制的。数控系统根据程序指令向伺服装置和其他功能部件发出运行或中断信息来控制机床的各种运动。当零件的加工程序结束时，机床便会自动停止。任何一种数控机床，在其数控系统中若没有输入程序指令，数控机床就不能工作。机床的受控动作大致包括机床的起动、停止，主轴的起动、停止、旋转方向和转速的变换，进给运动的方向、速度和方式，刀具的选择、长度和半径的补偿，刀具的更换，切削液的打开、关闭等。

2. 数控加工的特点

与常规加工相比，数控加工具有如下特点。

1）自动化程度高。在数控机床上加工零件时，除了手工装卸工件外，全部加工过程都由机床自动完成。在柔性制造系统上，上下料、检测、诊断、对刀、传输、调度和管理等也都由机床自动完成，这减轻了操作人员的劳动强度，改善了劳动条件。

2）加工精度高，加工质量稳定。数控加工的尺寸精度通常为0.005~0.1mm，目前最高的尺寸精度可达±0.0015mm，不受零件形状复杂程度的影响，加工中消除了操作人员的人为误差，提高了同批零件尺寸的一致性，使产品质量保持稳定。

3）对加工对象的适应性强。数控机床上实现自动加工的控制信息是加工程序。当加工对象改变时，除了相应更换刀具和解决工件装夹方式外，只要重新编写并输入该零件的加工程序，便可自动加工出新的零件，不必对机床做任何复杂的调整，这缩短了生产准备周期，给新产品的研制开发以及产品的改进、改型提供了捷径。

4）生产率高。数控机床的加工效率高，一方面是自动化程度高，在一次装夹中能完成较多表面的加工，省去了划线、多次装夹、检测等工序；另一方面是数控机床的运动速度快，空行程时间短。目前，数控车床的主轴转速已达到 $5000\sim7000r/min$，数控高速磨削的砂轮线速度可达到 $100\sim200m/s$，加工中心的主轴转速已达到 $20000\sim50000r/min$，各轴的快速移动速度可达到 $18\sim70m/min$。

5）易于建立计算机通信网络。由于数控机床使用的是数字信息，易于与计算机辅助设计和制造（CAD/CAM）系统连接，形成计算机辅助设计和制造与数控机床紧密结合的一体化系统。

3. 数控加工设备的分类

（1）按工艺用途分

1）金属切削类数控机床。它有数控车床、数控铣床、数控磨床、数控镗床以及加工中心。这些机床的动作与运动都是数字化控制的，具有较高的生产率和自动化程度，特别是加工中心，它是一种带有自动换刀装置，能进行铣、钻、镗削加工的复合型数控机床。加工中心又分为车削中心、磨削中心等。另外，还有在加工中心上增加交换工作台以及采用主轴或工作台进行立、卧转换的五面体加工中心。

2）金属成形类及特种加工类数控机床。它是指金属切削类以外的数控机床。数控弯管机、数控线切割机床、数控电火花成形机床等都是这一类数控机床。

（2）按运动方式分

1）定位控制数控机床。它是指能控制刀具相对于工件精确定位，而在相对运动的过程中不能进行任何加工的机床。这类数控机床可通过采用分级或连续降速，低速趋近目标点，从而减少由于运动部件的惯性过冲引起的定位误差。

2）直线运动控制数控机床。它是指控制机床工作台或刀具以要求的进给速度，沿平行于某一坐标轴或两轴的方向进行直线或斜线移动和切削加工的机床。这类数控机床要求具有准确的定位功能和控制位移的速度，而且也要有刀具半径、长度的补偿功能以及主轴转速控制的功能。现代组合机床也算是一种直线运动控制数控机床。

3）轮廓控制数控机床。它是指能实现两轴或两轴以上的联动加工，而且对各坐标的位移和速度进行严格不间断控制的数控机床。现代数控机床大多数有两坐标或以上联动控制、刀具半径和长度补偿等功能。按联动轴数也可分为两轴联动、两轴半联动、三轴联动、四轴联动及五轴联动等。随着制造技术的发展，多坐标联动控制也越来越普遍。

（3）按控制方式分

1）开环控制系统。该系统是指没有检测反馈装置的控制系统，其特点是结构简单、价格低廉，但难以实现运动部件的快速控制。它广泛应用于步进电动机低转矩、高精度、速度中等的小型设备的驱动控制中，特别是在微电子生产设备中。

2）半闭环控制系统。该系统在电动机轴或丝杠的端部装有角位移、角速度检测反馈装置，通过检测反馈装置反馈给数控装置的比较器与输入指令比较，用差值控制运动部件，其特点是调试方便，有良好的系统稳定性，结构紧凑，但机械传动链的误差无法得到校正或消除。目前采用有很好的精度和精度保持性的滚珠丝杠螺母机构以及高可靠度的、可消除反向运动间隙的机构，可以满足大多数的数控机床。因此，该系统被广泛地采用且成为首选的控制方式。

3）闭环控制系统。该系统在最终的运动部件的相应位置安装直线或回转式检测反馈装置，将直接测量到的位移或角位移反馈到数控装置的比较器中，与输入指令位移量比较，用差值控制运动部件，其优点是将机械传动链的全部环节都包含在闭环内，精度取决于检测反馈装置的精度，且高于半闭环系统，缺点是价格昂贵，对机构和传动链的要求严格，否则会引起振荡，降低系统的稳定性。

（4）按功能水平分　一般把数控机床分为精密型、普通型和经济型。数控机床性能的高低一般取决于以下几个参数和功能。

1）中央处理单元。经济型数控机床采用 8 位的 CPU，精密型和普通型数控机床采用由 16 位发展到 32 位或 64 位且采用精简指令集的 CPU。

2）分辨率和进给速度。经济型数控机床的分辨力为 $10\mu m$，进给速度为 $8\sim15m/min$；普通型数控机床的分辨力为 $1\mu m$，进给速度为 $15\sim24m/min$；精密型数控机床的分辨力为 $0.1\mu m$，进给速度为 $24\sim100m/min$。

3）多轴联动功能。经济型数控机床为 $2\sim3$ 轴联动；普通型与精密型数控机床为 $3\sim5$ 轴联动，甚至更多。

4）显示功能。经济型数控机床只有简单的数码显示或简单的 CRT 字符显示；普通型数控机床则有较为齐全的 CRT 显示，还有图形、人机对话、自诊断等功能；精密型数控机床则还有三维图形显示。

5）通信功能。经济型数控机床无通信功能；普通型数控机床有 RS232 或 DNC 等接口；精密型数控机床有 MAP 等高性能通信接口。

除以上四种分类方法外，目前还有用数控装置的构成方式来分类的，分为硬件数控机床和软件数控机床；按控制坐标轴数和联动轴数分为三轴两联动数控机床、四轴四联动数控机床和五轴联动数控机床等。

4. 先进数控加工设备介绍

数控加工设备正向着高精度、高效率、复合型、智能型和网络与开放方面发展。

（1）高精度　多种现代综合技术的应用与精益求精的制造方式与管理模式，将机床的几何精度、控制精度、加工精度推向微米、亚微米级新高度，有力促进了全球制造业精密化制造的发展趋势。

日本 YASDA 作为全球著名精密机床制造商，其 YMC430 Ver. Ⅱ超精密微细加工中心可实现 $0.1\mu m$ 的进给，实测定位精度为 0.0005mm，重复定位精度为 0.0003mm。该加工中心采用热对称结构布局，可长时间稳定在高精度工作状态；该加工中心采用直驱电动机驱动，配置可倾转台，五轴联动，主轴转速可达 40000r/min，适用于超小型复杂零件的超精密加工，如图 2-33 所示。

北京广宇大成数控机床有限公司的 MGK2835 高精度数控立式磨床具有极高的精度，1000mm 工作台的径向圆跳动和轴向窜动≤$1\mu m$，工作台外延 1000mm 处轴向圆跳动≤$1\mu m$，通过角度闭环控制的工作台重复定位精度达到 1″，砂轮主轴径向圆跳动和轴向窜动≤$1\mu m$，加工圆度达到 $2\mu m$，如图 2-34 所示。

图 2-33　YMC430 Ver. Ⅱ超精密微细加工中心

图 2-34　MGK2835 高精度数控立式磨床

（2）高效率　现代机床通过多种自动化技术已经将机床的效率提到了很高的程度，但新的增效措施仍在创新中不断涌现，目前的发展趋势主要集中体现在机器人与机床的结合、多轴多刀多工位加工以及减少辅助时间等方面。OKUMA立式加工中心与数控车床组成的柔性加工单元与关节机器人的集成，如图 2-35 所示。

利用先进的动态监控技术可以节省辅助时间，提高加工效率。MAZAK 的智能维护与支持

图 2-35　柔性加工单元与关节机器人的集成

技术便是一例，通过设备维护与监控，减少意外停机时间。通过监控主轴状态，缩短停机时间，对机床进行预防性维护。动态监控技术如图 2-36 所示。

现代机床多采用多主轴多工位提高加工效率。日本高松（TAKAMAZ）XW 系列并列主轴双刀刀塔精密车床如图 2-37 所示。

加工

编程

刀具数据

设置

维护保养

图 2-36　动态监控技术

图 2-37　日本高松 XW 系列并列主轴双刀刀塔精密车床

（3）复合加工　得益于高档数控系统强大的控制能力、日益精湛的设计与制造技术，复合机床以其强大的工艺、工序集约复合能力，顺应了一机多能、多品种、小批量、一次装夹完成全部加工的个性化市场需求，越来越受到市场和用户的欢迎。"一台机床一个车间"已经不是梦想，而是实实在在的现实。

奥地利 WFL M120 MILLTURN 铣车复合加工中心可实现攻螺纹、车、铣、插齿、滚齿、镗、钻等多种加工方式，如图 2-38 所示。

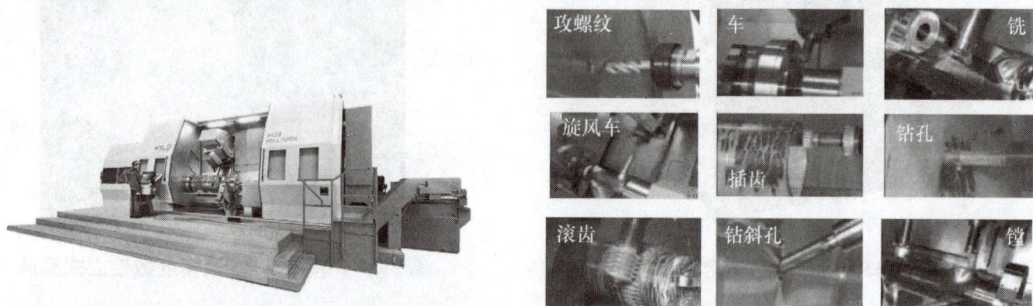

图 2-38　WFL M120 MILLTURN 铣车复合加工中心

DMG MORI LASERTEC 210 Shape 的五轴铣削和激光纹理加工复合加工系统，复合了机械切削和激光加工，使其加工范围得到大幅拓展，如图 2-39 所示。

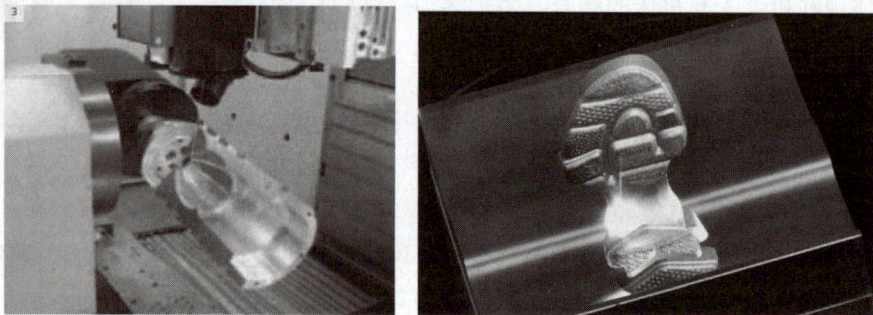

图 2-39　DMG MORI LASERTEC 210 Shape 的五轴铣削和激光纹理加工复合加工系统

MAZAK INTEGREX i－400 AM 的五轴增/减材复合加工中心，把减材加工的机械切削和增材加工的 3D 打印技术进行了复合，如图 2-40 所示。它提供两种类型的熔覆头（高速成形和高精度成形），平时装在刀库里，可以自动安装在主轴上，并与其他刀具一样通过自动换刀装置调用。

图 2-40　MAZAK INTEGREX i－400 AM 的五轴增/减材复合加工中心

（4）智能化 智能化是自控技术的高级发展形态，是现代科技与人工智能相互融合的产物。智能技术所要面对和解决的是复杂环境以及多变条件下加工过程中众多动态随机的、不确定的，以前只能通过停机并人工干预才能解决的问题，如工作环境变化，材料变化，工件质量、尺寸、形状、位置的变化，刀具磨耗变化，切削条件变化，工艺系统刚度变化等因素或多因素综合效应引发的问题，自动进行动态调整，通过自我感知、自我决策、自我执行，实现加工过程的自适应控制，达到提高加工品质、效率、效益以及降低操作难度等目的。现代机床所具有的智能技术已经大大改变了人们对传统机械的认知和感受，人机关系日渐密切友好，人机相互作用效果更加明显。

意大利萨瓦尼尼（SALVAGNINI）P2 Lean 新一代紧凑型多边折弯中心借助于传感器系统，精确测量加工过程中厚度、张力强度的变化值，通过 Mac 2.0.a 软件计算回弹量并自动进行调整控制。该设备可满足每一个折弯要求，只要简单地告知设备所需要的折弯，即可在最短的时间内自动完成，如图 2-41 所示。

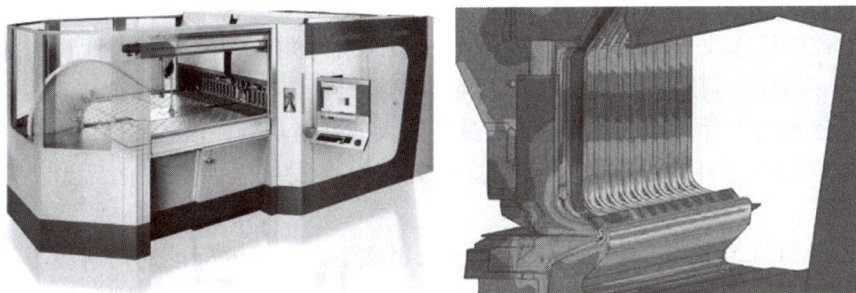

图 2-41　萨瓦尼尼（SALVAGNINI）P2 Lean 多边折弯中心

德国海德汉（HEIDENHAIN）TNC640 数控系统的 LAC（负载自适应控制）可以在自动确定工件当前质量、转动惯量和摩擦力的基础上，连续前馈并自适应控制其变化，使加工参数跟随工件的变化而变化。负载自适应控制如图 2-42 所示。

日本 OKUMA 系统的振动抑制技术可根据传感器信号，计算并变换主轴至最佳转速。同时还可将多个最佳主轴转速候补值显示在界面上，通过触摸屏人工选择，如图 2-43 所示。

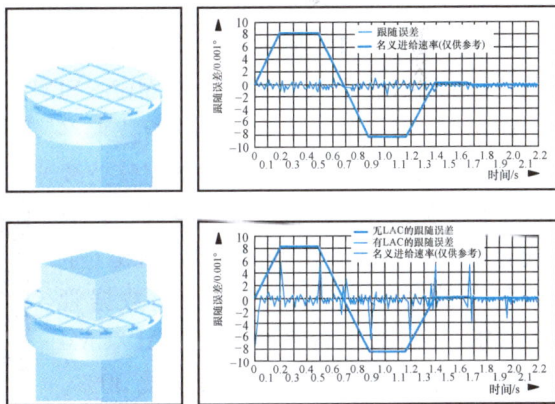

图 2-42　负载自适应控制

HEIDENHAIN TNC640 数控系统的进给速度自适应智能控制技术可使保持主轴最大功率条件下的进给速度自动调整。当进给速度小于定义的最小值、切削条件异常或刀具磨损、破损严重时，系统会自动报警并停机。

三菱 EA8SM 数控电火花加工机通过智能化和自动化，可对复杂形状的零件进行高速高效的放电加工，大幅缩短了抬刀时间。它拥有高效加工（TP）电路、低损耗（SC）电路、镜面加工（GM）电路和硬质合金精加工（PS）电路，可根据加工需求任意选用。EA8SM 数控电火花加工机如图 2-44 所示。

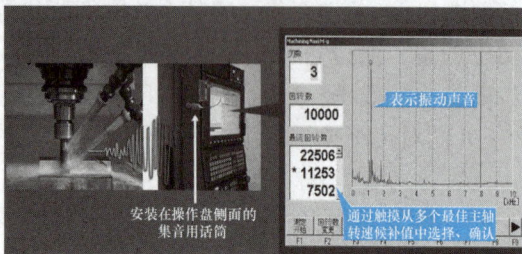

图 2-43　振动抑制技术

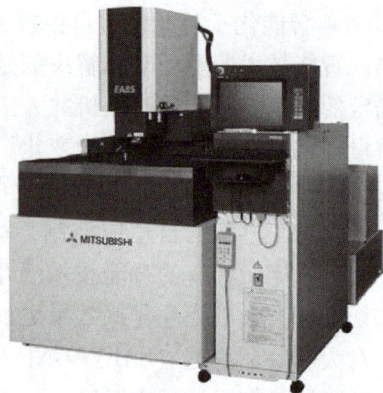

图 2-44　EA8SM 数控电火花加工机

（5）网络与开放　以网络化、信息化为主要特征的第四次工业革命，首先要求作为制造业基础的数控机床改变单纯作为生产制造末端的封闭角色，具有个人计算机那样的开放性，成为某一信息化制造系统或某一云系统的基础单元和信息节点。这就要求现代机床成为信息的互通者和使用者，信息的互通需要具备强大的网络功能，信息的使用需要各类应用软件和开放兼容的应用环境。现代机床在这些方面正在发生巨大的变化，已成为新的竞争焦点。

SIEMENS SINUMERIK 840D s1 数控系统采用基于以太网的标准通信解决方案，内置以太网功能，无须外挂通信处理器，具有强大的网络集成功能。通过基于组件的自动化（Component Based Automation，CBA）技术和功能强大的 PLC 通信，可实现灵活组网以及操作站的动态连接。西门子数控系统通过开放的人机界面（Human Machine Interface，HMI）和实时控制内核（NC Realtime Kemal，NCK），可满足用户的个性化需求。各种图像、软件或是工艺功能都可轻松融入该系统。SIEMENS SINUMERIK 840D s1 数控系统如图 2-45 所示。

DMG MORI CELO 系统以独特的技术将机床与公司组织连接为一体，构成完整持续的数字化、无纸化生产的支撑和基础。它兼容现有的 ERP（企业资源计划）、PPS（生产计划与控制系统）、PDM（产品数据管理）、MES（制造执行系统）和 CAD/CAM（软件与控制系统），可将生产率提高 30%。它具有生产计划、辅助功能、技术支持、配置与机床状态监控五类功能的 16 种应用程序，多点触摸屏，实现对数控系统、任务管理、任务规划、网络服务、状态监控、机床维护、工艺流程数据和机床数据等一体化数

图 2-45　SIEMENS SINUMERIK 840D s1 数控系统

字化管理、记录和显示。个人计算机版本能够在个人计算机上使用其所有功能，可将任意机床或设备集成在整体外围设备中，可让用户在加工准备阶段就能对生产与制造流程进行最佳规划与控制。DMG MORI CELO 系统如图 2-46 所示。

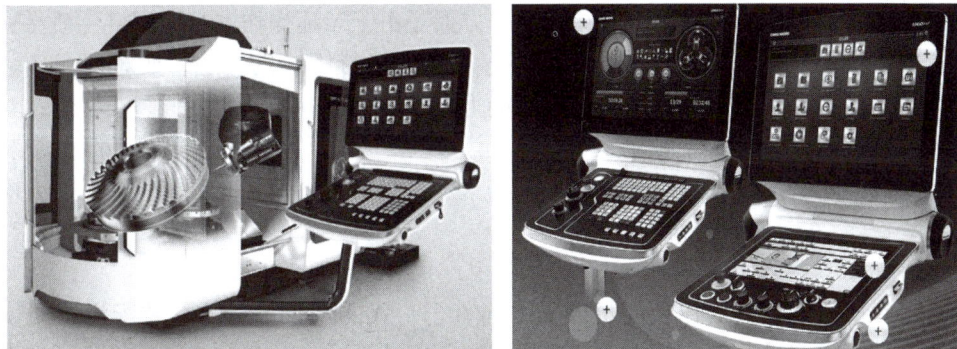

图 2-46　DMG MORI CELO 系统

　　HEIDENHAIN TNC640 数控系统可接入网络，连接个人计算机、编程站和其他数据存储设备。即使是标准版的 TNC640 数控系统，不仅具备 RS232C/V.24 数据接口，而且具备最新的高速千兆级以太网接口。TNC640 数控系统可通过 TCP/IP 协议与 NFS 服务器、Windows 网络通信，无须任何附加软件。数据传输速度最快可达 1000MB/s，可确保快速传输数据。该系统能够灵活地集成到设计、编程、仿真、制订生产计划、生产等工艺链中，将现有刀具及原材料、刀具数据、夹具装夹、CAD 数据、NC 程序、检测要求等数字版文件提供给车间和操作人员，并在 TNC640 数控系统用户界面中显示这些数据的解决方案。标准版的 TNC640 数控系统也提供实用应用程序。使用 CAD 阅读器、PDF 阅读器以及网页浏览器可以在该数控系统中直接查看生产工艺数据。该系统使用基于网页的文档软件或 ERP 系统，操作就像进入电子邮箱一样简单。HEIDENHAIN TNC640 数控系统如图 2-47 所示。

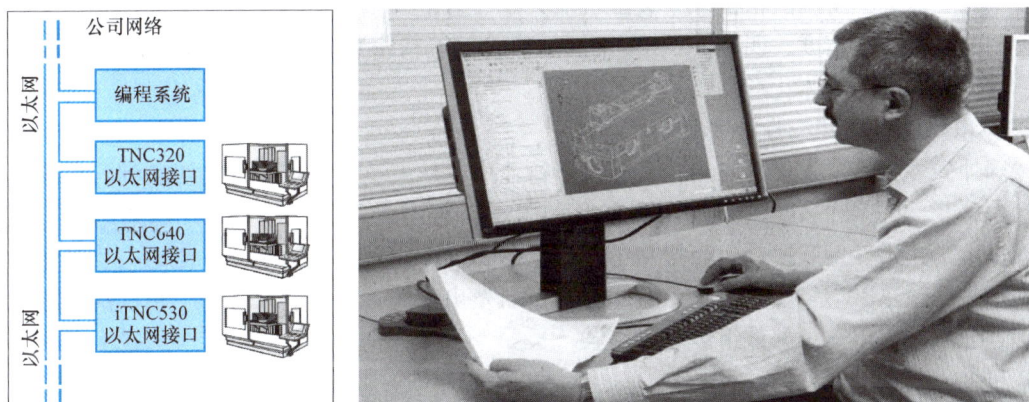

图 2-47　HEIDENHAIN TNC640 数控系统

二、工业机器人与数字化装配

　　工业机器人由操作机（机械本体）、控制器、伺服驱动系统和检测传感装置构成，是一种仿人操作、自动控制、可重复编程、能在三维空间完成各种作业的机电一体化设备，特别适合于多品种、变批量的柔性生产。它对提高产品质量、提高生产率、改善劳动条件和产品的快速更新换代起着十分重要的作用。

　　装配是产品生产的后续工序，在制造业中占有重要地位，在人力、物力、财力消耗中占有很大比例。作为一项新兴的工业技术，机器人装配应运而生。但是，目前机器人装配在各领域中的应用只占很小的份额。究其原因，一方面是由于装配操作本身比焊接、喷涂、搬运等复杂；另一方面，机器人装配技术目前还存在一些亟待解决的问题，如对装配环境要求高，装配效率低；缺乏感知与自适应的控制能力，难以完成变动环境中的复杂装配；对机器人的精度要求较高，经常出现装不上或"卡死"现象。尽管存在上述问题，但由于装配所具有的重要意义，装配领域将是未来机器人技术发展的焦点之一，其重要性在机器人应用中将跃居第一位。

1. 国内装配机器人的发展现状

经过多年的研发，我国在装配机器人方面有了很大的进步。目前在装配机器人研制方面，基本掌握了机构设计制造技术，解决了控制、驱动系统设计和配置、软件设计和编制等关键技术，还掌握了自动化装配线及其周边配套设备的全线自动通信、协调控制技术。在基础元器件方面，谐波减速器、六轴力传感器、运动控制器等也有了突破。

我国已研制出精密型装配和实用型装配机器人，如广东吊扇电动机机器人自动装配线、小型电器机器人自动装配线、自动导引汽车发动机装配线以及精密机心机器人自动装配线等。

近几年来，大连某企业与国内 5 家高校、科研所合作，开发出具有自主知识产权的系列化、模块化直角坐标型装配机器人 CAD 设计平台；开发出两个系列共四种规格的平面关节型装配机器人；开发出两种类型三个系列的直线运动单元以及由此组成的直角坐标型装配机器人；研制出基于开放式体系结构的机器人控制器。该公司自主开发的装配机器人已在家电、电子仪表、轻工等行业得到初步应用，其质量不亚于国外同类产品，是国内当之无愧的高精密的装配机器人。

上海交通大学研制的精密一号装配机器人是一台带有多传感器和多任务操作系统、可离线编程的高速、高精度、四轴 SCARA 平面关节式智能精密装配机器人。该装配机器人属于高、精、尖的机电一体化产品。

2. 国外装配机器人的发展现状

国外的装配机器人最早应用在汽车制造行业中，从汽车个别零部件的组装到汽车的完全自动化整装，许多知名的汽车生产厂家（如丰田、通用、大众、奔驰等）都采用了机器人装配技术构建柔性生产线，从而提高了生产节拍和生产质量。应用非常广泛的一款平面关节型的机械臂 SCARA 是在 1999 年由日本科学家研发出来的。它具有尺寸小、精度高、速度快等优点，非常适用于小部件组装场景。

机器人四大生产公司（发那科、安川、ABB 和库卡）均研发了专门针对装配的机器人产品。日本著名的自动化生产企业发那科研制了专门用于装配的串联关节机器人，已经被很多柔性生产线使用。它具有良好的测控系统、较高的运动位置精度，已经被广泛应用于汽车复杂零部件的装配。ABB 公司推出的 14 自由度的 YUMI 小巧型机器人双臂各有 7 个自由度，特点是结构紧凑、小巧灵活、重量轻等，非常适用于小零件和精密装配。库卡公司也研发了 LBR iiwa 7 自由度智能机械臂，其特点是具有非常精准的力控制功能，可以实现不用防护装置直接与生产操作人员进行协作生产。

3. 装配机器人的关键技术

（1）装配机器人的精确定位　装配机器人运动系统的定位精度是由机械系统静态运动精度（几何误差、热和载荷变形误差）和机电系统高频响应的暂态特性（过渡过程）决定的。其中静态运动精度取决于设备的制造精度和机械运动形式，动态响应取决于外部跟踪信号、系统固有的开环动态特性、所采用的减振方法（阻尼）和控制器的调节作用。

（2）装配机器人的实时控制　在许多应用领域中，计算机的速度和功能往往不能满足需要。特别是在多任务的工作环境下，各任务只能分时工作。

（3）检测传感技术　检测传感技术的关键是传感器技术。它主要用于检测机器人系统中自身与作业对象、作业环境的状态，向控制器提供信息以决定系统的动作。传感器的精度、灵敏度和可靠性很大程度决定了系统性能的好坏。检测传感技术包含两个方面内容：一是传感器本身的研究和应用；二是检测装置的研究与开发，包括多维力觉传感器技术、视觉技术、多路传感器信息融合技术以及检测装置的集成化与智能化技术。

（4）装配机器人系统软件的研制　DOS、Windows 是两种应用广泛的操作系统。DOS 是一个单任务操作系统，Windows 是分时多任务，但均不能满足机器人规划、伺服控制同时进行的要求。为此，必须开发一个能协调上、下位机多任务工作的实时控制程序，它作为 DOS 或 Windows 下的一个应用程序分别在两个系统上运行。装配机器人系统的软件主要由机器人语言编译模块、多任务监控模块、双系统握手通信模块和伺服控制模块四部分构成。系统在上电启动后即初始化，建立双系统联系，根据 Semaphore 锁存器的值及双口 RAM 中的数据调度任务，在机器人进行初始定位后对机器人命令编译，分别由上、下位机同时执行。

（5）装配机器人控制器的研制　装配机器人的伺服控制模块是整个系统的基础。它实现了机器人操作空间力和位置混合伺服控制，实现了高精度的位置控制、静态力控制，并且具有良好的动态力控制性能。伺服控制模块上的局部自由控制模块相对独立于监督控制模块，其能完成精密的插圆孔、方孔等较为复杂的装配作业。监督控制模块是整个系统的核心和灵魂，其包括了系统作业的安全机制、人工干预机制和遥控机制。多任务控制器可作为实时任务控制器广泛应用于装配机器人中，也可用作移动机器人的实时任务控制器。

（6）装配机器人的图形仿真技术　对于复杂装配作业，示教编程方法往往效率不高，如果能直接把机器人控制器与 CAD 系统相连接，则能利用数据库中与装配作业有关的信息对机器人进行离线编程，使机器人在结构环境下的编程具有很大的灵活性。另外，如果将机器人控制器与图形仿真系统相连，则可离线对机器人装配作业进行动画仿真，从而验证装配程序的正确性、可执行性及合理性，为机器人作业编程和调试带来直观的视觉效果，为用户提供灵活友好的操作界面，具有良好的人机交互性。

（7）装配机器人柔顺手腕的研制　一般通用机器人均可用于装配操作，利用机器人固有的结构柔性，可以对装配操作中的运动误差进行修正。通过对影响机器人刚度的各种变量进行分析，并通过调整机器人本身的结构参数来获得期望的机器人末端刚度，以满足装配操作对机器人柔顺性的要求。在装配机器人中采用柔性操作手爪能更好地取得装配操作所需的柔顺性。由于装配操作对机器人的精度、速度和柔顺性等性能要求较高，因此有必要设计专门用于装配作业的柔顺手腕，柔顺手腕是实际装配操作中使用最多的柔顺环节。

三、应用案例

1. 机器人自动化切割

切割机器人能满足切割零件高精度的要求，完成高质量工作，其包括火焰切割、等离子切割和激光切割等。另外，切割机器人也可以实现对飞机壁板的自动化修边。飞机壁板件在加工成形时总要留有一定的余量，在装配前根据具体配合关系进行切边修整。采用工业机器

人能够更高效、更便捷、更精准地完成组件的切
边工作，从而代替传统的手工修边或笨重的切边
机等。机器人为铝合金组件切边如图2-48所示。

2. 机器人自动制孔与连接

装配过程中的零组件装配、部件装配和部件
对接装配都需要进行大量的制孔、铆接等连接工
作。机器人已经实现自动钻铆、焊接等工作，并
逐渐应用于装配中。例如：在大型飞机机身壁板
上进行连接，采用人工钻铆方式完成数以万计的
紧固件制孔、铆接非常耗时耗力，而采用机器人

图 2-48　机器人为铝合金组件切边

带动钻铆末端执行器，或采用爬行机器人可以轻松实现，并且效率是人工的6~10倍。现代
飞机大量采用复合材料、钛合金等难加工材料，大型飞机对大尺寸孔的制备精度提出了更高
的要求，因此应普遍采用自动化制孔技术以满足结构的长寿命、隐身性和互换性的要求。如
图2-49所示，机器人自动制孔系统可用于壁板、翼盒、舱段及大部件对接等。

自动化连接按方式分为机械连接、焊接和胶接三种，图2-50所示为机器人完成焊接工
作；根据连接对象又可分为零组件的连接、部件的组装及对接总装。对于机器人而言，只需
更换一组末端执行器，略微修改程序，即可轻松实现多种连接工作。

图 2-49　串联机器人制孔

3. 测量辅助机器人数字化装配定位

精确定位可以借助数字化技术及自动化设备来辅
助完成，如采用高精度测量设备和工业机器人相结合
的柔性夹持定位系统。数字化光学设备以激光跟踪仪
为代表，包括激光雷达、数字摄影照相机和 iGPS 室
内测量系统等。对小范围的零组件的定位，可借助机
器人结合测量设备来实现。测量设备可以弥补机器人
自身定位精度不足的问题，即在机器人或所夹持的工
件上设置关键测量点，用不同的高精度光学测量设备
对其运动状态、位姿进行监控，机器人按计算的运动

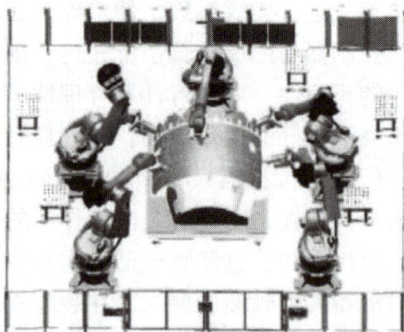

图 2-50　机器人完成焊接工作

轨迹将被装配工件移动到位。例如：波音 B787 的 D – NOSE 组件在钻铆机上就是采用机器
人进行搬运的，在零件的定位面上设置几个激光扫描靶标来辅助定位，如图2-51所示。

对于现代数字工厂来说，如何在较大的厂房中实现零件的运输非常重要，只有高效、快
速、合理地组织部件的调配，才能符合精益制造的原则，达到制造装配的利益最大化。采用

机器人搬运和移动产品零部件到准确的装配位置，不仅提高了装配移动定位的准确性和自动化程度，还大大提高了装配的效率，节省了人力物力。例如：在 AGV 车或者气垫车设备上安装机器人手臂，并借助 iGPS 导航，可以迅速达到指定位置，准确抓取产品零部件运送并安放在目标位置点，如图 2-52 所示。

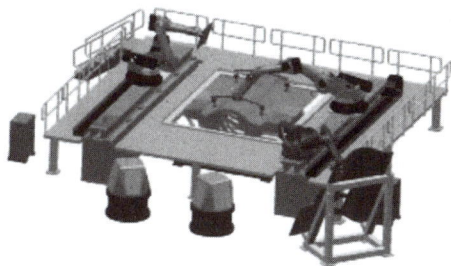

图 2-51　用机器人进行定位移动　　　　图 2-52　AGV 车和机器人手臂组合使用

4. 机器人检测

机器人在检测方面的应用也很广泛。第一，进行产品结构的检查（如孔径和外形检测），如图 2-53 所示。第二，用于工件内部的检查（如无损检测），具有速度快、准确度高等特点。第三，由于机器人可携带多种末端执行机构，因此可以安装测量头（非接触式光学反射镜或接触式探头等），对复杂、隐蔽的产品空间进行测量。这对于具有多种复杂结构零件的产品是极为有用的，如对发动机进气道的测量、安装和检验等。

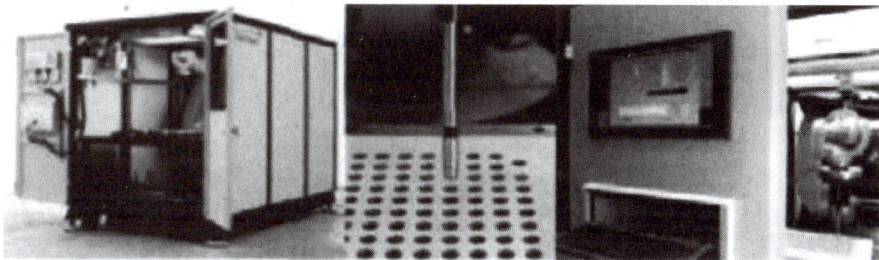

图 2-53　机器人进行孔检测

5. 机器人数字化柔性装配线平台

机器人数字化柔性装配线平台在航空器制造领域应用广泛，如在飞机总装时，国外各大飞机制造公司均采用了自动化对接装配系统来代替大型的固定装配型架，主要由计算机控制的自动化定位器、激光测量系统（激光跟踪仪、激光雷达或 iGPS）和控制系统组成，同时，在连接部位的装配工作中也集成应用了工业机器人。如图 2-54 所示，机器人可以在对接装配中辅助进行精确定位、装夹、连接、固定和检验等多种工作。这种集成了机器人数字化技术的对接平台系统大幅度提高了机体的装配质量，并且通用性强，能够适应不同尺寸的机身、机翼结构，节省了大量装配工装。

图 2-54　机器人数字化柔性装配线平台

第五节　数字化控制

一、计算机数控系统（CNC 系统）

1. CNC 系统的组成

CNC 系统主要由硬件和软件两大部分组成，其核心是计算机数字控制装置。它通过系统控制软件配合系统硬件，合理地组织、管理 CNC 系统的输入、数据处理、插补和输出信息，控制执行部件，使数控机床按照操作人员的要求进行自动加工。CNC 系统采用了计算机作为控制部件，通常由内部的 CNC 系统软件实现部分或全部数控功能，从而对机床运动进行实时控制。只要改变 CNC 系统的控制软件就能实现一种全新的控制方式。CNC 系统有多种类型，如车床、铣床、加工中心等。但是，各种数控机床的 CNC 系统一般都包括以下几个部分：中央处理单元（CPU）、存储器（ROM/RAM）、输入/输出（I/O）设备、操作面板、显示器和键盘、可编程序控制器（PLC）等。图 2-55 所示为 CNC 系统的一般结构框图。

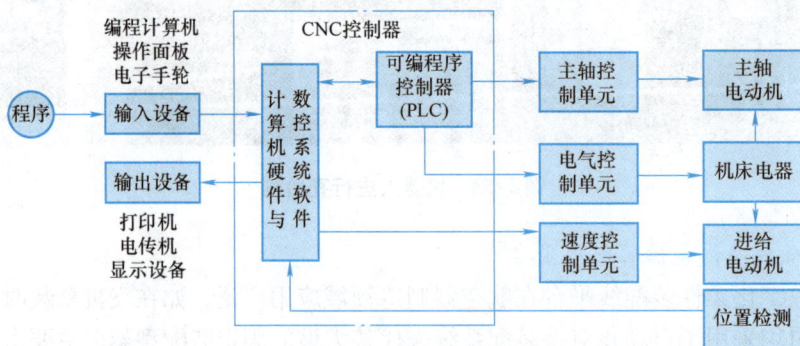

图 2-55　CNC 系统的一般结构框图

在图 2-55 中，数控系统主要是指图中的 CNC 控制器。CNC 控制器由计算机硬件、系统软件和相应的 I/O 接口构成的专用计算机与可编程序控制器（PLC）组成。前者处理机床轨迹运动的数字控制，后者处理开关量的逻辑控制。

2. CNC 系统的功能

CNC 系统现在普遍采用了微处理器，通过软件可以实现很多功能。CNC 系统有多种系列，性能各异。CNC 系统的功能通常包括基本功能和选择功能。基本功能是 CNC 系统必备的功能，选择功能是供用户根据机床特点和用途进行选择的功能。CNC 系统的功能主要反映在准备功能 G 指令代码和辅助功能 M 指令代码上。根据数控机床的类型、用途和档次的不同，CNC 系统的功能有很大差别，下面介绍其主要功能。

（1）控制功能　CNC 系统能控制的轴数和能同时控制（联动）的轴数是其主要功能之一。控制轴有移动轴和回转轴，有基本轴和附加轴。通过轴的联动可以完成轮廓轨迹的加工。一般数控车床只需两轴控制、两轴联动，数控铣床需要三轴控制、三轴联动或 2.5 轴联动，加工中心为多轴控制、三轴联动。控制轴数越多，特别是同时控制的轴数越多，要求 CNC 系统的功能就越强，同时 CNC 系统也就越复杂，编制程序也越困难。

（2）准备功能　准备功能 G 指令代码用来指定机床的运动方式，包括基本移动、平面选择、坐标设定、刀具补偿和固定循环等指令。对于点位式的加工机床，如钻床等，需要点位移动控制系统。对于轮廓控制的加工机床，如车床、铣床和加工中心等，需要控制系统有两个或两个以上的进给坐标具有联动功能。

（3）插补功能　CNC 系统是通过软件插补来实现刀具运动轨迹控制的。由于轮廓控制的实时性很强，因此软件插补的计算速度难以满足数控机床对进给速度和分辨率的要求。同时，由于 CNC 系统不断扩展其他方面的功能也要求减少插补计算所占用的 CPU 时间，因此 CNC 系统的插补功能实际上被分为粗插补和精插补。插补软件每次插补一个小线段的数据为粗插补，伺服系统根据粗插补的结果，将小线段分成单个脉冲的输出称为精插补。有的数控机床采用硬件进行精插补。

（4）进给功能　根据加工工艺要求，CNC 系统的进给功能用 F 指令代码直接指定数控机床加工的进给速度。

1）切削进给速度。它是以每分钟进给的毫米数指定刀具的进给速度，如 100mm/min。对于回转轴，表示每分钟进给的角度。

2）同步进给速度。它是以主轴每转进给的毫米数规定的进给速度，如 0.02mm/r。只有主轴上装有位置编码器的数控机床才能指定同步进给速度，用于切削螺纹时的编程。

3）进给倍率。操作面板上设置了进给倍率开关，进给倍率可以在 0～200% 之间变化，每档间隔 10%。使用进给倍率开关不用修改程序就可以改变进给速度，并可以在试切工件时随时改变进给速度或在发生意外时随时停止进给。

（5）主轴功能　主轴功能是指定主轴转速的功能。

1）转速的编码方式。一般用 S 指令代码指定。一般用地址符 S 后加两位数字或四位数字表示，单位分别为 r/min 和 mm/min。

2）指定恒定线速度。该功能可以保证车床和磨床加工工件端面质量和不同直径的外圆的加工具有相同的切削速度。

3）主轴定向准停。该功能使主轴在径向的某一位置准确停止，有自动换刀功能的机床必须选取有这一功能的 CNC 装置。

（6）辅助功能　辅助功能用来指定主轴的起动、停止和转向，切削液的开和关，刀库的起动和停止等，一般是开关量的控制，其用 M 指令代码表示。各种型号的数控装置具有的辅助功能差别很大，而且有许多是自定义的。

（7）刀具功能　刀具功能用来选择所需的刀具，刀具功能字以地址符 T 为首，后面跟两位或四位数字，代表刀具的编号。

（8）补偿功能　补偿功能是通过输入 CNC 系统存储器的补偿量，根据编程轨迹重新计算刀具的运动轨迹和坐标尺寸，从而加工出符合要求的工件。补偿功能主要有以下几类。

1）刀具的尺寸补偿。例如：刀具长度补偿、刀具半径补偿和刀尖圆弧补偿。这些功能可以补偿刀具磨损以及保证换刀时对准正确位置，简化编程。

2）丝杠的螺距误差补偿、反向间隙补偿和热变形补偿。通过事先检测出丝杠螺距误差和反向间隙，并输入 CNC 系统，在实际加工中进行补偿，从而提高数控机床的加工精度。

（9）字符、图形显示功能　CNC 控制器可以配置单色或彩色 CRT 显示器或液晶显示器（LCD），通过软件和硬件接口实现字符和图形的显示，通常可以显示程序、参数、各种补偿量、坐标位置、故障信息、人机对话编程菜单、零件图形及刀具实际移动轨迹的坐标等。

（10）自诊断功能　为了防止故障的发生或在发生故障后可以迅速查明故障的类型和部位，以减少停机时间，CNC 系统中设置了各种诊断程序。不同的 CNC 系统设置的诊断程序是不同的，诊断的水平也不同。诊断程序一般可以包含在系统程序中，在系统运行过程中进行检查和诊断；也可以作为服务性程序，在系统运行前或故障停机后进行诊断，查找故障的部位。有的 CNC 系统还可以进行远程通信诊断。

（11）通信功能　为了适应柔性制造系统（FMS）和计算机集成制造系统（CIMS）的需求，CNC 装置通常具有 RS232C 通信接口，有的还备有 DNC 接口。也有的 CNC 系统还可以通过制造自动化协议（MAP）接入工厂的通信网络。

（12）人机交互图形编程功能　为了进一步提高数控机床的编程效率，对于 NC 程序的编制，特别是较为复杂零件的 NC 程序都要通过计算机辅助编程，尤其是利用图形进行自动编程，以提高编程效率。因此，一般要求现代 CNC 系统具有人机交互图形编程功能。有这种功能的 CNC 系统可以根据零件图直接编制程序，即编程人员只需输入图样上的几何尺寸，系统就能自动地计算出全部交点、切点和圆心坐标，生成加工程序。有的 CNC 系统可根据引导图和显示说明进行对话式编程，并具有自动工序选择、刀具和切削条件的自动选择等智能功能。有的 CNC 系统还备有用户宏程序功能（如日本 FANUC 系统），这些功能有助于未专门受过 CNC 编程训练的机械工人能够很快地进行程序编制工作。

3. CNC 系统的一般工作过程

（1）输入　机床参数一般在机床出厂时或在用户安装调试时已经设定好，所以输入 CNC 系统的主要是零件加工程序和刀具补偿数据。输入方式有键盘输入、磁盘输入、上级计算机 DNC 通信输入等。CNC 系统的输入方式有存储方式和 NC 方式。存储方式是将整个零件程序一次全部输入 CNC 系统内部存储器中，加工时再从存储器中把程序一个一个地调出，该方式应用较多。NC 方式是 CNC 系统一边输入一边加工的方式，即在前一程序段加工时，输入后一个程序段的内容。

（2）译码　译码是以零件程序的一个程序段为单位进行处理，把其中零件的轮廓信息（起点、终点、直线或圆弧等）和 F、S、T、M 等信息按一定的语法规则编译成计算机能够识别的数据形式，并以一定的数据格式存放在指定的内存专用区域。编译过程中还要进行语法检查，发现错误立即报警。

（3）刀具补偿　刀具补偿包括刀具半径补偿和刀具长度补偿。为了方便编程人员编制加工程序，编程时是以零件的轮廓轨迹来编程的，与刀具尺寸无关。程序输入和刀具参数输入分别进行。刀具补偿的作用是把零件轮廓轨迹按系统存储的刀具尺寸数据自动转换成刀具中心（刀位点）相对于工件的移动轨迹。

刀具补偿包括 B 机能刀具补偿和 C 机能刀具补偿。较高档次的 CNC 系统一般应用 C 机能刀具补偿，C 机能刀具补偿能够进行程序段之间的自动转接和过切削判断等。

（4）进给速度处理　数控加工程序给定的刀具相对于工件的移动速度是在各个坐标合成运动方向上的速度，即 F 代码的指令值。速度处理首先要进行的工作是将各坐标合成运动方向上的速度分解成各进给运动坐标方向的分速度，为插补时计算各进给坐标的行程量做准备；另外对于机床允许的最低和最高速度限制也在此处理。有的数控机床的 CNC 软件的自动加速和减速也在此处理。

（5）插补　零件加工程序段中的指令行程信息是有限的。例如：对于加工直线的程序段仅给定起点、终点坐标；对于加工圆弧的程序段除了给定其起点、终点坐标外，还给定其圆心坐标或圆弧半径。要进行轨迹加工，CNC 系统必须从一条已知起点和终点的曲线上自动进行"数据点密化"的工作，这就是插补。插补在每个规定的周期（插补周期）内进行一次，即在每个周期内，按指令进给速度计算出一个微小的直线数据段，通常经过若干个插补周期后，插补完一个程序段的加工，也就完成了从程序段起点到终点的"数据点密化"工作。

（6）位置控制　位置控制装置位于伺服系统的位置环上，如图 2-56 所示。它的主要工作是在每个采样周期内，将插补计算出的理论位置与实际反馈位置进行比较，用其差值控制进给电动机。位置控制可由软件完成，也可由硬件完成。在位置控制中通常还要完成位置回路的增益调整、各坐标方向的螺距误差补偿和反向间隙补偿等，以提高机床的定位精度。

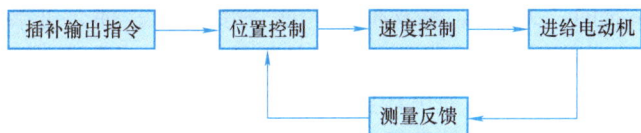

图 2-56　位置控制的原理

（7）I/O 处理　CNC 系统的 I/O 处理是 CNC 系统与机床之间的信息传递和变换的通道。其作用一方面是将机床运动过程中的有关参数输入 CNC 系统中；另一方面是将 CNC 系统的输出命令（如换刀、主轴变速换档、加切削液等）变为执行机构的控制信号，实现对机床的控制。

（8）显示　CNC 系统的显示主要是为操作人员提供方便。显示装置有 CRT 显示器或 LCD（液晶显示器），一般位于机床的控制面板上。通常有零件程序显示、参数显示、刀具位置显示、机床状态显示以及报警信息显示等。有的 CNC 装置中还有刀具加工轨迹的静态和动态模拟加工图形显示。

CNC 系统的工作流程如图 2-57 所示。

二、伺服系统

1. 基本概念

伺服系统是指以机械位置或角度作为控制对象的自动控制系统。它接受来自数控装置的

零件程序

输入

译码

S、M、T
指令处理

G指令
处理

坐标及刀补
处理

可编程序控
制器PLC

插补预处理

F指令
速度处理

主轴控制与
辅助操作处理

S、M、T
执行完信号

插补运算

位置控制
输出

坐标轴运动
与位置检测

主轴电动机
和电气控制

伺服驱动

进给电动机

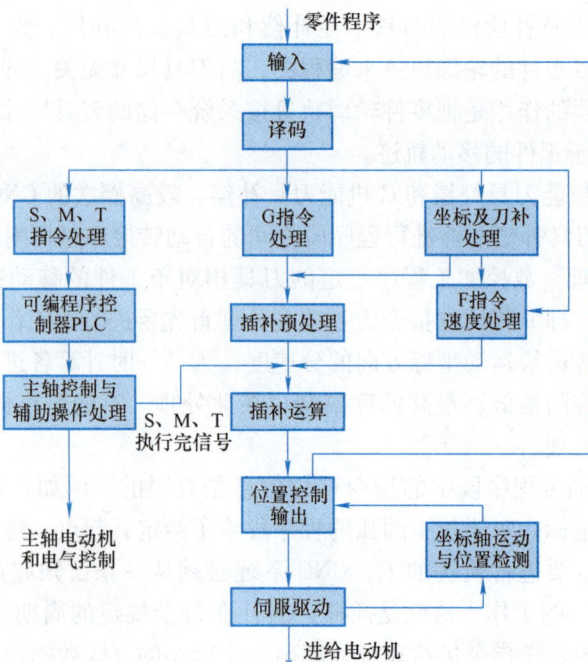

图 2-57   CNC 系统的工作流程

进给指令信号，经变换、调节和放大后驱动执行件，转化为直线运动或旋转运动。伺服系统是数控装置（计算机）和机床的联系环节，是数控机床的重要组成部分。

数控机床伺服系统又称为位置随动系统、驱动系统、伺服机构或伺服单元。该系统包括大量的电力电子器件，结构复杂，综合性强。进给伺服系统是数控系统主要的子系统。如果说数控装置是数控系统的"大脑"，是发布命令的"指挥所"，那么进给伺服系统则是数控系统的"四肢"，是一种执行机构。进给伺服系统执行由 CNC 装置发来的运动命令，精确控制执行部件的运动方向、进给速度与位移量。

伺服系统一般由伺服电动机、驱动信号控制转换电路、电子电力驱动放大模块、位置调节单元、速度调节单元、电流调节单元以及检测装置组成。

2. 对伺服系统的要求

（1）精度高　伺服系统的精度是指输出量能复现输入量的精确程度，包括定位精度和轮廓加工精度。

（2）稳定性好　稳定性是指系统在给定输入或外界干扰作用下，经过短暂调节后，达到新的或者恢复到原来的平衡状态。稳定性直接影响数控加工的精度和表面质量。

（3）响应快速　响应速度是伺服系统动态品质的重要指标，它反映了系统的跟踪精度。

（4）调速范围宽　调速范围是指生产机械要求电动机能提供的最高转速和最低转速之比。

（5）低速大转矩　进给坐标的伺服控制属于恒转矩控制，在整个速度范围内都要保持这个转矩；主轴坐标的伺服控制在低速时为恒转矩控制，能提供较大的转矩，在高速时为恒功率控制，具有足够大的输出功率。

3. 对伺服电动机的要求

1）调速范围宽，有良好的稳定性，低速时速度平稳性好。

2）应具有大的、较长时间的过载能力，以满足低速大转矩的要求。

3）反应速度快，有较小的转动惯量、较大的转矩、尽可能小的机电时间常数和很大的角加速度（$400rad/s^2$ 以上）。

4）能承受频繁的起动、制动和正反转。

4. 伺服系统的分类

（1）按工作原理分类

1）开环伺服系统。开环伺服系统没有位置测量装置，信号流是单向的（数控装置→进给系统），故系统稳定性好。开环伺服系统无位置反馈，精度相对闭环伺服系统来讲不高，其精度主要取决于伺服驱动系统和机械传动机构的性能和精度。开环伺服系统一般以步进电动机作为伺服驱动元件。

开环伺服系统具有结构简单、工作稳定、调试方便、维修简单以及价格低廉等优点，在精度和速度要求不高、驱动力矩不大的场合应用广泛，一般用于经济型数控机床。开环伺服系统如图 2-58 所示。

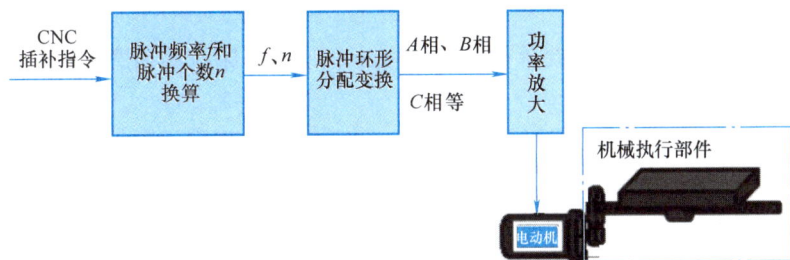

图 2-58　开环伺服系统

2）半闭环伺服系统。如图 2-59 所示，半闭环伺服系统的位置采样点是从驱动装置（常用伺服电动机）或丝杠引出的，采用旋转角度进行检测，不是直接检测执行部件的实际位置。

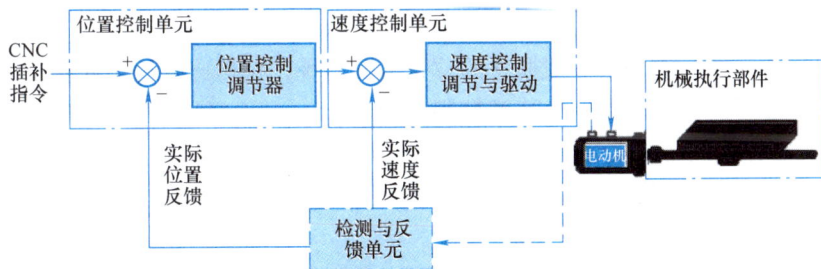

图 2-59　半闭环伺服系统

半闭环伺服系统内不包括或只包括少量机械传动环节，因此可获得稳定的控制性能，其系统的稳定性虽不如开环伺服系统，但比闭环伺服系统要好。由于丝杠的螺距误差和齿轮间隙引起的运动误差难以消除，因此，其精度较闭环伺服系统差，较开环伺服系统好。但可对这类误差进行补偿，因而仍可获得满意的精度。半闭环伺服系统结构简单、调试方便、精度也较高，因而在现代数控机床中得到了广泛应用。

3）闭环伺服系统。闭环伺服系统的位置采样点如图2-60中的虚线所示，直接对执行部件的实际位置进行检测。从理论上讲，闭环伺服系统可以消除整个驱动和传动环节的误差和间隙，具有很高的位置控制精度。由于闭环伺服系统的许多机械传动环节的摩擦特性、刚性和间隙都是非线性的，故很容易造成系统的不稳定，使闭环伺服系统的设计、安装和调试都相当困难。

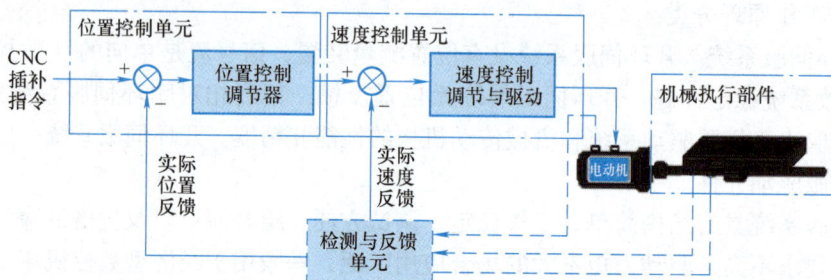

图 2-60　闭环伺服系统

闭环伺服系统主要用于精度要求很高的镗铣床、超精车床、超精磨床以及较大型的数控机床等。

（2）按使用的执行元件分类

1）电液伺服系统。

执行元件：电液脉冲马达和电液伺服马达。

优点：在低速下可以得到很高的输出力矩，刚性好，时间常数小，反应快，速度平稳。

缺点：液压系统需要供液系统，体积大，有噪声和漏油现象。

2）电气伺服系统。

执行元件：伺服电动机（步进电动机、直流电动机和交流电动机）。

优点：操作维护方便，可靠性高。

缺点：一般输出功率较小。

（3）按被控对象分类

1）进给伺服系统。它是指一般概念的位置伺服系统，包括速度控制环和位置控制环。

2）主轴伺服系统。它只是一个速度控制系统。

（4）按反馈比较控制方式分类

1）脉冲、数字比较伺服系统。

2）相位比较伺服系统。

3）幅值比较伺服系统。

三、应用案例

1. 常见的 FANUC 数控系统

（1）0－C/0－D 系列　如图2-61所示，该系列产品是1985年开发的，其可靠性很高，使其成为畅销产品。该系列产品于2004年9月停产，共生产了35万台，至今仍有很多该系列产品还在使用中。

（2）16/18/21 系列　如图 2-62 所示，该系列产品是在 1990—1993 年间开发的。

图 2-61　FANUC 0－C/0－D 系列

图 2-62　FANUC 16/18/21 系列

（3）16i/18i/21i 系列　如图 2-63 所示，该系列产品是在 1996 年开发的。该系列产品凝聚了 FANUC 过去 CNC 开发的技术精华，广泛应用于车床、加工中心和磨床等机床。

（4）0i－M 系列　如图 2-64 所示，该系列产品是在 2001 年开发的，是具有高可靠性和高性价比的产品。

（5）0i－B/0i MATE－B 系列　如图 2-65 和图 2-66 所示，该系列产品是在 2003 年开发的，是具有高可靠性和高性价比的产品。与 0i－A 系列产品相比，0i－B/0i MATE－B 系列产品采用了 FSSB（串行伺服总线）代替了 PWM（指令电缆）。

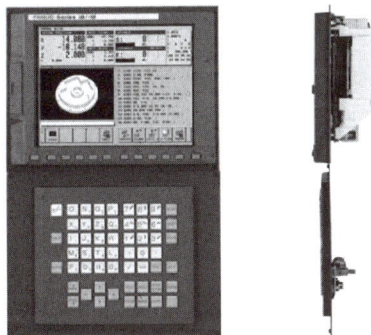

图 2-63　FANUC 16i/18i/21i 系列

图 2-64　FANUC 0i－M 系列

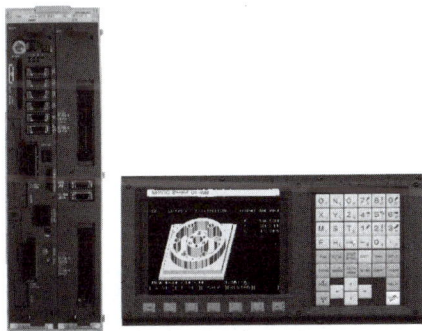

图 2-65　FANUC 0i－B 系列

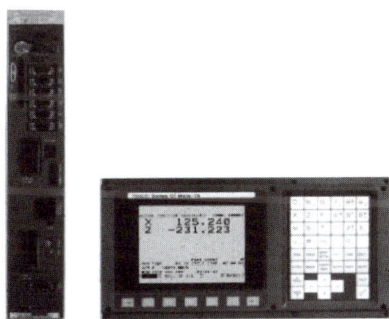

图 2-66　FANUC 0i MATE－B 系列

（6）0i－C/0i MATE－C 系列　该系列产品是在 2004 年开发的，是具有高可靠性和高性价比的产品。与 0i－B/0i MATE－B 相比，该系列产品的特点是 CNC 与液晶显示器构成一体，便于设定和调试。FANUC 0i – C 系列如图 2-67 所示。

（7）30i/31i/32i 系列　如图 2-68 所示，该系列产品是在 2003 年开发的，是适合控制五轴加工机床、复合加工机床和多路径车床等尖端技术机床的纳米级产品。该系列产品通过采用高性能处理器和可确保高速的 CNC 内部总线，使其最多可控制 10 个路径和 40 个轴；同时配备了 15in（1in＝0.0254m）的大型液晶显示器，具有出色的操作性能。该系列产品通过 CNC、伺服、检测器可进行纳米级的控制，并可实现高速、高质量的模具加工。

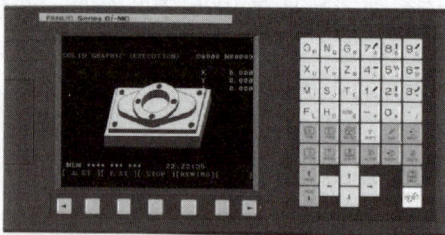

图 2-67　FANUC 0i – C 系列　　图 2-68　FANUC 30i/31i/32i 系列

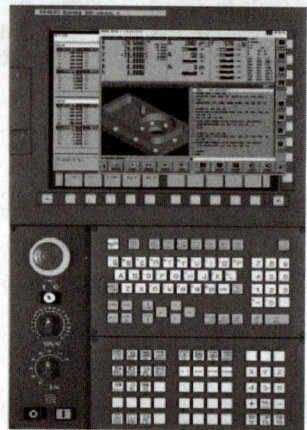

2. FANUC 数控系统的共同结构特点

图 2-69 所示为典型 FANUC 数控系统的构成框图。

FANUC 系统应用到数控机床上的情况如图 2-70 所示。

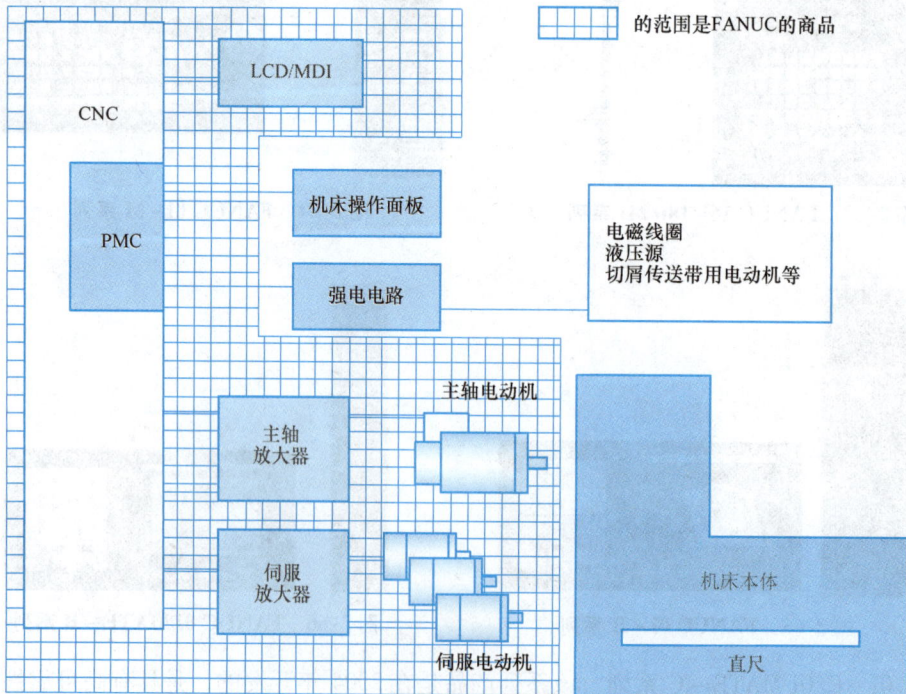

的范围是 FANUC 的商品

LCD/MDI

CNC

PMC

机床操作面板

强电电路

电磁线圈
液压源
切屑传送带用电动机等

主轴电动机

主轴放大器

伺服放大器

机床本体

伺服电动机

直尺

图 2-69　典型 FANUC 数控系统的构成框图

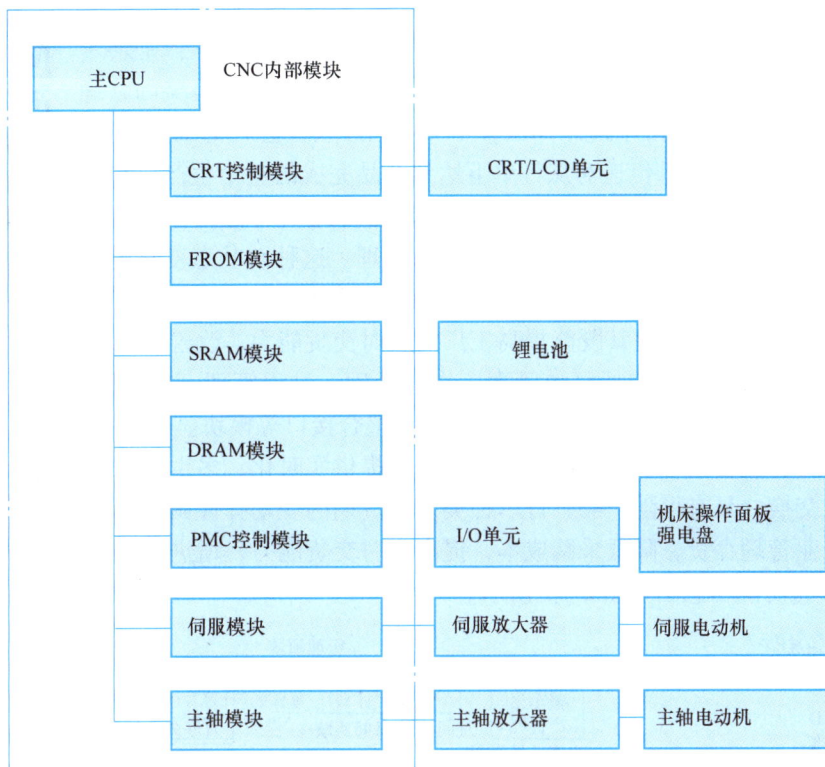

图 2-69 典型 FANUC 数控系统的构成框图（续）

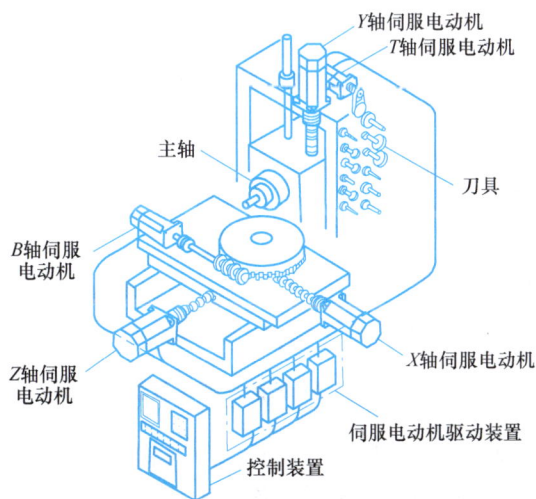

图 2-70 FANUC 系统应用到数控机床上的情况

第六节 数字化生产管理

一、MES 的基本概念

制造执行系统（Manufacturing Execution System，MES）是美国管理界 20 世纪 90 年代提出的概念，MESA（MES 国际联合会）对 MES 的定义是：MES 能通过信息传递对从订单下达到产品完成的整个生产过程进行优化管理。当工厂发生实时事件时，MES 能对此及时做出反应、报告，并用当前的准确数据对它们进行指导和处理。这种对状态变化的迅速响应使 MES 能够减少企业内部没有附加值的活动，有效地指导工厂

智能化执行系统

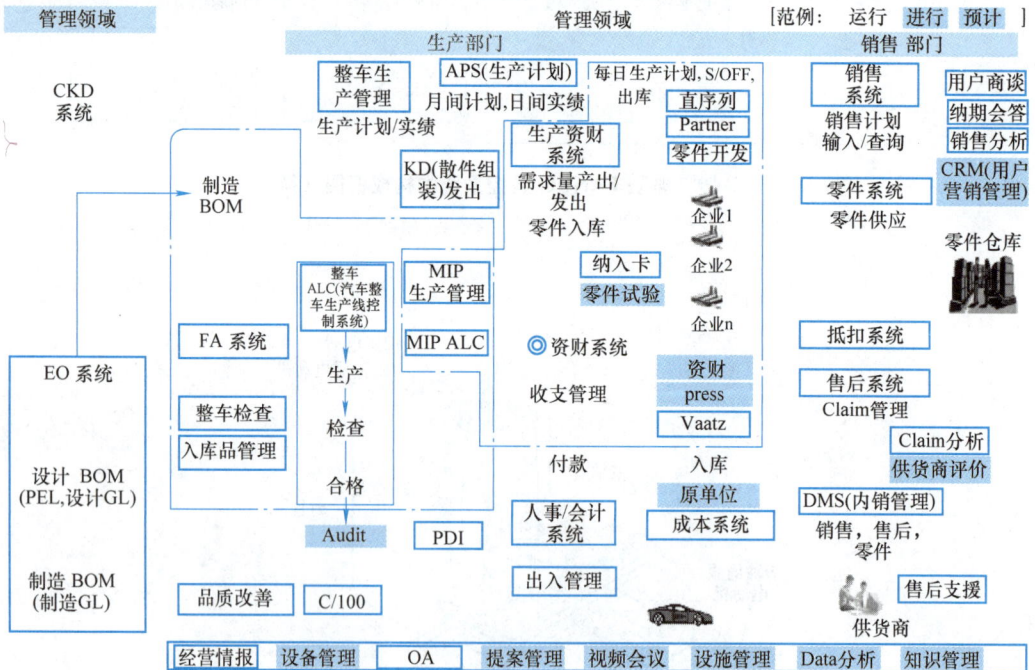

的生产运作过程，从而使其既能提高工厂的及时交货能力，改善物料的流通性能，又能提高生产回报率。MES 一般包括订单管理、物料管理、过程管理、生产排程、品质控管、设备控管以及对外部系统的 PDM 整合接口与 ERP 整合接口等模块。MES 是将企业生产所需的核心业务的所有流程整合在一起的信息系统。它提供实时化、多生产形态架构，跨公司生产管制的信息交换，具有可随产品、订单种类及交货期的变动弹性调整参数等诸多能力，能有效地协助企业管理存货，降低采购成本，提高准时交货能力，增进企业少量多样的生产管控能力。MES 的功能示意图如图 2-71 所示。

图 2-71 MES 的功能示意图

当今制造业的生存三要素是信息技术（IT）、供应链管理（SCM）和成批制造技术。使用信息技术就是由依赖人工的作业方式转变为作业的快速化、高效化，大量减少人工介入，降低生产经营成本。供应链管理是从原材料供应到产品出厂的整个生产过程，使物流资源的

流通和配置最优化，这和局部优化的区别是全面最优化。成批制造技术是在合适的时间，生产适量产品的生产计划排产优化技术，并随着生产制造技术的深化，改善对设备的管理。

1. MES 的应用功能模型

1993 年，美国先进制造研究中心（Advanced Manufacturing Research，AMR）在提出了三层结构的基础上，指出 MES 应该包括车间管理、工艺管理、质量管理和过程管理等功能的集成模型。1997 年，MESA 提出了包括 11 个功能的 BFES 集成模型。该模型强调 MES 是一个与其他系统相连的信息网络中心，在功能上可以根据行业和企业的不同需要与其他系统集成，为实施基于组件技术的可集成的 MES 提供了标准化的功能结构、技术框架和信息结构。MES 的应用功能集成模型图如图 2-72 所示。

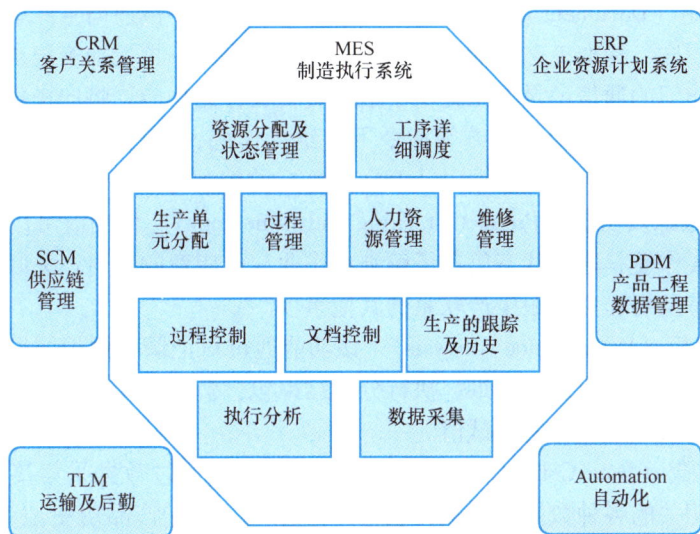

图 2-72　MES 的应用功能集成模型图

MES 应用功能集成模型的具体功能如下。

（1）资源分配及状态管理（Resource Allocation and Status）　该功能管理机床、工具、人员物料、其他设备以及其他生产实体，满足生产计划的要求对其所做的预定和调度，用以保证生产的正常进行；提供资源使用情况的历史记录和实时状态信息，确保设备能够正确安装和运转。

（2）工序详细调度（Operations/Detail Scheduling）　该功能提供与指定生产单元相关的优先级（Priorities）、属性（Attributes）、特征（Characteristic）以及处方（Recipes）等，通过基于有限能力的调度并考虑生产中的交错、重叠和并行操作来准确计算出设备上下料和调整时间，实现良好的作业顺序，最大限度地减少生产过程中的准备时间。

（3）生产单元分配（Dispatching Production Units）　该功能以作业、订单、批量、成批和工作单等形式管理生产单元间的工作流。通过调整车间已制订的生产进度，对返修品和废品进行处理，用缓冲管理的方法控制任意位置的在制品数量。当车间有事件发生时，要提供一定顺序的调度信息，并按此进行相关的实时操作。

（4）过程管理（Process Management）　该功能监控生产过程，自动纠正生产中的错误并向用户提供决策支持，以提高生产率。通过连续跟踪生产操作流程，在被监视和被控制的机器上实现一些比较底层的操作；通过报警功能，使车间人员能够及时察觉到出现了超出允许误差的加工过程；通过数据采集接口，实现智能设备与制造执行系统之间的数据交换。

（5）人力资源管理（Labor Management） 该功能以分钟为单位提供每个人的状态。以时间对比、出勤报告、行为跟踪及行为（包含资财及工具准备作业）为基础的费用为基准，实现对人力资源的间接行为的跟踪能力。

（6）维修管理（Maintenance Management） 该功能是为了提高生产和日程管理能力，通过对设备和工具的维修行为的指示及跟踪，实现设备和工具的最佳利用效率。

（7）过程控制（Process Control） 该功能是监视生产过程、自动纠正生产中的错误并向用户提供决策支持，以提高生产率。

（8）文档控制（Document Control） 该功能控制、管理并传递与生产单元有关的工作指令、配方、工程图样、标准工艺规程、零件的数控加工程序、批量加工记录、工程更改通知以及各种转换操作间的通信记录，并提供了信息编辑及存储功能，将向操作人员提供的操作数据或向设备控制层提供的生产配方等指令下达给操作层，同时包括对其他重要数据（如与环境、健康和安全制度有关的数据以及 ISO 信息）的控制与完整性维护。

（9）生产的跟踪及历史（Product Tracking and Genealogy） 该功能可以看出作业的位置和在什么地方完成作业，通过状态信息了解谁在作业、供应商的资财、关联序号、现在的生产条件、警报状态及再作业后跟生产联系的其他事项。

（10）执行分析（Performance Analysis） 该功能通过对记录和预想结果的比较，提供以分钟为单位报告实际的作业运行结果。执行分析结果包含资源活用、资源可用性、生产单元的周期、日程遵守及标准遵守的测试值。

（11）数据采集（Data Collection/Acquisition） 该功能通过数据采集接口来获取并更新与生产管理功能相关的各种数据和参数，包括产品跟踪、维护产品历史记录以及其他参数。这些现场数据可以从车间手工方式录入或由各种自动方式获取。

2. MES 的应用情况

MES 在发达国家已实现了产业化，其应用覆盖了离散与流程制造领域，并给企业带来了巨大的经济效益。MESA 分别在 1993 年和 1996 年以问卷方式对若干典型企业进行了两次有关 MES 应用情况的调查，这些典型企业覆盖了医疗产品、塑料与化合物、金属制造、电气、电子、汽车、玻璃纤维和通信等行业。调查表明，企业在使用 MES 后，可有效地缩短制造周期，缩短生产提前期，减少在制品，减少或消除数据输入时间，减少或消除作业转换中的文书工作，改进产品质量。MES 已经成为目前世界工业自动化领域的重点研究内容之一。

3. MES 的发展趋势

制造业 MES 正向易于配置、易于变更、易于使用、无用户化代码以及良好的可集成性方向发展，其主要目标是以 MES 为引擎，实现全球范围内的生产协同。目前，国际上 MES 技术的主要发展趋势体现在以下几个方面。

1）向着新型体系结构发展，这种新型体系结构的 MES 的集成范围逐渐扩大，不仅包括生产制造车间，还覆盖整个企业的业务流程。通过建立统一的工厂数据模型，开发维护工具，使数据更能适应企业的业务流程的变更和重组的需求，实现 MES 的可配置。在集成方式上，通过指定 MES 的设计和开发，使不同软件供应商的 MES 和其他的信息化构件实现标准的互联和互操作性，同时实现"即插即用"的功能。

2）具有开放式、可配置、用户化、可变更的特性，可根据企业业务流程的变更和重组进行系统的调整和配置。网络技术的发展对制造业的影响越来越大，新型 MES 与网络技术相结合，支持网络化功能，可以实现网络化协同制造。它通过对分布在不同地点甚至全球范围内的工厂进行实时信息化互联，并以 MES 为引擎进行实时过程管理，以协同企业所有的生产活动，建立过程化、敏捷化和级别化的管理模式，实现企业生产经营同步化。

3）具有更强的实时性和智能化，可以更精确地跟踪生产过程状态，记录更完整的数据，同时通过获取更多的实时数据来更准确、及时、方便地管理和控制生产过程，实现多源信息的融合和复杂信息的处理与决策。

4）向着企业控制集成标准发展，其标准化是推动 MES 发展的强大动力。国际上的 MES 主流供应商纷纷采用 ISA-95 标准，如 ABB、SAP、Rockwell、GE、Honeywell、Siemens 等。

二、ERP 的基本概念

企业资源计划（Enterprise Resource Planning，ERP）由美国加特纳公司于 1990 年提出。企业资源计划是 MRP Ⅱ（Manufacturing Resources Planning，制造资源计划）下一代的制造业系统和资源计划软件。除了 MRP Ⅱ 已有的生产资源计划、制造、财务、销售、采购等功能外，还有质量管理，实验室管理，业务流程管理，产品数据管理，存货、分销与运输管理，人力资源管理和定期报告系统。

1. ERP 的定义

ERP 可以从管理思想、软件产品、管理系统三个方面进行定义：①ERP 是一整套企业管理系统体系标准，是在 MRP Ⅱ 的基础上进一步发展而成的，体现了面向供应链的管理思想；②ERP 是综合应用了客户机/服务器体系、关系数据库结构、面向对象技术、图形用户界面、第四代语言（4GL）、网络通信等信息产业成果，以 ERP 管理思想为灵魂的软件产品；③ERP 是整合了企业管理理念、业务流程、基础数据、人力物力、计算机硬件和软件于一体的企业资源管理系统。其主要宗旨是对企业所拥有的人、财、物、信息、时间和空间等综合资源进行综合平衡和优化管理，协调企业各管理部门，围绕市场导向开展业务活动，提高企业的核心竞争力，从而取得最好的经济效益。所以，ERP 首先是一个软件，同时是一个管理工具。它是 IT 技术与管理思想的融合体，也就是先进的管理思想借助计算机来达成企业的管理目标。

2. ERP 的发展历程

20 世纪 40 年代，为解决库存控制问题，人们提出了订货点法，当时计算机系统还没有出现。

20 世纪 60 年代，随着计算机系统的发展，短时间内对大量数据的复杂运算成为可能，人们为解决订货点法的缺陷，提出了 MRP（Material Requirements Planning）理论，作为一种库存订货计划，属于物料需求计划阶段，或称为基本 MRP 阶段。MRP 是在产品结构的基础上，运用网络计划原理，根据产品结构各层次物料的从属和数量关系，以每一个物料为计划对象，以完工日期为时间基准倒排计划，按提前期长短区别各个物料下达计划时间的先后顺序。MRP 可以回答四个问题：要生产什么；要用到什么；已经有了什么；还缺什么，什么时候下达计划。MRP 作为一种库存订货计划，只说明了需求的优先顺序，没有说明是否有可能实现，它是 MRP Ⅱ 发展的初级阶段，也是 MRP Ⅱ 的基本核心。

20世纪70年代，随着人们认识的加深及计算机系统的进一步普及，MRP的理论范畴也得到了发展。为解决采购、库存、生产、销售的管理，发展了生产能力需求计划、车间作业计划以及采购作业计划理论，作为一种生产计划与控制系统——闭环MRP阶段（Closed - loop MRP）。在这两个阶段，出现了丰田生产方式（看板管理）、TQC（全面质量管理）、JIT（准时制生产）以及数控机床等支撑技术。

闭环MRP在MRP的基础上增加了能力计划和执行计划的功能，构成一个完整的计划和控制系统，从而把需要与可能结合起来。但是，闭环MRP还没有说清楚执行计划后给企业带来什么效益，这种效益又是否实现了企业的总体目标。这就要求企业的财务会计系统能同步从生产系统中获得资金信息，随时控制和指导生产经营活动，使之符合企业的整体战略目标。

20世纪80年代，随着计算机网络技术的发展，企业内部信息得到充分共享，MRP的各子系统也得到了统一，形成了一个集采购、库存、生产、销售、财务、工程技术等为一体的子系统，发展了MRPⅡ理论，作为一种企业经营生产管理信息系统——MRPⅡ阶段。这一阶段的代表技术是CIMS（计算机集成制造系统）。

MRPⅡ实现了物流和资金流的集成，形成了一个完整的生产经营信息系统。它主要完成企业的计划管理、采购管理、库存管理、生产管理和成本管理等功能，MRPⅡ可以在周密的计划下有效平衡企业的各种资源，控制库存资金占用，缩短生产周期，降低生产成本。

20世纪80年代末、90年代初，随着MRPⅡ系统的普遍应用以及市场竞争的日趋激烈，一些企业开始感觉到传统的MRPⅡ软件所包含的功能已不能满足企业全范围的管理信息系统，ERP理论应运而生。

ERP在诞生初期的解释是：根据计算机技术的发展和供需链管理，推论各类制造业在信息时代管理信息系统的发展趋势和变革。随着人们认识的不断深入，ERP已经被赋予了更深的内涵。它强调供应链的管理。除了传统MRPⅡ系统的制造、财务、销售等功能外，还增加了分销管理、人力资源管理、运输管理、仓库管理、质量管理、设备管理及决策支持等功能；支持集团化、跨地区、跨国界运行，其主要宗旨就是将企业各方面的资源充分调配和平衡，使企业在激烈的市场竞争中全方位地发挥足够的能力，从而取得更好的经济效益。

现阶段，ERP倡导的观念是：精益生产、约束理论（TOC）、先进制造技术、敏捷制造以及internet/intranet技术。

然而，目前大多数ERP软件公司缺乏与ERP管理系统工程相适应的、完善的ERP软件服务体系。即使有些软件公司有一些软件服务规范，但也偏重软件实施方面，而且在具体操作时，由于可操作性不强，员工的随意性很大，公司管理力度不够，直接影响ERP软件的服务水平乃至软件公司的整体水平。因此，ERP软件公司必须尽快建立一个科学、完善的ERP软件服务体系，重点应突出如何通过有效的服务，确保ERP项目的成功。

三、MES与ERP的关系

ERP是企业资源计划，主要是对企业的财务资源、人力资源、生产资源等进行计划，从而提高资源的利用效率。在管理方面，ERP侧重于企业的采购、销售、供应等内容。对于生产计划管理环节，ERP主要侧重于企业生产计划的制订和物料需求计划的制订等内容。

MES即制造执行系统，主要实现制造现场的控制，或者说围绕车间管理做工作。MES是将企业的生产计划分解细化，下达到制造岗位，控制相关人员和设备完成生产作业，并收集制造现场数据，以实现现场调度、生产追溯和管理分析。

在制造企业管理信息系统中，ERP和MES属于不同的管理层面。ERP侧重于企业层面，属于企业级管理系统，管理企业上层管理信息；MES 侧重于车间现场层面，属于执行层，主要从计划层获取生产计划（生产订单），将细化的生产任务传递给作业人员，同时从作业人员收集现场信息，反馈给上层系统（ERP 层）。MES 与 ERP 的关系如图 2-73 所示。

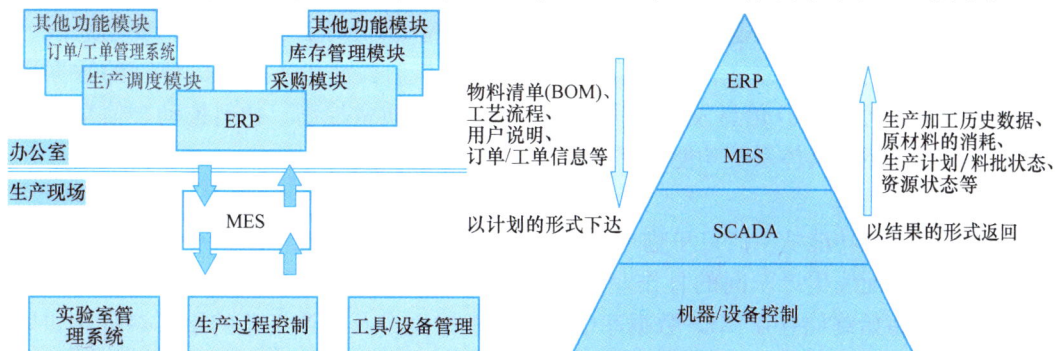

图 2-73 **MES 与 ERP 的关系**

四、应用案例

下面是某企业汽车主减速器装配生产线 MES 系统的案例。

主减速器装配生产线涉及的装配零部件数量、种类较多，而且在工作过程中缺乏及时的现场计划执行反馈信息，使得指挥人员难以准确、实时掌握现场情况，易造成短时间内的生产失控，需要 MES 实现对装配过程中产生数据的采集与管理，同时支持后续的生产、物流、质量、设备各领域的管理要求，扮演信息传递者的角色，并且能够为装配生产、监测、工艺、物流等服务。

MES 在对生产单元、物流配送、生产设备等数据实时采集的基础上，对信息进行实时处理、传输和存储，从而实现装配生产过程的追踪、监测、控制和管理。MES 的总体流程如图 2-74 所示。它涉及制订生产计划、生产排产、车间物流管理、现场质量控制以及车间信息发布等。

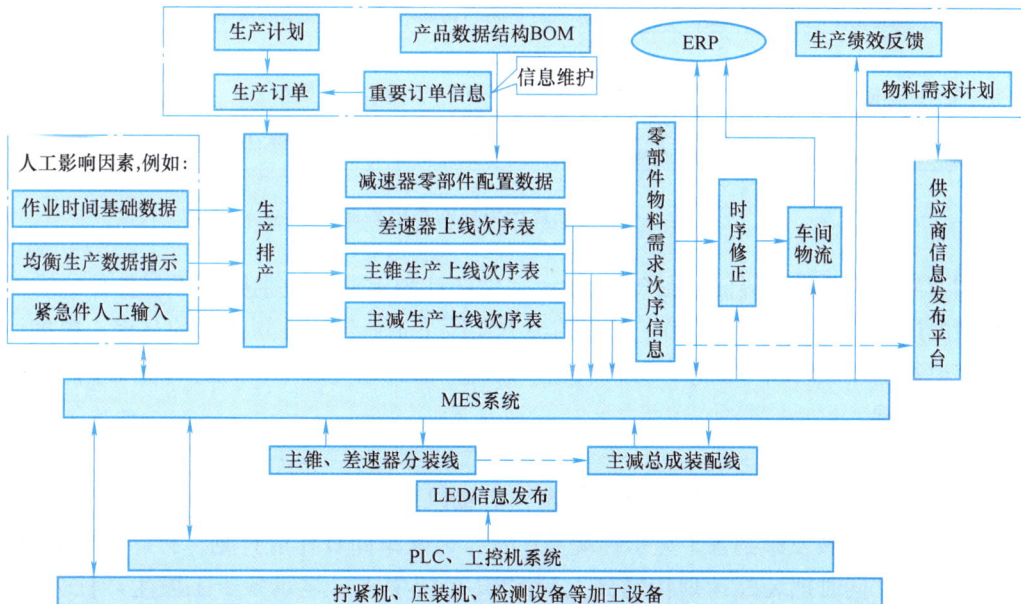

图 2-74 **MES 的总体流程**

MES 通过生产计划的输入（手工输入或集成 ERP 系统，从 ERP 系统下载）进行生产排产，根据具体的排产计划产生各装配线物料的上线顺序和上线数量。一方面，MES 根据产品基本的结构 BOM 生产详细的物料需求清单，将详细的物料需求计划发布在供应商需求平台来实现对供应商物料的动态拉动过程；另一方面，MES 利用工业以太网、现场总线、无线射频识别、条码识别等技术，对各加工设备（拧紧机、检测机、压装机等）的数据进行采集与控制，并通过 LED 信息发布，实现对装配过程的质量控制、物料拉动、信息发布以及作业指导等功能。具体系统功能介绍如下。

1. 生产计划管理

生产计划管理功能从生产订单输入（手工输入或从 ERP 系统下载）开始，将生产订单分解成减速器装配线生产车间的日作业计划，并按其生产计划进行排序。生产订单（包含减速器信息）将始终储存在 MES 数据库中，作为指导生产及生产工艺的重要参数。如果发生生产情况与订单不匹配或是紧急订单修改的情况，操作人员将在系统用户端上进行订单优先级的调整、紧急订单的插入等相关操作，系统自动或人工对订单排程。生产订单将在装配线上线处与实际装配减速器进行预匹配，同时系统自动生成相应的产品追溯码，并记录在 MES 中。根据生产计划的需求，生产计划管理主要包括任务库、计划管理和计划追溯三个部分。

计划管理模块的系统界面如图 2-75 所示。生产计划管理模块对应于生产管理的短期计划安排，主要进行资源优化和计划编排，并为计划的执行和控制提供指导。它位于上层计划管理系统与车间层操作控制之间，通过双向的信息交互形式，为生产计划和车间层控制提供关键基础信息。

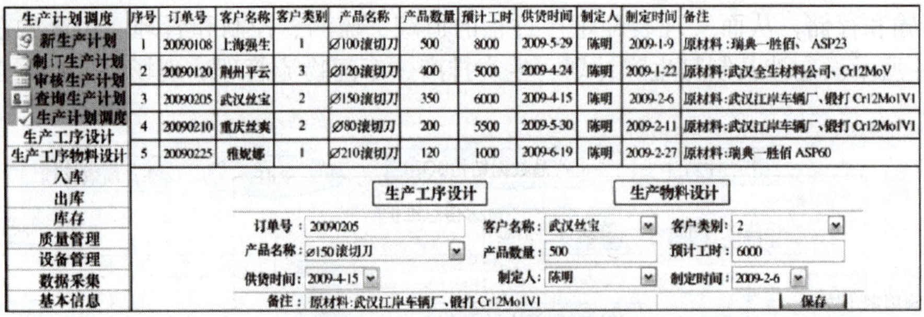

图 2-75　计划管理模块的系统界面

计划追溯模块的系统界面如图 2-76 所示。生产计划追溯模块主要用于对各种状态的计划执行情况进行查询、导出等操作；计划的追溯还原了企业生产计划执行的过程，根据计划数量、完成数量以及时间等信息，分析出生产装配产品计划完成率，为后期企业生产的改进提供了数据基础。

2. 装配过程信息发布

装配过程信息通过工作站终端进行发布，信息以不同的方式（显示、打印、屏幕、设备、系统、报警）被发布到各个显示终端上：发布装配车间日作业计划，打印总成装配单、分总成装配单，同时把装配计划传输到上层 ERP 系统中去；显示各子工段生产任务目标、已完成、未完成的工单；产品质量，如各子工段完成质量等级等；统计、分析各种生产、质

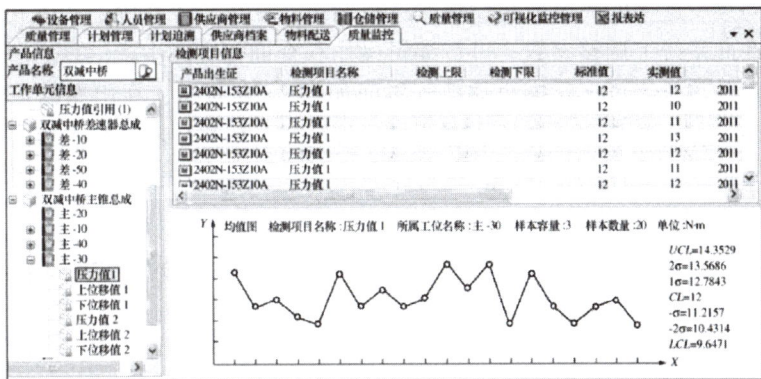

图 2-76 计划追溯模块的系统界面

量、设备数据，提供各类完善的数据报表，总体协调工厂的运行，掌控整个工厂的运营状况，同时跟踪车身状态，进行设备、物料、质量详细管理，并做相应统计分析。装配过程信息发布的现场生产看板如图 2-77 所示。

图 2-77 装配过程信息发布的现场生产看板

在 LED 电子看板上发布的日常管理信息还包括：日常通知、宣传标语等；生产进度信息，如生产线上当天的生产计划数量、装配数量、合格数量等实时生产情况；生产过程异常信息，如物料短缺、工位故障、超时等。通过该模块，企业相关人员可以实时了解计划完成情况、线上生产状态等。通过工位间的 LED 可显示当前正在加工的产品类型以及后续加工的产品类型等信息。

3. 装配过程跟踪与监控

MES 需要对车间装配设备的运行状况进行监控，并直接或通过上位机指导生产，同时对设备的运行情况进行管理。MES 将通过设备网络与各个工艺系统设备通信，通过监控站或用户端对车间内的生产情况、设备运行状况、减速器装配在车间的运行路线情况进行实时监控，将报警信息、装配信息储存在系统数据库中，满足对整个车间生产信息的基于报表的查询。车间生产及设备运行监控通过与车间内各子系统的通信，实时采集各控制系统中 PLC 和工艺系统的数据实现。通过这些数据可以实时反映减速器在车间的生产状态，监控和模拟装配线及各种与系统连接的底层控制设备的运行情况，并在监控系统上产生相应的报警。操作人员还可以在此系统上调整参数、进行编辑操作和查询相应的生产信息。

装配过程跟踪与监控可视化模块的系统界面如图 2-78 所示，在组态的可视化监控模块的基础上，实现对各生产工位的产品状态信息、设备状态信息、物料信息以及人员信息等进行实时地监测，根据生产过程异常信息进行相应报警，以便生产管理人员能够直观地监控整个生产过程。

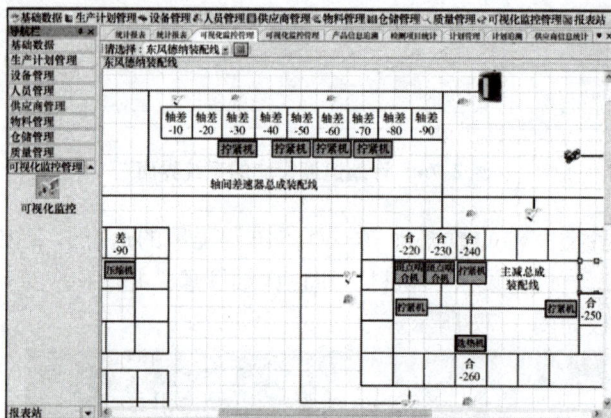

图 2-78　装配过程跟踪与监控可视化模块的系统界面

4. 数据采集

数据采集管理模块就是采集、存储、管理以及维护生产过程的关键数据。MES 通过它实现对 PLC 现场实时信息的及时掌握，从而对生产性能提高和生产错误的纠正有及时正确的反映。

5. 质量管理

减速器作为汽车最为重要的关键部件之一，其质量好坏对整车的质量起着至关重要的作用。这就要求对减速器整个生产过程进行全程跟踪、追溯。制造数据的采集与防错系统模块也就必然成为 MES 的重要模块。同时利用 SPC 技术对关键检测数据进行分析，分析判断当前的加工产品是否处于稳定状态以及加工产品是否达到控制的要求等。

6. 与 ERP 等系统集成

在一般的企业，信息系统可以分成计划层、执行层（MES）和控制层。MES 是一个企业整体信息系统中承上启下的关键一环。它并不是一个"信息孤岛"，其需要和上游系统、下游系统以及其他系统进行紧密地集成，才能最大限度地发挥其作用，也才能使企业的信息流、数据流、价值流顺畅地运转。一个开放的架构，是否拥有良好的集成方案是其成功与否的关键。作为计划层和控制层中间的执行层 MES，一方面，接收计划层（ERP 系统）下达的生产计划以及相关必要的信息，安排具体的生产，向控制层下达指令；另一方面，控制层将执行信息反馈给 MES，然后 MES 将订单执行状态反馈给计划层。MES 与其他系统集成示意图如图 2-79 所示。

7. 报表管理

报表查询系统模块是将在系统中采集到的各种生产信息按照要求及规格生成或统计成对

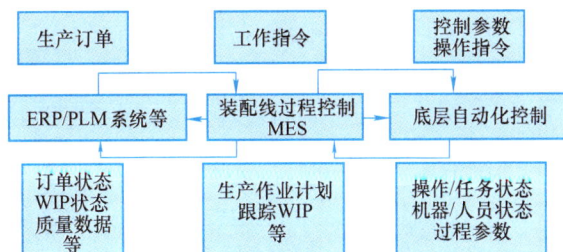

图 2-79　MES 与其他系统集成示意图

应的电子文本，方便系统间的信息交互及工厂各个部门间的信息交流。

报表类型主要有产品档案、产品质量、供应商、人员报表以及设备信息报表，各大类型的报表可以再进一步细化。

第七节　数字化远程维护

一、数字化远程维护的背景

在网络化制造环境下，企业的产品质量控制是企业运行管理的主要功能模块。企业如何适应快速变化的市场需求，不断以快速度、高质量、低成本和优质服务向市场提供满足用户需求的产品，已成为企业共同追求的目标和永恒的主题。质量控制不仅是对产品本身的控制，更强调对产品形成过程进行控制，即通过控制过程质量的方法来控制最终产品实物的质量。

随着高科技的不断注入，现代装备实现了高集成化、高智能化以及分析处理问题的高效化，随之而来的系统故障诊断、维修保障和可靠性越来越受到人们的重视。

二、预测与健康管理的基本概念

目前世界上大部分装备的维护多以定期检查、事后维修为主，不仅耗费大量的人力和物力，而且效率低下。预测与健康管理（Prognostics and Health Management，PHM）技术是综合利用现代信息技术、人工智能技术的最新研究成果而提出的一种全新的管理健康状态的解决方案。PHM 系统具有可预测未来一段时间内系统失效的可能性以及采取适当维护措施的能力，其核心是利用先进的传感器（如涡流传感器、小功率无线综合微型传感器和无线微机电系统）的集成，并借助各种算法和智能模块（如专家系统、神经网络和模糊逻辑等）来预测、监控和管理零件的加工状态。PHM 系统一般具备故障检测与隔离、故障诊断、故障预测、健康管理和部件寿命追踪等能力。机载 PHM 系统示意图如图 2-80 所示。

1. PHM 系统的发展历程

（1）从外部测试到机内测试（BIT）（20 世纪 60 ~ 70 年代）　早期的飞机系统比较简单，航电系统为分立式结构，依靠人工在地面上检测和隔离飞机中的问题（外部测试），这些飞机由彼此独立的模拟系统构成。随着飞机系统变得复杂，机内测试（BIT/BITE）被引入飞机中，先是为了警告飞行员在重要部件中出了关键故障，后来又成为支持机械师查找故障的助手。

（2）从 BIT 到智能 BIT（20 世纪 80 年代）　为了解决常规 BIT 存在的问题，美国原罗

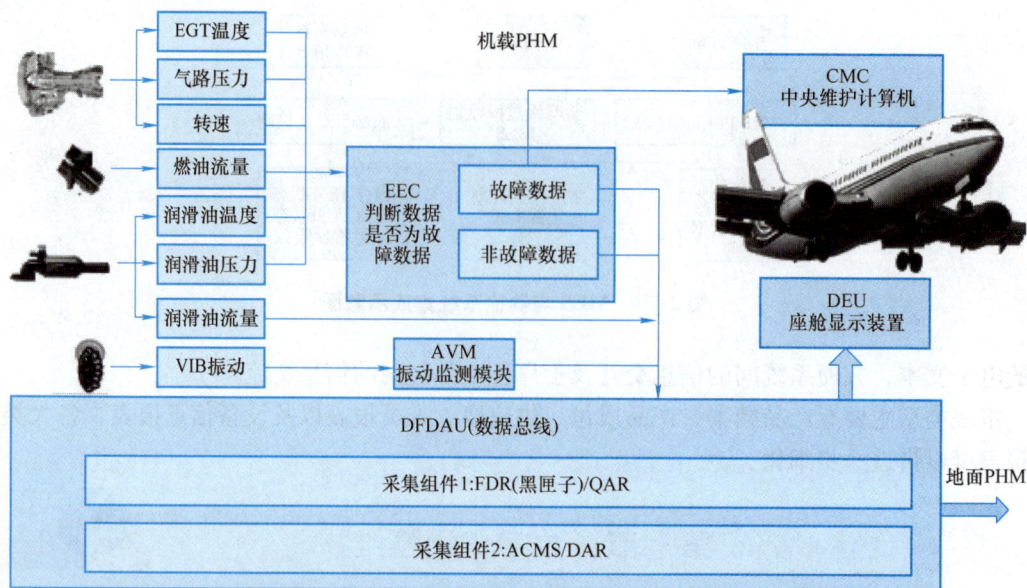

图 2-80　机载 PHM 系统示意图

姆航空发展中心（RADC）在 20 世纪 80 年代初率先提出运用人工智能技术来改善 BIT 的效能，以降低虚警、识别间歇故障，这就是所谓的智能 BIT。

智能 BIT 是指采用人工智能及相关技术，将环境应力数据、BIT 输出信息、BIT 系统历史数据、被测单元输入/输出、设备维修记录等多方面信息综合在一起，并经过一定的推理、分析、筛选过程，得出关于被测单元状态的更准确的结论，从而增强 BIT 的故障诊断能力。

30 多年来，智能 BIT 技术有了迅速发展，先后出现了综合 BIT、信息增强 BIT、改进决策 BIT、维修历史 BIT、自适应 BIT 和暂存监控 BIT 等多种智能 BIT 技术。

（3）综合诊断的提出和发展（20 世纪 80 年代后期至 20 世纪 90 年代）　20 世纪 70~80 年代，复杂装备在使用中暴露出测试性差、故障诊断时间长、BIT 虚警率高、使用与保障费用高、维修人力不足等问题，引起美、英等国军方和工业部门的重视。

美军及工业界分别针对自动测试设备（ATE）、技术资料、BIT 及测试性等各诊断要素相继独立地采取了很多措施，力图解决这些使用与保障问题，结果均不理想。问题的根源在于各诊断要素彼此独立工作，缺少综合；而且除测试性和 BIT 外，都是在主装备设计基本完成后才开始设计的。从解决现役装备保障问题的角度出发，美国国防部颁布军用标准和国防部指令，强调采用"综合后勤保障"的途径来有效解决武器装备的保障问题。"诊断"问题成为贯彻综合后勤保障的瓶颈。

美国原安全工业协会于 1983 年首先提出了"综合诊断"的设想，对构成武器装备诊断能力的各要素进行综合，并获得了美国军方的认可和大力提倡。

PHM 系统的发展历程如图 2-81 所示。

图 2-81　PHM 系统的发展历程

2. PHM 系统的组成

航空航天、国防军事以及工业各领域应用不同类型的 PHM 系统，其基本思想是类似的，区别主要表现在不同领域具体应用的技术和方法不同。一般而言，PHM 系统主要由以下六个部分构成。

（1）数据采集　利用各种传感器检测、采集被检系统的相关参数信息，将收集到的数据进行有效信息转换以及信息传输等。

（2）信息归纳处理　接受来自传感器以及其他数据处理模块的信号和数据信息，将数据信息处理成后续部件可以处理的有效形式或格式。该部分输出结果包括经过滤波、压缩简化后的传感器数据、频谱数据以及其他特征数据等。

（3）状态监测　接受来自传感器、数据处理以及其他状态监测模块的数据。其功能主要是通过比较这些数据同预定的失效判据等来监测系统当前的状态，并且可根据预定的各种参数指标极限值/阈值来提供故障报警能力。

（4）健康评估　接受来自不同状态监测模块以及其他健康评估模块的数据。它主要评估被监测系统（也可以是分系统、部件等）的健康状态（如是否有参数退化现象等），可以产生故障诊断记录并确定故障发生的可能性。故障诊断应基于各种健康状态的历史数据、工作状态以及维修历史数据等。

（5）故障预测决策　故障预测能力是 PHM 系统的显著特征之一。该部分可综合利用前述各部分的数据信息，评估和预测被监测系统未来的健康状态，并做出判断，建议、决策采取相应的措施。可以在被监测系统发生故障之前的适宜时机对部件采取维修措施。该部分实现了 PHM 系统管理的能力，是另一显著特征之一。

（6）保障决策　主要包括人－机接口和机－机接口。人－机接口包括状态监测模块的警告信息显示以及健康评估、故障预测决策模块的数据信息的表示等。机－机接口使得上述各模块之间以及 PHM 系统同其他系统之间的数据信息可以进行传递交换。

需要指出的是，上述体系结构中的各部分之间并没有明显界限，存在数据信息的交叉反馈。

PHM 系统的基本组成如图 2-82 所示。

三、应用案例

本案例是某机械加工企业的预测与健康管理系统。本系统的质量控制技术不依赖零件的质量特性分布，而是通过控制加工过程参数（工序影响因素）的方法来间接控制加工工序的质量特性。这种间接控制方法的优点是不必逐件检测零件，缩短了检验时间。系统根据监控对象将基于 PHM 的机械加工过程质量控制技术的研究内容分为四个方面：①刀具状况监测；②设备状况监测；③加工工况监测；④环境状况监测。其中，每一个方面又可以分为许多小的方面。基于 PHM 的加工过程质量控制技术的内容如图 2-83 所示。

基于 PHM 的加工过程质量控制系统可采用图 2-84 所示的体系结构。该体系分为以下五层。

1）设备层，即制造单元的设备、部件和部位等物理对象。

2）分布式信息处理层，即用户端，包括传感器、信息集中控制处理单元和多通道数据采集器。

3）管理与决策层，即服务器端，对采集到的数据进行智能识别，其处理器具有接收和

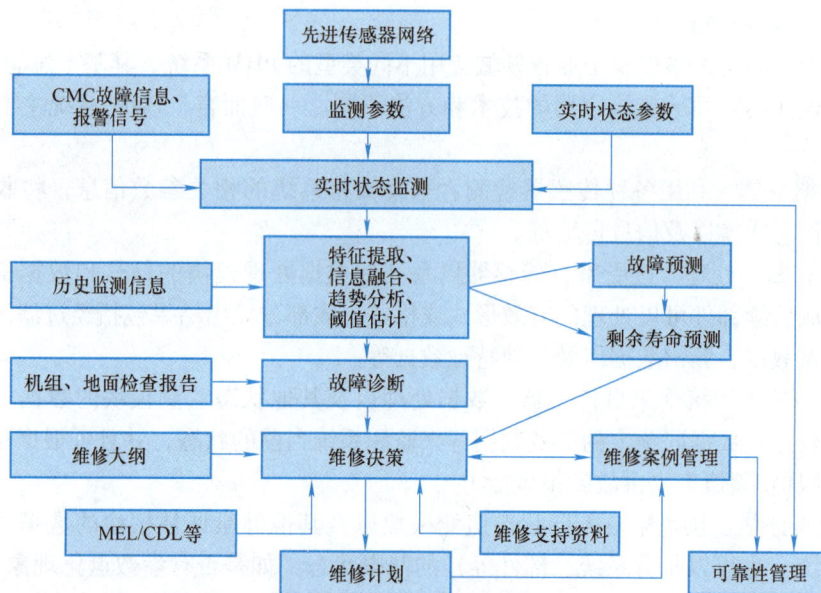

图 2-82 PHM 系统的基本组成

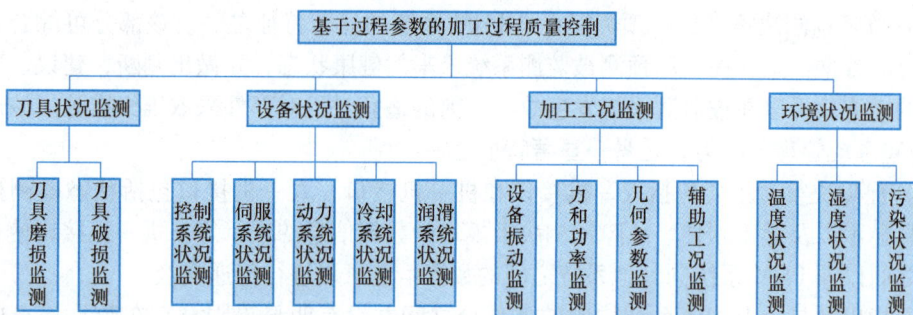

图 2-83 基于 PHM 的加工过程质量控制技术的内容

处理多路数据输入的能力，基于神经网络的数据处理软件可以对每路输入数据进行实时操作管理与监控，进行工序能力分析等，为加工过程提供了足够的分析监控手段。在实际应用中，可以根据需要调用各种评价方法，打印或显示不同的分析内容，并将处理结果通知用户端。

4）网络构架层，为解决系统的跨平台性，采用 CORBA 网络构架。

5）企业质量控制中心，负责质量信息的动态交流，并对企业提交的质量信息进行处理。一方面，根据需要通过网络收集用户信息和市场信息，形成产品的质量目标，对企业发布质量信息，指导企业根据实际资源情况制订质量计划；另一方面，根据盟员企业提交的质量信息对总联盟的质量状态做出判断。

刀具状况监测的目标是监控加工过程中刀具的磨损、严重磨损及破损状态。系统首先从加工过程中获取位移、声发射和切削力等信号以及进给率、切削速度等加工参数，经过信号处理进行特征提取，所获得的特征信息送入服务器端的神经网络等智能识别模块，进行分类识别和决策，最后输出刀具状态信息。

设备状况监测的目标是监控加工过程中设备的精度、故障、环境温度及意外撞击等。系

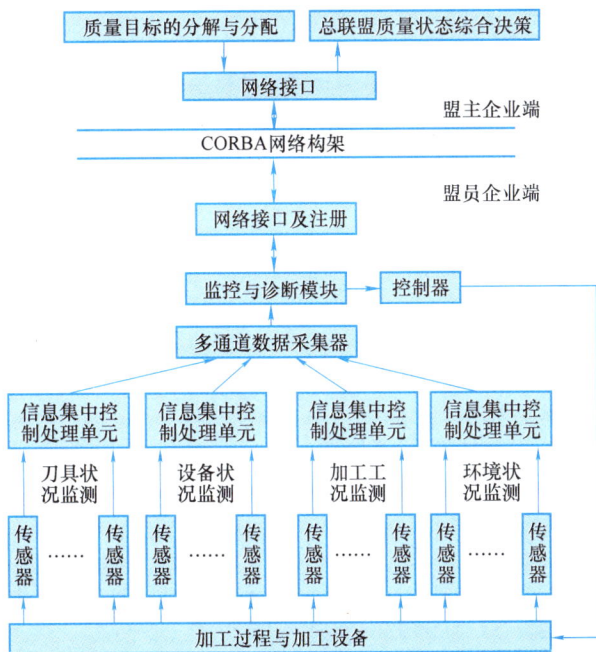

图 2-84　基于 PHM 的加工过程质量控制系统的体系结构

统首先从设备（部件、部位）中获取各种位移、声、力和温度等信号以及进给率、切削速度等加工参数，经过信号处理进行特征提取，并将提取的特征信息送入服务器端，通过神经网络等智能识别模块进行分类识别和决策，最后输出设备状态信息。

加工工况监测的目标是监控加工过程中几何参数变动状态、冷却润滑状态、切削温度及切屑形态等。系统首先从加工过程获取各种工况信号，经过信号处理进行特征提取，并进行识别和决策，最后输出加工工况信息。

环境状况监测的目标是监控机械加工过程中周围环境的温度、湿度和污染状况等。系统首先从加工车间获取环境状况信号，经过信号处理进行特征提取，并进行识别和决策，最后输出环境状态信息。

思考题

1. 简述数字制造和智能制造的含义。
2. 简述数字制造和智能制造的区别和联系。
3. 数字化设计与仿真和传统设计相比较有哪些特点？
4. 数字化设计有哪些基本技术？
5. 什么是虚拟样机技术？它能解决什么样的问题？
6. 什么是 CAPP？
7. MPM 是什么？它有何作用？
8. 数控加工的特点是什么？
9. 数控加工设备的发展方向是什么？
10. 装配机器人有哪些关键技术？

11. 简述 CNC 系统的组成。

12. CNC 系统的功能有哪些?

13. 什么是伺服系统?

14. 伺服系统是如何分类的?

15. 什么是 MES? 它有何作用?

16. 什么是 ERP? 它有何作用?

17. 简述 MES 和 ERP 的关系。

18. 简述 PHM 的功能和作用。

第三章
CHAPTER 3
智能制造关键技术

第一节 概 述

智能制造是利用云计算、物联网、移动互联、大数据、自动化、智能化等技术手段，实现工业产品研发设计、生产制造过程与机械装备、经营管理、决策和服务等全流程、全生命周期的网络化、智能化、绿色化，通过各种工业资源与信息资源的整合和优化利用，实现信息流、资金流、物流、业务工作流的高度集成与融合的现代工业体系。

在智能制造发展过程中，主要有以下几种关键技术。

一、工业互联网、工业物联网

工业互联网、工业物联网是互联网、物联网在工业中的应用，是实现智能制造的基础，在智能制造体系中，把人、设备、生产线、工厂车间、供应商、用户紧密地连接在一起。设备和设备的互联成为生产线，单机智能设备相互连接成为智能生产线，智能车间、智能工厂、供应链等有关工矿企业、用户互联形成产业链网络。基于设备与人互联的信息物理系统（CPS）也是工业互联网、工业物联网的核心，能极大地提升人员效率和企业效益，创造更多价值，为用户提供更好的服务。

二、工业云、云制造

工业云是智能工业的基础设施，通过云计算技术为工业企业提供服务，是工业企业的社会资源实现共享的一种信息化创新模式。例如：工业软件云平台实现工业软件资源的共享和应用，是软件服务与云服务相结合的一种服务模式创新。工业云集成了工业软件、硬件、云计算、制造技术与物联网技术等，能够以较低成本实现信息技术与产品设计、工艺规划、制造等业务的融合，并促进生产性服务业与企业个性化需求的无缝衔接。工业云开启了中小企业两化深度融合之路，使更多中小企业能以较低的成本开展信息化业务，进行产品研发设计、生产等创新活动；推动了中小企业实现知识共享和协同研发，有利于产业协同创新。工业云平台如图 3-1 所示。

云制造是一种利用网络和云制造服务平台，按用户需求组织网上制造资源（制造云），为用户提供各类按需制造服务的一种网络化制造新模式。云制造技术将现有网络化制造和服务技术同云计算、云安全、高性能计算、物联网等技术融合，实现各类制造资源（制造硬件设备、计算系统、软件、模型、数据、知识等）统一地、集中地智能化管理和经营，为制造业全生命周期过程提供可随时获取的、按需使用的、安全可靠的、优质廉价的各类制造活动服务。它是一种面向服务、高效低耗和基于知识的网络化智能制造新模式，目前在航空航天、汽车、模具行业已有成功的试点和示范应用，并开始推广。图3-2 所示为工业制造相关技术示意图。

图 3-1　工业云平台

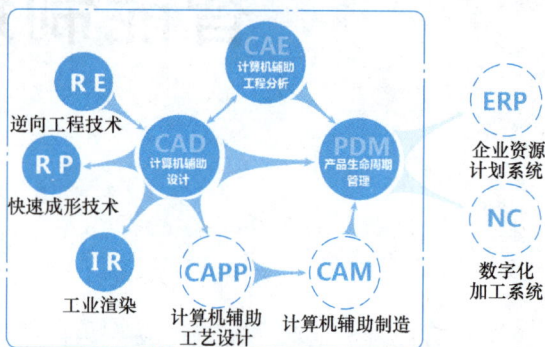

图 3-2　工业制造相关技术示意图

三、工业自动化设备及工业软件

工业自动化设备包括数字化仪表、半导体非电量（物理、化学、生物等变量）的各种传感器及数字测量仪表、射频识别（RFID）及其读写器，单片机、各类嵌入式计算机及模块组件，工控机、数控装置、可编程序控制器、工业机器人、分布式控制系统等。

工业软件是智能制造的灵魂，包括工业设计软件、生产过程及装备控制软件、企业经营管理软件、决策支持软件等。企业资源管理（ERP）软件、客户管理（CRM）软件、供应链管理（SCM）软件、制造执行系统（MES）软件，都将逐渐向智能化方向升级进化；商务智能（BI）软件、数据挖掘软件、智能决策软件、智能控制软件、智能管理软件等将推出适用于云计算、大数据的新产品；智能化工业软件及自动化装备是智能工厂、智能工业的核心，是建设智能工业的根本保证。

四、工业大数据

工业大数据包括产品数据、运营数据、管理数据、供应链数据、研发数据等企业内部数据，以及国内外市场数据、用户数据、政策法律数据等企业外部数据。信息化、网络化带来了海量的结构化与非结构化数据，数据本身最基本的特征是及时性、准确性、完整性，大数据的实时采集和处理将带来更高的研发生产率以及更低的运营成本。这为更精准、更高效、更科学地进行管理、决策以及不断提升智能化水平提供了保证。

五、智能制造、智能生产、智能工厂

狭义的智能制造是指生产智能仪表、智能控制装置、智能机器人、智能执行机构等智能设备的制造业。广义的智能生产制造是指将信息技术、网络技术和智能技术应用于工业生产制造领域，实现产品生产、研发、经营管理及服务全流程的数字化、网络化、信息化、自动化、智能化、绿色化，是智能化的工厂和制造企业。

六、增材制造

增材制造（Additive Manufacturing，AM）技术是指采用材料逐渐累加的方法制造实体零

件的技术，相对于传统的材料去除——切削加工技术，是一种"自下而上"的制造方法。近 20 年来，AM 技术取得了快速的发展，快速原型制造（Rapid Prototyping）、3D 打印（3D Printing）、实体自由制造（Solid Free – form Fabrication）之类各种不同的叫法分别从不同角度表达了这一技术的特点。

增材制造技术是指基于离散 – 堆积原理，由零件三维数据驱动直接制造零件的科学技术。基于不同的分类原则和理解方式，增材制造技术还有快速原型、快速成形、快速制造、3D 打印等多种称谓，其内涵仍在不断深化，外延也不断扩展，这里所说的增材制造与快速成形、快速制造意义相同。图 3-3 所示为增材制造的相关技术。

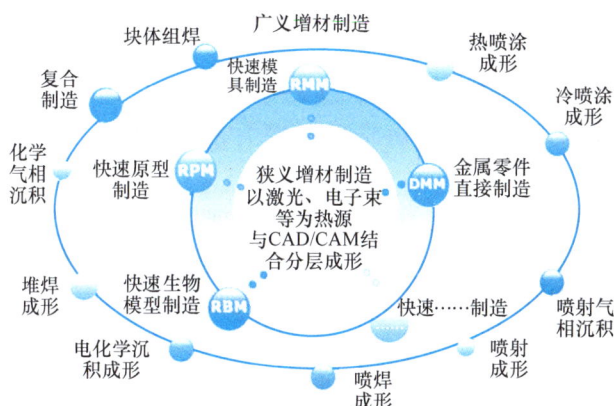

图 3-3　增材制造的相关技术

七、虚拟现实技术

利用虚拟现实技术可以创建用于体验虚拟世界的仿真系统。它通过计算机生成一种模拟环境，可进行多源信息融合的、交互式的三维动态视景和实体行为的仿真。

虚拟现实技术是仿真技术的一个重要方向，是仿真技术与计算机图形学人机接口技术、多媒体技术、传感技术、网络技术等多种技术的集合，是一门富有挑战性的交叉技术前沿学科和研究领域。虚拟现实（VR）技术主要包括模拟环境、感知、自然技能和传感设备等方面。模拟环境是由计算机生成的、实时动态的三维立体逼真图像。感知是指理想的 VR 应该具有一切人所具有的感知。除计算机图形技术所生成的视觉感知外，还有听觉、触觉、力觉、运动等感知，甚至还包括嗅觉和味觉等，也称为多感知。自然技能是指人的头部转动、眼睛、手势或其他人体行为动作，由计算机来处理与参与者的动作相适应的数据，并对用户的输入做出实时响应，并分别反馈到用户的感官。传感设备是指三维交互设备。

第二节　工业物联网

一、物联网的定义

物联网是通过射频识别（RFID）、无线传感器以及定位技术等自动识别、采集和感知获取物品的标识信息、物品自身的属性信息和周边环境信息，借助各种电子信息、传输技术将物品相关信息聚合到统一的信息网络中，并利用云计算、模糊识别、数据挖掘以及语义分析等智能计

物联网技术

算技术对物品相关信息进行分析融合处理，最终实现对物理世界的高度认知和智能化的决策控制。

目前物联网的传输技术包括蓝牙、ZigBee、WiFi、超短波数传电台、GPRS 等，主要可以概括为以太网终端、WiFi 终端、2G/3G/4G 终端等，当然有些智能终端具有上述两种或两种以上的接口。

1. 以太网终端

该类终端一般应用在数据传输量较大、以太网条件较好的场合，现场很容易布线并具有连接互联网的条件。以太网终端一般应用在工厂的固定设备检测、智能楼宇、智能家居等环境中。

2. WiFi 终端

该类终端一般应用在数据传输量较大、以太网条件较好，但终端部分布线不容易或不能布线的场合，在终端周围架设 WiFi 路由或 WiFi 网关等设备实现。

3. 2G 终端

该类终端应用在小数据量移动传输的场合或小数据量传输的野外工作场合，如车载 GPS 定位、物流 RFID 手持终端及水库水质监测等。该类终端因具有在移动中或野外条件下的联网功能，所以为物联网的深层次应用提供了更加广阔的市场。

4. 3G 终端

该类终端是在 2G 终端基础上的升级，增加了上下行的通信速度，以满足移动图像监控、下发视频等应用场合，如警车巡警图像的回传、动态实时交通信息的监控等，在一些大数据量的传感应用，如振动量的采集或电力信号实施监测中也可以用到该类终端。

5. 4G 终端

4G 技术又称为 IMT – Advanced 技术，是在 3G 的基础上发展而来的，可以称为分布网络与光带接入。

4G 最大的数据传输速率超过 100Mbit/s，这个速率是移动电话数据传输速率的 1 万倍，也是 3G 移动电话数据传输速率的 50 倍。4G 手机可以提供高性能的汇流媒体内容，并通过 ID 应用程序成为个人身份鉴定设备。它也可以接受高分辨率的电影和电视节目，从而成为合并广播和通信的新基础设施中的一个纽带。此外，4G 的无线即时连接等服务费用会比 3G 低。还有，4G 可集成不同模式的无线通信——从无线局域网和蓝牙等室内网络、蜂窝信号、广播电视到卫星通信，移动用户可以自由地从一个标准漫游到另一个标准。

4G 通信技术并没有脱离以前的通信技术，而是以传统通信技术为基础，并利用了一些新的通信技术，来不断提高无线通信的网络效率和功能。如果说 3G 能为人们提供一个高速传输的无线通信环境的话，那么 4G 通信则是一种超高速无线网络，一种不需要电缆的信息超级高速公路，这种新网络可使电话用户以无线及三维空间虚拟实境连线。

二、物联网的体系结构

物联网的体系结构如图 3-4 所示。

在物联网的体系结构中，三层的关系可以理解为：感知层相当于人体的皮肤和五官，网络层相当于人体的神经中枢和大脑，应用层相当于人的社会分工。

1）感知层是物联网的皮肤和五官，用来识别物体，采集信息。感知层包括二维码标签和识读器、RFID 标签和读写器、摄像头、GPS 等。

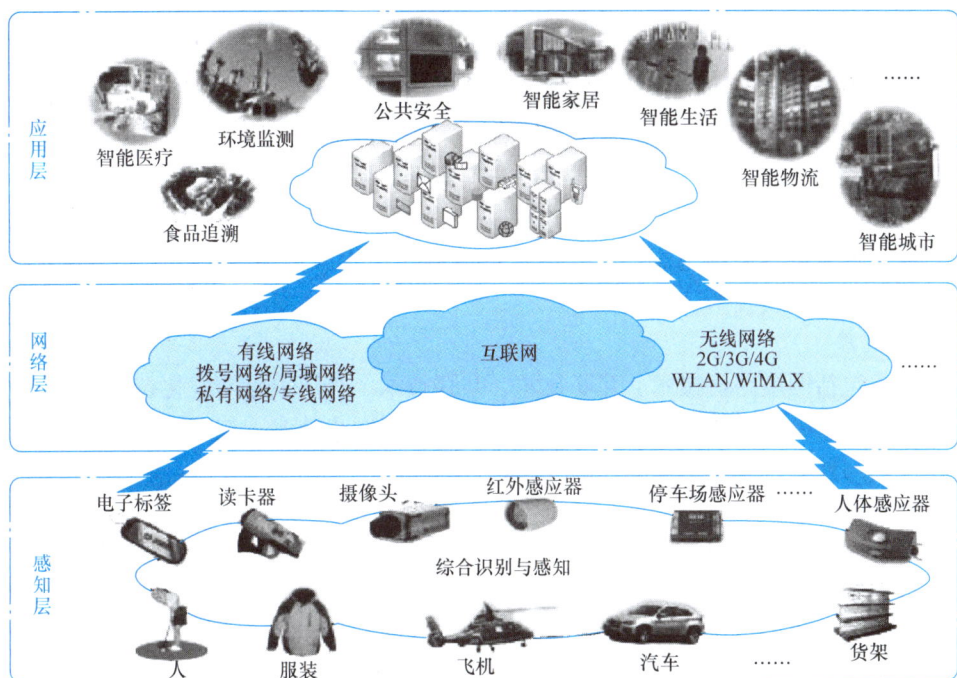

图 3-4　物联网的体系结构

2）网络层是物联网的神经中枢和大脑，将感知层获取的信息进行传递和处理。网络层包括通信与互联网的融合网络、网络管理中心和信息处理中心等。

3）应用层是物联网的"社会分工"。应用层是物联网与行业专业技术的深度融合，与行业需求结合，实现行业智能化，这类似于人的社会分工，最终构成人类社会。

在各层之间，信息不是单向传递的，也有交互、控制等，所传递的信息多种多样，其中的关键是物品的信息，包括在特定应用系统范围内能唯一标识物品的识别码和物品的静态与动态信息。

三、工业物联网中的关键技术

工业物联网通过各种信息传感设备（如传感器、射频识别技术、全球定位系统、红外感应器、激光扫描器、气体感应器等），实现在工业现场采集任何需要监控、连接、互动的物体或过程，采集其声、光、热、电等各种需要的信息。具有环境感知能力的各类终端以及基于泛在技术的计算模式、移动通信等不断融入工业生产的各个环节，大幅提高了制造效率，改善了产品质量，降低了产品成本和资源消耗，将传统工业提升到智能工业的新阶段。工业物联网中的关键技术如图 3-5 所示。

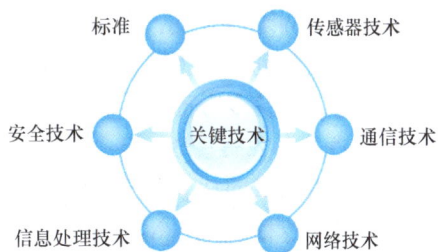

图 3-5　工业物联网中的关键技术

1. 传感器技术

信息的泛在化对工业的传感器和传感装置提出了更高的要求，具体如下。

微型化：指元器件的微小型化，以节约资源与能源。

智能化：指自校准、自诊断、自学习、自决策、自适应和自组织等人工智能技术。

低功耗与能量获取技术：供电方式为电池、阳光、风、温度、振动等。

2. 通信技术

通信技术具体包括调制与编码技术、自适应跳频技术、信道调度技术、通信协议多样性、多标准有线及无线技术。

3. 网络技术

组网技术包括网络路由技术、互联技术、共存技术、跨层设计与优化技术。

网络管理与基础服务技术包括低开销高精度的时间同步技术、快速节点定位技术、实时网络性能监视与预警技术、工业数据的分布式管理技术。

4. 信息处理技术

海量信息处理：工业信息出现爆炸式增长，构建集海量感知信息获取、高效融合、特征提取和内容理解为一体。

实时信息处理包括工业流程监视与控制需求。

新型制造模式实现了多源异构感知信息融合。

泛在信息处理服务与协同平台具有设计、制造、管理过程中人–人之间、人–机之间和机–机之间的行为感知、环境感知、状态感知的综合性感知能力。

5. 安全技术

安全技术具体包括工业设备控制、网络安全和数据安全技术，阻止非授权实体的识别、跟踪和访问技术，非集中式的认证和信任模型技术，高效的加密和数据保护技术以及异构设备间的隐私保护技术。

四、工业物联网应用前景

工业物联网的应用改变了传统工业中被动的信息收集方式，可自动、准确、及时地收集生产过程参数。传统的工业生产采用M2M（Machine to Machine）的通信模式，实现了机器与机器间的通信。而工业物联网通过T2T（Things to Things）的通信方式，实现了人、机器和系统三者之间的智能化、交互式无缝连接，使企业与用户、市场的联系更为紧密，企业可以感知到市场的瞬息万变，大幅提高制造效率、改善产品质量、降低产品成本和资源消耗，将传统工业提升到智能工业的新阶段。从当前技术发展和应用前景来看，工业物联网的应用主要集中在以下几个方面。

1. 制造业供应链管理

企业利用物联网技术能及时掌握原材料采购、库存和销售等信息，通过大数据分析还能预测原材料的价格趋向、供求关系等，有助于完善和优化供应链管理体系，提高供应链效率、降低成本。例如：空中客车公司通过在供应链体系中应用传感网络技术，构建了全球制造业中规模最大、效率最高的供应链体系。

2. 生产过程工艺优化

工业物联网的泛在感知特性提高了生产线过程检测、实时参数采集、材料消耗监测的能力和水平，通过对数据的分析处理可以实现智能监控、智能诊断、智能决策和智能维护。钢铁企业应用各种传感器和通信网络，在生产过程中实现了对加工产品的宽度、厚度和温度的实时监控，提高了产品质量，优化了生产流程。

3. 生产设备监控管理

利用传感技术对生产设备进行健康监控，可以及时跟踪生产过程中各个机器设备的使用情况，通过网络把数据汇聚到设备生产商的数据分析中心进行处理，能有效地进行机器故障诊断、预测，快速、精确地定位故障原因，提高维护效率，降低维护成本。例如：GE Oil&Gas集团在全球建立了13个面向不同产品的 i – Center（综合服务中心），通过传感器和网络对设备进行了在线监测和实时监控，并提供了设备维护和故障诊断的解决方案。

4. 环保监测及能源管理

工业物联网与环保设备的融合可以实现对工业生产过程中产生的各种污染源及污染治理环节关键指标的实时监控。在化工、轻工、火电厂等企业部署传感器网络，不仅可以实时监测企业排污数据，而且可以通过智能化的数据报警及时发现排污异常并停止相应的生产过程，防止突发性环境污染事故发生。目前，电信运营商已开始推广基于物联网的污染治理实时监测解决方案。

5. 工业安全生产管理

安全生产是现代化工业中的重中之重。工业物联网技术通过把传感器安装到矿山设备、油气管道、矿工设备等危险作业环境中，可以实时监测作业人员、设备机器以及周边环境等方面的安全状态信息，全方位获取生产环境中的安全要素，将现有的网络监管平台提升为系统、开放、多元的综合网络监管平台，有效保障了工业生产安全。

智能物流仓库是工业物联网的另一个应用热点，如图3-6所示，仓库管理物联网通过RFID电子标签实现物品的自动识别，利用无线传感器网络对仓储车间进行实时监控，在物品入库、出库、移库、盘点、拣选与分发等环节产生的数据始终由中心数据库记录，并实时交由信息处理中心进行数据分析挖掘，极大地提高了仓库管理的智能化水平。

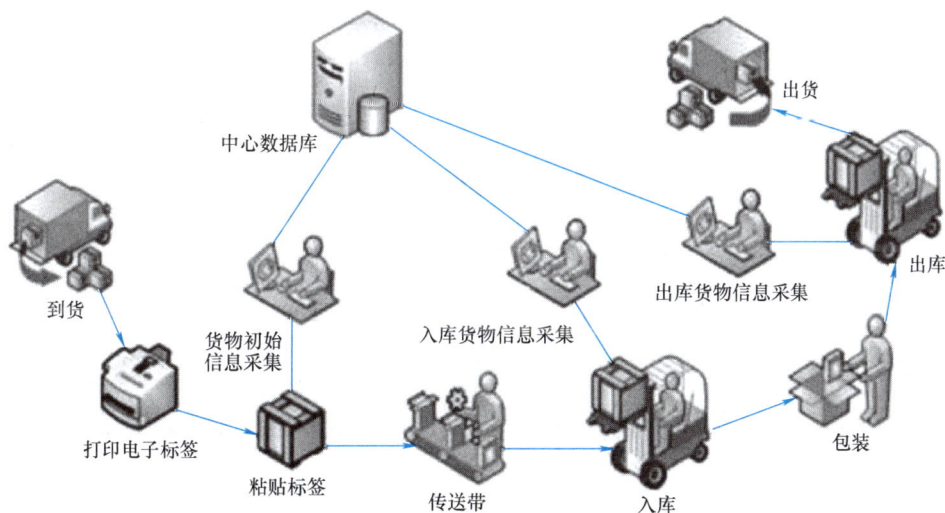

图3-6 基于工业物联网技术的智能物流仓库

五、应用案例

每年 1 月，美国的拉斯维加斯都会举办引领年度行业及产品潮流的世界最大规模家电博览会——美国消费电子展（CES）。

在 2015 年 CES 上展出的物联网设备大致可划分为三个领域：一是能够获取脉搏等生命体征信息，以智能手机为代表的"穿戴式产品"；二是在植物栽培器具、宠物项圈等过去没有与网络连接的产品上配备了通信功能，使其可以支持物联网的"变形产品"；三是"汽车及住宅"等生活基础设施。可穿戴设备如图 3-7 ~ 图 3-11 所示。

图 3-7　促进放松效果的专用头戴式耳机

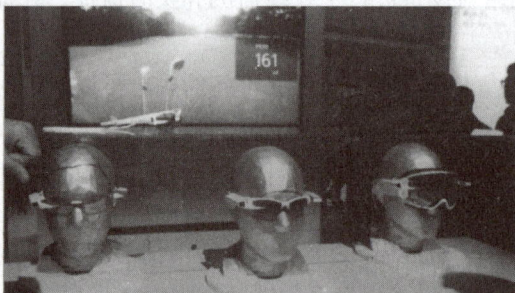

图 3-8　能装在普通眼镜上的可穿戴设备

图 3-7 所示的耳机可以与智能手机的应用程序配合使用，压力情况由应用程序实现可视化，可用于提高压力控制能力的训练。

图 3-8 所示的可穿戴设备可以安装到现有的眼镜、护目镜上作为超小型监视器，支持无线局域网、蓝牙。

图 3-9 所示的耳机内置了各类传感器，与智能手机中的应用程序配合使用，可以记录心率与运动距离、路线等信息，能够播放音乐，还能自动播放适合于运动节拍的音乐。它是随身听与健身器材一体化的产品。

图 3-10 所示为内置支持蓝牙的超薄扬声器的羊毛材质发带。就寝时，人们可以听着波涛的声音入眠，使身心更加放松。它与普通的耳机不同，即使睡觉时翻身也没关系。

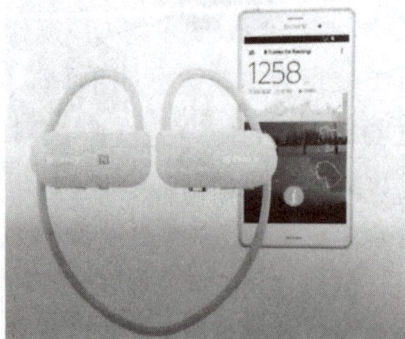

图 3-9　物联网耳机

图 3-10　具有特殊功能的发带

图 3-11 所示的手环配置了可随意更换的装饰腕带，重视设计性的计步器。它具有能催促用户起身活动的报警功能以及运动状况的分析功能。

在物联网的通信标准中，美国高通公司与美国英特尔公司等半导体行业巨头也分别将家电制造商等召集到一起结成联盟，进行主导权的争夺。

由于存在经由网络进行数据非法获取、远程操作等隐患，物联网相关联盟以及开发物联网相关产品的制造商正在积极推进安全对策与技术的开发。一旦解决了这些课题，人们身边的物联网支持设备将会不断增加，生活将越发便利。

2013 年 12 月，由高通等公司为中心的"AllSeen 联盟"成立，仅过了一年，加盟企

图 3-11　具有计步等多种功能的手环

业便超过了 100 家。其特征为微软、索尼、松下、伊莱克斯和海尔等众多拥有日、美、欧及中国普通消费者的家电产品生产企业都加入进来。目前，AllSeen 的加盟企业组建了多个工作组，增设了安全及其他各种职能，正在不断推进通信的标准化进程。目前，加盟企业已陆续在各自家电产品上安装了这种软件，并计划不断增加日常生活中支持物联网的产品。

2014 年夏天，以英特尔公司为主导，创立了瞄准物联网标准化目标的"开放互联联盟"，其中包括韩国三星电子等 50 多家公司。该联盟所打造的构想是，通过联盟中多个工作组的活动，共同开发出配备于各家公司产品上的设备间连接软件。

当前我国企业在物联网领域也取得了长足的进步。华为于 2018 年初发布了其新的愿景与使命："把数字世界带入每个人、每个家庭、每个组织，构建万物互联的智能世界。"华为致力于利用 5G、云计算、AI、大数据、物联网、区块链等技术将 ICT（信息与通信）上下游产业相互融合，重塑人们生活生产方式，甚至整个社会形态。华为建立自主操作系统鸿蒙（Harmony OS）和应用服务系统华为行动服务（HMS），推出 HiCar 系统进军自动驾驶领域，为推动我国的科技自主方面取得一个又一个成绩。

第三节　工业机器人

一、工业机器人的定义及特点

工业机器人是面向工业领域的多关节机械手或多自由度的机器装置。它能自动执行工作，是靠自身的动力和控制来实现各种功能的一种机器。它可以接受人类指挥，也可以按照预先编排的程序运行。

工业机器人最显著的特点有以下几个。

1. 可编程

生产自动化的进一步发展是柔性自动化。工业机器人可随其工作环境变化的需要而再编程，因此它在小批量多品种产品，特别是具有均衡高效率的柔性制造过程中能发挥很好的功用，是柔性制造系统中的一个重要组成部分。

智能工厂之
工业机器人概述

2. 拟人化

工业机器人在机械结构上有类似人的行走、腰转、大臂、小臂、手腕、手爪等部分，由

计算机进行控制。此外，智能化工业机器人还有许多类似人类的"生物传感器"，如皮肤型接触传感器、力传感器、负载传感器、视觉传感器以及声觉传感器等。传感器提高了工业机器人对周围环境的自适应能力。

3. 通用性

除了专门设计的专用工业机器人外，一般工业机器人在执行不同的作业任务时具有较好的通用性。例如：更换工业机器人手部末端操作器（手爪、工具等）便可执行不同的作业任务。

4. 工业机器人技术涉及的学科相当广泛

工业机器人技术涉及的学科主要包括机械学和微电子学。第三代智能机器人不仅具有获取外部环境信息的各种传感器，而且还具有记忆能力、语言理解能力、图像识别能力及推理判断能力等，这些都是微电子技术的应用，特别是与计算机技术的应用密切相关。

当今工业机器人技术正逐渐向着具有行走能力、具有多种感知能力、具有较强的对作业环境的自适应能力的方向发展。

（1）技术先进　工业机器人集精密化、柔性化和智能化等先进制造技术于一体，通过对过程实施检测、控制、优化、调度、管理和决策，实现增加产量、提高质量、降低成本、减少资源消耗和环境污染，是工业自动化水平的最高体现。

（2）技术升级　工业机器人与自动化成套装备具备精细制造、精细加工以及柔性生产等特点，是继动力机械、计算机之后，出现的全面延伸人的体力和智力的新一代生产工具，是实现生产数字化、自动化、网络化及智能化的重要手段。

（3）应用领域广泛　工业机器人与自动化成套装备是生产过程的关键设备，可用于制造、安装、检测和物流等生产环节，并广泛应用于汽车整车与零部件、工程机械、轨道交通、低压电器、电力、军工、医药、冶金及印刷出版等众多行业，应用领域非常广泛。

（4）技术综合性强　工业机器人与自动化成套技术融合了多个学科，涉及多项技术领域，包括工业机器人控制技术、机器人动力学及仿真、机器人构建有限元分析、激光加工技术、模块化程序设计、智能测量、建模加工一体化、工厂自动化以及精细物流等先进技术。

二、工业机器人的种类

1. 移动机器人

移动机器人（AGV）是工业机器人的一种类型。它由计算机控制，具有移动、自动导航、多传感器控制、网络交互等功能。它可广泛应用于机械、电子、纺织、医疗、食品、造纸等行业，也可用于自动化立体仓库、柔性加工系统、柔性装配系统（以 AGV 作为活动装配平台）；同时可在车站、机场、邮局的物品分拣中作为运

智能工厂之 AGV 概述

输工具。移动机器人是物流技术的核心技术和设备，用现代物流技术改造传统生产线，实现点对点自动存取的高架箱储、作业和搬运相结合，实现精细化、柔性化、信息化，缩短物流流程，降低物料损耗，减少占地面积，降低建设投资。图 3-12 所示为多种形式的 AGV 小车。

2. 点焊机器人

点焊机器人具有性能稳定、工作空间大、运动速度快和负荷能力强等特点，焊接质量明显优于人工焊接，大大提高了点焊作业的生产率。点焊机器人如图 3-13 所示。

点焊机器人主要用于汽车整车的焊接工作。随着汽车工业的发展，焊接生产线要求焊钳

图 3-12　多种形式的 AGV 小车

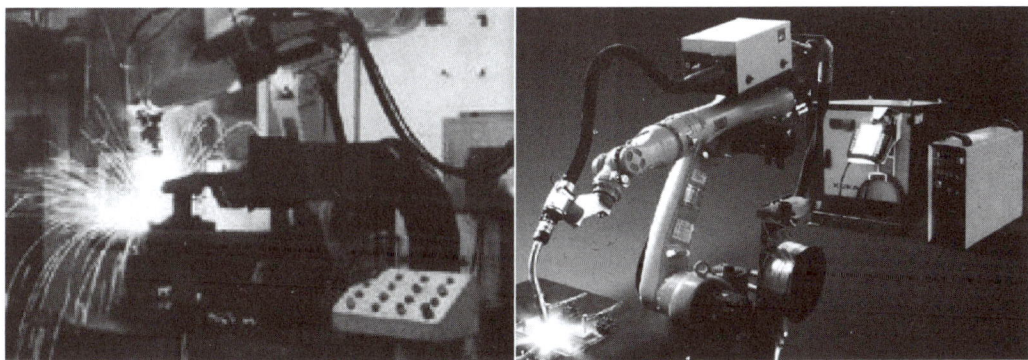

图 3-13　点焊机器人

一体化，质量越来越大，165kg 的点焊机器人是当前汽车焊接中最常用的一种机器人。2008年 9 月，国内首台 165kg 级点焊机器人研制成功，并应用于奇瑞汽车的焊接车间。2009 年 9月，经过优化和性能提升的第二台机器人顺利通过验收，使得我国点焊机器人整体技术指标达到国外同类机器人的水平。

3. 弧焊机器人

弧焊机器人主要应用于各类汽车零部件的焊接生产，其关键技术如下。

1）弧焊机器人系统优化集成技术。弧焊机器人采用交流伺服驱动技术以及高精度、高刚性的 RV 减速器和谐波减速器，具有良好的低速稳定性和高速动态响应。

2）协调控制技术。控制多机器人及变位机协调运动，既能保持焊枪和工件的相对姿态以满足焊接工艺的要求，又能避免焊枪和工件的碰撞。

3）精确焊缝轨迹跟踪技术。结合激光传感器和视觉传感器离线工作方式的优点，采用激光传感器实现焊接过程中的焊缝跟踪，提升焊接机器人对复杂工件进行焊接的柔性和适应性，结合视觉传感器离线观察获得焊缝跟踪的残余偏差，基于偏差统计获得补偿数据并进行机器人运动轨迹的修正，在各种工况下都能获得最佳的焊接质量。弧焊机器人如图3-14所示。

4. 激光加工机器人

激光加工机器人是将机器人技术应用于激光加工中，通过高精度工业机器人实现更加柔性的激光加工作业。激光加工机器人可以通过示教盒进行在线操作，也可通过离线方式进行编程。激光加工机器人如图3-15所示。

图 3-14　弧焊机器人

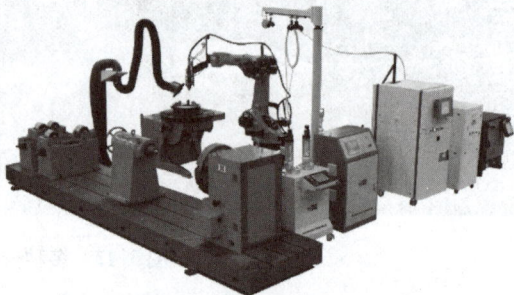

图 3-15　激光加工机器人

5. 真空机器人

真空机器人是一种在真空环境下工作的机器人，主要应用于半导体工业中，实现晶圆在真空腔室内的传输。真空机器人难进口、受限制、用量大、通用性强，是制约半导体装备整机研发进度和整机产品竞争力的关键部件。图3-16所示为真空机器人。

6. 洁净机器人

洁净机器人是一种在洁净环境中使用的工业机器人。随着生产技术水平的不断提高，其对生产环境的要求也日益苛刻，很多现代工业产品生产都要求在洁净环境中进行，洁净机器人是洁净环境中生产需要的关键设备。

图 3-16　真空机器人

三、应用案例

1. 输送线系统

输送线系统主要由如下几个部分组成。

1）自动化输送线。自动输送产品，并将产品工装板在各装配工位精确定位，装配完成后能使工装板自动循环；设有电动机过载保护，驱动链与输送链直接啮合，传递平稳，运行可靠。

2）机器人系统。通过机器人在特定工位上准确、快速地完成部件的装配，能使生产线达到较高的自动化程度；机器人可遵照一定的原则相互调整，满足工艺点的节拍要求；机器人系统备有与上层管理系统的通信接口。

3）自动化立体仓储供料系统。自动规划和调度装配原料，并将原料及时向装配生产线输送，同时能够实时对库存原料进行统计和监控。

4）全线主控制系统。采用基于现场总线的控制系统，不仅有极高的实时性，更有极高的可靠性。

5）条码数据采集系统。使各种产品制造信息具有规范、准确、实时、可追溯的特点，系统采用高档文件服务器和大容量存储设备，快速采集和管理现场的生产数据。

6）产品自动化测试系统。测试最终产品性能指标，将不合格产品转入返修线。

7）生产线监控、调度、管理系统。采用管理层、监控层和设备层三级网络对整个生产线进行综合监控、调度、管理，能够接受车间生产计划，自动分配任务，完成自动化生产。图 3-17 所示为一机三线自动码垛系统输送线。

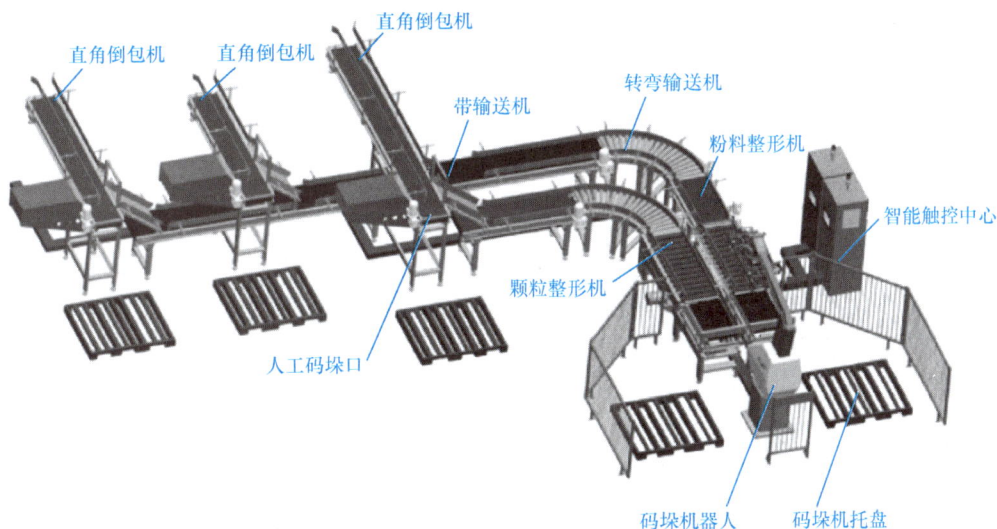

图 3-17　一机三线自动码垛系统输送线

机器人及输送线物流自动化系统可应用于建材、家电、电子、化纤、汽车及食品等行业。

2. 机器人涂胶工作站

如图 3-18 所示，机器人涂胶工作站主要包括机器人、供胶系统、涂胶工作台、工作站控制柜及其他周边配套设备。工作站自动化程度高，适用于多品种、大批大量生产，可广泛地应用于汽车风窗、汽车车灯、摩托车车灯、建材门窗以及太阳能光伏电池涂胶等行业。

以车灯机器人涂胶工作站为例，其设备组成如下。

1）机器人。可根据需求选用机器人品牌，并根据用户产品尺寸确定机器人的规格型号。机器人重复定位精度≤0.1mm，涂胶工作速度为 150～250mm/s。

机器人具有六个控制轴，可以灵活地生成任何空间轨迹和完成各种复杂的布胶动作；其运动快速、平稳、重复精度高，可充分保证生产节拍需求，并保证胶条均匀，产品质量稳定。

2）供胶系统。机器人涂胶工作站供胶系统有冷胶和热熔胶两种供胶方式，可根据不同用户的要求配置供胶系统。该供胶系统可以与机器人动作衔接，正确完成布胶及供胶动作。

3）涂胶工作台。涂胶工作台按结构方式分为往复式双工位工作台、回转式双工位工作台、固定式双工位工作台、固定式单工位工作台。还可根据用户要求设计制造各种形式的工作台，保证灯具安装方便，定位准确，使用可靠。

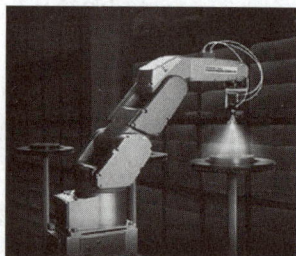

图3-18　机器人涂胶工作站

机器人涂胶工作站具有以下特点。

① 自动化程度高，生产率高，产量大。

② 运行可靠，涂胶精度高，产品质量稳定。

③ 节省人力和材料，降低生产成本。

④ 改善作业环境，符合环保要求。

⑤ 产量增加时，无须增加人力，只需增加机器人工作时间。

4）工作站控制柜。工作站控制柜的主要功能有：工件程序号的显示及选择；工作台、机器人、供胶系统的协调与互锁；工作台工作状态的选择；故障报警，急停功能，计数功能。

3. 机器人焊接工作站

机器人焊接工作站可广泛地应用于铁路、航空航天、军工、冶金和汽车等行业。

随着电子技术、计算机技术、数控及机器人技术的发展，自动弧焊机器人工作站从20世纪60年代开始用于生产以来，其技术已日益成熟，主要有以下优点。

1）工作稳定，提高了焊接质量。

2）提高了劳动生产率。

3）机器人可在有害环境下工作，改善了工人劳动强度。

4）降低了对工人操作技术的要求。

5）缩短了产品改型换代的准备周期（只需修改软件和必要的夹具即可），减少了相应的设备投资。该焊接系统一般多采用熔化极气体保护焊（MIG、MAG、CO_2焊）或非熔化极气体保护焊（TIG、等离子弧焊）方法。设备一般包括焊接电源、焊枪与送丝机构、焊接机器人系统与相应的焊接软件及其他辅助设备等。图3-19所示为汽车生产线焊接系统。

4. 机器人自动装箱、码垛工作站

机器人自动装箱、码垛工作站是一种集

图3-19　汽车生产线焊接系统

成化的系统。它包括工业机器人、控制器、编程器、机器人手爪、自动折叠盘机、托盘输送与定位设备和码垛模式软件等。它还配置自动称重、贴标签、检测及通信系统，并与生产控制系统相连接，以形成一个完整的集成化包装生产线。

（1）生产线末端码垛的简单工作站　这是一种柔性码垛系统，其从输送线上下料，并完成工件码垛、加层垫等工序，然后用输送线将码好的托盘送走。

（2）码垛、拆垛工作站　这种柔性码垛系统可将三垛不同货物码成一垛，机器人还可抓取托盘和层垫，一垛码满后由输送线自动输出。

（3）生产线中码垛　工件在输送线定位点被抓取并放到两个不同的托盘上，层垫也由机器人抓取。托盘和满垛通过线体自动输出或输入。

（4）生产线末端码垛的复杂工作站　工件来自三条不同线体，它们被抓取并放到三个不同的托盘上，层垫也由机器人抓取。托盘和满垛通过线体自动输出或输入。图 3-20 所示为酒类装箱码垛线示意图。

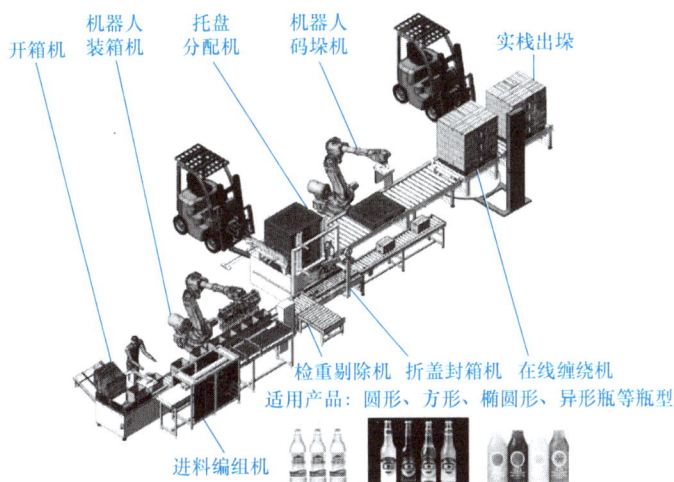

图 3-20　酒类装箱码垛线示意图

机器人自动装箱、码垛工作站可应用于建材、家电、电子、化纤、汽车和食品等行业。机器人自动装箱、码垛工作站实现了自动化作业，并且具有安全检测、联锁控制、故障自诊断、示教再现、顺序控制以及自动判断等功能，大大地提高了生产率和工作质量，节省了人力，建立了现代化的生产环境。

第四节　3D 打印技术

一、3D 打印技术的特点及发展历史

3D 打印是快速成形技术的一种。它是一种以数字模型文件为基础，运用粉末状金属或塑料等可黏合材料，通过逐层打印的方式来构造物体的技术。

3D 打印通常是采用数字技术材料打印机来实现的，早期应用在模具制造、工业设计等领域被用于制造模型，后逐渐用于一些产品的直接

3D 打印技术

制造。该技术在珠宝、鞋类、工业设计、建筑、工程和施工（AEC）、汽车、航空航天、医疗、教育、地理信息、土木工程、枪支以及其他领域都有所应用。

3D 打印技术出现在 20 世纪 90 年代中期，实际上是利用光固化和纸层叠等技术的最新快速成形技术。它与普通打印工作原理基本相同，打印机内装有液体或粉末等打印材料，与计算机连接后，通过计算机控制把打印材料一层层地叠加起来，最终把计算机上的蓝图变成实物。图 3-21 所示为 3D 打印流程。

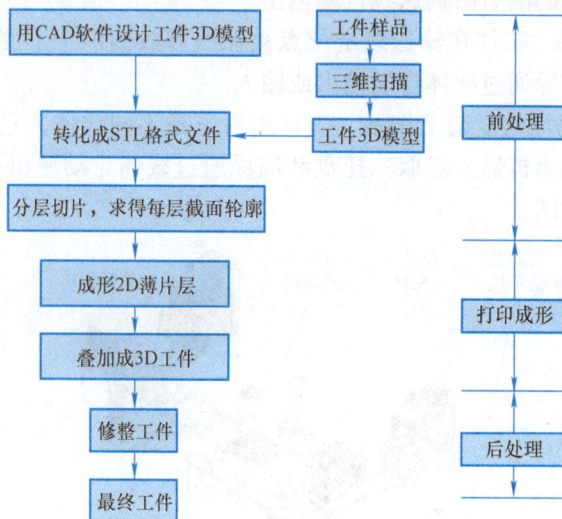

图 3-21　3D 打印流程

3D 打印技术已有超过 30 年的发展历程。

1986 年，美国科学家 Charles Hull 开发了第一台商业 3D 印刷机。

1993 年，麻省理工学院获得 3D 印刷技术专利。

1995 年，美国 ZCorp 公司从麻省理工学院获得唯一授权并开始研发 3D 打印机。

2005 年，市场上首个高清晰彩色 3D 打印机 Spectrum Z510 由 ZCorp 公司研制成功。

2010 年 11 月，美国 Jim Kor 团队打造出世界上第一辆由 3D 打印机打印而成的汽车 Urbee。图 3-22 所示为打造 3D 打印汽车的 Jim Kor 团队成员。

2011 年 6 月 6 日，美国 3D 打印公司 Shapeways 发布了全球第一款 3D 打印的比基尼。

2011 年 7 月，英国研究人员开发出世界上第一台 3D 巧克力打印机。

2011 年 8 月，南安普敦大学的工程师们开发出世界上第一架 3D 打印的飞机。

2012 年 11 月，苏格兰科学家利用人体细胞首次用 3D 打印机打印出人造肝脏组织。

图 3-22　打造 3D 打印汽车的 Jim Kor 团队成员

2013 年 10 月，全球首次成功拍卖一款名为"ONO 之神"的 3D 打印艺术品。

2013 年 11 月，美国德克萨斯州奥斯汀的 3D 打印公司利用"固体概念"（Solid Concepts）制造出 3D 打印金属手枪。

3D 打印存在着许多不同的技术。它们的不同之处在于以可用材料的方式，并以不同层构建和创建部件。3D 打印常用的材料有尼龙玻璃纤维、耐用性尼龙材料、石膏材料、铝材料、钛合金、不锈钢、镀银、镀金及橡胶类材料。图 3-23 所示为 3D 打印的假肢、义齿，图 3-24所示为 3D 打印的复杂形状，图 3-25 所示为 3D 打印的能发射真正子弹的手枪。

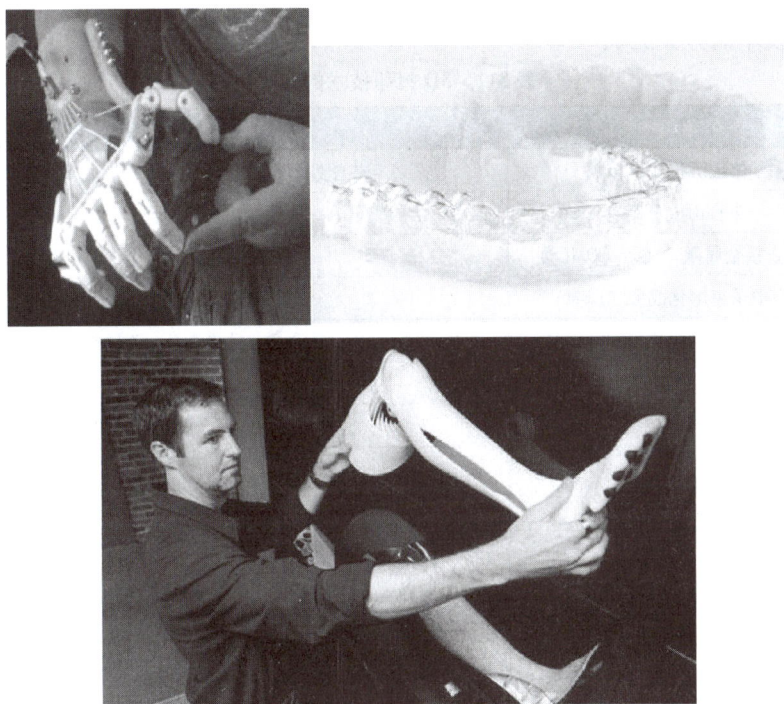

图 3-23　3D 打印的假肢、义齿

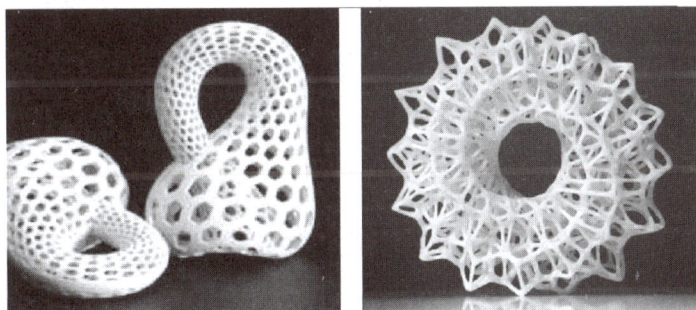

图 3-24　3D 打印的复杂形状

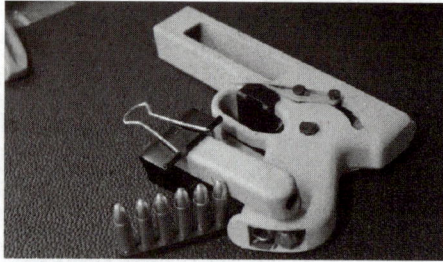

图 3-25　3D 打印的能发射真正子弹的手枪

3D 打印技术的分类见表 3-1。

表 3-1　3D 打印技术的分类

类型	累积技术	基本材料
挤压	熔融沉积式（FDM）	热塑性塑料、共晶系统金属、可食用材料
线状	电子束自由成形制造（EBF）	几乎任何合金
粒状	直接金属激光烧结（DMLS）	几乎任何合金
	电子束熔化成形（EBM）	钛合金
	选择性激光熔化成形（SLM）	钛合金、钴铬合金、不锈钢、铝
	选择性热烧结（SHS）	热塑性粉末
	选择性激光烧结（SLS）	热塑性塑料、金属粉末、陶瓷粉末
粉末层喷头3D 打印	石膏 3D 打印（PP）	石膏
层压	分层实体制造（LOM）	纸、金属膜、塑料薄膜
光聚合	立体平板印刷（SLA）	光硬化树脂
	数字光处理（DLP）	光硬化树脂

二、应用案例

1. 海军舰艇

2014 年 7 月 1 日，美国海军试验了利用 3D 打印等先进制造技术制造的舰艇零件，希望借此提升执行任务的速度并降低成本。

2014 年 6 月 24 日至 6 月 26 日，美国海军举办了第一届制汇节，开展了一系列 "打印舰艇" 研讨会，并在此期间向水手及其他相关人员介绍了 3D 打印技术。

2. 航天科技

2014 年 9 月底，美国国家航空航天局（NASA）完成了首台成像望远镜，其元件基本全部通过 3D 打印技术制造而成。NASA 也因此成为首家尝试使用 3D 打印技术制造整台仪器的单位。

这款太空望远镜功能齐全，其 50.8mm 的摄像头使其能够放进立方体卫星（Cube Sat，一款微型卫星）。这款太空望远镜的外管、外挡板及光学镜架全部作为单独的结构直接打印而成，只有镜面和镜头尚未实现。这款望远镜全部由铝和钛制成，而且只需通过 3D 打印技术制造四个零件即可，相比而言，传统制造方法所需的零件数是 3D 打印的 5~10 倍。此外，在 3D 打印的望远镜中，可将用来减少望远镜中杂散光的仪器挡板做成带有角度的样式，这是传统制作方法在一个零件中无法实现的。图 3-26 所示为太空望远镜，图 3-27 所示为 3D 打印的航空零件。

图 3-26　太空望远镜

图 3-27　**3D 打印的航空零件**

2014 年，美国国家航空航天局的工程师们完成了 3D 打印火箭喷射器的测试。本项研究在于提高火箭发动机某个组件的性能，利用喷射器内液态氧和气态氢混合反应，其燃烧温度可达到 6000 °F（大约为 3315℃），可产生 $1.96 \times 10^5 \mathrm{lbf}$（$8.72 \times 10^5 \mathrm{N}$）的推力，验证了 3D 打印技术在火箭发动机制造上的可行性。

制造火箭发动机的喷射器需要精度较高的加工技术，使用 3D 打印技术可以降低制造上的复杂程度，在计算机中建立喷射器的三维图像，打印的材料为金属粉末和激光，在较高的温度下，金属粉末可被重新塑造成人们需要的样子。3D 打印技术可以彻底改变火箭的设计与制造，并提高系统的性能，更重要的是可以节省时间和成本，不太容易出现故障。图 3-28 所示为 3D 打印的火箭喷射器。

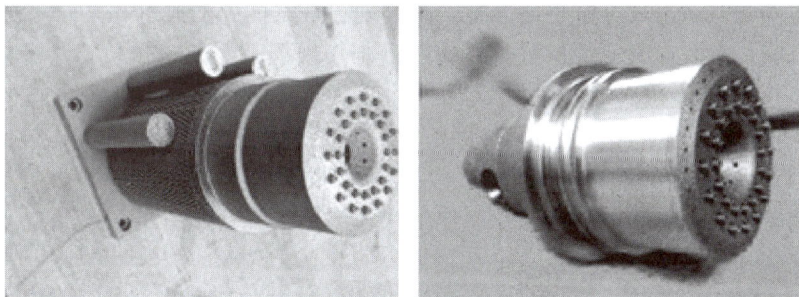

图 3-28　**3D 打印的火箭喷射器**

2015 年，美国国家航空航天局的工程人员开始利用 3D 打印技术制造首个全尺寸铜合金火箭发动机零件，这是航空航天领域 3D 打印技术应用的新里程碑。

2015 年，俄罗斯技术集团公司以 3D 打印技术制造出一架无人机样机，质量为 3.8kg，翼展为 2.4m，飞行速度可达 90~100km/h，续航能力为 1~1.5h。图 3-29 所示为 3D 打印的无人机样机，图 3-30 所示为 3D 打印的商业无人机。

图 3-29　3D 打印的无人机样机

图 3-30　3D 打印的商业无人机

2016 年，国内首台空间在轨 3D 打印机（图 3-31）研制成功。这台 3D 打印机可打印最大零部件尺寸达 200mm×130mm。它可以帮助宇航员在失重环境下自制所需的零件，大幅提高空间站试验的灵活性，减少空间站备品备件的种类与数量以及运营成本，降低空间站对地面补给的依赖性。

图 3-31　国内首台空间在轨 3D 打印机

3. 医学领域

（1）3D 打印肝脏模型　2015 年 4 月，中国首例利用 3D 打印肝脏模型指导的复杂肝脏肿瘤切除手术在广州完成。手术前，医院肝胆科数字医学团队采用 3D 打印技术，成功打印出这位肝癌患者的肝脏仿真立体模型。团队把模型带进手术室，供手术医生实时对关键部位进行识别和定位，引导重要脉管的分离和肿瘤病灶的切除。

日本于 2015 年研发出用 3D 打印机低价制作可以看清血管等内部结构的肝脏立体模型的方法。该方法如果投入应用就可以为每位患者制作模型，有助于术前确认手术顺序以及向患者说明治疗方法。这种模型是根据 CT 等医疗检查获得患者数据，并用 3D 打印机制作的。模型按照表面外侧线条呈现肝脏整体形状，详细地再现其内部的血管和肿瘤。由于肝脏模型内部基本是空洞，重要血管等的位置一目了然。制作模型只需要少量价格不菲的树脂材料，使原本 30 万 ~ 40 万日元（人民币 1.7 万 ~ 2.3 万元）的制作费降到原先的 1/3 以下。图 3-32 所示为日本研发的 3D 打印肝脏模型。

（2）3D 打印头盖骨　2014 年，我国采用 3D 打印技术辅助设计缺损颅骨外形，设计了钛金属网重建缺损颅眶骨，成功为患者制作出缺损的头盖骨，如图 3-33 所示。

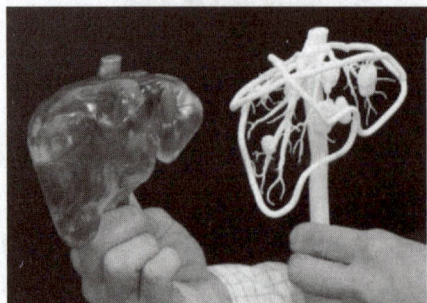

图 3-32　日本研发的 3D 打印肝脏模型

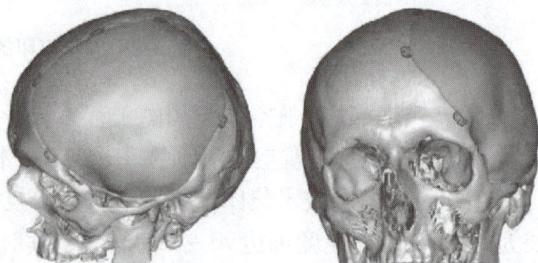

图 3-33　3D 打印的头盖骨

（3）3D打印脊椎植入人体　2014年8月，北京大学研究团队成功地为一名12岁男孩植入了3D打印脊椎，属全球首例，如图3-34所示。

研究人员表示，这种植入物可以跟现有骨骼非常好地结合起来，其并不需要太多的"锚定"，而且还能缩短病人的康复时间。此外，研究人员还在上面设立了微孔洞，其能帮助骨骼在合金之间生长，植入进去的3D打印脊椎将跟原脊椎牢牢地生长在一起，未来不会发生松动。

图3-34　世界首例3D打印脊椎

（4）3D打印制药　2015年8月，首款由Aprecia制药公司采用3D打印技术制备的左乙拉西坦速溶片得到美国食品药品监督管理局上市批准，并于2016年正式售卖。这意味着3D打印技术继打印人体器官后，进一步向制药领域迈进，对未来实现精准性制药、针对性制药有重大意义。该款获批上市的左乙拉西坦速溶片采用了Aprecia公司自主知识产权的Zip Dose 3D打印技术。

通过3D打印生产出来的药片内部具有丰富的孔洞，具有极高的内表面积，能在短时间内迅速被少量的水溶化，给某些具有吞咽性障碍的患者带来了福音。

3D打印制药可以有效地减少由于药品库存量大引发的药品发潮变质、过期等问题，其最重要的突破是它能为病人量身定做药品。

（5）3D打印胸腔　近年来，科学家们为传统的3D打印身体部件增添了一种钛制的胸骨和胸腔——3D打印胸腔。澳大利亚的CSIRO公司创造了一种钛制的胸骨和肋骨，与患者的几何学结构完全吻合。

工作人员根据病人的CT图像，借助CAD软件设计身体部分，输入3D打印机中，制造出所需的身体部件。图3-35所示为3D打印的胸腔。

（6）3D生物血管打印机　2015年10月，我国863计划3D打印血管项目取得重大突破，世界首创的3D生物血管打印机由四川蓝光英诺生物科技股份有限公司研制成功。

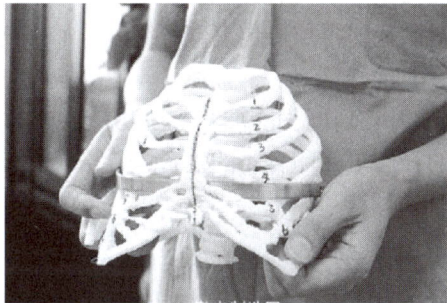

图3-35　3D打印的胸腔

该款血管打印机性能先进，仅仅2min便可打印出10cm长的血管。不同于市面上现有的3D生物打印机，3D生物血管打印机可以打印出血管独有的中空结构、多层不同种类的细胞，这是世界首创。图3-36所示为3D生物血管打印机。

4. 房屋建筑

2014年8月，10幢3D打印建筑在上海张江高新青浦园区内交付使用，作为当地动迁工程的办公用房。这些"打印"的建筑墙体是用建筑垃圾制成的特殊"油墨"，按照计算机设计的图样和方案，经一台大型3D打印机层层叠加喷绘而成，10幢小屋的建筑过程仅花费24h。

3D打印房屋在住房容纳能力和房屋定制方面具有深远意义。在荷兰首都阿姆斯特丹，一个建筑师团队也开始制造3D打印房屋，而且采用的建筑材料是可再生的生物基材料。这栋建筑名为运河住宅（Canal House），由 13 间房屋组成。图 3-37 所示为 3D 打印运河住宅。

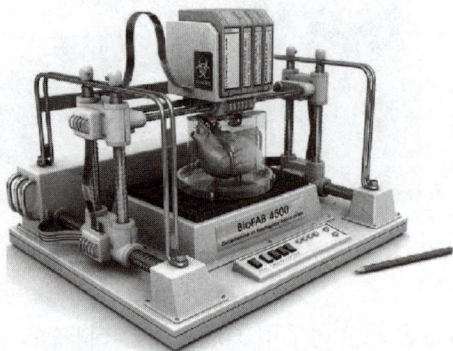

图 3-36 **3D 生物血管打印机**

图 3-37 **3D 打印运河住宅**

在建中的运河住宅已经成了公共博物馆，美国前总统奥巴马曾经到那里参观。荷兰建筑师汉斯·韦尔默朗（Hans Vermeulen）在接受采访时表示，他们的主要目标是"能够提供定制的房屋"。

5. 汽车行业

2014 年 9 月 15 日，第一辆 3D 打印汽车问世。这辆汽车车身上靠 3D 打印出的部件总数为 40 个，这 40 个部件的制造共花费了 44h，最低售价为 1.1 万英镑（约合人民币 11 万元）。

用 3D 打印技术打印一辆特斯拉轿车并完成组装需 44h。整个车身上靠 3D 打印出的部件总数为 40 个，相较传统汽车 20000 多个零件来说可谓十分简洁。充满曲线的车身先由黑色塑料制造，再层层包裹碳纤维以增加强度，这一制造设计尚属首创。

6. 电子行业

2014 年 11 月 10 日，全世界首款 3D 打印的便携式计算机开始销售。它允许任何人在自己的客厅里打印自己的设备，价格仅为传统产品的一半。

第五节　射频识别技术

一、射频识别的定义及特点

1. 射频识别的定义

射频识别（Radio Frequency Identification，RFID），又称为无线射频识别，是一种通信技术，可通过无线电信号识别特定目标并读写相关数据。它的基本原理是：利用射频信号和空间耦合或雷达反射的传输特性，从一个贴在商品或者物品上的称为电子标签或者 RFID 标签中读取数据，从而实现对物品或者商品的自动识别。

基于 RFID 的自动
化流水线概述

RFID 读写器也分移动式和固定式两种，目前 RFID 技术应用很广，如图书馆、门禁系统和食品安全溯源等。图 3-38 所示为 RFID 系统的架构，图 3-39 所示为 RFID 的技术原理。

2. 射频识别的特点

射频识别系统最重要的优点是非接触识别。它能穿透雪、雾、冰、涂料、尘垢和条形码

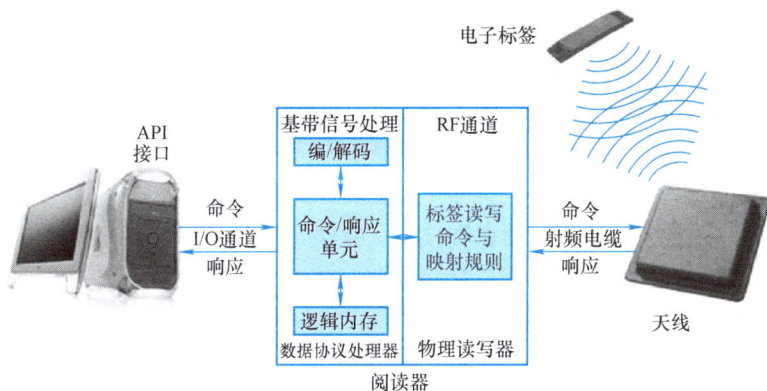

图 3-38　**RFID 系统的架构**

无法使用的恶劣环境阅读标签，并且阅读速度极快，大多数情况下不到 100ms。有源式射频识别系统的速写能力也是重要的优点。射频识别可用于流程跟踪和维修跟踪等交互式业务。它具有以下特点。

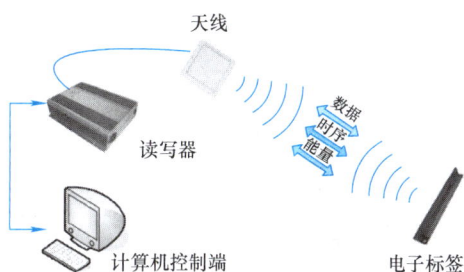

图 3-39　**RFID 的技术原理**

1）快速扫描。RFID 辨识器可同时辨识读取数个 RFID 标签。

2）体积小型化，形状多样化。RFID 在读取上并不受尺寸大小与形状限制，不需为了读取精确度而配合纸张的固定尺寸和印刷品质。此外，RFID 标签更可往小型化与多样形态发展，以应用于不同产品。

3）抗污染能力和耐久性好。传统条形码的载体是纸张，容易受到污染，但 RFID 对水、油和化学药品等物质具有很强的抵抗性。此外，由于条形码是附于塑料袋或外包装纸箱上的，因此特别容易受到折损；RFID 卷标是将数据存在芯片中，可以免受污损。

4）可重复使用。现今的条形码印刷上去之后就无法更改；RFID 标签则可以重复地新增、修改、删除 RFID 卷标内储存的数据，方便信息的更新。

5）穿透性好和可无屏障阅读。在被覆盖的情况下，RFID 能够穿透纸张、木材和塑料等非金属或非透明的材质，并能够进行穿透性通信；而条形码扫描机必须在近距离而且没有物体阻挡的情况下，才可以辨读条形码。

6）数据的记忆容量大。一维条形码的容量是 50B，二维条形码的容量是 3000B，RFID 的容量则有数兆字节。随着记忆载体的发展，数据容量也有不断扩大的趋势。未来物品所需携带的资料量会越来越大，对卷标所能扩充容量的需求也会相应增加。

7）安全性好。由于 RFID 承载的是电子式信息，其数据内容可采用密码保护，使其内容不易被伪造及变造。

RFID 因其所具备的远距离读取、高储存量等特性而备受瞩目。它不仅可以帮助一个企业大幅提高货物、信息管理的效率，还可以让销售企业和制造企业互联，从而更加准确地接收反馈信息，控制需求信息，优化整个供应链。

二、RFID 技术的应用

RFID 技术以其独特的优势，逐渐被广泛应用于工业自动化、商业自动化和交通运输控制管理等领域。随着大规模集成电路技术的进步以及生产规模的不断扩大，射频识别产品的成本将不断降低，其应用也将越来越广泛，如电子标签、IC 卡、智能卡、动物识别系统等，而且 RFID 技术现已普遍应用在食品卫生、物流、零售、制造、服装、医疗、交通和防伪等领域。

1. 电子标签

电子标签是一种非接触式的自动识别技术。它通过射频信号自动识别目标对象并获取相关数据。电子标签上的数据可以加密，存储数据容量大，存储信息容易更改，因而它比条形码的应用范围更广泛，使用起来也更方便。

2. 门禁控制系统

门禁控制器通常是指分体式门禁控制系统，主要用于门禁管理系统的底层控制。通过和计算机的命令、数据通信，管理者可以随时掌握门和防区的实际情况，便于在紧急情况下迅速做出反应。

3. 智能卡

智能卡也称为 IC 卡，是一个带有微处理器和存储器等微型集成电路芯片的、具有标准规格的卡片。智能卡已应用到银行、电信、交通、社会保险、电子商务等领域，IC 电话卡、金融 IC 卡、社会保险卡和手机中的 SIM 卡都属于智能卡的范畴。

RFID 在智能制造中主要应用于物流系统。在智能制造过程中，物流涉及大量纷繁复杂的产品，其供应链结构极其复杂，经常有较大的地域跨度，传统的物流管理不断反映出不足。为了跟踪产品，目前配送中心和零售业常用的是条形码技术，但市场需要更为及时的信息来管理库存和货物流。麻省理工学院自动识别中心对消费品公司的调查显示，一个配送中心每年花在工人清点货物和扫描条形码的时间达到 11000h。将 RFID 系统应用于智能仓库的货物管理中，不仅能够处理货物的出库、入库和库存管理，还可以监管货物的一切信息，从而克服条形码的缺陷，将该过程自动化，为供应链提供及时的数据。同时，在物流管理领域引入 RFID 技术能够有效地节省个人成本，提高工作精确度，确保产品质量，加快处理速度。另外，通过物流中心配置的读写设备，能够有效地避免粘贴有 RFID 标签的货物被偷窃、损坏和遗失的情况发生。采用 RFID 后，沃尔玛每年可以节约 83.5 亿美元，其中大部分是扫描条形码的人力成本；还可解决零售业物品脱销、盗窃及供应链被搅乱带来的损耗。由此可见，RFID 技术的确可以在企业自身的物流活动中发挥很大的作用。

如图 3-40 所示，供应链是一个网络结构，由围绕核心企业的供应商、供应商的供应商、用户以及用户的用户组成。供应链上一般有供应商、制造商、销售商以及最终用户四个节点，RFID 技术在各个节点的应用优势主要有以下几个方面。

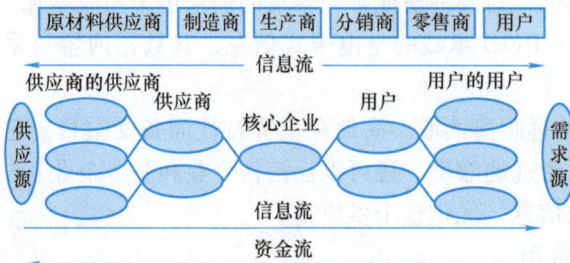

图 3-40　供应链的网络结构模型

1）加强供应商管理，促进原材料的快速周转。在原材料供应环节，RFID技术给原材料供应商和制造商提供了一个共享信息的平台。在传统环境下，原材料入库检测时，制造商主要由仓库检测人员手持条形码扫描仪贴近原材料包装箱，扫描条形码来获取相关物品信息，然后将数据传输到后台的仓库信息管理系统。由于条形码扫描需要靠近包装箱或物品，导致工作量大且易出错。采用RFID技术以后，带有RFID电子标签的原材料包装箱进入射频天线工作区时，电子标签将被激活，标签上的相关数据（如供应商、原材料名称、类型和数量等）都将被自动识别，可以实时地获取供应商及原材料的各种信息。因此，RFID技术可简化原材料的卸货、检验及等待工序，加快原材料的周转速度，提高企业的自动化水平，同时也可以对供应商进行实时控制及考核。图3-41所示为采用RFID技术后的货物出库流程。

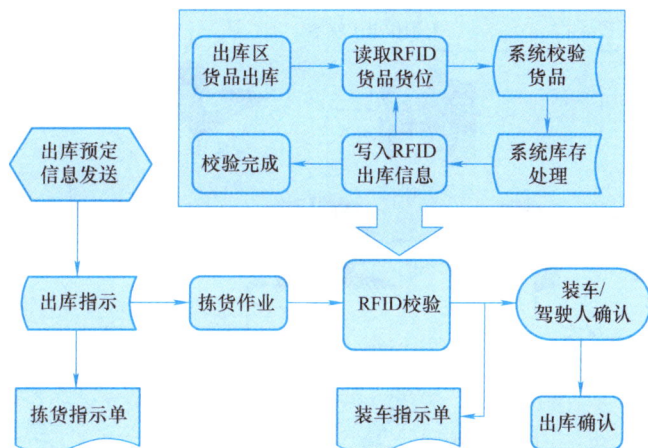

图 3-41　采用 RFID 技术后的货物出库流程

2）优化采购管理，实现准时制（Just In Time，JIT）生产。将RFID技术应用于从生产命令下达至产品完成的整个生产过程，可以实现自动化流水线操作，实现对原材料、零部件、半成品和成品的识别与跟踪，进行物料动态管理，并可以收集生产过程中大量的实时数据，随时根据现场实际变动情况调整整个车间的生产工序节拍，减少人工处理的出错率，提高工人的工作效率和企业的整体经济效益。施行JIT生产时，原材料、零部件及半成品必须准时送达生产工位。另外，采用RFID技术后，生产车间可预先设置物料预警点，企业调度员可以利用便携式数据终端（Portable Data Terminal，PDT）调用后台数据资料，并读取生产区库存物品的RFID标签信息，决定是否补货，从而实现流水线均衡生产，加强对产品质量的控制与追踪。

3）提高销售商品的管理水平，提升商品的销售业绩。在商品销售环节，销售商应用RFID技术可以进行高效率的商品出入库、存储和销售信息管理，还可以用于商品防盗、货物有效监控等。现场管理人员只需将货物中来自不同企业的商品信息扫入RFID处理终端，并上传至后台信息系统数据库，就可以实时地监控商品的销售流动情况，及时更新商品的库存信息，根据不同商品的销售数据统计分析畅销或滞销商品，并对大量的数据进行数据挖掘，制订相应的销售策略。另外，RFID电子标签可以有效监控商品的时效性，即当商品超过了保质期，电子标签及时地发出警报，提醒销售人员更新库存，以提高商品的库存周转率。

4）方便用户，维护消费者利益。在用户环节，消费者在超市购物时，挑选好商品后进行结算，此时只需将贴有 RFID 标签的商品通过 RFID 识读器过道，原来费时费力的结算就变得简单了，商品清点及统计也可以自动完成，这时消费者可以自由选择现金或信用卡付款，也可以使用带有 RFID 标签的结算卡进行结算。因此，在结算过程中，商家节省了人力资源，而消费者也不用为排队而苦恼，极大地提高了顾客满意度。另外，RFID 标签也可以防止商品的"假冒伪劣"现象。RFID 标签就像公民的身份证，商品在下线时就赋予了身份，并一直跟踪商品的流动。因此，无论商品在哪个流动环节出了质量问题，制造商都无法推卸责任，切实维护了消费者的利益。图 3-42 所示为物流管理中的 RFID 系统示意图。

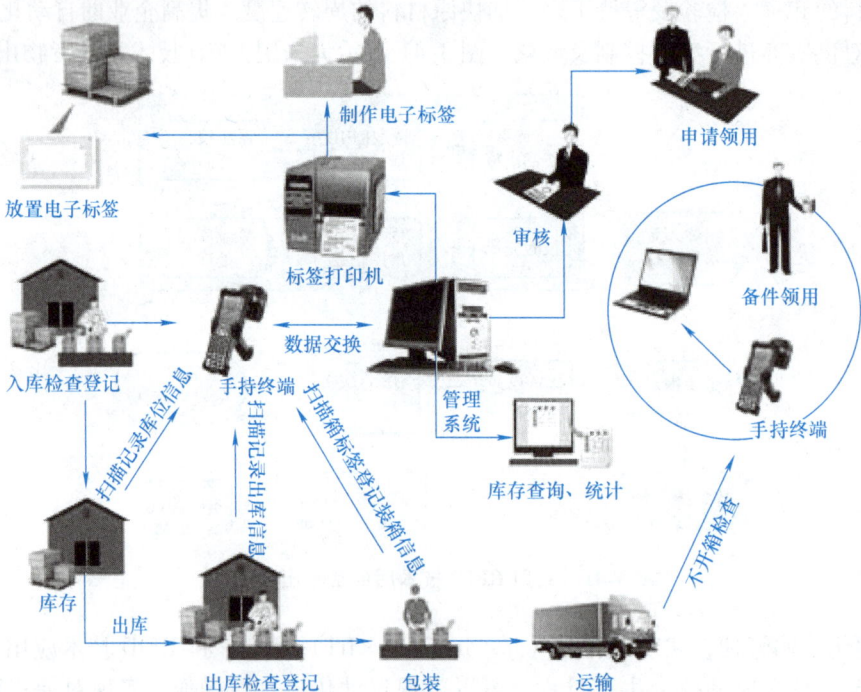

图 3-42　物流管理中的 RFID 系统示意图

第六节　云计算与大数据

一、云计算与大数据概述

云计算（Cloud Computing）是基于互联网的相关服务的增加、使用和交付模式，通常涉及通过互联网来提供动态易扩展且经常是虚拟化的资源。云是网络、互联网的一种比喻说法。过去在图中往往用云来表示电信网，后来也用来表示互联网和底层基础设施的抽象。云计算甚至可以达到每秒 10 万亿次的运算能力，可以模拟核爆炸、预测气候变化和市场发展趋势。用户可通过台式计算机、便携式计算机和手机等方式接入数据中心，按自己的需求进行运算。

智慧云制造技术

按服务商提供云服务的资源所在层次分类，云计算可以分为基础设施即服务（Infrastructure as a Service，IaaS）、平台即服务（Platform as a Service，PaaS）和软件即服务（Software as a Service，SaaS）三个层面。

美国国家标准与技术研究院（National Institute of Standards and Technology，NIST）对各类服务的定义如下。

1）基础设施即服务（IaaS）。向用户提供处理、存储、网络以及其他基础计算资源，用户可以在云基础设施上运行任意软件，包括操作系统和应用程序。用户不管理或者控制底层的云基础架构，但是可以控制操作系统、存储、发布应用程序，以及可能有限度地控制选择的网络组件。

2）平台即服务（PaaS）。用户使用云供应商支持的开发语言和工具开发出应用程序，发布到云基础设施上。用户不管理或者控制底层的云基础架构，包括网络、服务器、操作系统或存储设备，但是能控制发布应用程序和可能的应用程序运行环境配置。

3）软件即服务（SaaS）。用户所使用的服务商提供的应用程序运行在云基础设施上。这些应用程序可以通过各种各样的用户端设备进行访问。用户不管理或者控制底层的云基础架构，包括网络、服务器、操作系统、存储设备，甚至独立的应用程序机能。在可能出现的异常情况下，服务商可限制用户可配置的应用程序设置。国内外主要的云计算服务提供商见表 3-2。

表 3-2 国内外主要的云计算服务提供商

类别	国际	国内
IaaS	Amazon、Verizon、AT&T、RackSpace、Eucalyptus、RightScale、Enomal	世纪互联、蓝汛、中国万网、阿里云
PaaS	Engine Yard、eBay、Intuit	新浪、中国移动大云、腾讯开放平台、百度开放平台、淘宝开放平台、盛大开放平台、云快线、360 开放平台
SaaS	SAP、Zoho、Workday、NetSuite、Marketo、Jive、SuccessFactors	用友、联通"互联云"、电信"e 云"、天云趋势、百会、八百客、天润融通、金蝶、中搜
PaaS 和 SaaS	Salesforce	—
IaaS、PaaS 和 SaaS	IBM、Microsoft	—

按照运营模式分类，云计算可以分为公共云、私有云和混合云三种。公共云通常是指第三方提供商为用户提供的通过 internet 访问使用的云，用户可以使用相应的云服务，但并不拥有云计算资源。私有云是指企业自行搭建的云计算基础设施，可以为企业自身或外部用户提供独享的云计算服务，基础设施搭建方拥有云计算资源的自主权。混合云是指既有私有云的基础设施，也使用公共云服务的模式。云计算的运营模式分类见表 3-3。

表 3-3 云计算的运营模式分类

运营模式	公共云	私有云	混合云
可扩展性	非常高	有限	非常高
安全性	良好，取决于服务供应商所采取的安全措施	最安全，所有的存储都是内部部署	非常安全，因为集成选项添加了一个额外的安全层
性能	低等到中等	非常好	良好，活动内容都在内部缓存

（续）

可靠性	中等，取决于互联网连接特性和服务提供商供应能力	高，因为所有的设备都是内部部署	中等到高等，因为缓存内容保存在内部，而且也取决于互联网连接特性和服务商供应能力
成本	相对较低，即用即付模式，也没有对公司内部存储基础设施的要求	适中，但需要内部资源，如数据中心的空间、电力和冷却等	相对较高，但低于传统模式，因为它允许移动部分存储资源到即用即付模式

大数据（Big Data）是指无法在一定时间范围内用常规软件工具进行捕捉、管理和处理的数据集合，是需要新处理模式才能具有更强的决策力、洞察力和流程优化能力来适应海量、高增长率和多样化的信息资产。

云计算与大数据之间是相辅相成、相得益彰的关系。大数据挖掘处理需要云计算作为平台，而大数据涵盖的价值和规律则能够使云计算更好地与行业应用结合并发挥更大的作用。云计算将计算资源作为服务支撑大数据的挖掘，而大数据的发展趋势对实时交互的海量数据查询、分析提供了各自需要的价值信息。

云计算与大数据的结合将可能成为人类认识事物的新工具。实践证明，人类对客观世界的认识是随着技术的进步以及认识世界的工具的更新而逐步深入的。过去人类首先认识的是事物的表面，通过因果关系由表及里，由对个体认识进而找到共性规律。现在通过云计算和大数据的结合，人们就可以利用高效、低成本的计算资源分析海量数据的相关性，快速找到共性规律，加速人们对于客观世界有关规律的认识。

大数据的信息隐私保护是云计算和大数据快速发展和运用的重要前提。没有信息安全也就没有云服务的安全。产业及服务要健康、快速地发展，就需要得到用户的信赖，就需要科技界和产业界更加重视云计算的安全问题，更加注意大数据挖掘中的隐私保护问题，从技术层面进行深度的研发，严防和打击病毒和黑客的攻击。同时加快立法的进度，维护良好的信息服务环境。全球互联网流量数据历年值见表3-4。

现在大数据上升到国家战略。2020年，美国以"国家安全"为由，对中国字节跳动公司的社交软件"TikTok"（抖音国际版）进行打压，要求TikTok将服务器放在美国甚至要求字节跳动将TikTok出售给美国公司。2021年6月，国家颁布了《中华人民共和国数据安全法》，对个人数据以及和国家安全有关的数据进行了保护。

二、云计算大数据平台的主要技术框架

1. Hadoop 简介

Hadoop是一个海量数据分布式处理的开源软件框架，支持PB级海量数据，可扩展性强。Hadoop具有可靠、高效、可扩展和开源的特性，并且发展迅猛，并在2008年成为Apache的顶级项目。2006年，Amazon使用Hadoop成为全球最早提供成熟云计算服务的供应商之一，再到如今IBM、微软、戴尔、EMC2、阿里巴巴、腾讯各大国内外厂商都使用了自己的Hadoop平台。

表 3-4　全球互联网流量数据历年值

时间	全球互联网流量
1992 年	100GB/d
1997 年	100GB/h
2002 年	100GB/s
2007 年	2000GB/s
2012 年	12000GB/s
2017 年	35000GB/s

2. Spark 简介

Spark 是一款开源的、基于内存计算的分布式计算系统，能够对大数据进行快速分析处理。Spark 项目在 2010 年由加州伯克利大学 AMP 实验室开发。2014 年 2 月，Spark 成为 Apache 软件基金会的顶级开源项目。Spark 基于内存计算实现，加快了数据分析处理速度。Hadoop MapReduce 以批处理方式处理数据，每个任务都需要 HDFS 的读写，耗时较大，在机器学习和数据库查询等数据计算过程中，Spark 的处理速度可以达到 Hadoop MapReduce 的 100 倍以上。因此，对于实时要求较高的分析处理，Spark 较为适用；对于非实时的海量数据分析应用，Hadoop MapReduce 则更加合适。

三、应用案例

1. Hadoop 的应用

（1）国外企业　Facebook、Amazon、Yahoo、Twitter 和 Hulu 等互联网信息提供商和电商基于 Hadoop 平台为用户提供快速的服务和精准的分析。其中，Facebook 拥有全球最大规模的 Hadoop 集群，集群内计算机数超过 2000 台，CPU 核心超过 23000 个，可存储的数据量达到 36PB。Amazon 是全球最大的电子商务网站之一，根据其用户的购买和搜索数据搭建 Hadoop 集群，完成了购买浏览分析和商品推荐。Yahoo 是全球著名的互联网门户网站，于 2008 年搭建了 Hadoop 集群 Yahoo！SearchWebMap，该系统在其网页搜索、日志分析、广告推送中得到了应用。Twitter 为全球最受欢迎的微博网站之一，是全球互联网访问量最大的十个网站之一，其使用基于 Hadoop 的分布式系统，完成了微博用户关系图和微博内容关联图的搭建，同时对广告推送内容进行了分析。Hulu 作为全球最受欢迎的视频网站之一，其视频搜索和视频推荐能力强大，这与 Hulu 的 Hadoop 集群息息相关。

IBM、甲骨文和 HP 等解决方案提供商、设备商主要基于 Hadoop 架构为企业用户提供大数据应用产品和解决方案。2011 年 10 月，甲骨文发布的甲骨文大数据机是一个包含了硬件和软件，融入 Hadoop 等开源技术，基于甲骨文 Linux 操作系统的集成系统。

（2）国内企业

1）百度。搜索巨头百度通过语义分析精准理解搜索需求，进而从海量数据中找准结果，并可精准地搜索关键字。百度基于 Hadoop 的海量数据处理平台平均每天处理的任务数和数据量分别超过 120000 个和 20PB，其处理平台主要用于网页的爬取和分析，搜索日志的存储和分析，在线广告展示与点击等商业数据分析挖掘，以及用户推荐、用户关联等用户行为挖掘。

2）阿里巴巴。淘宝是目前中国最大的 C2C 电子商务平台，阿里巴巴也是国内第一批采用 Hadoop 技术进行数据平台升级的公司之一。从 2008 年开始，阿里巴巴就开始研究基于 Hadoop 的数据处理平台"云梯（Cloud Ladder）"。云梯使用的 Hadoop 集群是全国最大的 Hadoop 集群之一。它支撑了淘宝的整个数据分析工作，目前整个集群达到 1700 个节点，数据总量 24.3PB，并且正在以每天 255TB 的速度不断增长。

3）腾讯。腾讯是中国互联网行业的旗舰之一，该公司的业务已从最初的即时通信工具 QQ 扩展到涵盖社交网络、在线游戏、电子商务、新闻门户及搜索等各类网络服务。腾讯使用其自主开发的台风（Typhoon）云计算平台进行在线数据处理和离线批量数据处理。同时，腾讯内部的技术团队也应用 Hadoop 技术解决一些海量数据环境下的特殊问题，如网页分析、数据挖掘等。腾讯已经对台风云计算平台进行了一些扩展，以支持 Hadoop 程序在其上运行，提高了资源利用率和 Hadoop 扩展性。

4）华为。华云数据于 2013 年 6 月份推出了国内首个运营型云应用平台，迄今为止与平台签订协议的 ISV 数量就已突破 3000 家。同时，华云数据电商云的打造也吸引来数千家独立电商的进驻，部分行业集聚效应的发挥也进一步增添了华云数据云平台的行业特色。2014 年 3 月，华云数据又推出了拥有自主知识产权的第四代架构云计算产品。

5）中兴。中兴将 Hadoop 应用在智能管道的海量流量数据分析中，取得了很好的效果。该海量流量数据分析系统对电信运营商流量的精细化管理提供了数据分析支持。

2. Spark 的应用

目前，大数据在互联网公司主要应用在广告、推荐系统等业务上。在广告业务方面，需要大数据做应用分析、效果分析、定向投放等；在推荐系统方面，需要大数据进行排名计算、个性化推荐以及热点点击分析等。Spark 可以满足这些计算量大、效率要求高的需求。

（1）腾讯　腾讯广点通是最早使用 Spark 的应用之一，腾讯大数据精准推荐借助 Spark 快速迭代的优势，围绕"数据＋算法＋系统"技术方案，实现了在数据实时采集、算法实时训练、系统实时预测的全流程实时并行高维算法，支持每天上百亿的请求量。

（2）Yahoo　Yahoo 使用 Spark 完成了 Audience Expansion 算法。Audience Expansion 算法是在广告中寻找目标用户的一种算法：首先根据观看了广告并且购买产品的样本用户进行学习，寻找更多可能转化的用户，对其定向投放广告；基于 Spark 集群，完成目标用户寻找和交互式、即席查询。目前，Yahoo 部署的 Spark 集群有 112 台节点和 9.2TB 内存。

（3）阿里巴巴　阿里搜索和广告业务使用 Mahout 或者自主设计的 MapReduce 程序来实现复杂的机器学习算法，效率低而且代码可维护性差。通过 Spark 解决多次迭代的机器学习算法、高计算复杂度的算法后，效率提升明显。

（4）优酷土豆　优酷土豆在使用 Hadoop 集群有三个突出问题：①商业智能（BI）方面，分析师提交任务后，等待分析结果时间长；②进行一些模拟广告投放时，计算量非常大，效率较低；③机器学习和图计算的迭代运算需要耗费大量资源，速度很慢。这些应用场景并不适合使用 MapReduce 处理，引入 Spark 后，通过对比发现：Spark 的性能比 MapReduce 提升很多。首先，交互查询响应快，性能比 Hadoop 提高若干倍；模拟广告投放计算效率高，延迟小；机器学习、图计算等迭代计算大大减少了网络传输、数据落地等，极大地提高了计算性能。目前，Spark 已经广泛应用在优酷土豆的视频推荐、广告业务等。

第七节　虚拟现实与人工智能技术

一、虚拟现实与人工智能的定义及特征

1. 虚拟现实的定义及关键技术

虚拟现实技术是一种可以创建和体验虚拟世界的计算机仿真系统。它利用计算机生成一种模拟环境，是一种多源信息融合、交互式的三维动态视景和实体行为的系统仿真，能够使用户沉浸到该环境中。

虚拟现实是一种环境，是高度现实化的虚幻。它综合运用计算机图形学、图像处理与模式识别、计算机视觉、计算机网络/通信、语音处理与音响、心理/生理学、感知/认知科学、多传感器、人工智能以及高度并行的实时计算等多种技术，营造出一个虚拟环境（Virtual Environment），通过实时的、立体的三维图形显示、声音模拟以及自然的人机交互界面来仿真现实世界中早已发生、正在发生或尚未发生的事件，使用户产生身临其境的真实感觉。这些技术统称为虚拟现实技术。由于虚拟现实在技术上逐步成熟，其应用在近几年发展迅速，应用领域十分广泛，涉及制造业、娱乐业、医疗、科学计算、军事等。

（1）虚拟现实的特征

1）多感知性。它是指除一般计算机所具有的视觉感知外，还有听觉感知、触觉感知、运动感知，甚至还包括味觉、嗅觉感知等。理想的虚拟现实应该具有一切人所具有的感知功能。

2）存在感。它是指用户感到作为主角存在于模拟环境中的真实程度。理想的模拟环境应该达到使用户难辨真假的程度。

3）交互性。它是指用户对模拟环境内物体的可操作程度和从环境得到反馈的自然程度。

4）自主性。它是指虚拟环境中的物体依据现实世界物理运动定律动作的程度。

（2）虚拟现实的关键技术　虚拟现实是多种技术的综合，包括实时三维计算机图形技术，广角（宽视野）立体显示技术，对观察者头、眼和手的跟踪技术，以及触觉/力觉反馈、立体声、网络传输、语音输入输出技术等。

1）实时三维计算机图形。相比较而言，利用计算机模型产生图形图像并不是太难的事情。如果有足够准确的模型，又有足够的时间，就可以生成不同光照条件下各种物体的精确图像，但是这里的关键是实时。例如：在飞行模拟系统中，图像的刷新相当重要，同时对图像质量的要求也很高，且要虚拟的环境非常复杂。

2）显示。人在看周围的世界时，由于两只眼睛的位置不同，得到的图像略有不同，这些图像在大脑里融合起来，就形成了一个关于周围世界的整体景象，这个景象包括了距离远近的信息。当然，距离信息也可以通过其他方法获得，如眼睛焦距的远近、物体大小的比较等。

在虚拟现实（VR）系统中，双目立体视觉起了很大作用。用户的两只眼睛看到的不同图像是分别产生的，显示在不同的显示器上。有的系统采用单个显示器，但用户带上特殊的眼镜后，一只眼睛只能看到奇数帧图像，另一只眼睛只能看到偶数帧图像，奇、偶帧之间的不同（即视差）就产生了立体感。

在用户与计算机的交互中，键盘和鼠标是目前最常用的工具，但对于三维空间来说，它们都不太适合。在三维空间中有六个自由度，人们很难找出比较直观的办法把鼠标的平面运动映射成三维空间的任意运动。现在，已经有一些设备可以提供六个自由度，如3Space数字化仪和SpaceBall（空间球）等。另外一些性能比较优异的设备是数据手套和数据衣。

3）声音。人能够很好地判定声源的方向。在水平方向上，人们靠声音的相位差及强度的差别来确定声音方向，因为声音到达两只耳朵的时间或距离有所不同。常见的立体声效果就是靠左右耳听到在不同位置录制的不同声音来实现的，所以会有一种方向感。在现实生活里，当头部转动时，听到的声音方向就会改变。但目前在VR系统中，声音的方向与用户头部的运动无关。

4）感觉反馈。在一个VR系统中，用户可以看到一个虚拟的杯子。用户可以设法去抓住它，但是用户的手没有真正接触杯子的感觉，并有可能穿过虚拟杯子的"表面"，而这在现实生活中是不可能的。解决这一问题的常用装置是在手套内层安装一些可以振动的触点来模拟触觉。

5）语音。在VR系统中，语音的输入输出也很重要，这就要求虚拟环境能听懂人的语言，并能与人实时交互。而让计算机识别人的语音是相当困难的，因为语音信号和自然语言信号有其"多边性"和复杂性。例如：连续语音中词与词之间没有明显的停顿，同一词、同一字的发音受前后词、字的影响，不仅不同人说同一词会有所不同，即使同一个人的发音也会受到心理、生理和环境的影响而有所不同。

使用人的自然语言作为计算机输入目前有两个问题：首先是效率问题，为便于计算机理解，输入的语音可能会相当啰唆；其次是正确性问题，计算机理解语音的方法是对比匹配，而没有人的智能。虚拟现实的部分示例如图3-43～图3-45所示。

图3-43 虚拟试衣间

图3-44 虚拟跑步机

图3-45 虚拟游戏场景

2. 虚拟现实技术的应用

（1）医学　在虚拟环境中，可以建立虚拟的人体模型，借助跟踪球、HMD（头盔显示器）和感觉手套，可以很容易了解人体内部各器官的结构。

外科医生在真正动手术之前，通过虚拟现实技术的帮助，能在显示器上重复地模拟手术，移动人体内的器官，寻找最佳手术方案并提高熟练度。在远距离遥控外科手术，如复杂手术的计划安排、手术过程的信息指导、手术后果预测及改善残疾人生活状况，乃至新药研制等方面，虚拟现实技术都能发挥十分重要的作用。

（2）娱乐　丰富的感觉能力与 3D 显示环境使 VR 成为理想的视频游戏工具。近些年来，VR 在娱乐方面的发展最为迅猛，图 3-46 所示为沉浸式虚拟现实头盔。

（3）军事航天　模拟训练一直是军事与航天工业中的一个重要课题，这为 VR 提供了广阔的应用前景。美国国防部高级研究计划局 DARPA 自 20 世纪 80 年代起一直致力于研究被称为 SIMNET 的虚拟战场系统，以提供坦克协同训练，该系统可连接 200 多台模拟器。另外，利用 VR 技术可模拟零重力环境，代替非标准的水下训练宇航员的方法。图 3-47 所示为将虚拟现实技术用于军事训练。

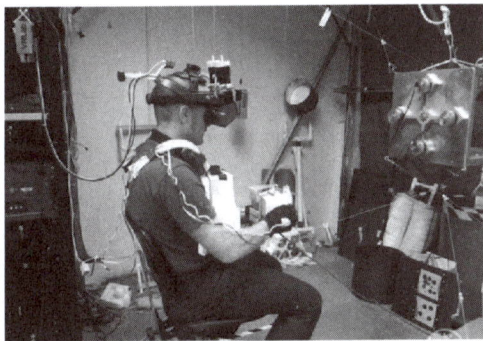

图 3-46　沉浸式虚拟现实头盔

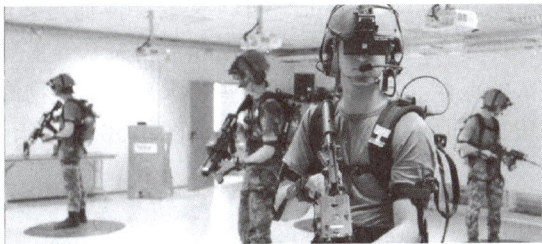

图 3-47　将虚拟现实技术用于军事训练

（4）室内设计　虚拟现实不仅仅是一个演示媒体，还是一个设计工具。它以视觉形式反映了设计者的思想。虚拟现实可以把这种构思变成看得见的虚拟物体和环境，使以往只能借助传统的设计模式提升到数字化的即看即所得的完美境界，大大提高了设计和规划的质量与效率。

（5）房产开发　随着房地产行业竞争的加剧，传统的展示手段（如平面图、表现图、沙盘、样板房等）已经远远无法满足消费者的需要。虚拟现实技术是集影视广告、动画、多媒体、网络科技于一身的最新型的房地产营销方式。房地产项目的表现形式大致可分为实景模式和水晶沙盘两种，由外而内表现项目的整体风格，并可通过鸟瞰、内部漫游、动画播放等形式对项目逐一表现，增强了讲解过程的完整性和趣味性。图 3-48 所示为采用虚拟现实技术制作的房产效果图。

（6）工业仿真　虚拟现实已经被世界上一些大型企业广泛地应用到工业的各个环节中，对企业提高开发效率，加强数据采集、分析、处理能力，减少决策失误，降低企业风险起到了重要的作用。工业仿真所涵盖的范围很广，如简单单台工作站上的机械装配、多人在线协同演练系统等。图 3-49 所示为采用虚拟现实技术制作的工业仿真界面。

图 3-48　采用虚拟现实技术制作的房产效果图

图 3-49　采用虚拟现实技术制作的工业仿真界面

（7）应急推演　虚拟现实的产生为应急演练提供了一种全新的开展模式，将事故现场模拟到虚拟场景中去，人为地制造各种事故情况，组织参演人员做出正确响应。这种推演大大降低了投入成本，提高了推演实训效果，保证了人们面对事故灾难时的应对技能，并且可以打破空间的限制，方便地组织各地人员进行推演。虚拟演练有着仿真性、针对性、自主性和安全性的优势。

（8）文物古迹　利用虚拟现实技术，结合网络技术，可以将文物的展示、保护提高到一个崭新的阶段。首先，可将文物实体通过影像数据采集手段，建立起实物三维模型数据库，保存文物原有的各项数据和空间关系等重要资源，实现濒危文物资源的科学、高精度和永久的保存。其次，利用这些技术来提高文物修复的精度和预先判断、选取将要采用的保护手段，同时可以缩短修复工期。图 3-50 所示为采用虚拟现实技术制作的圆明园复原效果图。

图 3-50　采用虚拟现实技术制作的圆明园复原效果图

（9）游戏　计算机游戏自产生以来，一直都在朝着虚拟现实的方向发展。从最初的文字 MUD 游戏，到二维游戏、三维游戏，再到网络三维游戏，游戏在保持其实时性和交互性的同时，逼真度和沉浸感正在一步步地提高和加强。

（10）Web3D　Web3D 主要有四类运用方向：商业、教育、娱乐和虚拟社区。企业和电子商务的三维表现形式能够全方位地展现一个物体，具有二维平面图像不可比拟的优势。图 3-51所示为网店推出的 VR 购物。

（11）道路桥梁　城市规划一直是对可视化技术需求最为迫切的领域之一，虚拟现实技

图 3-51　网店推出的 VR 购物

术可以应用在城市规划的各个方面，并可带来可观的利益。虚拟现实技术在高速公路与桥梁建设中也得到了广泛的应用。

（12）地理　应用虚拟现实技术，将三维地面模型、正射影像、城市街道、建筑物及市政设施的三维立体模型融合在一起，再现城市建筑及街区景观，用户在显示屏上可以直观地看到生动逼真的城市街道景观，可以进行诸如查询、测量、漫游和飞行浏览等一系列操作，满足数字城市技术由二维 GIS 向三维虚拟现实发展的需要，为城建规划、社区服务、物业管理、消防安全、旅游交通等提供可视化空间地理信息服务。图 3-52 所示为采用虚拟现实技术制作的地理环境。

（13）教育　虚拟现实技术可营造自主学习的环境，由传统的"以教促学"的学习方式转换为学习者通过自身与信息环境的相互作用来得到知识、技能的新型学习方式。

（14）演播室　随着计算机网络和三维图形软件等先进信息技术的发展，电视节目制作的方式发生了很大变化。视觉、听觉效果以及人类的思维都可以靠虚拟现实技术来实现。虚拟演播室是虚拟现实技术与人类思维相结合、在电视节目制作中的具体体现。图 3-53 所示为采用虚拟现实技术制作的演播室。

图 3-52　采用虚拟现实技术制作的地理环境

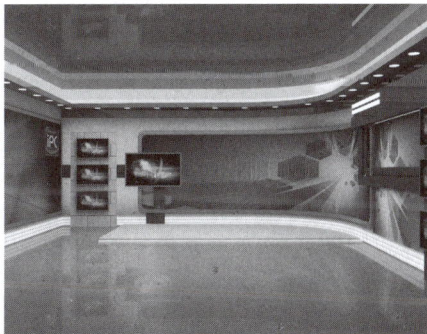

图 3-53　采用虚拟现实技术制作的演播室

（15）水文地质　利用虚拟现实技术沉浸感、与计算机的交互功能和实时表现功能，建立相关的水文地质模型和专业模型，进而实现对含水层结构、地下水流、地下水质和环境地质问题（如地面沉降、海水入侵、土壤沙化、盐渍化、沼泽化及区域降落漏斗扩展趋势）

的虚拟表达。具体包括建立虚拟现实数据库、三维地质模型、地下水水流模型、专业模型和实时预测模型。

（16）维修 虚拟维修是虚拟现实技术近年来的一个重要研究方向，目的是在计算机上真实展现装备的维修过程，增强装备寿命周期各阶段关于维修的各种决策能力，包括维修性设计分析、维修性演示验证、维修过程核查以及维修训练实施等。

虚拟维修是虚拟现实技术在设备维修中的应用，在现代化煤矿、核电站等安全性要求高的场所，或在设备快速抢修之前，进行维修预演和仿真，可突破设备维修在空间和时间上的限制，实现逼真的设备拆装、故障维修等操作，提取生产设备的已有资料、状态数据，检验设备性能。还可以通过仿真操作过程，统计维修作业的时间、维修工种的配置、维修工具的选择、设备部件拆卸的顺序、维修作业所需的空间以及预计维修费用。图 3-54 所示为波音 B787 虚拟维修教室。

图 3-54　波音 B787 虚拟维修教室

（17）培训 在一些重大安全行业（如石油、天然气、轨道交通和航空航天等），正式上岗前的培训工作异常重要，但传统的培训方式显然不适合高危行业的培训需求。虚拟现实技术的引入使虚拟培训成为现实。结合动作捕捉高端交互设备及 3D 立体显示技术，可为培训者提供一个和真实环境完全一致的虚拟环境。培训者可以在这个具有真实沉浸感与交互性的虚拟环境中，通过人机交互设备与场景里所有物件进行交互，体验实时的物理反馈，进行多种试验操作。

（18）生物力学 生物力学仿真是应用力学原理和方法，结合虚拟现实技术，实现对生物体中的力学原理进行虚拟分析与仿真研究。利用虚拟仿真技术研究和表现生物力学，不但可以提高运动物体的真实感，满足运动生物力学专家的计算要求，还可以大大节约研发成本，降低数据分析难度，提高研发效率。这一技术现已广泛应用于外科医学、运动医学、康复医学、人体工学、创伤与防护学等领域。

（19）数字地球 数字地球建设是一场意义深远的科技革命，也是地球科学研究的一场纵深变革。人类迫切需要更深入地了解地球，进而管理好地球。

3. 人工智能的特征

人工智能（Artificial Intelligence，AI）主要研究如何用人工的方法和技术，使用各种自动化机器或智能机器（主要指计算机）模仿、延伸和扩展人的智能，实现某些机器思维或脑力劳动自动化。

人工智能是那些与人的思维相关活动（如决策、问题求解和学习等）的自动化；人工智能是一种使计算机能够思维，使机器具有智力的新尝试；人工智能是研究如何让计算机做现阶段只有人才能做得好的事情；人工智能是那些使知觉、推理和行为成为可能的计算的研究。广义地讲，人工智能是关于人造物的智能行为，而智能行为包括知觉、推理、学习、交流和在复杂环境中的行为。

二、虚拟现实技术在智能制造中的应用

虚拟现实技术对身临其境的真实感、对超越现实的虚拟性以及建立多维信息系统的追求，推动了其在制造业中的发展和应用。

1. 虚拟制造的定义及关键技术

虚拟制造（Virtual Manufacturing，VM）是指利用信息技术、三维仿真技术和计算机技术对制造知识进行系统化组织与分析，将整个制造过程建模，在计算机上进行设计评估和制造活动仿真，强调用虚拟制造模型描述制造全过程，在实际的物理制造之前就具有了对产品性能及可制造性的预测能力。

虚拟制造中的"虚拟"是相对于产品的实际制造而言的。它强调的是制造系统运行过程的计算机化，虚拟制造是实际制造的抽象，是在计算机、网络系统和相关软件系统中进行的制造，所处理的对象是有关产品和制造系统的信息和数据，处理结果是全数字化产品，而不是真实的物质产品，但它是现实物质产品的一个数字化模型，即虚拟产品，是现实产品在虚拟环境下的映射，具备现实产品所必须具有的特征和性能。

虚拟制造作为一种制造策略为制造业的发展指明了方向。它可以全面改进企业的组织管理工作，提高企业的市场竞争力。实施虚拟制造可以打破传统的地域、时域的限制，通过网络实现资源共享，变分散为集中，实现异地设计、异地制造，从而使产品开发能快速、优质、低耗地响应市场变化。通过分析设计的可制造性，利用有效的工具和加工方法来支持生产，可以大大提高产品的质量和稳定性。企业不再需要投入大量的设备和仪器，避免了不必要的设备闲置，可充分利用其他企业的先进设备和仪器进行生产，能很好地解决一些中小企业资金短缺的难题。

虚拟制造技术涉及面很广，如环境构成技术、过程特征抽取、元模型、集成基础结构的体系结构、制造特征数据集成、决策支持工具、接口技术、虚拟现实技术以及建模与仿真技术等。其中后三项是虚拟制造的核心技术。

（1）建模技术　虚拟制造系统（Virtual Manufacturing System，VMS）是现实制造系统（Real Manufacturing System，RMS）在虚拟环境下的映射，是 RMS 的模型化、形式化和计算机化的抽象描述。VMS 的建模包括生产模型建模、产品模型建模和工艺模型建模。

1）生产模型建模。生产模型建模可归纳为静态描述和动态描述两个方面。静态描述是指系统生产能力和生产特性的描述。动态描述是指在已知系统状态和需求特性的基础上预测生产的全过程。

2）产品模型建模。产品模型是制造过程中各类实体对象模型的集合。目前产品模型描述的信息有产品结构、产品形状特征等静态信息。对 VMS 来说，要集成生产过程中的全部活动，必须具有完备的产品模型，所以虚拟制造下的产品模型不再是单一的静态特征模型，其能通过映射、抽象等方法提取生产过程中各活动所需的模型，包括三维动态模型建模、干涉检查、应力分析等。图 3-55

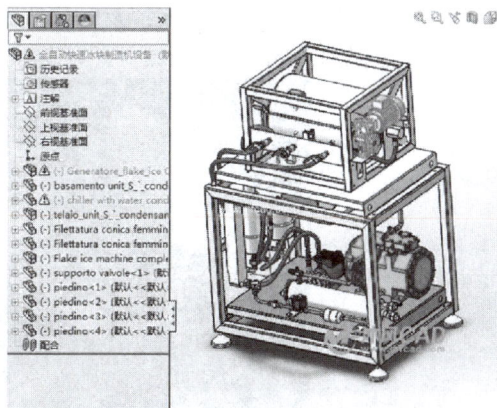

图3-55　三维软件制作的产品模型

所示为三维软件制作的产品模型。

3）工艺模型建模。工艺模型建模是指将工艺参数与影响制造功能的产品设计属性联系起来，以反映生产模型与产品模型之间的交互作用。工艺模型必须具备以下功能：计算机工艺仿真、制造数据表、制造规划、统计模型以及物理和数学模型。图 3-56 所示为采用虚拟现实技术制作的模型。

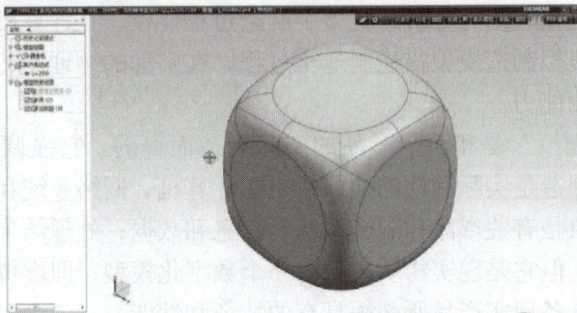

图 3-56 采用虚拟现实技术制作的模型

（2）仿真技术 仿真就是应用计算机对复杂的现实系统经过抽象和简化形成系统模型，然后在分析的基础上运行此模型，从而得到系统一系列的统计性能。由于仿真是以系统模型为对象的研究方法，不会干扰实际生产系统。利用计算机的快速运算能力，仿真可以用很短的时间模拟实际生产中需要很长时间的生产周期，因而可以缩短决策时间，避免资金、人力和时间的浪费，并可重复仿真，优化实施方案。

仿真的基本步骤为：研究系统→收集数据、建立系统模型→确定仿真算法、建立仿真模型、运行仿真模型→输出结果并分析。

产品制造过程仿真可归纳为制造系统仿真和加工过程仿真。虚拟制造系统中的产品开发涉及产品建模仿真、设计过程规划仿真、设计思维过程和设计交互行为仿真等，可对设计结果进行评价，实现设计过程早期反馈，减少或避免产品设计错误。加工过程仿真包括切削过程仿真、装配过程仿真、检验过程仿真以及焊接、压力加工、铸造仿真等。

（3）虚拟现实技术 利用虚拟现实技术可在计算机上生成可交互的三维环境（称为虚拟环境）。虚拟现实系统包括操作者、机器和人机接口三个基本要素，可以对真实世界进行动态模拟，通过用户的交互输入，及时修改虚拟环境，使人产生身临其境的沉浸感觉。虚拟现实技术是虚拟制造的关键技术之一。图 3-57 所示为采用虚拟现实技术制作的虚拟工厂。

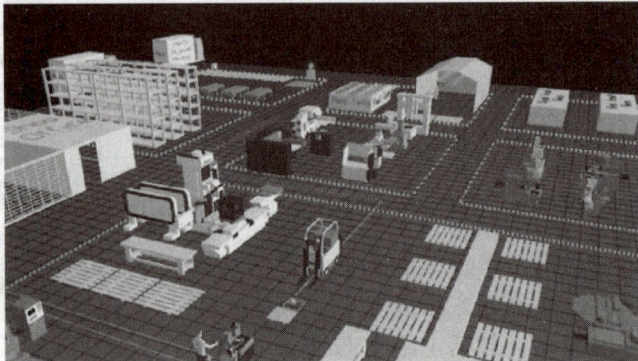

图 3-57 采用虚拟现实技术制作的虚拟工厂

2. 虚拟制造的分类

根据虚拟制造应用环境和对象的侧重点不同，虚拟制造分为三类：以设计为中心的虚拟制造、以生产为中心的虚拟制造和以控制为中心的虚拟制造。

（1）以设计为中心的虚拟制造　为设计师提供产品设计阶段所需的制造信息，从而使设计达到最优化。设计部门和制造部门之间在计算机网络的支持下协同工作，以统一的制造信息模型为基础，对数字化产品模型进行仿真、分析和优化，从而在设计阶段就可以对所设计的零件甚至整机进行加工工艺分析、运动学和动力学分析、可装配性分析等，以获得对产品的设计评估和性能预测结果。

（2）以生产为中心的虚拟制造　为工艺师提供虚拟的制造车间现场环境和设备，用于分析改进生产计划和生产工艺，从而实现产品制造过程的最优化。在现有的企业资源（如设备、人力和原材料等）条件下，对产品的可生产性进行分析与评价，对制造资源和环境进行优化组合，通过提供精确的生产成本信息对生产计划与调度进行合理化决策。

（3）以控制为中心的虚拟制造　提供从设计到制造一体化的虚拟环境，对全系统的控制模型及现实加工过程进行仿真，允许评价产品的设计、生产计划和控制策略。以全局优化和控制为目标，对不同地域的产品设计、产品开发、市场营销和加工制造等通过网络加以连接和控制。

3. 虚拟设计与虚拟装配

虚拟设计是指在设计阶段采用了虚拟现实技术，使设计人员可以随时看到并修改三维作品，让设计人员更专注于产品功能的实现。虚拟装配实际上是在计算机上模拟设备的连续装配过程，如何有效地模拟实际装配过程是虚拟装配的目的。在广义上，虚拟设计、虚拟装配分别对应于以设计为中心和以控制为中心的虚拟制造。图3-58所示为产品的虚拟设计。

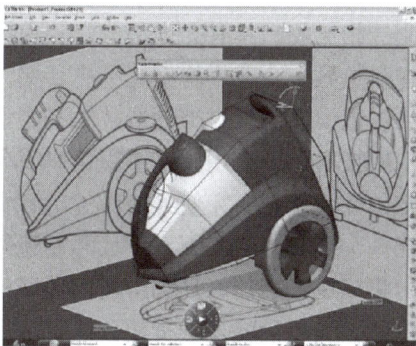

图3-58　产品的虚拟设计

虚拟设计用数字模型代替物理原型进行产品设计中的分析与评价。它以产品的计算机辅助设计（CAD）模型为基础，以领域知识和虚拟现实技术等关键技术为支撑，应用不同的分析方法检验并改进设计结果。传统的产品设计开发在前期阶段较少考虑后期因素，导致设计方案的反复改进，延长了开发周期。并行产品开发要求在产品设计阶段就考虑可能影响产品质量、成本及开发时间的后续环节，以减少产品开发后期阶段出现重大问题，但是其缩短产品开发周期的作用仍然有限。虚拟设计利用存储在计算机内部的数字模型——虚拟产品来代替实物模型进行仿真、分析，从而提高了产品在时间、成本、质量等多目标中的决策水平，达到全局优化和一次开发成功的目的。在虚拟设计中，设计过程在支持并行设计的产品数据管理系统中，采用先进的软件帮助设计人员完成多学科产品的设计开发和创新过程。设计过程的虚拟表达程度同信息集成度呈正比的关系。图3-59所示为采用虚拟现实技术的产品虚拟装配，图3-60所示为虚拟装配后的渲染模型。

图 3-59 采用虚拟现实技术的产品虚拟装配

图 3-60 虚拟装配后的渲染模型

虚拟设计具有如下特点。

1）虚拟设计的核心体现了产品原型的全数字化。

2）虚拟设计是在多学科集成的基础上实现的。

3）虚拟现实系统为设计师提供了更为直观的人机交互。

4. 虚拟制造在智能制造中的应用

虚拟制造在飞机、汽车等工业领域获得了成功的应用。目前，虚拟制造技术主要应用在以下几个方面。

（1）虚拟设计 虚拟设计基本上不消耗可见资源和能量，也不生产实际产品，其过程和制造相比较，具有高度集成、快速成形、分布合作、修改快捷等特征。因此，虚拟设计技术在科技界和企业界均引起了广泛关注。

虚拟设计结合虚拟制造技术是企业以信息集成为基础的一种新的制造理念，其核心是虚拟现实技术，即使用感官组织仿真设备和真实或虚幻环境的动态模型，生成或创造出人能够感知的环境或现实，使人能够凭借直觉作用于虚拟环境。基于虚拟现实技术的虚拟制造技术是在一个统一模型之下对设计和制造等过程进行集成的，即将与产品制造相关的各种过程与技术集成在三维的、动态仿真的数字模型之上。虚拟制造技术也可以对想象中的制造活动进行仿真，其不消耗现实资源和能量，所进行的过程是虚拟过程，所生产的产品也是虚拟的。

（2）虚拟产品制造 应用计算机仿真技术，对零件的加工方法、工序、工装的选用、工艺参数的选用、加工工艺、装配工艺、配合件之间的配合性、连接件之间的连接性、运动构件的运动性等均可建模仿真。建立数字化虚拟样机是一种崭新的设计模式和管理体系。

虚拟样机是基于三维 CAD 的产物。三维 CAD 系统是造型工具，能支持"自顶向下"和"自底向上"等设计方法，完成结构分析、装配仿真及运动仿真等复杂设计过程，使设计更加符合实际设计过程。三维造型系统能方便地与 CAE 系统集成，进行仿真分析；能提供数控加工所需的信息，如 NC 代码，实现 CAD/CAE/CAPP/CAM 的集成。一个完整的虚拟样机应包含如下内容。

1）零部件的三维 CAD 模型及各级装配体，三维模型应参数化，适合变形设计和部件模块化。

2）与三维 CAD 模型相关联的二维工程图。

3）三维装配体适合运动结构分析、有限元分析和优化设计分析。

4）形成基于三维 CAD 的 PDM 结构体系。

5）从虚拟样机制作过程中摸索出定制产品的开发模式及所遵循的规律。

6）三维整机的检测与试验。

以 CAD/CAM 软件为设计平台，建立全参数化三维实体模型。在此基础上，对关键零、部件进行有限元分析，对整机或部件的运动进行模拟。通过数字化虚拟样机的创建和应用，帮助企业建立起一套基于三维 CAD 的产品开发体系，实现设计模式的转变，加快产品推向市场的周期。

（3）虚拟企业　虚拟企业是目前国际上一种先进的产品制造方式，采用的是"两头在内，中间在外"的哑铃型生产经营模式，即产品研究、开发、设计、组装、调试和销售两头在公司内部进行，而中间的机械加工部分通过外协、外购方式进行。

虚拟企业的特征是：企业地域分散化。虚拟企业从用户订货、产品设计、零部件制造以及总成装配、销售、经营管理都可以分别由处在不同地域的企业，按契约互惠互利联合协作，进行异地设计、异地制造和异地经营管理。虚拟企业采用动态联盟形式，突破了企业的有形界限，利用外部资源加速实现企业的市场目标。企业信息共享化是构成虚拟企业的基本条件之一，企业伙伴之间通过互联网及时沟通信息，包括产品设计、制造、销售、管理等信息，这些信息是以数据形式表示的，能够分布到不同的计算机环境中，以实现信息资源共享，保证虚拟企业各部门步调高度协调，在市场波动的条件下，确保企业的最大整体利益。

虚拟企业的主要基础是：建立在先进制造技术基础上的企业柔性化；在计算机上制造数字化产品，从概念设计到最终实现产品整个过程的虚拟制造；计算机网络技术。这三项内容是构成虚拟企业不可缺少的必要条件。

虚拟设计和制造技术的应用将会对未来制造业的发展产生深远影响。它的重大意义主要表现为如下几个方面。

1）运用软件对制造系统中的五大要素（人、组织管理、物流、信息流、能量流）进行全面仿真，使之达到前所未有的高度集成，为先进制造技术的进一步发展提供更广大的空间，同时也推动了相关技术的不断发展和进步。

2）可加深人们对生产过程和制造系统的认识和理解，有利于更好地指导实际生产，即对生产过程、制造系统整体进行优化配置，推动生产力的巨大跃升。

3）在虚拟制造与现实制造的相互影响和作用过程中，可以全面改进企业的组织管理工作，对正确做出决策有着不可估量的影响。例如：可以对生产计划、交货期、生产产量等做出预测，及时发现问题并调整现实制造过程。

4）虚拟设计和制造技术的应用将加快企业人才的培养速度。例如：模拟驾驶室对驾驶员、飞行员的培养起到了良好作用。虚拟制造可以用于生产人员的操作训练，提高其对异常工艺的应急处理能力。

目前，美国在这一领域处于国际研究的前沿，许多大学和科研机构都在从事虚拟制造的研究工作。例如：华盛顿州立大学有一个虚拟现实和计算机集成制造实验室，密执安大学在进行虚拟加工机床的研究，艾奥瓦大学在进行虚拟车间的研究，美国国家标准及技术局制造工程实验室系统集成部在研究开放式虚拟现实测试床（OVRT）和国家先进制造测试床（NAMT）等。

美国波音公司设计的 VS－X 虚拟飞机可用头盔式显示器和数据手套进行观察与控制，用手指指向飞机就可以看到跑道上的飞机起飞；手指向下，飞机便停下来。通过其他手势，还可以进入座舱、起动发动机、进行飞行试验或者打开应急门。这种虚拟飞机可以让设计人员身临其境地观察飞机设计的结果，并对其外形、内部结构及使用性能进行考察。

密歇根大学的 VR 实验室采用沉浸式虚拟现实技术对一艘 PD337 海军运输船的生产过程进行了模拟。船的双层底模型是用 AutoCAD 生成的，然后转换成虚拟原型。利用沉浸式虚拟现实技术可以步入实物大小的船体模型中观察其特性，发现其在 CAD/CAM 模型中存在的问题，比如有些间隔无法进行焊接，很多的刚性桁架放到船的另一侧去了。研究的第二阶段是船的装配。该实验室通过模拟一个真实造船厂的标准装配过程，研究了装配的不同阶段的焊接操作、起重机的运动以及其他步骤。

德国 Paderborn 大学对虚拟企业中自动加工过程的构成进行了研究。英国 Bath 大学用 OpenInventor2.0 软件工具开发出了基于 SvLis 建模软件的虚拟制造系统，为用户提供具有机床、成套刀具和机器人等虚拟设备的三维虚拟车间环境。在日本，已形成了以大阪大学为中心的研究开发力量，主要进行虚拟制造系统建模和仿真技术的研究，并开发出虚拟工厂的构造环境 VirtualWorks。英国考斯沃斯工程公司在发动机的制造中应用了虚拟装配；上海汽车齿轮总厂在变速器总成及换档机构的制造中应用了虚拟装配；上海汽车工业技术中心将虚拟装配应用于轻型客车底盘的设计与制造中。

三、人工智能的应用

人工智能是在计算机科学、控制论、信息论、心理学和语言学等多种学科相互渗透的基础上发展起来的一门新兴学科，主要研究用机器（主要是计算机）来模仿和实现人类的智能行为。经过几十年的发展，人工智能在很多领域得到了发展，应用在人们的日常生活和学习当中。图 3-61 所示为人工智能的主要应用领域。

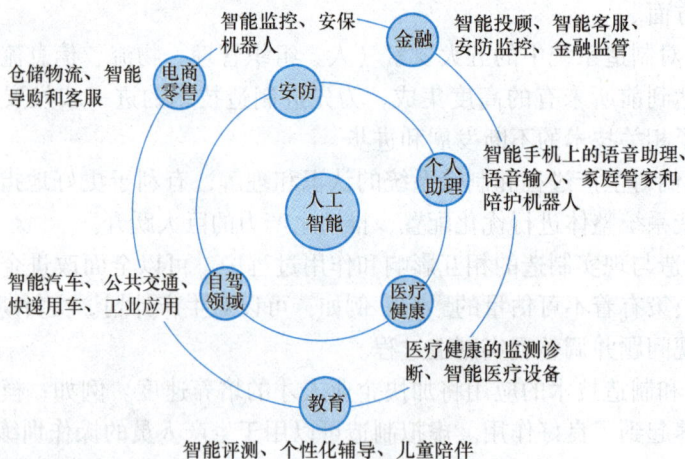

图 3-61 人工智能的主要应用领域

1. 符号计算

计算机最主要的用途之一就是科学计算。科学计算可分为两类：一类是纯数值的计算，如求函数的值和方程的数值解；另一类是符号计算，又称为代数运算，这是一种智能化的计算，处理的对象是符号，符号可以代表整数、有理数、实数和复数，也可以代表多项式、函数、集合等。进入 20 世纪 80 年代后，随着计算机的普及和人工智能的发展，相继出现了多种功能齐全的计算机代数系统软件，其中的代表为 Mathematica 和 Maple。Mathematica 是第一个将符号运算、数值计算和图形显示很好地结合在一起的数学软件，用户能够方便地用它进行多种形式的数学处理。计算机代数系统的优越性主要在于它能够进行大规模的代数运算。通常人们用笔和纸进行代数运算，只能处理符号较少的算式，当算式的符号上升到百位数后，手工计算就很困难了，这时用计算机代数系统进行运算可以做到准确、快捷、有效。现在符号计算软件有一些共同的特点：在进行符号运算、数值计算和图形显示的同时，具有高效的可编程功能；在操作界面上一般都支持交互式处理，用户通过键盘输入命令，计算机处理后即显示结果，人机界面友好。

2. 模式识别

模式识别是通过计算机用数学方法来研究模式的自动处理和判读。这里把环境与客体统称为模式。随着计算机技术的发展，人类有可能研究复杂的信息处理过程。用计算机实现模式（文字、声音、人物和物体等）的自动识别，是开发智能机器的一个关键突破口，也为人类认识自身智能提供了线索。信息处理过程的一个重要形式是生命体对环境与客体的识别。对人类来说，特别重要的是对光学信息（通过视觉器官来获得）和声学信息（通过听觉器官来获得）的识别，这是模式识别的两个重要方面。市场上可见到的代表性产品有光学字符识别系统（Optical Character Recognition，OCR）、语音识别系统等。计算机识别的显著特点是速度快、准确性和效率高。一汽集团公司与国防科技大学合作研制成功红旗轿车自主驾驶系统（即无人驾驶系统），标志着我国研制高速智能汽车的能力已达到世界先进水平。汽车自主驾驶技术是集模式识别、智能控制、计算机学和汽车操纵动力学等多门学科于一体的综合性技术，代表着一个国家控制技术的水平。红旗轿车自主驾驶系统采用计算机视觉导航方式，采用仿人控制，实现了对红旗轿车的操纵控制。首先，摄像机将车前方的道路和车辆行驶情况输入到图像处理和图像识别系统。该系统识别出道路状况、前方车辆的相对距离和相对车速。接着，路径规划系统根据这些信息规划出一条合适的路径，即决定如何开车。然后，路径跟踪系统根据需跟踪的路径，结合车辆行驶状态参数和车辆驾驶动力学约束，形成控制命令，控制方向盘和油门开启机构产生相应动作，使汽车按照规划好的路径行驶。

3. 专家系统

专家系统是一种模拟人类专家解决领域问题的计算机程序系统。专家系统内部含有大量的某个领域的专家水平的知识与经验，能够运用人类专家的知识和解决问题的方法进行推理和判断，模拟人类专家的决策过程来解决该领域的复杂问题。专家系统是人工智能应用研究最活跃和最广泛的应用领域之一，涉及社会的各个方面，各种专家系统已遍布各个专业领域，取得了很大的成功。根据专家系统处理的问题类型，专家系统可分为解释型、诊断型、调试型、维修型、教育型、预测型、规划型、设计型和控制型等。在专家系统中，必须要存储有该领域中经过事先总结、分析并按某种模式表示的专家知识（组成知识库），还要有类似于专家解决实际问题的推理机制（构成推理机）。系统能对输入的信息进行处理，并运用知识进行推理，做出决策和判断，其解决问题的水平可达到或接近专家水平，因此能起到专家或专家助手的作用。开发专家系统的关键是表示和运用专家知识，即来自领域专家的、已被证明对解决有关典型问题有用的事实和过程。目前，专家系统主要采用基于规则的知识表示和推理技术。由于领域知识更多是不精确或不确定的，因此，不确定的知识表示与知识推理是专家系统开发与研究的重要课题。此外，专家系统开发工具的研制发展也很迅速，这对扩大专家系统的应用范围和加快专家系统的开发过程将起到积极的促进作用。

4. 逻辑推理与定理证明

逻辑推理是人工智能研究中最持久的领域之一，其中特别重要的是要找到一些方法，只把注意力集中在一个大型的数据库中的有关事实上，留意可信的证明，并在出现新信息时适时修正这些证明。医疗诊断和信息检索都可以和定理证明问题一样加以形式化。因此，在人工智能方法的研究中，定理证明是一个极其重要的论题。

5. 自然语言处理

自然语言处理是人工智能技术的典型应用，经过多年的艰苦努力，这一领域已获得了大量令人瞩目的成果。目前该领域的主要课题是，计算机系统如何以主题和对话情境为基础，注重大量的常识——世界知识和期望作用，生成和理解自然语言。这是一个极其复杂的编码和解码问题。

6. 分布式人工智能

分布式人工智能在20世纪70年代后期出现，是人工智能研究的一个重要分支。分布式人工智能系统一般由多个 Agent 智能体组成，每一个 Agent 智能体又是一个半自治系统，Agent智能体之间以及 Agent 智能体与环境之间进行并发活动，通过交互完成问题求解。

7. 计算机视觉

计算机视觉是一门用计算机实现或模拟人类视觉功能的新兴学科，其主要研究目标是使计算机具有通过二维图像认知三维环境信息的能力，这种能力不仅包括对三维环境中物体形状、位置、姿态、运动等几何信息的感知，还包括对这些信息的描述、存储、识别与理解。目前，计算机视觉已在人类社会的许多领域得到成功应用。例如：在图像、图形识别方面，有指纹识别、染色体图像识别、字符识别等；在航天与军事方面，有卫星图像处理、飞行器跟踪、成像精确制导、景物识别和目标检测等；在医学方面，有图像的脏器重建、医学图像分析等；在工业方面，有各种监测系统和生产过程监控系统等。

8. 信息检索技术

信息检索技术已成为当代计算机科学与技术研究中迫切需要研究的课题，将人工智能技术应用于这一领域的研究是人工智能走向广泛实际应用的契机与突破口。

第八节　智能制造的信息安全技术

一、智能制造信息安全技术

1. 信息安全的关键技术

（1）安全芯片　安全芯片就是可信任平台模块，是一个可独立进行密钥生成、加密和解密的装置，内部拥有独立的处理器和存储单元，可存储密钥和特征数据，为计算机提供加密和安全认证服务。用安全芯片进行加密，密钥被存储在硬件中，被窃的数据无法解密，从而保护商业隐私和数据安全。

（2）安全操作系统　安全操作系统是指计算机信息系统在自主访问控制、强制访问控制、标记、身份鉴别、客体重用、审计、数据完整性、隐蔽信道分析、可信路径和可信恢复等方面满足相应的安全技术要求的操作系统。安全操作系统也包括自主开发的嵌入式计算机操作系统。

（3）密码技术　密码技术包括密码理论、新型密码算法、对称密码体制与公钥密码体制的密码体系、信息隐藏技术、公钥基础设施技术（PKI）以及消息认证与数字签名技术等。

（4）信息安全的总体技术　信息安全的总体技术主要包括系统总体安全体系、系统安全标准、系统安全协议和系统安全策略等。信息安全体系包括体系结构、攻防、检测、控制、管理、评估技术，大流量网络数据获取与实时处理技术（专用采集及负载分流技术等），网络安全监测技术（异常行为的发现、网络态势挖掘与综合分析技术，大规模网络建模及测量与模拟技术），网络应急响应技术（大规模网络安全事件预警与联动响应技术，异常行为的重定向、隔离等控管技术），网络安全威胁及应对技术（僵尸网络等网络攻击的发现与反制技术，漏洞挖掘技术）以及信息安全等级保护技术。

2. 智能制造中的信息安全技术

（1）工业云安全技术　工业云安全包括虚拟化安全、数据安全、应用安全和管理安全等。

1）数据安全。数据安全是指保存在云服务系统上的原始数据信息的相关安全方案，包括数据传输、数据存储、数据隔离、数据加密和数据访问。

2）应用安全。

① 终端安全。用户终端安全软件。

② SaaS 应用安全。为用户提供应用程序和组件安全。

③ PaaS 应用安全。保障平台软件包安全。

④ IaaS 应用安全。用户需要确保自己在云内的所有数据安全。

3）虚拟化安全。

① 虚拟化软件产品的安全。

② 虚拟主机系统自身的安全。

（2）工业物联网安全技术

1）物联网信息采集安全。

① RHD/EPC 技术安全。

② 传感器网络的基本安全技术，包括基本安全框架、密钥分配、安全路由、入侵检测和加密技术等。

③ 物联网终端安全。

2）物联网信息传输安全。常用的安全措施有身份认证、数据访问控制、信道加密、单向数据过滤和加强审计等。

3）物联网信息处理安全。

① 中间件技术安全。

② 用云计算处理物联网海量数据时，需要云计算安全技术。

4）物联网个人隐私保护。

（3）工业控制系统安全技术

1）工业控制系统安全风险分析、评估技术，威胁检测技术，大数据分析、漏洞挖掘技术。

2）工业控制系统信息安全体系架构及纵深防护技术。

3）工业控制系统信息安全等级保护技术（构建在安全管理中心支持下的计算环境、区域边界和通信网络三重防御体系）。

4）本质安全工业控制系统关键技术（安全芯片、安全实时操作系统和安全控制系统设计技术）。

5）可信计算应用技术（可信计算平台技术、可信计算组件和可信密码模块应用技术）。

二、智能制造信息安全的特征

智能制造的本质是工业信息化的智能化，其中网络是神经，大数据是血脉，信息安全是保障。在智能制造背景下，世界变成了一个巨大的物联网，形成了全覆盖的云环境，人类生产过程、产品形态、流通渠道和服务对象呈现出一体化趋势，产品与消费者之间将达到空前的默契。因此，智能制造的推进与实施将出现区别于已有互联网商业模式所呈现的信息安全威胁，主要表现在如下几个方面。

1）智能制造颠覆了已有的互联网商业模式，网络安全威胁严重影响物质形态和特性的异化。互联网商业模式的发展历程中，典型的成功案例是以阿里巴巴为代表构建的开放平台式互联网商业模式。该开放平台持续刺激其整体参与率、活跃度和购买力，以"软硬结合"的创新商业模式和"开放平台"利润模式，为用户创造了便捷的网上交易渠道，形成了巨大的新兴市场，催生出新的产业链和产业集群，并不断刺激新的消费服务需求产生，带动信息消费市场快速扩张。但是，该互联网商业模式的所有变化与演进都是组织、交易、流通与服务的变革与升级，其网络安全威胁并未涉及标的物的物理特性与物理形态的变化。互联网技术融入智能制造便可实现产品的数据化、智能化，实现远程操控、实时感应。运用大数据和云计算建立统一的智能管理服务平台，各生产设备可以自发地实现信息交换、自动控制和自主决策，以及产品的实时监控、预警和维护，提高稳定性和各环节的整体协作效率。可见，在智能制造中，网络安全威胁不但可能会侵入产品"创意→设计→生产→消费→服务"的各环节，还将影响和改变产品的物理特性与物理形态，并将由于网络信息威胁的侵入产生异化，形成智能制造中的网络安全威胁新特征。

2）智能制造中的信息物理系统（Cyber – Physical System，CPS）成为网络安全威胁的核心目标。由于CPS中物理部件处于开放的环境中，其信息隐藏的程度受限，CPS中的设备极易暴露位置和时间信息，容易造成潜在的信息被物理攻击。而当前的推理技术与数据挖掘技术也难以保障CPS中海量数据的隐私与安全，CPS如何应对网络安全威胁成为研究热点。例如：由于处于开放的环境中，网络间通信的延迟、抖动以及计算任务运行时的调度算法都将影响CPS的效率与性能。另外，CPS的运行牵涉时间攸关的计算任务与安全攸关的控制任务，如何保证在实时约束下实现控制性能最优，成为CPS运行中对抗网络威胁的难点。

3）开放环境中智能制造存在受到攻击的风险。在当前的框架下，存在利用物理空间的部件对信息空间进行攻击的危险。例如：可利用电磁干扰影响与破坏智能制造系统中计算部件的运行。也可以利用信息空间的部件对物理空间进行攻击。大规模信息攻击可以引发大规模精确的物理攻击，其破坏力远远大于目前的计算机与网络攻击。互联网数据中心发布的报告显示，2013年，全球恶意代码样本数目正以每天可获取300万个的速度增长，云端恶意代码样本已从2005年的40万种增长至目前的60亿种。继"震网"和"棱镜门"事件之后，网络基础设施遭遇全球性高危漏洞侵扰，"心脏流血"漏洞威胁我国境内约3.3万台网站服务器，Bash漏洞影响范围遍及全球约5亿台服务器及其他网络设备，基础通信网络、金融和工控等重要信息系统安全面临严峻挑战。所以，智能制造将面临更为严峻的网络安全考验。

4）智能制造安全标准缺失。仅仅实现装备的高度自动化、数字化和智能化，其实并不能完全保障智能制造发挥作用，还需MES（制造执行管理系统）、ERP（企业资源计划）和工控等软件的集成应用，确保生产作业计划的准确性和企业资源的优化配置；不仅要有一流的硬件设施，还需要提供一流的软件和服务。然而，上述的所有智能系统都需要统一完善的智能制造安全标准作为重要基础。目前，我国智能制造标准制定工作已经启动，参照国际标准化组织和国际电工协会联合制定的IEC62264标准，结合我国制造业发展实际情况制定了智能制造标准化体系，其中包括工业大数据、工业互联网标准和信息安全标准等。但令人担忧的是，以德国西门子、美国通用公司为代表的国际制造业巨头正各自牵头所属国家的企业制定智能制造的相关标准，并力推上升为国际标准。而我国至今还没有一家在国际上，甚至在国内处于引领地位的制造业巨头可参与竞争。标准权的旁落必然带来国际话语权的缺失。

三、智能制造中工业控制系统网络信息安全

工业控制系统是智能制造中的核心环节之一。《2013年中国工业控制系统（ICS）信息安全市场研究》报告显示，据不完全统计，超过80%涉及国计民生的关键基础设施依靠工业控制系统实现自动化作业，工业控制系统已成为国家安全战略的重要组成部分，但很多工业控制系统尚未做好应对网络攻击的准备。

随着计算机和互联网的发展，特别是信息化与工业化的深度融合以及物联网的快速发展，工业控制系统的安全问题越来越突出。相对安全、相对封闭的工业控制系统已经成为不法组织和黑客的攻击目标，黑客攻击正在从开放的互联网向封闭的工业控制系统蔓延。目前，工业控制系统信息安全威胁主要包括黑客攻击、病毒、数据操纵、蠕虫和特洛伊木马等。统计显示，工业控制网络恶意软件的数量呈现大幅度增长的态势，2014年产生了3.17亿个，同比增长26%。如果没有防护措施，这些病毒会利用工业控制系统的安全漏洞在网络中进行自我复制和传播，感染工业控制计算机或攻击可编程序控制器，攻击手段包括直接攻击PLC的病毒（Stuxnet）、间接攻击的病毒（Dragonfly/Havex）和可自我复制的恶意软件（Conficker/Kido）等。

另外，我国大多数工业控制企业核心产品和技术来自国外企业，短时间内难以改变国内中高端工业软件市场被外国公司占据的现状。据统计，我国22个行业的900套工业控制系统主要由外国公司提供，其中数据采集与监控系统（SCADA）国外产品占比55.12%，分布式控制系统（DCS）国外产品占比53.78%，过程控制系统（PCS）国外产品占比76.79%，大型PLC外国产品则占据了94.34%的份额。我国的工业控制系统信息安全起步相对较晚，

工业控制系统的安全防护能力比较薄弱。因此，加快工业控制系统信息安全的制度建设，制定相应的标准，提升保障能力等，都是我国在发展智能制造过程中急需解决的课题。

四、智能制造中云安全与大数据安全

云服务是实现智能制造不可或缺的重要组成部分，是智能制造赖以发展的新的基础设施。因此，云计算安全是智能制造产业快速发展和应用的重要前提。知名网络安全 Garner 公司预测称，2018 年，超过一半的组织机构将建立专注于数据保护、安全风险管理及安全基础设施管理的云安全。据分析，在智能制造云计算环境中存在多种网络安全威胁。

1）拒绝服务攻击。它是指攻击者让目标服务器停止提供服务，甚至令主机死机。例如：攻击者频繁地向服务器发起访问请求，造成网络带宽的消耗或者应用服务器的缓冲区满溢，使服务器无法接收新的服务请求，包括合法用户端的访问请求。

2）中间人攻击。攻击者拦截正常的网络通信数据，并进行数据篡改和嗅探，而通信的双方却毫不知情。

3）网络嗅探。网络嗅探本是用来查找网络漏洞和检测网络性能的一种工具，但是黑客将网络嗅探变成一种网络攻击手段。

4）端口扫描。这是一种常见的网络攻击方法。攻击者通过向目标服务器发送一组端口扫描消息，从而破坏云计算环境。

5）SQL 注入攻击。这是一种安全漏洞。攻击者利用该安全漏洞可以向网络表格输入框中添加 SQL 代码，以获得访问权。

6）跨站脚本攻击。攻击者利用网络漏洞，以提供缓冲溢出、DOS 攻击和恶意软件植入 Web 浏览器等方式盗取用户信息。

7）数据保护。云计算中的数据保护是非常重要的安全问题。由于用户数据保存在云端，因此需要有效地管控云服务提供商的操作行为。

8）数据删除不彻底。主要原因是数据副本已经被放置在其他服务器中，在云计算中具有极大风险。

上述云计算环境中存在的网络安全威胁必然会反映在智能制造云计算安全中。因此，自主创新、安全可控是云计算的根本。同时，大数据安全也是智能制造中非常重要的保障条件。首先，需要从技术层面为大数据的信息安全保驾护航。智能制造中存在海量信息，这加大了信息泄露的风险，但同时它也为信息安全服务商找出了数据中的风险点以提供支持。对实时安全和商务数据结合在一起的数据进行预防性分析，可提高识别非法网络行为的能力，从而防止钓鱼攻击、诈骗和阻止黑客入侵。同时，利用大数据技术整合计算和处理资源，有助于更有针对性地应对信息安全威胁，找到攻击的源头。其次，大数据安全需要法律监管。长期以来，国际网络规则和秩序由美国制定并把持着，"棱镜门"暴露出互联网被美国一家垄断的严重缺陷，需要通过国际社会的共同努力，制定国际网络管理规则，真正建立起国际网络监管制度，这将是解决网络安全问题的关键。完善国内信息安全的相关法律法规，制定大数据的技术标准和运营标准，启动大数据立法，解决数据隐私保护、数据主权归属问题，并规定相应的法律责任，严厉打击威胁信息安全的违法犯罪活动，以保护智能制造大数据的安全。

思 考 题

1. 什么是智能制造？

2. 智能制造的关键技术有哪些？

3. 什么是物联网？

4. 工业物联网的关键技术有哪些？

5. 工业物联网的应用主要集中在哪几个方面？

6. 工业机器人有哪些特点？

7. 工业机器人的常用种类有哪些？

8. 3D 打印技术的特点是什么？

9. 相对于减料加工，3D 打印技术的优势是什么？

10. 3D 打印技术的常用类型有哪些？

11. 什么是射频识别技术？

12. 射频识别技术有哪些特点？

13. 射频识别技术主要应用于哪些场合？

14. 云计算有哪几种分类？

15. 云计算的主要技术框架有哪些？

16. 什么是虚拟现实技术？

17. 虚拟现实技术有哪些特征？

18. 什么是虚拟制造？

19. 人工智能在智能制造中的作用有哪些？

20. 智能制造信息安全技术有哪些？

21. 智能制造的信息安全威胁有哪些？

22. 在智能制造云计算环境中存在哪些网络安全威胁？

第四章
CHAPTER 4
智能控制技术基础

一、智能控制的定义

什么是智能控制？简单地说，智能控制就是聪明的控制、灵巧的控制，如自适应控制、自寻优控制和自学习控制等。智能控制是一门交叉学科，是人工智能和自动控制相结合的新技术。

经典控制理论研究的对象是单变量常系数线性系统，且只适用于单输入单输出控制系统。现代控制理论研究的对象是多变量常系数线性系统。传统控制方法是基于被控对象精确模型的控制方式，缺乏灵活性和应变能力，适用于解决线性、时不变性等相对简单的控制问题。

传统控制方法在实际应用中遇到很多难以解决问题，主要表现在以下几个方面。

1）由于实际系统存在复杂性、非线性、时变性、不确定性和不完全性等，无法获得准确的数学模型。

2）针对实际系统往往需要进行一些比较苛刻的线性化假设，而这些假设与实际系统不符合。

3）某些复杂的和包含不确定性的控制过程无法用传统的数学模型来描述，即无法解决建模的问题。

4）实际控制任务复杂，而传统的控制任务要求低，对于复杂的控制任务（如智能机器人的控制等）无能为力。

智能控制理论主要用来解决那些用传统的控制方法难以解决的复杂系统的控制问题，是针对此类问题的控制提出的一种新方法。

二、智能控制的发展过程

1965 年，著名学者美籍华人 K. S. Fu（傅京逊）教授把人工智能的启发式推理规则用于学习系统，为控制技术迈向智能化揭开了崭新的一页。1966 年，Mendel 提出了"人工智能控制"的新概念。1967 年，Leondes 和 Mendel 首次使用了"Intelligent Control（智能控制）"

一词，并把记忆、目标分解等技术应用于学习控制系统。1971 年，K. S. Fu 从发展学习控制的角度首次提出智能控制这一新兴学科，归纳了三种类型的智能控制系统：人作为控制器的控制系统、人机结合作为控制器的控制系统以及无人参与的自主控制系统。1977 年，Saridis 出版了《随机系统的自组织控制》，引入了运筹学，提出三元论的智能控制概念，丰富了智能控制的内涵。基于三元论的智能控制如图 4-1 所示。1985 年 8 月，电气和电子工程师协会（IEEE）在美国纽约召开了第一届智能控制学术讨论会。

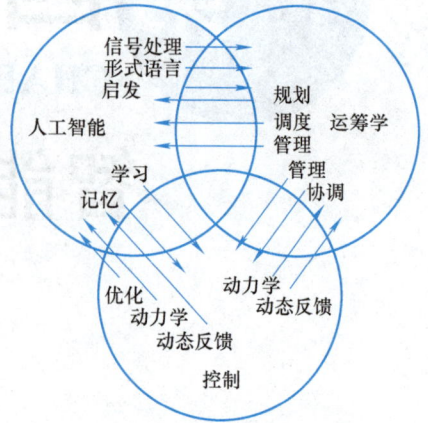

图 4-1　基于三元论的智能控制

三、智能控制的主要方法

1. 专家控制系统和专家控制

专家控制是将专家系统的理论和技术与控制理论和方法有机地结合起来，在未知环境下模仿专家的智能，实现对系统的有效控制。一般的专家控制系统由以下三部分组成。

（1）控制机制　它决定控制过程的策略，即控制哪一个规则被激活、什么时候被激活等。

（2）推理机制　它实现知识之间的逻辑推理以及与知识库的匹配。

（3）知识库　它包括事实、判断、规则、经验以及数学模型。

专家控制系统存在的困难有专家经验知识的获取问题、动态知识的获取问题以及专家控制系统的稳定性分析。

2. 模糊控制

模糊控制主要是模仿人的控制经验，而不是依赖控制对象模型，因此模糊控制器实现了人的某些智能。模糊控制的三个基本组成部分是：模糊化、模糊决策及精确化计算。

模糊控制需要研究的问题如下。

1）适用于解决工程上普遍适用的稳定性分析方法、稳定性评价方法和可控性评价方法。

2）模糊控制规则设计方法。

3）模糊控制器参数的最优调整理论的确定及修正推理规则的学习方式。

4）模糊动态系统的辨识方法。

5）模糊预测系统的设计方法和提高计算速度的算法。

3. 神经元网络控制

神经元网络控制是模拟人脑神经中枢系统智能活动的一种控制方式。从本质上看，神经元网络是一种不依赖模型的自适应函数估计器。

（1）神经元网络的特点　神经元网络具有以下特点。

1）具有非线性映射能力。

2）具有并行计算能力。

3）具有自学习能力。

4）具有强鲁棒性。

（2）神经元网络的作用 神经元网络在控制系统中所起的作用大致分为如下四类。

1）在基于模型的各种控制结构中充当对象的模型。

2）充当控制器。

3）在控制系统中起优化计算的作用。

4）与其他智能控制（如专家系统、模糊控制）相结合，为其提供非参数化对象模型、推理模型等。

4. 学习控制

它通过重复各种输入信号，并从外部校正系统，从而使系统对特定输入具有特定响应。学习控制根据系统工作对象的不同可分为以下两类。

1）对具有可重复性的被控对象利用控制系统的先前经验，寻求一个理想的控制输入。而这个寻求的过程就是对被控对象反复训练的过程。这种学习控制又称为迭代学习控制。

2）自学习控制系统。它不要求被控过程必须是重复性的。它能通过在线实时学习，自动获取知识，并将所学的知识用来不断地改善具有未知特征过程的控制性能。

四、智能控制系统的构成原理

智能控制系统是指具备一定智能行为的系统。具体地说，若对于一个问题的激励输入，系统具备一定的智能行为，其能够产生合适的求解问题的响应，这样的系统就称为智能控制系统。智能控制系统应该具备以下一条或几条功能特点：自适应（self - adaptation）、自学习（self - recognition）、自组织（self - organization）、自诊断（self - diagnosis）和自修复（self - repairing）。

按照智能控制系统的定义，其典型的原理结构可由执行器、传感器、感知信息处理、规划和控制、认知、通信接口六部分组成。智能控制系统的结构图如图 4-2 所示。智能控制系统的特点如下。

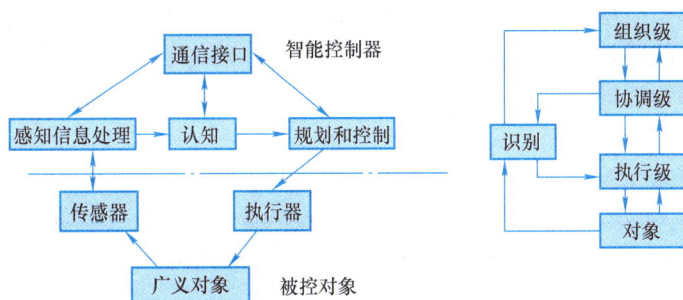

图 4-2 智能控制系统的结构图

1）智能控制系统一般具有以知识表示的非数学广义模型和以数学模型表示的混合控制过程。它适用于含有复杂性、不完全性、模糊性、不确定性和不存在已知算法的生产过程。

2）智能控制器具有分层信息处理和决策机构。它实际上是对人类神经结构和专家决策机构的一种模仿。

3）智能控制器具有非线性和变结构的特点。

4）智能控制器具有多目标优化能力。

5）智能控制器能够在复杂环境下学习。

华中数控——给高端数控机床装上最强中国大脑

超精密镜面加工是金属切削加工的最高境界，加工后能够得到非常低的表面粗糙度值，能够得到清晰倒影出物品影像的金属表面。将金属工件表面加工成镜面，只有超精密数控系统能做到。刀具运行速度从0m/s迅速上升到100m/s。刀具在切入瞬间，运行加速度达到了重力加速度。这相当于5.6s内，将汽车从0km/h提速到200km/h。在机床主轴转速达到24000r/min的超高速度下，把工件的表面粗糙度值控制在0.02μm以下，这是头发丝直径的万分之一，也是超精密加工系统必须达到的标准之一。

如何在加工过程中，实时监控并调整微米级的加工精度，这是西方数控制造巨头的核心技术机密。

华中数控的工程师们创造了一种独特的方法，用色谱图来观测，利用传感器采集刀头数据并传送到计算机。刀头的每一个细小波动，都用不同颜色来标记，就可以捕捉到肉眼难以捕捉到的误差。利用数据寻找加工误差并进行优化，这实际上是一套智能数据采集分析系统。

在色谱图的帮助下，工件表面加工精度达到了0.01μm，这相当于汽车在100km的时速下，轮胎运行偏差只有3根头发丝，而轮胎的抖动误差不到头发丝的万分之一。它的成功也意味着我们在超精密加工控制系统的研发上取得了重大突破，完成了对世界一流的追赶。

第二节 传感技术

传感技术、信息技术与计算机技术是支撑整个现代信息产业的三大支柱。传感器是现代信息产业的源头，也是信息社会赖以生存和发展的物质与技术基础。传感器是指一种能够感受、检测到某种形态信息并将它变换成另一种形态信息的装置。通常把传感器看成各种机械和电子设备的感觉器官，它能感觉到诸如光、色、温度、压力、声音、气味、湿度、长度、转角等物理量以及心电、心音、脑电、脉相、血液分析等生物信息。

传感器概述

一、传感器概述

1. 传感器的组成

国家标准将传感器定义为：能感受规定的被测量并按照一定的规律转换成可用于输出信号的器件或装置。传感器通常由敏感元件和转换元件组成。传感器的组成框图如图4-3所示。

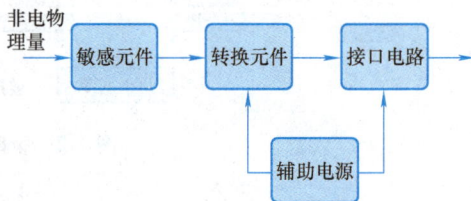

1）敏感元件。直接感受被测量，并输出与被测量成确定关系的某一物理量的元件。

图4-3 传感器的组成框图

2）转换元件。以敏感元件的输出为输入，把输入转换成电路参数。

3）接口电路。上述电路参数接入接口电路，便可转换成电量输出。

2. 传感器的分类

（1）按工作原理分类

1）物理传感器。利用某些转换元件的物理性质以及某些功能材料的特殊物理性能制成的传感器。它又可以分为物性型传感器和结构型传感器。例如：热电偶可制成的温度传感器，石油天然气地震勘探中的检波器属于磁电式传感器。

2）化学传感器。利用敏感材料与物质间的电化学反应原理，把无机和有机化学成分、浓度等转换成电信号的传感器。例如：气体传感器、湿度传感器等。

3）生物传感器。利用材料的生物效应构成的传感器。例如：酶传感器、微生物传感器、组织传感器和免疫传感器等。

（2）按输入信息分类　传感器按输入信息的分类见表4-1。

表4-1　传感器按输入信息的分类

基本被测量		派生被测量
位移	线位移	长度、厚度、应变、振动、磨损、不平度
	角位移	旋转角、偏转角、角振动
速度	线速度	速度、振动、流量、动量
	角速度	转速、角振动
加速度	线加速度	振动、冲击、质量
	角加速度	角振动、扭矩、转动惯量
力	压力	重力、应力、力矩
时间	频率	周期、计数、统计分布
温度		热容量、气体速度、涡流
光		光通量与密度、光谱分布
湿度		水气、水分、露点

3. 自动测控系统

自动检测和自动控制技术是人们对事物的规律进行定性了解和定量掌握、预期效果控制所从事的一系列的技术措施。自动测控系统是完成这一系列技术措施的装置之一。它是检测和控制器与研究对象的总和。通常它可分为开环与闭环两种自动测控系统，如图4-4和图4-5所示。

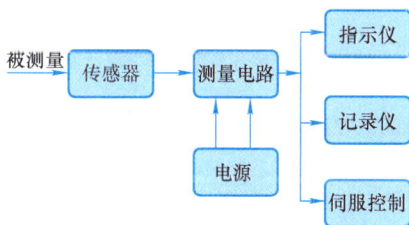

图4-4　开环自动测控系统

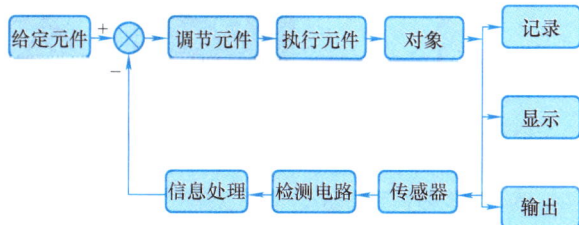

图4-5　闭环自动测控系统

二、温度传感器

温度是表征物体冷热程度的物理量。温度不能直接测量，需要借助某种物体的某种物理参数随温度冷热不同而明显变化的特性进行间接测量。

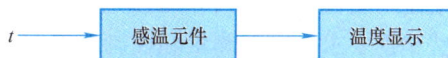

图4-6　温度传感器的组成框图

进行间接温度测量使用的温度传感器通常是由感温元件部分和温度显示部分组成的，如

图4-6所示。下面介绍几种常用的温度传感器。

1. 热电偶

两种不同材料的导体组成一个闭合电路时，若两接点温度不同，则在该电路中会产生电动势，该电动势称为热电势，这种现象称为热电效应。热电偶的试验电路示意图如图4-7所示。热电偶在温度的测量中应用十分广泛。它构造简单，使用方便，测温范围宽，并且有较高的精确度和稳定性。普通装配型热电偶的结构如图4-8所示。

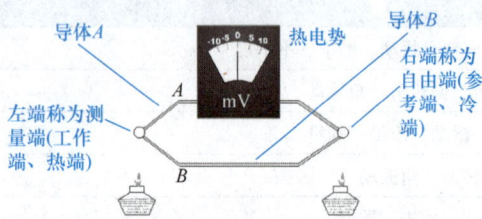

图4-7　热电偶的试验电路示意图

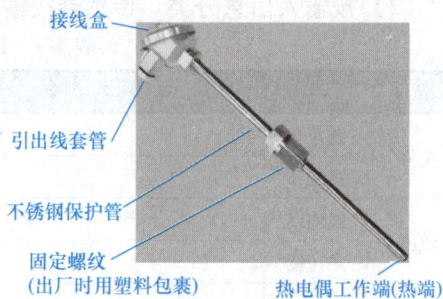

图4-8　普通装配型热电偶的结构

2. 热电阻

热电阻主要是利用金属材料的阻值随温度升高而增大的特性来测量温度的。温度升高，金属内部原子晶格的振动加剧，从而使金属内部的自由电子通过金属导体时的阻力增大，宏观上表现出电阻率变大，电阻值增大，即电阻值与温度的变化趋势相同。可以利用金属的电阻值随温度的升高而增大这一特性来测量温度。目前应用较为广泛的热电阻材料是铂和铜。图4-9所示为几种常见铂热电阻和铜热电阻的实物图。

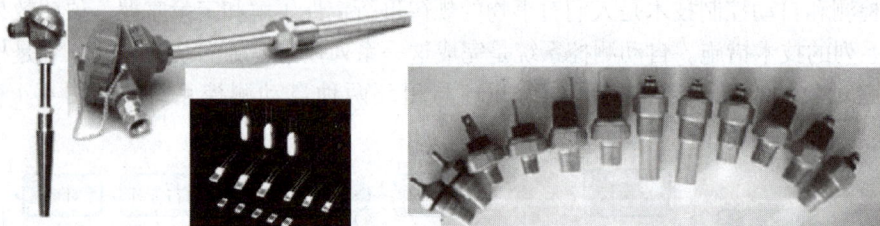

图4-9　几种常见铂热电阻和铜热电阻的实物图

3. 热敏电阻

热敏电阻是一种电阻值随温度变化的半导体传感器。它的温度系数很大，适用于测量微小的温度变化。热敏电阻的体积小、热容量小、响应速度快，能在空隙和狭缝中测量。它的阻值高，测量结果受引线的影响小，可用于远距离测量。它的过载能力强，成本低廉。但热敏电阻的阻值与温度为非线性关系，所以它只能在较窄的范围内用于精确测量。热敏电阻在一些精度要求不高的测量和控制装置中得到了广泛应用。热敏电阻有负温度系数（NTC）和正温度系数（PTC）之分。几种常见热敏电阻的外形如图4-10所示。

4. 温度传感器的典型应用

1）温度显示器与温度控制箱。温度显示器与温度控制箱的实物图如图4-11所示。

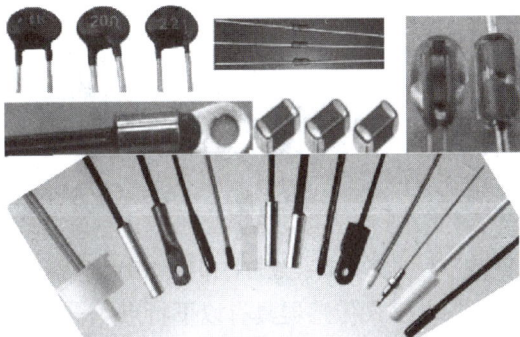

图 4-10　几种常见热敏电阻的外形

图 4-11　温度显示器与温度控制箱的实物图

2）热敏电阻体温计、电热水器温度控制和 CPU 温度测量的实物图如图 4-12 所示。

图 4-12　热敏电阻体温计、电热水器温度控制和 **CPU** 温度测量的实物图

三、力传感器及霍尔传感器

力是基本物理量之一，因此各种动态、静态力大小的测量十分重要，力的测量需要通过力传感器间接完成。力传感器是将各种力学量转换为电信号的器件。

图 4-13　力传感器的组成

图 4-13 所示为力传感器的组成。力敏感元件把力或压力转换成了应变或位移，然后再由传感器将应变或位移转换成电信号。

1. 电阻式传感器

导体或半导体材料在外界力的作用下，会产生机械变形，其电阻值也将随之发生变化，这种现象称为应变效应。电阻式传感器是指把位移、力、压力、加速度和扭矩等非电物理量转换为电阻值变化的传感器。它主要包括电阻应变式传感器、电位器式传感器等，实物图如图 4-14 所示。

电阻式传感器的典型应用如下。

1）汽车衡称重系统，如图 4-15 所示。

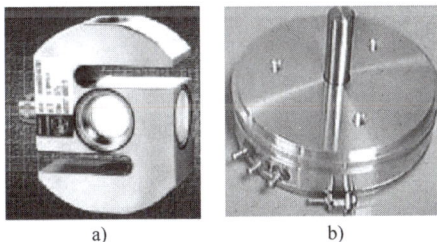

a)　　　　　　　　b)

图 4-14　电阻式传感器实物图

a）电阻应变式传感器　b）电位器式传感器

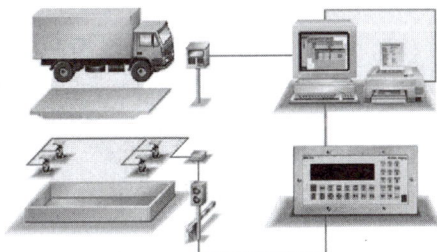

图 4-15　汽车衡称重系统

2）超市打印秤和吊钩秤，如图 4-16 所示。

2. 电感式传感器

电感式传感器是利用电磁感应把被测的物理量（如位移、压力、流量和振动等）转换成线圈的自感系数和互感系数的变化，再由电路转换为电压或电流的变化量输出，实现非电量到电量的转换。电感式传感器的种类很多，测量原理如图 4-17 所示。常见的有自感式传感器、互感式传感器和涡流式传感器三种。电感式传感器具有以下特点。

图 4-16 超市打印秤和吊钩秤

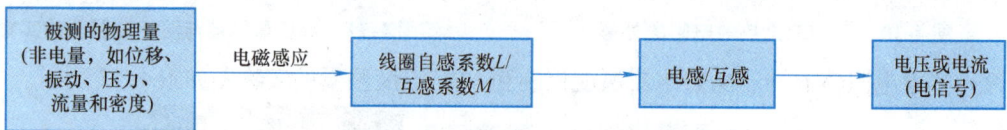

被测的物理量（非电量，如位移、振动、压力、流量和密度） →电磁感应→ 线圈自感系数L/互感系数M →电感/互感→ 电压或电流（电信号）

图 4-17 电感式传感器的测量原理

1）结构简单，传感器无活动电触点，因此工作可靠、寿命长。

2）灵敏度和分辨力高，能测出 $0.01\mu m$ 的位移变化。传感器的输出信号强，电压灵敏度一般每毫米的位移可达数百毫伏的输出。

3）线性度和重复性都比较好，在一定位移范围（几十微米至数毫米）内，传感器非线性误差可达 $0.05\% \sim 0.1\%$。电感式传感器的应用如图 4-18 所示。

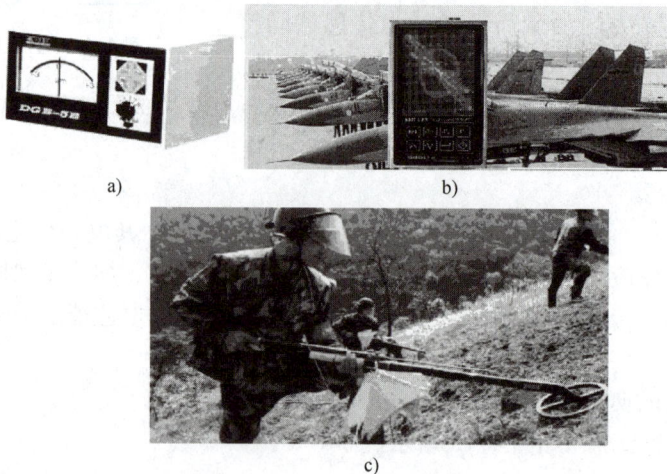

a)

b)

c)

图 4-18 电感式传感器的应用

a）电感测微仪 b）掌上电涡流探伤仪检测飞机裂纹 c）大直径电涡流探雷器

3. 电容传感器

电容传感器的基本理想公式为

$$C = \frac{\varepsilon A}{d}$$

改变面积 A、极距 d、介电常数 ε 三个参量中的任意一个，均可使平板电容的电容量 C 改变。固定三个参量中的两个，可以做成三种类型的电容传感器，即变面积式电容传感器、变极距式电容传感器和变介电常数式电容传感器。

电容器式传感器的应用如图 4-19 所示。

4. 压电传感器

某些晶体受一定方向外力作用而发生机械变形时，相应地在一定的晶体表面产生符号相反的电荷，外力去掉后，电荷消失；力的方向改变时，电荷的符号也随之改变。这种现象称为压电效应或正压电效应。当晶体带电或处于电场中时，晶体的体积将产生伸长或缩短的变化。这种现象称为电致伸缩效应或逆压电效应。压电传感器中的压电元件材料一般有压电晶体（如石英晶体）、经过极化处理的压电陶瓷和高分子压电材料三类。

压电传感器的应用如图 4-20 所示。

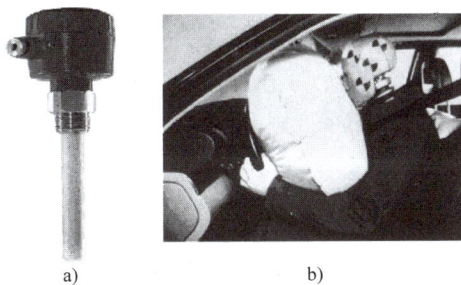

图 4-19　电容器式传感器的应用

a）电容式液位传感器

b）汽车气囊保护中的加速度传感器

图 4-20　压电传感器的应用

a）玻璃打碎报警装置　b）车床中动态车削力的测量

5. 霍尔传感器

在置于磁场中的导体或半导体内通入电流，若电流与磁场垂直，则在与磁场和电流都垂直的方向上会出现一个电势差，这种现象称为霍尔效应。霍尔传感器可分为以下几类。

1）霍尔开关集成传感器。霍尔开关集成传感器是利用霍尔元件与集成电路技术制成的一种磁敏传感器，其能感知一切与磁信息有关的物理量，并以开关信号的形式输出。

2）霍尔线性集成传感器。霍尔线性集成传感器的输出电压与外加磁场强度呈线性比例关系。它一般由霍尔元件和放大器组成。当外加磁场时，霍尔元件产生与磁场呈线性比例关系的霍尔电压，经放大器放大后输出。

霍尔传感器的应用如图 4-21 所示。

四、光电传感器

光照射于某一物体上，使电子从这些物体表面逸出的现象称为外光电效应，也称为光电发射。逸出来的电子称为光电子。在光线作用下，物体产生一定方向电动势的现象称为光生伏打效应。具有该效应的材料有硅、硒、氧化亚铜、硫化镉和砷化镓等。常用的光电器件有光电管、光电倍增管、光敏电阻、光敏二极管、光敏晶体管、光电池及光耦合器件等。常用的光电传感器有以下几类。

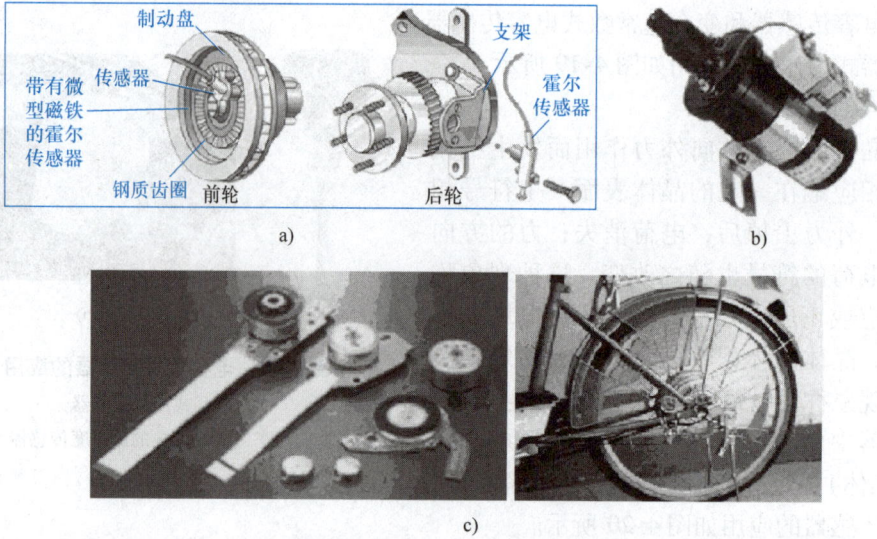

图 4-21 霍尔传感器的应用

a）汽车防抱死装置（ABS） b）霍尔式无触点汽车电子点火装置 c）霍尔式无电刷电动机

1. 红外线传感器

凡是存在于自然界的物体（如人体、火焰、冰等）都会发射出红外线，只是其发射的红外线波长不同而已。红外线传感器可以检测到这些物体发射出的红外线，用于测量、成像或控制。红外线传感器一般由光学系统、探测器、信号调理电路及显示单元等组成。

红外探测器是红外线传感器的核心。红外探测器是利用红外辐射与物质相互作用所呈现的物理效应来探测红外辐射的。红外探测器的种类很多，按探测机理不同，分为热探测器（基于热效应）和光子探测器（基于光电效应）两大类。红外线传感器的应用如图 4-22 所示。

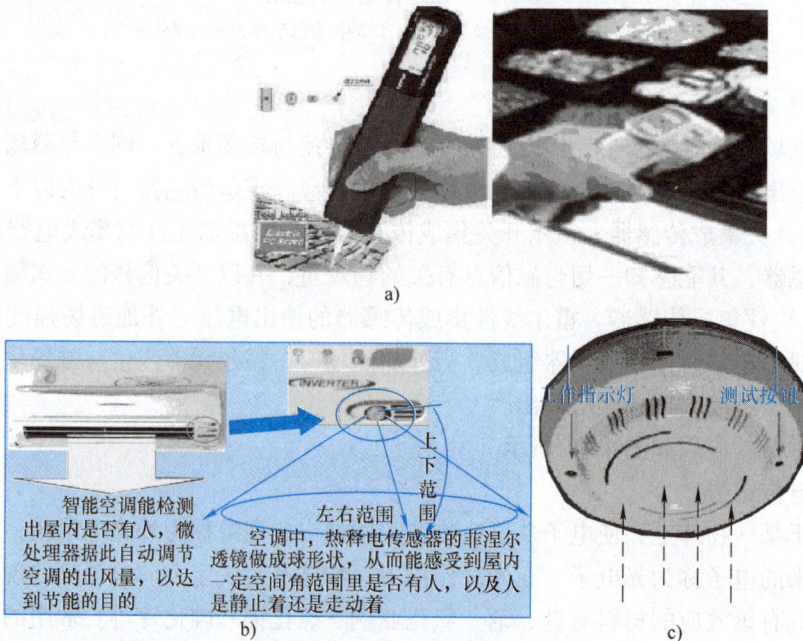

图 4-22 红外线传感器的应用

a）红外线辐射温度计 b）热释电传感器在智能空调中的应用 c）烟雾报警器

2. CCD 图像传感器

CCD 全称为电荷耦合器件，其具备光电转换、信息存储和传输等功能，具有集成度高、功耗小、分辨力高、动态范围大等优点。CCD 图像传感器被广泛应用于生活、天文、医疗、电视、传真、通信以及工业检测和自动控制系统。

一个完整的 CCD 由光敏元、转移栅、移位寄存器及一些辅助输入/输出电路组成。CCD 工作时，在设定的积分时间内，光敏元对光信号进行取样，将光的强弱转换为各光敏元的电荷量。取样结束后，各光敏元的电荷在转移栅信号的驱动下，转移到 CCD 内部的移位寄存器相应单元中。移位寄存器在驱动时钟的作用下，将信号电荷顺次转移到输出端。输出信号可接到示波器、图像显示器或其他信号存储、处理设备中，可对信号再现或进行存储处理。CCD 的典型应用如图 4-23 所示。

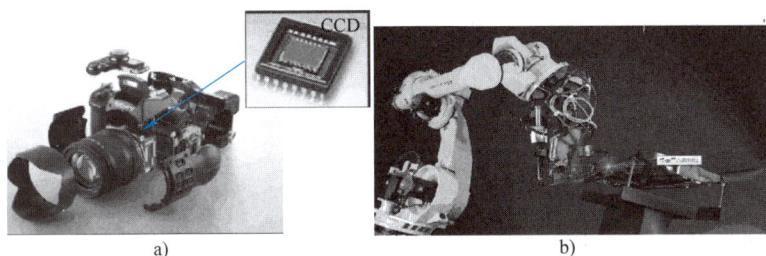

图 4-23　CCD 的典型应用

a）数码相机　b）焊接机器人

五、位置传感器

1. 光栅传感器

计量光栅可分为透射式光栅和反射式光栅，均由光源、光栅副和光敏元件三部分组成。计量光栅按形状又可分为长光栅和圆光栅。光栅的外形及在数控机床中的应用如图 4-24 所示。

光栅是用于数控机床的精密检测装置，是一种非接触式测量。光栅位置检测装置的主要作用是检测位移量（图 4-25），并将检测的反馈信号和数控装置发出的指令信号相比较，若有偏差，经放大后控制执行部件，使其向着消除偏差的方向运动，直到偏差为零。

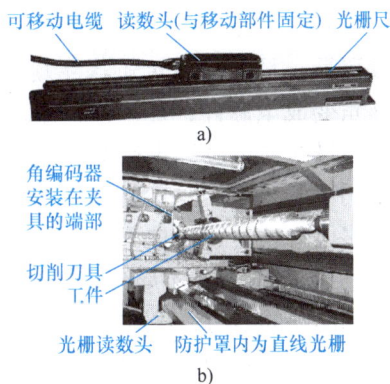

图 4-24　光栅的外形及在数控机床中的应用

a）光栅的外形　b）光栅在数控机床中的应用

2. 磁栅

磁栅价格低于光栅，且录磁方便、易于安装，测量范围可超过十几米，抗干扰能力强。磁栅可分为长磁栅和圆磁栅。长磁栅主要用于直线位移测量，圆磁栅主要用于角位移测量。磁栅传感器主要由磁尺、磁头和信号处理电路组成。磁栅的外形如图 4-26 所示。

磁栅传感器的应用如下。

1）可以作为高精度的测量长度和角度的测量仪器。由于磁栅可以采用激光定位录磁，不需要采用感光、腐蚀等工艺，因而可以得到较高的精度，目前可以做到系统精度可达

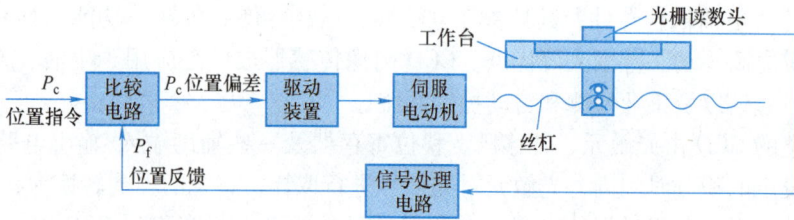

图 4-25　数控机床位置控制框图

$\pm 0.01 \mathrm{mm/m}$，分辨力可达 $1 \sim 5 \mu \mathrm{m}$。

2）可以用于自动化控制系统中的检测元件（线位移），在三坐标测量机、程控数控机床及高精度、中型机床控制系统的测量装置中均得到了应用。

3. 码盘式传感器

将机械转动的模拟量（位移）转换成以数字代码形式表示的电信号，这类传感器称为编码器。编码器以其高精度、高分辨力和高可靠性被广泛用于各种位移的测量。

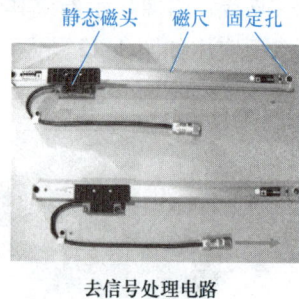

图 4-26　磁栅的外形

角编码器又称为码盘，其能够将角度转换为数字编码，是一种数字式的传感器。码盘按结构可以分为接触式、电磁式和光电式三种，后两种为非接触式测量。这里只讨论光电式码盘传感器，也称为光电编码器。

（1）增量式编码器　增量式编码器又称为脉冲编码器，是一种旋转式脉冲发生器。它把机械转角变成电脉冲，是一种常用的角位移传感器。增量式光电脉冲编码器最初的结构是一种光电码盘，光电码盘由光学玻璃制成，其上刻有许多同心码道，每位码道上都有按一定规律排列的透光和不透光部分，即亮区和暗区。增量式编码器的结构示意图如图 4-27 所示。

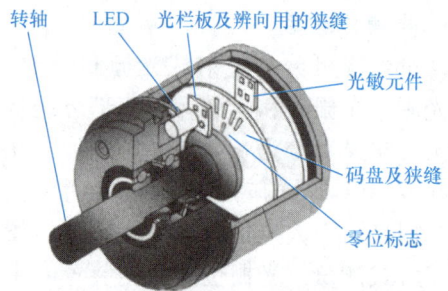

图 4-27　增量式编码器的结构示意图

（2）绝对式编码器　绝对式编码器按照角度直接进行编码，可直接把被测转角用数字代码表示出来。根据内部结构和检测方式的不同，有接触式、光电式等形式。绝对式光电编码器由光源、光学系统、安装在旋转轴上的码盘、光电接收元件和处理电路等组成。码盘由光学玻璃制成，其上刻有许多同心码道，每位码道上都有按一定规律排列的透光和不透光部分，即亮区和暗区。绝对式编码器的结构示意图如图 4-28 所示。

编码器的典型应用如图 4-29 所示。

六、智能传感器

智能传感器已成为当今传感器技术的一个主要发展方向。高性能、高可靠性的多功能、复杂自动测控系统以及射频识别技术、以"物"的识别为基础的物联网的兴起与发展，凸

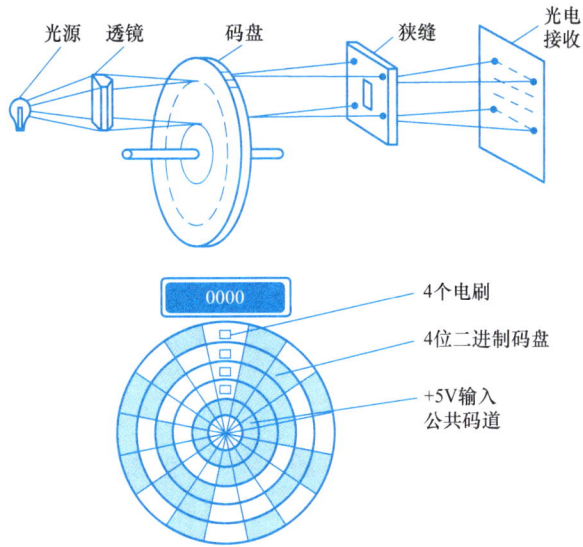

图 4-28　绝对式编码器的结构示意图

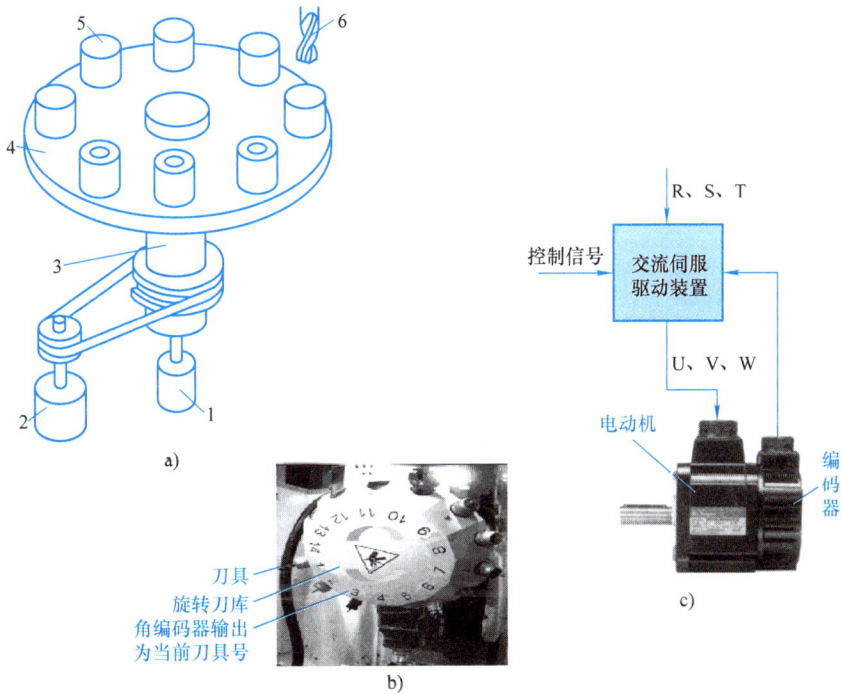

图 4-29　编码器的典型应用

a）在定位加工中的应用　b）在数控加工中心的刀库选刀控制中的应用　c）在伺服电动机中的应用

1—绝对式编码器　2—电动机　3—转轴　4—转盘　5—工件　6—刀具

显了具有感知、认知能力的智能传感器的重要性。

智能传感器（Intelligent Sensor）是具有信息处理功能的传感器。智能传感器带有微处理器，具有采集、处理和交换信息的能力，是传感器集成化与微处理器相结合的产物。一般智能机器人的感觉系统由多个传感器集合而成，采集的信息需要计算机进行处理，而使用智能传感器就可将信息分散处理，从而降低成本。与一般传感器相比，智能传感器具有以下三个优点：①通过软件技术可实现高精度的信息采集，而且成本低；②具有一定的编程能力；③功能多样化。

IEEE 协会从最小化传感器结构的角度，将能提供受控量或待感知量大小且能典型简化其应用于网络环境的集成的传感器称为智能传感器。相对于仅提供表征待测物理量大小的模拟电压信号的传统传感器，智能传感器充分利用了当代集成技术、微处理器技术，其本质特征在于其集感知、信息处理和通信于一体，能提供以数字量方式传播具有一定知识级别的信息，具有自诊断、自校准和自补偿等功能。

1. 智能传感器的功能

1）自补偿功能。可以通过软件对传感器的非线性、温漂、响应时间等进行自动补偿。

2）自校准功能。操作者输入零值或某一标准量值后，自校准软件可以自动地对传感器进行在线校准。

3）自诊断功能。接通电源后，可以对传感器自检各部分是否正常。在内部出现操作问题时，能够立即通知系统通过输出信号表明传感器发生故障，并可诊断发生故障的部件。

4）数值处理功能。根据内部程序自动处理数据，如统计处理、剔除异常数值等。

5）双向通信功能。智能传感器的微处理器与传感器之间构成闭环，微处理器不但接收、处理传感器的数据，还可以将信息反馈至传感器，对测量过程进行调节和控制。

6）信息存储和记忆功能。

7）数字量输出功能。智能传感器可以很方便地与计算机或接口总线相连，进行数字量输出。

2. 智能传感器的种类

智能传感器按照其结构可以分为以下三种。

（1）模块式智能传感器　这是一种初级的智能传感器，由许多互相独立的模块组成。将微型芯片、信号调理电路模块、输出电路模块、显示电路模块和传感器装配在同一壳体内，便组成了模块式智能传感器。它的集成度低、体积大，但是一种比较实用的智能传感器。

（2）混合式智能传感器　将传感器与微处理器、信号处理电路制作在不同的芯片上，便构成了混合式智能传感器。它是智能传感器的主要品种，应用广泛。

（3）集成式智能传感器　这种传感器是将一个或多个敏感器件与微处理器、信号处理电路集成在同一硅片上。它的结构一般都是三维器件，即立体结构。这种结构是在平面集成电路的基础上一层层向立体方向制作多层电路。它的制作方法基本上就是采用集成电路的制作工艺（如光刻、二氧化硅薄膜的生成、淀积多晶硅、激光退火、多晶硅转为单晶硅、PN结的形成等），最终在硅衬底上形成具有多层集成电路的立体器件，即敏感器件。同时，制作微型芯片还可以将太阳能电池电源制作在上面，形成集成式智能传感器。

集成式智能传感器的智能化程度是随着集成化密度的增加而不断提高的。随着传感器技术的发展，今后还将出现更高级的集成式智能传感器。它完全可以做到将检测、逻辑和记忆等功能集成在一块半导体芯片上。

3. 智能传感器的应用

近年来，智能传感器已经广泛应用在航天、航空、国防、科技和工农业生产等各个领域中，特别是随着高科技的发展，智能传感器倍受青睐。例如：它在智能机器人领域中有着广阔的应用前景。智能传感器如同人的五官，可以使机器人具有各种感知功能。已经实用化的智能传感器有很多种类，如智能检测传感器、智能流量传感器、智能位置传感器、智能压力传感器和智能加速度传感器等。

第三节　可编程控制技术

智能控制是智能制造的基础之一。智能控制系统的控制流程图如图 4-30 所示。在整个控制系统中，控制器是处于系统的核心地位。

智能控制器的类型如下：

1）基于 PC 的控制系统，包括工业控制计算机和工业 I/O 接口板。

PLC 与机器人通信原理

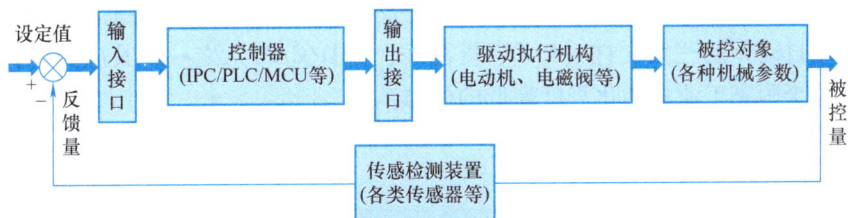

2）基于 MCU 的控制系统，包括单片机、嵌入式处理器和数字信号处理器（DSP）。

图 4-30　智能控制系统的控制流程图

3）基于 PLC 的控制系统，包括顺序控制。

4）其他控制系统，包括数控系统（NCS）、集散控制系统（DCS）和现场总线系统（FCS）等。

各控制系统的比较见表 4-2。

表 4-2　各控制系统的比较

项目	基于 PC 的控制系统	基于 MCU 的控制系统	基于 PLC 的控制系统	其他控制系统
控制系统的组成	按要求选择主机与相关过程 I/O 板卡	自行开发（非标准化）	按要求选择主机与扩展模块	按要求进行选择
系统功能	可组成简单到复杂的各类控制系统	简单的处理功能和控制功能	逻辑控制为主，也可组成模拟量控制系统	专用控制
速度	快	快	一般	各系统不同
可靠性	一般	差	好	好
环境适应性	一般	差	好	好
通信功能	多种接口，如串口、并口、USB、网口	可通过外围元件自行扩展	串口，通过通信模块扩展 USB 或网口	各系统不同

（续）

项目	基于 PC 的控制系统	基于 MCU 的控制系统	基于 PLC 的控制系统	其他控制系统
软件开发	用高级语言开发或选用工业组态软件	汇编或高级语言自行开发	以梯形图为主，也支持高级语言	专用语言或支持高级语言
人机界面	好	较差	一般（可选配触摸屏）	一般
应用场合	一般现场控制或较大规模控制	智能仪表、简单控制	一般规模现场控制	专用场合
开发周期	一般	较长	短	一般
成本	高	低	中	高

限于篇幅，本节主要介绍可编程序控制器。可编程序控制器（Programmable Logic Controller，PLC）是以中央处理器为核心，综合计算机技术、自动化技术和通信技术发展起来的一种新型工业自动控制装置。作为通用工业控制计算机，40 多年来，可编程序控制器从无到有，实现了工业控制领域接线逻辑到存储逻辑的飞跃；其功能从弱到强，实现了逻辑控制到数字控制的进步；其应用领域从小到大，实现了单体设备简单控制到胜任运动控制、过程控制及集散控制等各种任务的跨越。今天的可编程序控制器正在成为工业控制领域的主流控制设备，在世界工业控制中发挥着越来越大的作用。PLC 已被广泛应用于各种生产机械和生产过程的自动控制中，成为一种最重要、最普及以及应用场合最多的工业控制装置，被公认为现代工业自动化的三大支柱（PLC、机器人、CAD/CAM）之一，其应用的深度和广度已成为衡量一个国家工业自动化程度高低的标志。

一、PLC 的基本结构

PLC 的基本结构如图 4-31 所示。

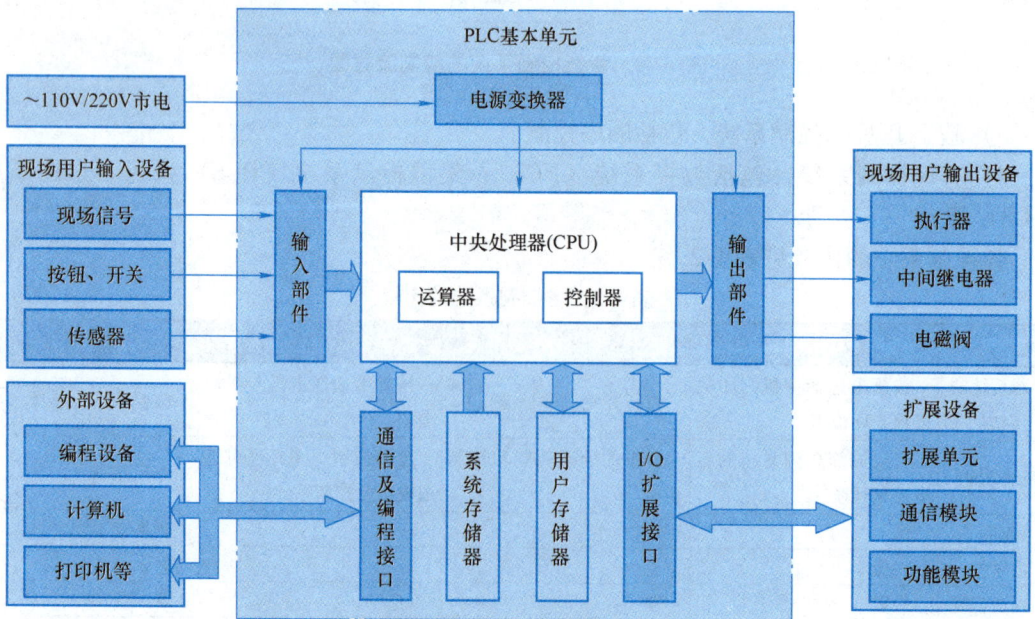

图 4-31　PLC 的基本结构

1. 中央处理器

中央处理器（CPU）是可编程序控制器的核心，它在系统程序的控制下，完成逻辑运算、数学运算、协调系统内部各部分工作等任务。PLC 中配置的 CPU 随机型的不同而不同，常用有三类：通用微处理器（如 80286、80386 等）、单片微处理器（如 8031、8096 等）和位片式微处理器（如 AMD29W 等）。在 PLC 中，CPU 按系统程序赋予的功能指挥 PLC 有条不紊地进行工作，归纳起来主要有以下几个方面：

1）接收从编程器输入的用户程序和数据。

2）诊断电源、PLC 内部电路的工作故障和编程中的语法错误等。

3）通过输入接口接收现场的状态或数据，并存入输入映像寄存器或数据寄存器中。

4）从存储器逐条读取用户程序，经过解释后执行。

5）根据执行的结果，更新有关标志位的状态和输出映像寄存器的内容，通过输出单元实现输出控制。有些 PLC 还具有制表打印或数据通信等功能。

2. 存储器

存储器主要有两种：一种是可读/写操作的随机存储器 RAM；另一种是只读存储器，包括 ROM（不能修改）、EPROM（紫外线可擦）和 EEPROM（电可擦）。存储器区域按用途不同分为程序区和数据区。在 PLC 中，存储器主要用于存放系统程序、用户程序及工作数据。

3. 输入/输出单元

输入/输出单元通常也称为 I/O 单元或 I/O 模块，它是 PLC 与工业生产现场之间的连接部件。PLC 通过输入接口可以检测被控对象的各种数据，以这些数据作为 PLC 对被控对象进行控制的依据；同时，PLC 又通过输出接口将处理结果送给被控对象，以实现控制的目的。

由于外部输入设备和输出设备所需的信号电平是多种多样的，而 PLC 内部 CPU 处理的信息只能是标准电平，所以 I/O 接口要实现这种转换。I/O 接口一般都具有良好的光电隔离和滤波功能，以提高 PLC 的抗干扰能力。连接 PLC 输入接口的输入器件往往是各种开关（光电开关、压力开关和行程开关等）、按钮及传感器触点等；PLC 的输出接口往往是与被控对象相连接，被控对象有电磁阀、指示灯、接触器和继电器等。I/O 接口根据输入/输出信号的不同可以分为数字量（开关量）输入、数字量（开关量）输出、模拟量输入及模拟量输出等。

4. 电源

PLC 配有开关电源，以供内部电路使用。与普通电源相比，PLC 电源的稳定性好、抗干扰能力强，对电网提供的电源稳定度要求不高，一般允许电源电压在其额定值 ±15% 的范围内波动。许多 PLC 还可向外提供 DC 24V 稳压电源，用于对外部传感器供电，并有备用锂电池，以确保外部故障时内部重要数据不至于丢失。

5. 外部设备

编程器的作用是编辑、调试、输入用户程序，也可在线监控 PLC 内部状态和参数，与 PLC 进行人机对话。它是开发、应用、维护 PLC 不可缺少的工具。一般有简易编程器和智能编程器两类。PLC 还可以配设盒式磁带机、打印机、EPROM 写入器以及高分辨率大屏幕彩色图形监控系统等其他一些外部设备。

二、PLC 的工作原理

PLC 的工作原理可以简单地表述为：在系统程序的管理下，通过运行应用程序完成用户任务。个人计算机与 PLC 的工作方式有所不同：个人计算机一般采用等待命令的工作方式；而 PLC 在确定了工作任务，装入了专用程序后，成为一种专用机，它采用循环扫描的工作方式，系统工作任务管理及应用程序执行都是采用循环扫描的方式完成的。PLC 的一个工作周期可分为 5 个阶段，如图 4-32 所示。

S7-1200 CPU 有以下三种工作模式：STOP（停止）模式、STARTUP（启动）模式和 RUN（运行）模式。CPU 的状态 LED 指示当前工作模式。在 STOP 模式下，CPU 处理所有通信请求（如果有的话）并执行自诊断，但不执行用户程序，过程映像也不会自动更新。只有在 CPU 处于 STOP 模式时，才能下载项目。

图 4-32 PLC 工作周期

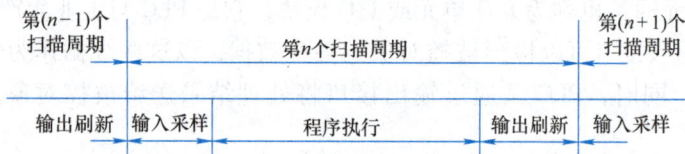

在 STARTUP 模式下，将执行一次启动组织块（如果存在的话）。在 RUN 模式的启动阶段，不处理任何中断事件。在 RUN 模式下，重复执行扫描周期，即重复执行程序循环组织块 OB1。中断事件可能会在程序循环阶段的任何点发生并进行处理。处于 RUN 模式下时，无法下载任何项目。

在一个扫描周期中，与用户有关的三个阶段如图 4-33 所示。

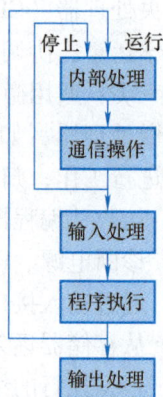

图 4-33 与用户有关的三个阶段

（1）输入采样阶段 在输入采样阶段，PLC 以扫描工作方式按顺序对所有输入端的输入状态进行采样，并存入输入映像寄存器中，此时输入映像寄存器被刷新。在程序执行阶段或其他阶段，即使输入状态发生变化，输入映像寄存器的内容也不会改变，输入状态的变化只有在下一个扫描周期的输入采样阶段才能被采样。

（2）程序执行阶段 在程序执行阶段，PLC 对程序按顺序进行扫描执行。若程序用梯形图来表示，则总是按先上后下、从左到右的顺序进行。当遇到程序跳转指令时，则根据跳转条件是否满足来决定程序是否跳转。当指令中涉及输入/输出状态时，PLC 从输入映像寄存器和输出映像寄存器中读出，根据用户程序进行运算，运算的结果再存入输出映像寄存器中。对于输出映像寄存器来说，其内容会随程序执行的过程而变化。

（3）输出刷新阶段 当所有程序执行完毕后，即进入输出刷新阶段。在这一阶段里，PLC 将输出映像寄存器中与输出有关的状态（输出继电器状态）转存到输出锁存器中，并通过一定方式输出，驱动外部负载。

三、西门子 S7-1200 PLC 硬件介绍

S7-1200 PLC 是西门子公司推出的一款新型 PLC，主要面向简单而高精度的自动化任务，定位于低端的离散自动化系统和独立自动化系统使用的小型控制模块。S7-1200 设计

紧凑、组态灵活，且具有功能强大的指令集，这些特点的组合使它成为控制各种应用的完美解决方案。将微处理器、集成电源、输入电路和输出电路组合到一个设计紧凑的外壳中，以形成功能强大的 PLC。CPU 根据用户程序逻辑监视输入并更改输出。用户程序可以包含位逻辑、计数、定时、复杂数学运算以及与其他智能设备的通信。

1. S7 – 1200 的硬件结构

如图 4-34 所示，S7 – 1200 由 CPU、信号板、信号模块、通信模块、存储卡和电源模块等部分组成。现场模块选型需根据驱动系统要求配置所需要的 I/O 点数、电源、输入/输出方式、模块和特殊模块等。

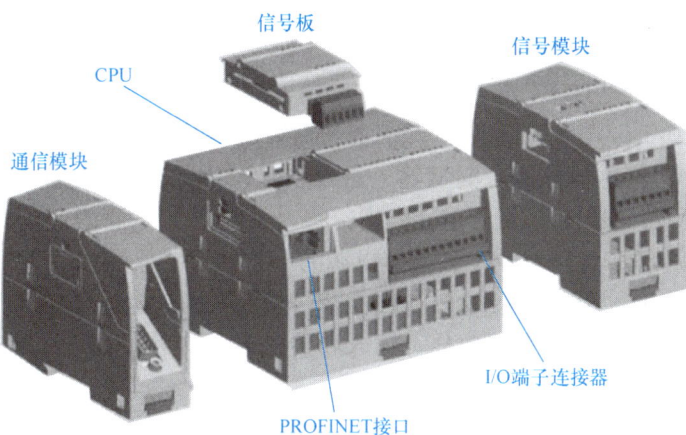

图 4-34　硬件构成

（1）CPU 模块　CPU 模块如图 4-35 所示。集成的 24V 传感器/负载电源可供传感器和编码器使用，也可以用作输入回路的电源；集成的 2 点模拟量输入（0 ~ 10V），输入电阻 100kΩ，10 位分辨率；2 点脉冲列输出（PTO）或脉宽调制（PWM）输出，最高频率为 100kHz；有 16 个参数自整定的 PID 控制器，4 个时间延迟与循环中断，分辨率为 1ms；可以扩展 3 块通信模块和 1 块信号板，CPU 可以用信号板扩展 1 路模拟量输出或高速数字量输入/输出。集成 PROFINET 接口，可以实现 PLC 与工程进行通信、PLC 与 HMI（人机界面）进行通信以及 PLC 与 PLC 之间进行通信。

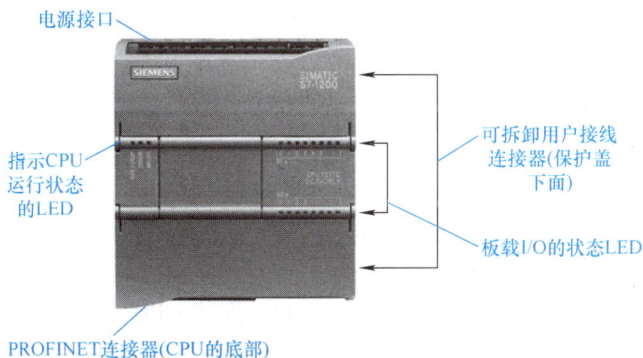

图 4-35　CPU 模块

S7 – 1200 有 5 种型号的 CPU，分别是 1211C、1212C、1214C、1215C 和 1217C。每种 CPU 具有三种不同的电源电压、输入/输出电压和输出电流版本，见表4-3。

表4-3　S7 –1200 CPU 三种版本的电源电压、输入/输出电压和输出电流

版本	电源电压	DI 输入电压	DO 输出电压	DO 输出电流
DC/DC/DC	DC 24V	DC 24V	DC 24V	0.5A，晶体管
DC/DC/RLY	DC 24V	DC 24V	DC 5～30V AC 5～250V	2A，DC30W/ AC200W
AC/DC/RLY	AC 85～264V	DC 24V	DC 5～30V AC 5～250V	2A，DC30W/ AC200W

CPU 1214C AC/DC/RLY（继电器）型的外部接线，如图4-36 所示。输入回路一般使用 CPU 内置的 DC 24V 传感器电源。漏型输入需要去除图中的外接直流电源，将输入回路的 1M 端子与 DC 24V 传感器的 M 端子连接起来，将内置的 24V 电源的 L + 端子接到外接触点的公共端。源型输入时，将 DC 24V 传感器电源的 L + 端子接到 1M 端子。

CPU 1214C DC/DC/RLY 的接线图与图4-36 的区别是电源电压换成了 DC 24V；CPU 1214C DC/DC/DC 的接线图的电源电压、输入和输出电压均为 DC 24V，输入电压也可以使用内置的 DC 24V 电源。

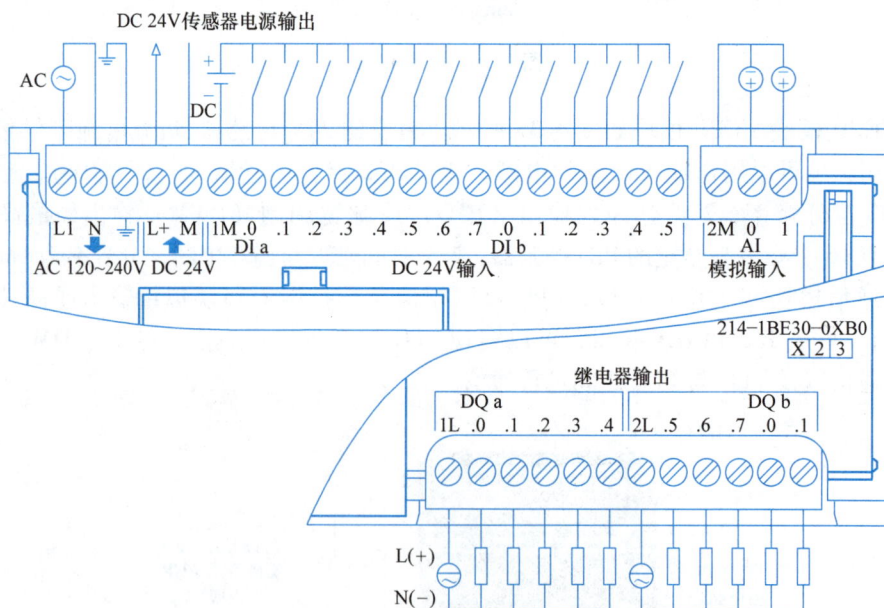

图4-36　CPU 1214C AC/DC/RLY（继电器）型的外部接线

（2）信号板（Signal Board，SB）　S7 – 1200 的各种 CPU 都可以增加一块信号板，如图4-34所示。信号板连接在 CPU 的前端，通过信号板可以给 CPU 增加 I/O。可以通过向控制器添加数字量或模拟量输入/输出通道来量身订制 CPU，而不必改变其体积。常用的信号板包括 SB 1221 数字量输入信号板、SB 1222 数字量输出信号板、SB 1223 数字量输入/输出

信号板、SB 1231 热电偶和热电阻模拟量输入信号板、SB 1231 模拟量输入信号板、SB 1232 模拟量输出信号板以及 CB 1241 RS485 信号板（可提供 RS485 接口）。

（3）信号模块（Signal Module，SM）　数字量输入/输出（DI/DQ）模块和模拟量输入/输出（AI/AQ）模块统称为信号模块（图 4-34）。信号模块连接到 CPU 的右侧，以扩展其数字量和模拟量 I/O 的点数。可以选用 8 点、16 点和 32 点的数字量输入/输出模块，以满足不同的控制需要。常用的信号模块包括 SM1221 数字量输入模块、SM1222 数字量输出模块、SM1223 数字量输入/直流输出模块、SM1223 数字量输入/交流输出模块、SM1231 模拟量输入模块、SM1232 模拟量输出模块、SM1231 热电偶和热电阻模拟量输入模块以及 SM1234 模拟量输入/输出模块。

（4）通信模块（Communication Module，CM）　实时工业以太网是现场总线发展的趋势。PROFINET 是基于工业以太网的现场总线，是开放式的工业以太网标准。它使工业以太网的应用扩展到了控制网络最底层的现场设备。PROFINET 接口可以与计算机、其他 S7CPU、PROFINET I/O 设备通信。该接口使用具有自动交叉网线功能的 RJ45 连接器，用直通网线或者交叉网线都可以连接 CPU 和其他以太网设备或交换机。

西门子 S7-1200 CPU 最多可以添加三个通信模块，支持 PROFIBUS 主从站通信。各通信模块连接在 CPU 的左侧（或连接到另一个通信模块的左侧）。RS485 和 RS232 通信模块为点到点的串行通信提供连接。通信的组态和编程采用扩展指令或库功能、USS 驱动协议、Modbus RTU 主站和从站协议，它们都包含在 SIMATIC STEP 7Basic 工程组态系统中。

常用的通信模块包括 CM1241 通信模块、CSM1277 紧凑型交换机模块、CM1243-5 PROFIBUS DP 主站模块、CM1242-5 PROFIBUS DP 从站模块、CP1242-7 GPRS 模块和 TS 模块。

（5）存储卡

1）程序卡是将存储卡作为 CPU 的外部装载存储器，可以提供一个更大的装载存储区。

2）传送卡可以复制一个程序到一个或多个 CPU 的内部装载存储区，而不必使用 STEP 7 Basic 编程软件。

3）固件更新卡可以更新 S7-1200 CPU 的固件版本。

2. TIA 博途使用入门与硬件组态

（1）TIA 博途简介　TIA 博途是西门子自动化的全新工程设计软件平台。SIMATIC STEP 7 Basic 是西门子公司开发的高集成度工程组态系统，SIMATIC WinCC Basic 是面向任务的 HMI 智能组态软件。两个软件集成在一起，称为 TIA（Totally Integrated Automation，全集成自动化）Portal（门户），如图 4-37 所示。它提供了直观易用的编辑器，用于对 S7-1200 和精简系列面板进行高效组态。除了支持编程以外，STEP 7 Basic 还为硬件和网络组态、诊断等提供通用的工程组态框架。

典型的自动化系统包括借助程序来控制过程的 PLC 以及用来实现操作和可视化过程的 HMI 设备。可以使用 TIA Portal 在同一个工程组态系统中组态 PLC 和可视化 HMI，如图 4-38 所示。所有数据均存储在一个项目中，STEP 7 和 WinCC 不是单独的程序，而是可以访问公共数据库。所有数据均存储在一个公共的项目文件中。

TIA Portal 可用来帮助创建自动化系统，关键的组态步骤为：创建项目→配置硬件→联网设备→对 PLC 进行编程→组态可视化→加载组态数据→使用在线和诊断功能。

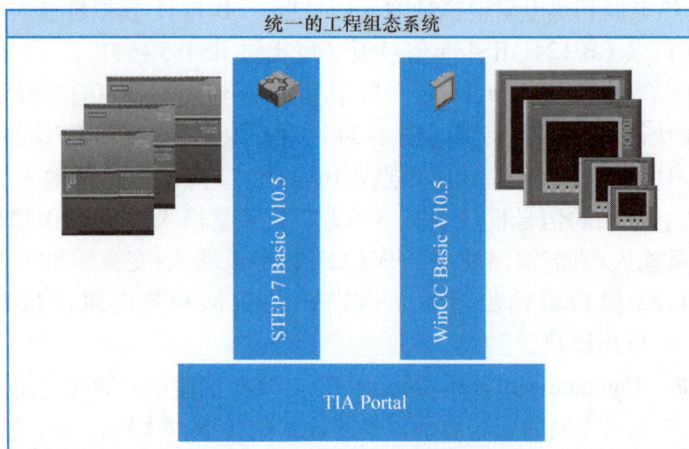

图 4-37　TIA 博途软件结构

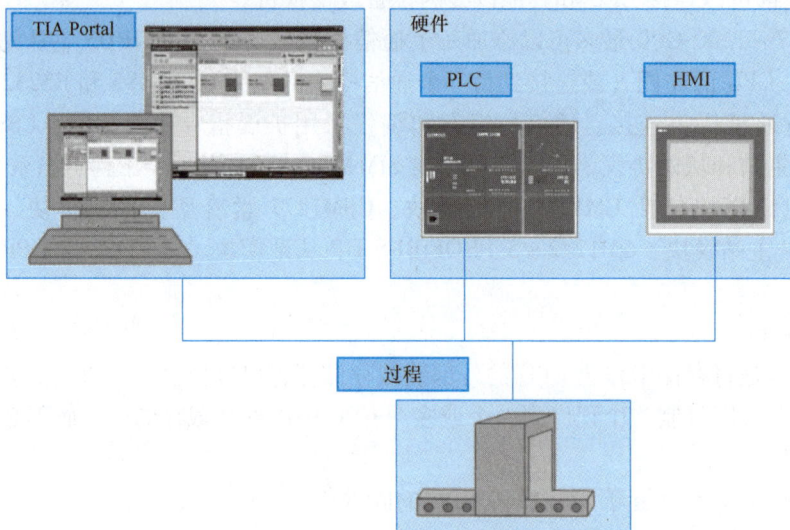

图 4-38　工程组态系统图

（2）项目视图的结构　STEP 7 Basic 提供了两种不同的工具视图，一种是 Portal（门户）视图，可以概览自动化项目的所有任务；另一种是项目视图，将整个项目（包括 PLC 和 HMI）按多层结构显示在项目树中。

Portal 视图提供了面向任务的视图，类似于向导操作，可以一步一步地进行相应的操作。选择不同的任务入口可处理启动、设备和网络、PLC 编程、可视化、在线和诊断等各种工程任务，如图 4-39 所示。

单击视图左下角的"项目视图"，系统将切换到项目视图（图 4-40）。项目视图是一个包含所有项目组建的结构视图，在项目视图中可以直接访问所有的编辑器、参数和数据，并进行高效的工程组态和编程。系统界面包括标题栏、工具栏、工作区和状态栏等。

1）项目树。项目树位于项目视图的左侧，可以访问所有设备和项目数据，也可以在项

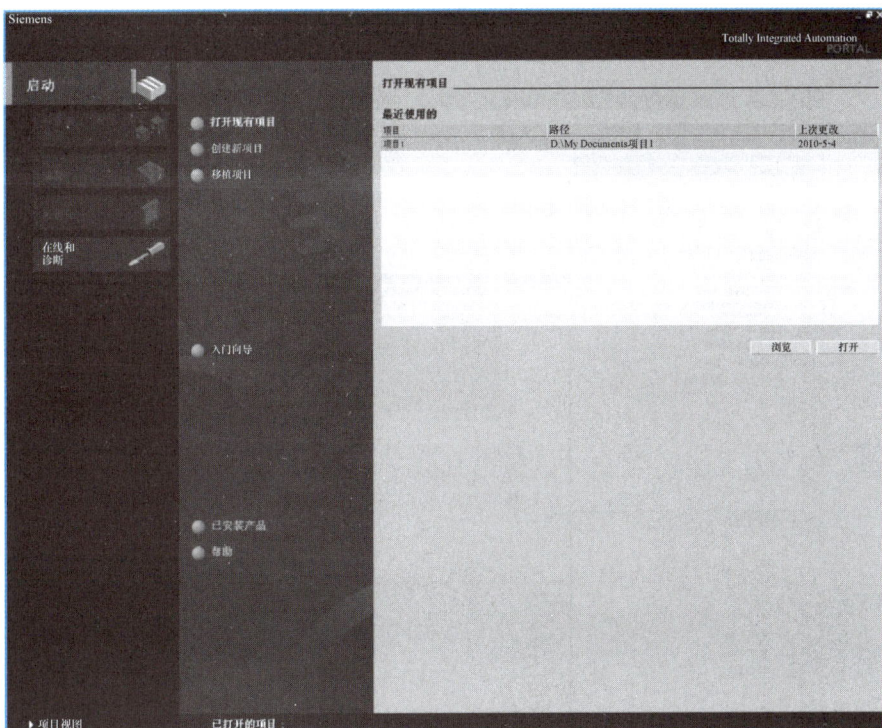

图 4-39　启动画面（Portal 视图）

目树中直接执行任务，如添加新组件、编辑已存在的组件以及打开编辑器处理项目数据等。

2）详情视图。在详情窗口中显示当前选中的项目树中的对象，可以直接从详情窗口中将对象拖放到应用区域。

3）任务卡。任务卡位于项目视图的右侧。根据已编辑或已选择的对象，可以得到一些任务卡，并允许执行一些附加操作，如从库或目录中选取对象、查找和替换项目中的对象以及将预定义的对象拖到工作区等。

4）巡视窗口。巡视窗口位于项目视图的下部，用来显示选中的工作区中对象的附加信息，还可以用巡视窗口来设置对象属性。巡视窗口有如下 3 个选项卡：

① 属性。这个选项卡中显示了所选对象的属性，可以在这里更改可编辑的属性。

② 信息。这个选项卡中显示了所选对象和操作的详细信息，如编译。

③ 诊断。这个选项卡中有系统诊断事件和已组态报警事件信息。

5）工作区。工作区定义了一个显示编辑器和列表的特定区域，显示所编辑对象的参数，包括编辑器、界面或列表中的参数。可以在工作区同时打开多个元件来组态不同的对象。打开的编辑器会显示在 TIA 页面的任务栏上。如果没有打开的编辑器，那么工作区就是空的。

（3）创建新项目与硬件组态

1）新建项目。选择项目视图中的"项目"菜单，单击"新建"命令，出现"创建新项目"对话框（图 4-41），进行路径修改，单击"创建"按钮，开始生成项目。

2）添加新设备。双击项目树中的"添加新设备"按钮，出现"添加新设备"对话框，

工作区

任务卡

设备或网络概览区

详细视图

巡视窗口

编辑器栏

图 4-40 项目视图

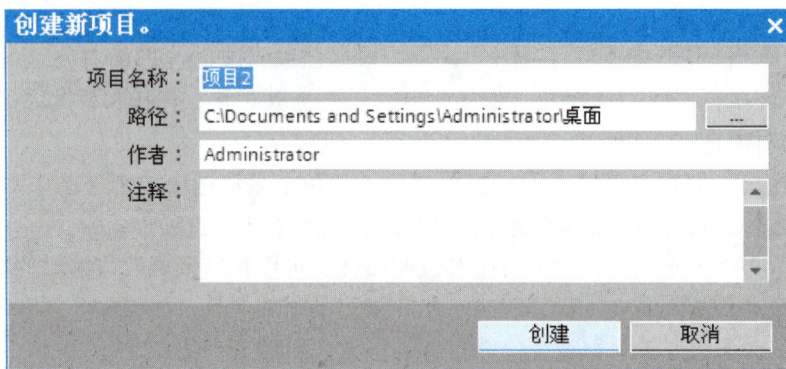

图 4-41 新建项目

如图 4-42 所示。单击"SIMATIC PLC"按钮,可以添加一个 PLC。

3)设置项目参数。在"项目"菜单中选择"选项",单击"设置"命令,选中工作区下边巡视窗口中的"常规",进行常规设置,如图 4-43 所示。

4)硬件组态任务。设备组态(Configuring)的任务就是在设备和网络编辑器中生成一个与实际硬件系统对应的模拟系统,包括系统中的设备(PLC 和 HMI),PLC 各模块的型号、订货号和版本。模块的安装位置和设备之间的通信连接都应与实际的硬件系统完全相

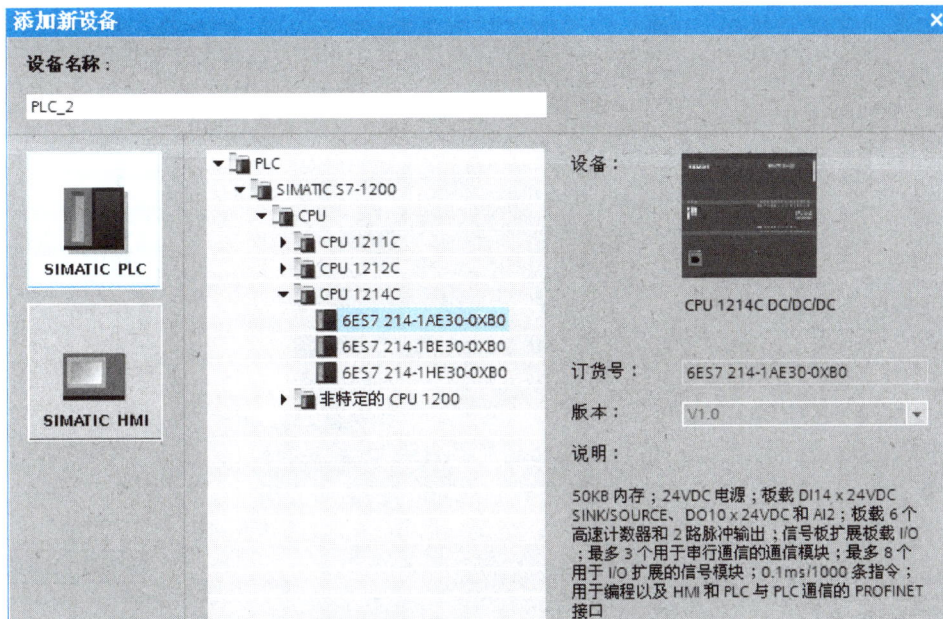

图 4-42　"添加新设备"对话框

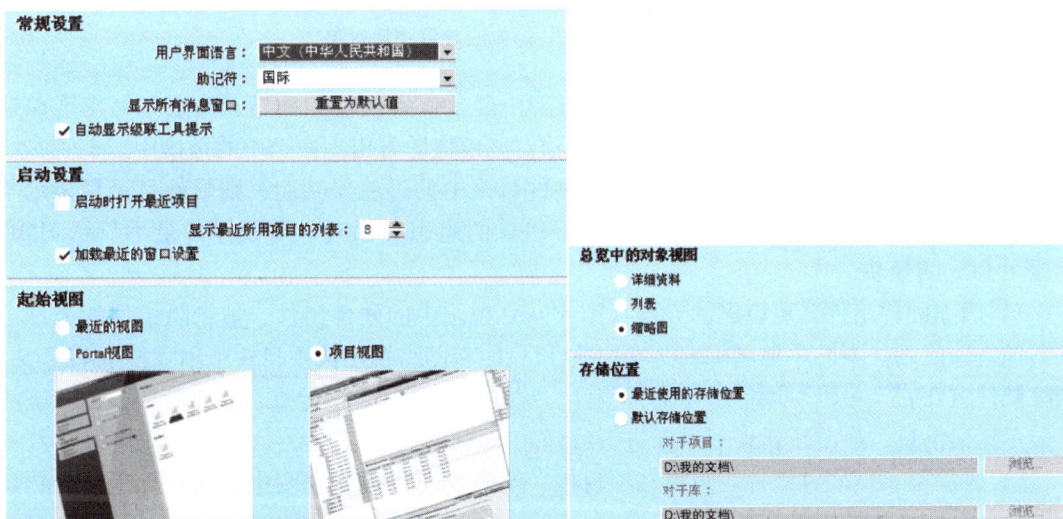

图 4-43　设置 TIA 博途的常规参数

同。此外，还应设置模块的参数，即给参数赋值，或称为参数化。

5）在设备视图中添加模块。打开项目树中的"PLC-1"文件夹，双击其中的"设备组态"按钮，打开设备视图，可以看到 1 号插槽中的 CPU 模块。在硬件组态时，需要将 I/O 模块或通信模块放置到工作区的机架的插槽内。有如下两种放置方式：

① 用拖放的方法放置硬件对象。将自动化系统所需的设备和模块从硬件目录拖到网络视图、设备视图或拓扑视图中，如图 4-44 所示。

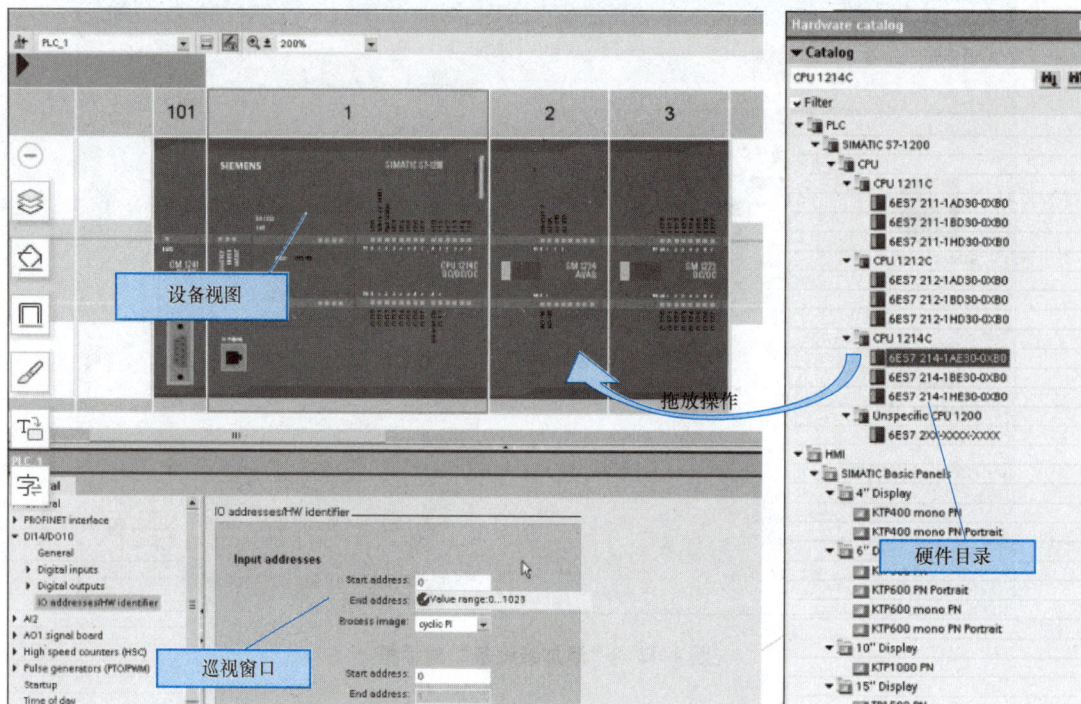

图 4-44 用"拖放"的方法放置硬件对象

② 用双击的方法放置硬件对象。单击机架中需要放置模块的插槽，使它四周出现深蓝边框，双击硬件目录中要放置的模块的订货号，该模块即可出现在选中的插槽中。

6）硬件目录中的过滤器。如果激活了硬件目录中的过滤器功能，则硬件目录只显示与工作区有关的硬件。例如，用设备视图打开 PLC 的组态界面时，则硬件目录不显示 HMI，只显示 PLC 的模块。

7）删除硬件组件。可以删除设备视图或网络视图中的硬件组件，被删除组件的地址可供其他组件使用。不能单独删除 CPU 和机架，只能在网络视图或项目树中删除整个 PLC 站。删除硬件组件后，可以对硬件组态进行编译。编译时进行一致性检查，如果有错误，系统将会显示错误信息，应改正错误后重新进行编译。

8）复制与粘贴硬件组件。可以在项目树、网络视图或设备视图中复制硬件组件，然后将保存在粘贴板上的组件粘贴到其他地方。可以在网络视图中复制和粘贴站点，在设备视图中复制和粘贴模块。可以用拖放的方法或通过粘贴板在设备视图或网络视图中移动硬件组件，但是 CPU 必须在 1 号槽。

（4）参数设置

1）CPU 模块的参数设置包括 PROFINET 接口、时钟、上电模式、保护模式、系统和时钟内存、循环周期、集成的数字量输入（输入滤波器、过程报警、脉冲捕获）、集成的数字量输出、集成的模拟量输入（积分时间、滤波）、集成的功能（高速计数器 HSC、脉冲发生器 PTO/PWM）等。

2）信号模块和信号板的参数设置。

① 地址分配。添加了 CPU、信号板或信号模块后，它们的 I/O 地址是自动分配的。选中"设备概览"选项卡，可以看到 CPU 集成的 I/O 模板、信号板和信号模块的地址。选中模块，通过巡视窗口的"I/O 地址/硬件标识符"，可以修改模块的地址，也可以直接在设备概览中修改。DI/DO 的地址以字节为单位分配，没有用完一个字节，剩余的位也不能做其他用途。AI/AO 的地址以组为单位分配，每一组有两个输入/输出点，每个点（通道）占一个字或两个字节，建议不要修改自动分配的地址。

② 常用参数设置。它包括数字量输入（输入滤波器、过程报警和脉冲捕获）、数字量输出（替代值）、模拟量输入（积分时间、滤波）以及仅能在信号面板上实现的功能（高速计数器 HSC、脉冲发生器 PTO/PWM）。

③ 通信模块参数设置。它包括端口配置（波特率、奇偶校验和流量控制）、发送信息配置（替代值）、接收信息配置（信息头、信息尾）、通过功能块选择协议（ASCII 协议、USS 协议和 Modbus 协议）。

四、程序设计基础

1. S7–1200 的编程语言

S7–1200 使用梯形图（LAD）、功能图（FBD）和结构化控制语言（SCL）三种编程语言。

在梯形图中，触点和线圈等组成的电路称为程序段，英文名称为 Network（网络），STEP 7 自动为程序段编号。可以在程序段编号的右边加上标题，在程序段编号的下面为程序段加注释。

功能图使用类似数字电子电路的图形逻辑符号来表示控制逻辑。这种方法并不常用。

结构化控制语言将复杂的自动化任务分割成与过程工艺功能相对应或可重复使用的更小的子任务，将更易于对这些复杂任务进行处理和管理。这些子任务在用户程序中以块来表示。因此每个块是用户程序的独立部分。

2. 用户程序结构

S7 编程采用块（BLOCK）的概念，即将程序分解为独立的、自成体系的各个部件，块类似子程序的功能，但类型更多、功能更强大。在工业控制中，程序往往是非常庞大和复杂的，采用块的概念便于大规模程序的设计和理解，可以设计标准化的块程序进行重复调用，程序结构清晰明了，修改方便，调试简单。采用块结构显著地增加了 PLC 程序的组织透明性、可理解性和易维护性。用户块包括组织块、功能块、功能和数据块。

（1）组织块（OB）　组织块是操作系统和用户程序之间的接口。组织块只能由操作系统来启动，用于控制扫描循环和中断程序的执行、PLC 的启动和错误处理等。组织块程序是由用户编写的，各种组织块由不同的事件启动，且具有不同的优先级，而循环执行的主程序则在组织块 OB1 中。组织块一般可分为程序循环组织块、启动组织块和终端组织块。操作系统和用户程序之间的接口可以通过对组织块编程来控制 PLC 的动作。

（2）功能块（FB）　功能块是用户编写的子程序。调用功能块时，需要指定背景数据块，后者是功能块的专用存储区。CPU 执行功能块中的程序代码，将块的输入、输出参数和局部静态变量保存在背景数据块中，以便在后面的扫描周期访问它们。功能块的典型应用是执行不能在一个扫描周期内完成的操作。在调用功能块时，自动打开对应的背景数据块，后者的变量可以供其他代码块使用。调用同一个功能块使用不同的背景数据块，可以控制不同的对象。

（3）功能（FC） 功能是用户编写的子程序，它包含完成特定任务的代码和参数。功能是快速执行的代码块。功能和功能块有与调用它的块共享的输入/输出参数，执行完毕后返回代码块。功能没有指定的数据块，因而不能存储信息。功能常常用于编制重复发生且复杂的自动化过程。在功能执行完以后，临时变量里的数据将会丢失。

（4）数据块（DB） 数据块中包含程序所使用的数据，分为全局数据块和背景数据块，用于存储用户数据。全局数据块的结构是用户定义的。全局数据块存储供所有代码块使用的数据，所有的组织块、功能块和功能都可以访问。背景数据块是由系统创建的，它存储的数据供特定的功能块使用。它保存的是对应的功能块的输入、输出参数和局部静态变量。

3. 系统存储器

系统存储器是 CPU 为用户程序提供的存储器组件，被划分为若干个地址区，使用指令可以在相应的地址区内对数据直接进行寻址。系统存储器用于存放用户程序的操作数据，如输入/输出过程映像、位存储区、数据块、局部数据等（表4-4）。在 I/O 点的地址或符号地址后面附加 " ：P"，可以立即访问外设输入或外设输出。

表4-4　系统存储器

地址区	说　明
输入过程映像 I	输入过程映像区的每一位对应一个数字量输入点，在每个扫描周期的开始，CPU 对输入点进行采样，并将采样值存于输入映像寄存器中。CPU 在接下来的本周期各阶段不再改变输入映像寄存器中的值，直到下一个扫描周期的输入采样阶段进行更新
输出过程映像 Q	输出过程映像区的每一位对应一个数字量输出点，在扫描周期的末尾，CPU 将输出映像寄存器的数据传送给输出模块，再由后者驱动外部负载
位存储区 M	用来保存控制继电器的中间操作状态或其他控制信息
定时器 T	定时器相当于继电器系统中的时间继电器，用定时器地址（T 和定时器号，如 T5）来存取当前值和定时器状态位，带位操作数的指令存取定时器状态位，带字操作数的指令存取当前值
计数器 C	用计数器地址（C 和计数器号，如 C20）来存取当前值和计数器状态位，带位操作数的指令存取计数器状态位，带字操作数的指令存取当前值
局部数据 L	可以作为暂时存储器或给子程序传递参数，局部变量只在本单元有效
数据块 DB	在程序执行的过程中存放中间结果，或用来保存与工序或任务有关的其他数据

4. 基本数据类型

数据类型用来描述数据长度（二进制位数）和属性，很多指令和代码块的参数支持多种数据类型，如位逻辑指令使用位数据，MOVE 指令使用字节、字和双字，定时器使用时间型数据。表4-5 给出了常用的基本数据类型。

表 4-5　常用基本数据类型

数据类型	符号	位数	取值范围	常数举例
位	Bool	1	1，0	TRUE，FALSE 或 1，0
字节	Byte	8	16#00 ~ 16#FF	16#12，16#AB
字	Word	16	16#0000 ~ 16#FFFF	16#ABCD，16#0001
双字	DWord	32	16#00000000 ~ 16#FFFFFFFF	16#02468ACE
字符	Char	8	16#00 ~ 16#FF	'A'，'t'，'@'
有符号字节	SInt	8	−128 ~ 127	123，−123
整数	Int	16	−32768 ~ 32767	123，−123
双整数	DInt	32	−2147483648 ~ 2147483647	123，−123
无符号字节	USInt	8	0 ~ 255	123
无符号整数	UInt	16	0 ~ 65535	123
无符号双整数	UDInt	32	0 ~ 4294967295	123
浮点数（实数）	Real	32	$\pm 1.175495 \times 10^{-38} \sim \pm 3.402823 \times 10^{38}$	12.45，−3.4，−1.2e+3
双精度浮点数	LReal	64	$\pm 2.2250738585072020 \times 10^{-308} \sim \pm 1.7976931348623157 \times 10^{308}$	12345，12345 −1，2e+40
时间	Time	321	T# −24d20h31m23s648ms ~ T#24d20h31m23s648ms	T#1d2h15m30s45ms

5. 寻址

1）直接寻址方式。西门子 S7 CPU 中可以按照位、字节、字和双字对存储单元进行寻址。位存储单元的地址由字节地址和位地址组成，如 I3.2，其中的区域标识符"I"表示输入（Input），字节地址为 3，位地址为 2，这种存取方式称为"字节.位"寻址方式，又称为绝对地址寻址，如图 4-45 所示。编程时，程序编辑器会自动在绝对地址前插入"%"，如 %I3.2。

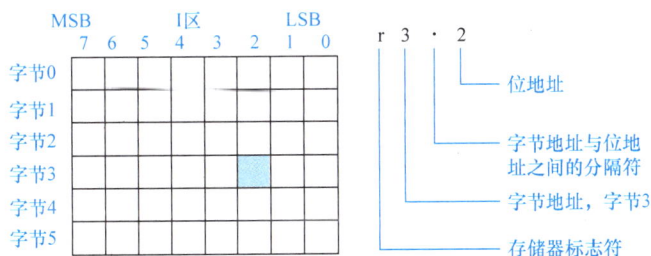

图 4-45　西门子 S7 的寻址

2）间接寻址方式。数据存放在存储器或寄存器中，在指令中只出现所需数据所在单元的内存地址的地址。存储单元地址的地址又称为地址指针。这种间接寻址方式与计算机的间接寻址方式相同。间接寻址在处理内存连续地址中的数据时非常方便，而且可以缩短程序所生成的代码的长度，使编程更加灵活。用间接寻址方式存取数据需要做的工作包括建立指针、间接存取和修改指针。

6. 编程方法

S7 提供了如下三种程序设计方法：

1）线性化编程。所有的指令都在一个块（OB1）内，在程序循环 OB1 中，线性设计处理小型自动化任务解决方案，仅对简单程序进行线性化编程。

2）模块化编程。每个设备的控制指令都在各自的块内，OB1 按顺序调用每个块。

3）结构化编程。将复杂的自动化任务分割成与过程工艺功能相对应或可重复使用的更小的子任务，更易于对这些复杂任务进行处理和管理。这些子任务在用户程序中以块来表示。每个块是用户程序的独立部分。

五、指令系统

S7 – 1200 的指令从功能上大致可分为三类：基本指令、扩展指令和全局库指令。基本指令包括位逻辑指令、定时器指令、计数器指令、比较指令、数学指令、移动指令、转换指令、程序控制指令、逻辑运算指令以及移位和循环移位指令等。扩展指令包括日期和时间指令、字符串和字符指令、程序控制指令、通信指令、中断指令、PID 控制指令、运动控制指令和脉冲指令等。全局库指令有 USS 协议库指令、Modbus 协议库指令等。限于篇幅，这里只简单介绍位逻辑指令、定时器和计数器指令。

1. 位逻辑指令

常用位逻辑指令见表4-6。

表4-6 常用位逻辑指令

图形符号	说明	图形符号	说明
─┤├─	常开触点（地址）	─(S)─	置位线圈
─┤/├─	常闭触点（地址）	─(R)─	复位线圈
─( )─	输出线圈	─(SET_BF)─	置位域
─(/)─	反向输出线圈	─(RESET_BF)─	复位域
─┤NOT├─	取反	─┤P├─	P 触点，上升沿检测
RS ─R　　Q─ … ─S1	RS 置位优先型 RS 触发器	─┤N├─	N 触点，下降沿检测
		─(P)─	P 线圈，上升沿
		─(N)─	N 线圈，下降沿
SR ─S　　Q─ … ─R1	SR 复位优先型 SR 触发器	P_TRIG ─CLK　　Q─	P_TRIG，上升沿
		N_TRIG ─CLK　　Q─	N_TRIG，下降沿

（1）常开触点与常闭触点 常开触点在指定的位为 1 状态时闭合，为 0 状态时断开，常闭触点反之。两个触点串联将进行"与"运算，两个触点并联将进行"或"运算，如图 4-46a所示。

（2）取反 RLO 触点 RLO 是逻辑运算结果的简称，中间有"NOT"的触点为取反 RLO 触点。如果没有能流流入取反 RLO 触点，则有能流流出；如果有能流流入取反 RLO 触点，则没有能流流出。

（3）线圈 线圈将输入的逻辑运算结果（RLO）的信号状态写入指定的地址，线圈通电时写入 1，断电时写入 0。可以用 Q0.4：P 的线圈将位数据值写入过程映像输出 Q0.4，同时立即直接写给对应的物理输出点。

如图 4-46b 所示的取反指令，如果有能流流过 Q4.0 的取反线圈，则 Q4.0 为 0 状态，其常开触点断开；反之 Q4.0 为 1 状态，其常开触点闭合。

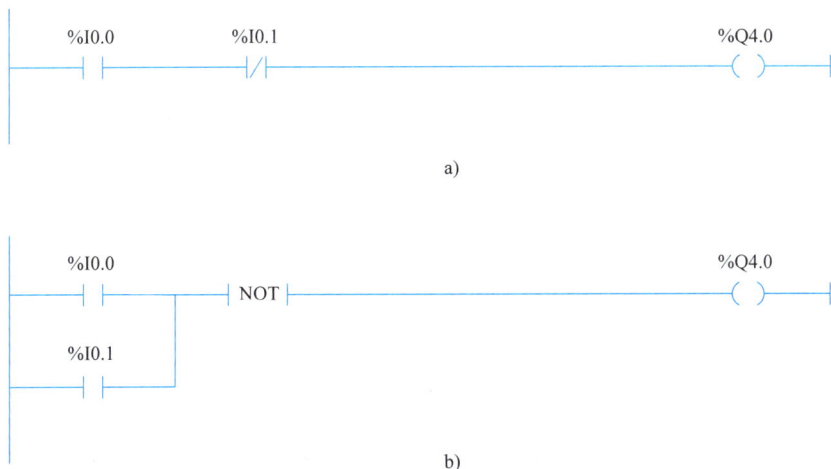

a)

b)

图 4-46　触点和线圈使用

（4）置位/复位指令与置位/复位位域指令　置位/复位指令与置位/复位位域指令的使用如图 4-47 所示。

1）S（置位输出）、R（复位输出）指令将指定的位操作数置位和复位。如果同一操作数的 S 线圈和 R 线圈同时断电，指定操作数的信号状态不变。

置位输出指令与复位输出指令最主要的特点是有记忆和保持功能。如果 I0.4 的常开触点闭合，则 Q0.5 变为 1 状态并保持该状态。即使 I0.4 的常开触点断开，Q0.5 仍然保持 1 状态。在程序状态中，Q0.5 的 S 和 R 线圈用连续的绿色圆弧和绿色的字母表示 Q0.5 为 1 状态，用间断的蓝色圆弧和蓝色的字母表示 0 状态。

2）置位位域指令 SET_BF 将指定的地址开始的连续若干个位地址置位，复位位域指令 RESET_BF 将指定的地址开始的连续若干个位地址复位。

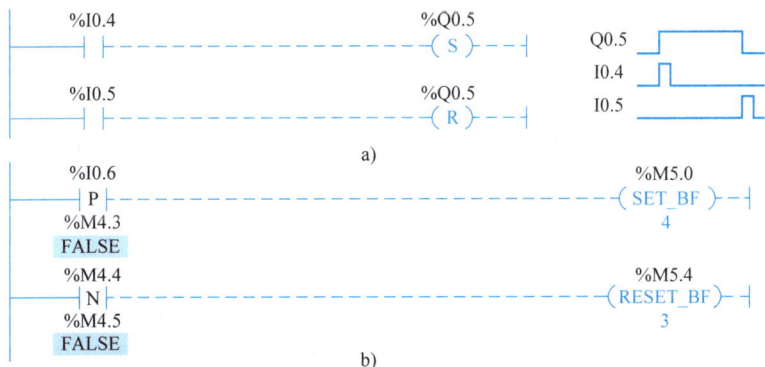

a)

b)

图 4-47　置位/复位指令与置位/复位位域指令使用

（5）置位/复位触发器与复位/置位触发器　SR 触发器与 RS 触发器的使用如图 4-48 所

示，SR 触发器与 RS 触发器的功能表见表 4-7。

1）SR 方框是置位/复位（复位优先）触发器，在置位（S）和复位（R1）信号同时为 1 时，方框上的输出位 M7.2 被复位为 0。可选的输出 Q 反映了 M7.2 的状态。

2）RS 方框是复位/置位（置位优先）触发器，在置位（S1）和复位（R）信号同时为 1 时，方框上的 M7.6 被置位为 1。可选的输出 Q 反映了 M7.6 的状态。

图 4-48 **SR 触发器与 RS 触发器使用**

表 4-7　**SR 触发器与 RS 触发器的功能表**

复位优先触发器（SR）			置位优先触发器（RS）		
S	R1	输出位	S1	R	输出位
0	0	保持前一状态	0	0	保持前一状态
0	1	0	0	1	0
1	0	1	1	0	1
1	1	0	1	1	1

（6）扫描操作数信号边沿的指令　如图 4-49 所示，中间有 P 的触点的名称为"扫描操作数的信号上升沿"，在 I0.6 的上升沿，该触点接通一个扫描周期。M4.3 为边沿存储位，用来存储上一次扫描循环时 I0.6 的状态。通过比较 I0.6 前后两次循环的状态来检测信号的边沿，边沿存储位的地址只能在程序中使用一次，不能用代码块的临时局部数据或 I/O 变量来做边沿存储位。

中间有 N 的触点的名称为"扫描操作数的信号下降沿"，在 M4.4 的下降沿，RESET_BF 的线圈"通电"一个扫描周期，该触点下面的 M4.5 为边沿存储位。

图 4-49　**扫描操作数信号边沿的指令**

（7）在信号边沿置位操作数的指令　如图 4-50 所示，中间有 P 的线圈是"在信号上升沿置位操作数"指令，仅在流进该线圈的能流的上升沿，该指令的输出位 M6.1 为 1 状态。其他情况下，M6.1 均为 0 状态，M6.2 为保存 P 线圈输入端的 RLO 的边沿存储位。

中间有 N 的线圈是"在信号下降沿置位操作数"指令，仅在流进该线圈的能流的下降沿，该指令的输出位 M6.3 为 1 状态。其他情况下 M6.3 均为 0 状态，M6.4 为边沿存储位。

上述两条线圈格式的指令对能流是畅通无阻的，这两条指令可以放置在程序段的中间或最右边。在运行时改变 I0.7 的状态，可以使 M6.6 置位和复位。

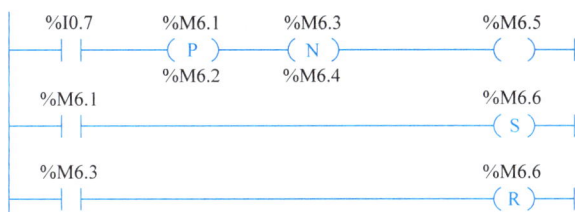

图 4-50　在信号边沿置位操作数的指令

（8）扫描 RLO 的信号边沿指令　如图 4-51 所示，在流进"扫描 RLO 的信号上升沿"指令（P_TRIG 指令）的 CLK 输入端的能流（即 RLO）的上升沿，Q 端输出脉冲宽度为一个扫描周期的能流，方框下面的 M8.0 是脉冲存储位。

在流进"扫描 RLO 的信号下降沿"指令（N_TRIG 指令）的 CLK 输入端的能流的下降沿，Q 端输出一个扫描周期的能流，方框下面的 M8.2 是脉冲存储位。P_TRIG 指令与 N_TRIG 指令不能放在电路的开始处和结束处。

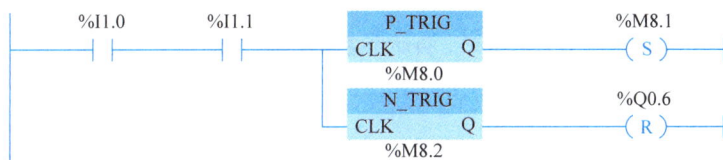

图 4-51　扫描 RLO 的信号边沿指令

下面介绍一个故障显示电路设计的实例。

设计故障信息显示电路，从故障信号 I0.0 的上升沿开始，Q0.7 控制的指示灯以 1Hz 的频率闪烁。操作人员按复位按钮 I0.1 后，如果故障已经消失，则指示灯熄灭；如果故障没有消失，则指示灯转为常亮，直至故障消失。

图 4-52 所示为故障显示电路设计，设置 MB0 为时钟存储器字节，M0.5 提供周期为 1s 的时钟脉冲。出现故障时，将 I0.0 提供的故障信号用 M2.1 锁存起来，M2.1 和 M0.5 的常开触点组成的串联电路使 Q0.7 控制的指示灯以 1Hz 的频率闪烁。按下复位按钮 I0.1，故障锁存标志 M2.1 被复位为 0 状态。如果故障已经消失，指示灯熄灭。如果故障没有消失，M2.1 的常闭触点与 I0.0 的常开触点组成的串联电路使指示灯转为常亮，直至 I0.0 变为 0 状态，故障消失，指示灯熄灭。

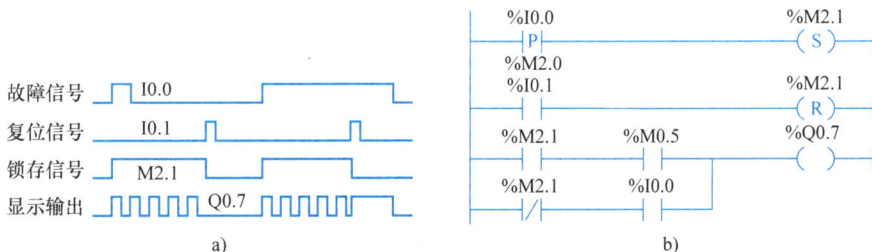

a)　　　　　　　　　b)

图 4-52　故障显示电路设计

2. 定时器与计数器指令

IEC 定时器与 IEC 计数器属于功能块，调用时需要制定配套的背景数据块，定时器和计数器指令的数据保存在背景数据块中。打开编程界面右边的指令列表窗口，将"定时器操作"文件夹中的定时器指令拖放到梯形图中的适当位置。在出现"调用选项"对话框中，可以修改默认的背景数据块名称。IEC 定时器没有编号，可以用背景数据块的名称作为定时器的标示符。单击"确定"按钮，自动生成的背景数据块如图 4-53 所示。

		名称	数据类型	启动值	保持性
1	▼	Static			
2	▪	ST	Time	T#0ms	
3	▪	PT	Time	T#0ms	
4	▪	ET	Time	T#0ms	
5	▪	RU	Bool	false	
6	▪	IN	Bool	false	
7	▪	Q	Bool	false	

图 4-53　自动生成的背景数据块

（1）定时器指令

1）脉冲定时器。脉冲定时器类似于数字电路中上升沿触发的单稳态电路。脉冲定时器如图 4-54 所示，在 IN 输入信号的上升沿，Q 输出变为 1 状态，开始输出脉冲。达到 PT 预置的时间时，Q 输出变为 0 状态。IN 输入的脉冲宽度可以小于 Q 端输出的脉冲宽度。在脉冲输出期间，即使 IN 输入又出现上升沿，也不会影响脉冲的输出。

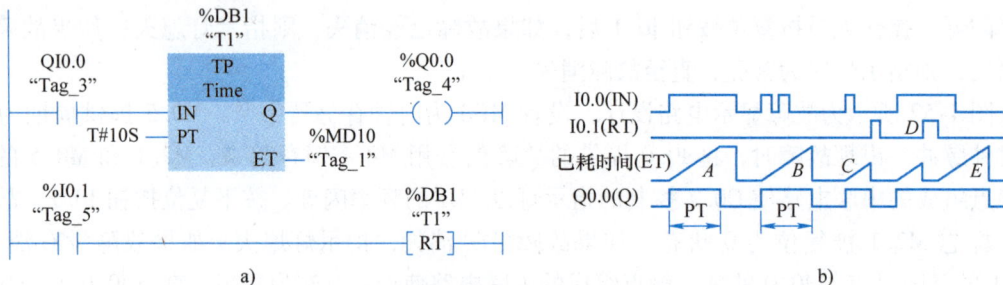

图 4-54　脉冲定时器

定时器指令可以放在程序段的中间或结束处。IEC 定时器没有编号，在使用对定时器复位的 RT 指令时，可以用背景数据块的编号或符号名来指定需要复位的定时器。如果没有必要，不用对定时器使用 RT 指令。

2）接通延时定时器。接通延时定时器（TON）如图 4-55 所示。当使能输入端（IN）的输入电路由断开变为接通时开始定时。定时时间大于等于预置时间（PT）指定的设定值时，输出 Q 变为 1 状态，已耗时间值（ET）保持不变。

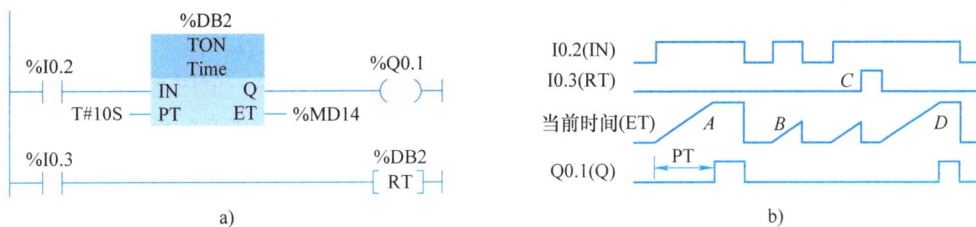

图 4-55　接通延时定时器（TON）

3）断开延时定时器。断开延时定时器（TOF）如图 4-56 所示。当 IN 输入电路接通时，输出 Q 为 1 状态，已耗时间被清零。输入电路由接通变为断开时（IN 输入的下降沿）开始定时，已耗时间从 0 逐渐增大。已耗时间大于等于设定值时，输出 Q 变为 0 状态，已耗时间保持不变（见波形 A），直到 IN 输入电路接通。

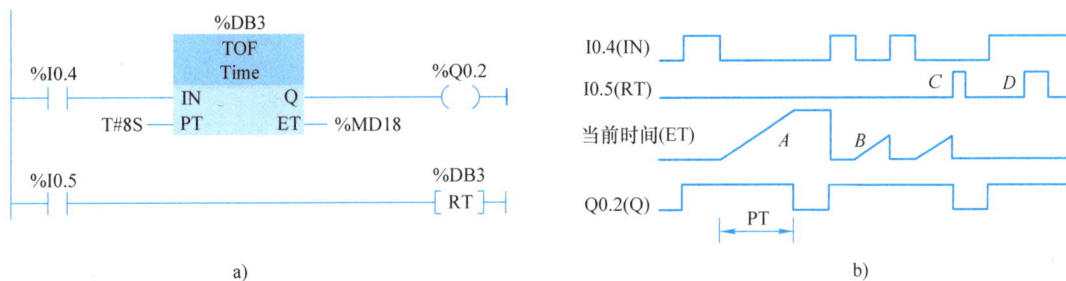

图 4-56　断开延时定时器（TOF）

4）保持型接通延时定时器。保持型接通延时定时器（TONR）如图 4-57 所示。当 IN 输入电路接通时开始定时（见波形 A 和 B）。输入电路断开时，累计的时间值保持不变。可以用 TONR 来累计输入电路接通的若干个时间间隔。

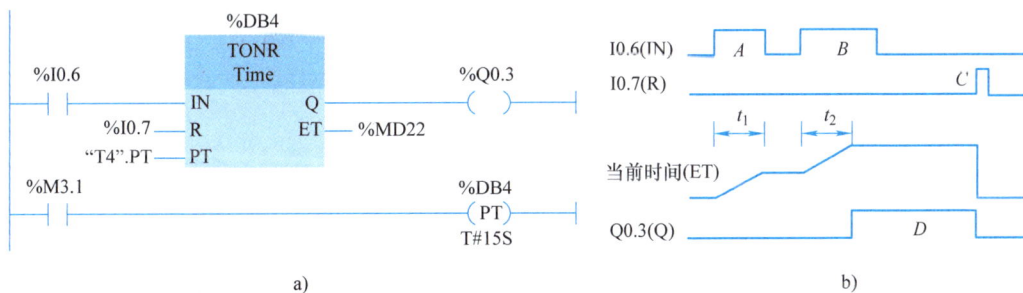

图 4-57　保持型接通延时定时器（TONR）

这里介绍一个传送带传送控制实例。

1）控制要求。两条传送带顺序相连，如图 4-58a 所示，为了避免运送的物料在 1 号传送带堆积，按下起动按钮 I0.3，1 号传送带开始运行，8s 后 2 号传送带自动起动。停机的顺序与起动的顺序刚好相反，即按下停止按钮 I0.2 后，先停止 2 号传送带，8s 后 1 号传送带停止。PLC 通过 Q1.1 和 Q0.6 控制两台电动机 M1 和 M2。

2）程序设计。如图 4-58b 所示，在传送带控制程序中设置了一个用起动、停止按钮控制的 M2.3，用它来控制 TON 的 IN 输入端和 TOF 线圈。中间标有 TOF 的线圈上面是定时器的背景数据块，下面是时间预设值 PT。TOF 线圈和 TOF 方框定时器指令的功能相同。

TON 的 Q 输出端控制的 Q0.6 在 I0.3 的上升沿之后 8s 变为 1 状态，在 M2.3 的下降沿时变为 0 状态。所以可以用 TON 的 Q 输出端直接控制 2 号传送带 Q0.6。T11 是 DB11 的符号地址。按下起动按钮 I0.3，TOF 线圈通电。它的 Q 输出"T11".Q 在其线圈通电时变为 1 状态，在其线圈断电后延时 8s 变为 0 状态，因此可以用"T11".Q 的常开触点控制 1 号传送带 Q1.1。

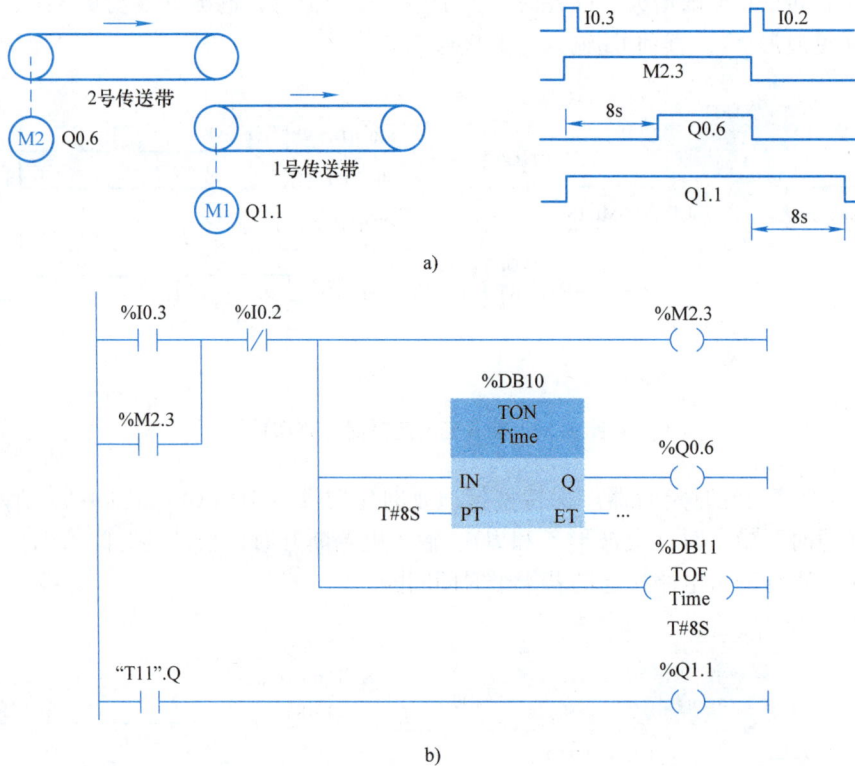

图 4-58　传送带控制及程序设计
a）传送带控制　b）程序设计

（2）计数器指令

1）计数器的数据类型。S7-1200 有 3 种计数器：加计数器（CTU）、减计数器（CTD）和加减计数器（CTUD）。S7-1200 的计数器属于功能块，调用时需要生成背景数据块。单击指令，在下拉列表中选择某种整数数据类型。计数器数据类型的设置如图 4-59 所示。

CU 和 CD 分别是加计数输入和减计数输入，在 CU 或 CD 信号的上升沿，当前计数器值 CV 被加 1 或减 1。PV 为预设计数值，CV 为当前计数器值，R 为复位输入，Q 为布尔输出。

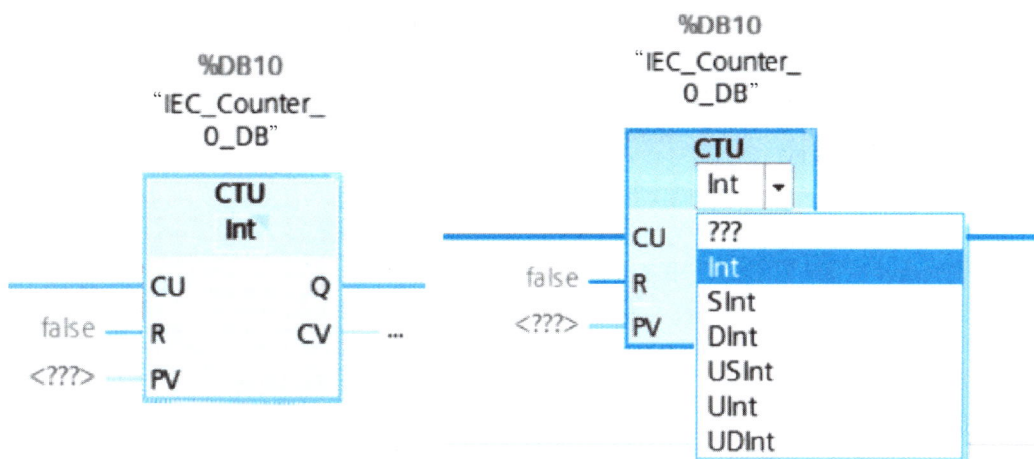

图 4-59 计数器数据类型的设置

2）加计数器。加计数器及其时序图如图 4-60 所示。当接在 R 输入端的 I1.1 为 0 状态，在 CU 信号的上升沿，CV 加 1，直到达到指定的数据类型的上限值，CV 的值不再增加。

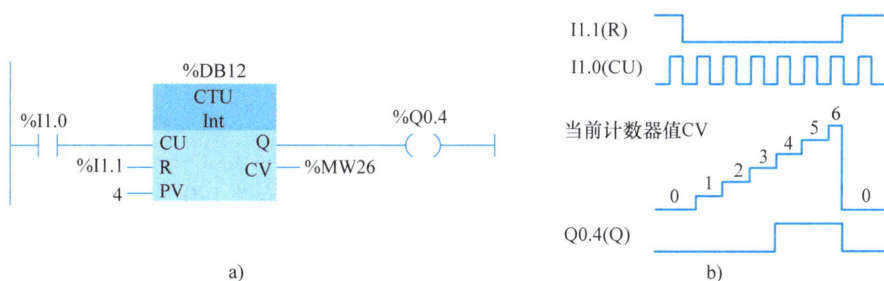

图 4-60 加计数器及其时序图

a）加计数器 b）时序图

CV 大于等于 PV 时，输出 Q 为 1 状态，反之为 0 状态。第一次执行指令时，CV 被清零。各类计数器的复位输入 R 为 1 状态时，计数器被复位，输出 Q 变为 0 状态，CV 被清零。

3）减计数器。减计数器及其时序图如图 4-61 所示。当装载输入 LD 为 1 状态时，输出 Q 被复位为 0，并把 PV 的值装入 CV。在减计数输入 CD 的上升沿，CV 减 1，直到 CV 达到指定的数据类型的下限值。此后 CV 的值不再减小。CV 小于等于 0 时，输出 Q 为 1 状态，反之 Q 为 0 状态。第一次执行指令时，CV 被清零。

4）加减计数器。加减计数器及其时序图如图 4-62 所示。在 CU 的上升沿，CV 加 1，CV 达到指定的数据类型的上限值时不再增加。在 CD 的上升沿，CV 减 1，CV 达到指定的数据类型的下限值时不再减小。CV 大于等于 PV 时，QU 为 1，反之为 0。CV 小于等于 0 时，QD 为 1，反之为 0。装载输入 LD 为 1 状态时，PV 被装入 CV，QU 变为 1 状态，QD 被复位为 0 状态。R 为 1 状态时，计数器被复位，CV 被清零，输出 QU 变为 0 状态，QD 变为 1 状态，CU 、CD 和 LD 不再起作用。

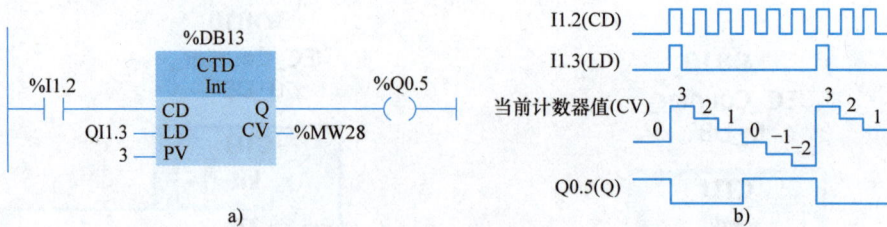

图 4-61　减计数器及其时序图

a）减计数器　b）时序图

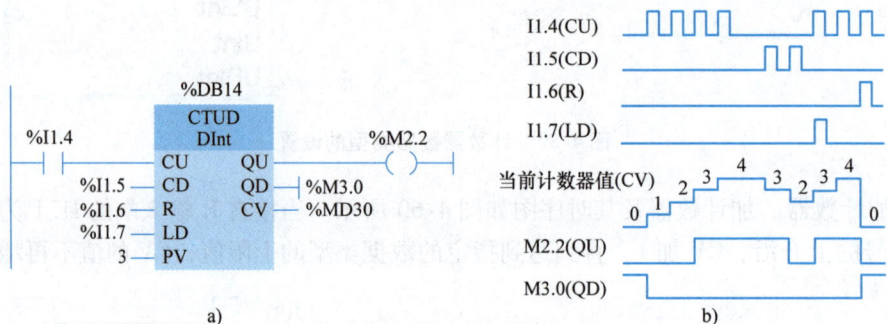

图 4-62　加减计数器及其时序图

a）加减计数器　b）时序图

实例：设计一个包装用传送带，按下起动按钮起动，每传送 100 件物品，传送带自动停止；然后再按下起动按钮，进行下一轮传送，传送带程序如图 4-63 所示。

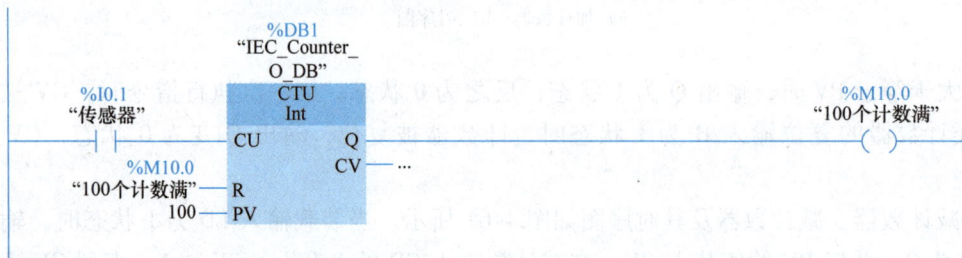

图 4-63　传送带程序

六、用 STEP 7 Basic 生成用户程序并完成程序的调试

1. 用 STEP 7 Basic 对电气控制系统设计的步骤

图 4-64 所示为用 STEP 7 Basic 生成用户程序完成测试的步骤。一个电气控制系统使用 STEP 7 Basic 进行硬件组态和程序设计的基本步骤如下：新建一个项目，进行硬件组态；对系统的各种变量和常量的含义进行定义；添加新块，编写新块的子程序；编译新块的子程序，如果系统程序需要添加新的块，则重复上述过程，当所有的子程序编写完毕后，进行程序的编译和下载；最后进行程序的测试。

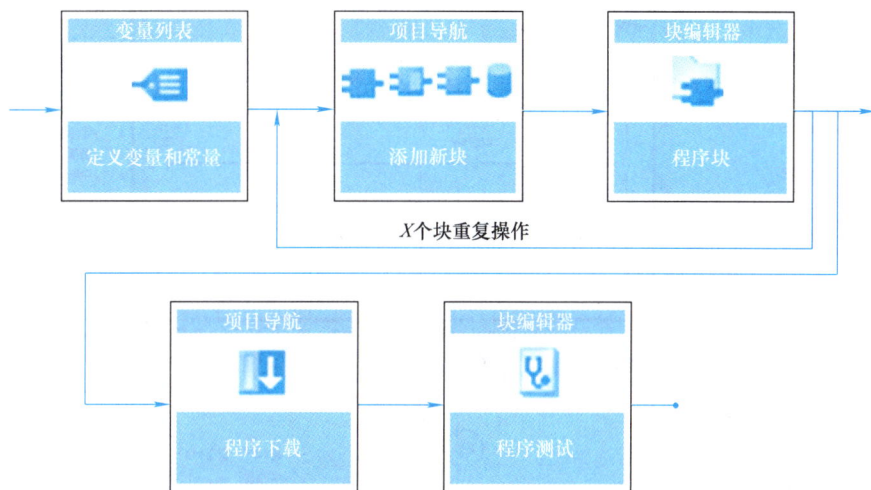

图 4-64　用 STEP 7 Basic 生成用户程序完成测试的步骤

有关新建项目、硬件组态已在前面讲解，这里介绍通过 STEP 7 Basic 进行变量定义、添加新块、程序块编译和程序下载的过程。

2. 用 STEP 7 Basic 生成用户程序的方法

（1）程序编辑器　双击项目树中的文件夹"＼PLC_1＼程序块"中的 OB1，打开主程序，如图 4-65 所示。①区是项目树，包括程序块、工艺对象、外部源文件和 PLC 变量等。选中项目树中的"默认变量表"，标有②的详细视图中显示该变量表中的变量，可以将其中的变量直接拖到梯形图中使用。拖到已设置的地址上时，原来的地址将被替换。将光标放在 OB1 的程序区最上面的分隔条上，按住鼠标左键，往下拉动分隔条，分隔条上面是代码块的接口区（⑦区），下面是程序区（③区）。将水平分隔条拉至程序编辑器的顶部，不再显示接口区。④区是打开的程序块的巡视窗口；⑥区是任务卡中的指令列表；⑤区是指令收藏夹，用于快速访问常用指令。

（2）生成变量　PLC 变量表中的变量可用于整个 PLC 中所有的代码块，在所有的代码中具有相同的意义和唯一的名称。可以在变量表中为输入 I、输出 Q 和位存储器 M 的位、字节、字和双字定义全局变量。在程序中，全局变量被自动添加双引号，如"起动"。局部变量只能在它被定义的块中使用，同一个变量的名称可以在不同的块中分别使用一次。可以在块的界面区定义块的输入/输出参数（Input、Output）和临时数据（Temp）以及定义 FB 的静态变量（Static）。在程序中，局部变量被自动添加#号，如#起动。

打开项目树中的文件夹"PLC 变量"，双击"默认变量表"，打开"变量"选项卡。

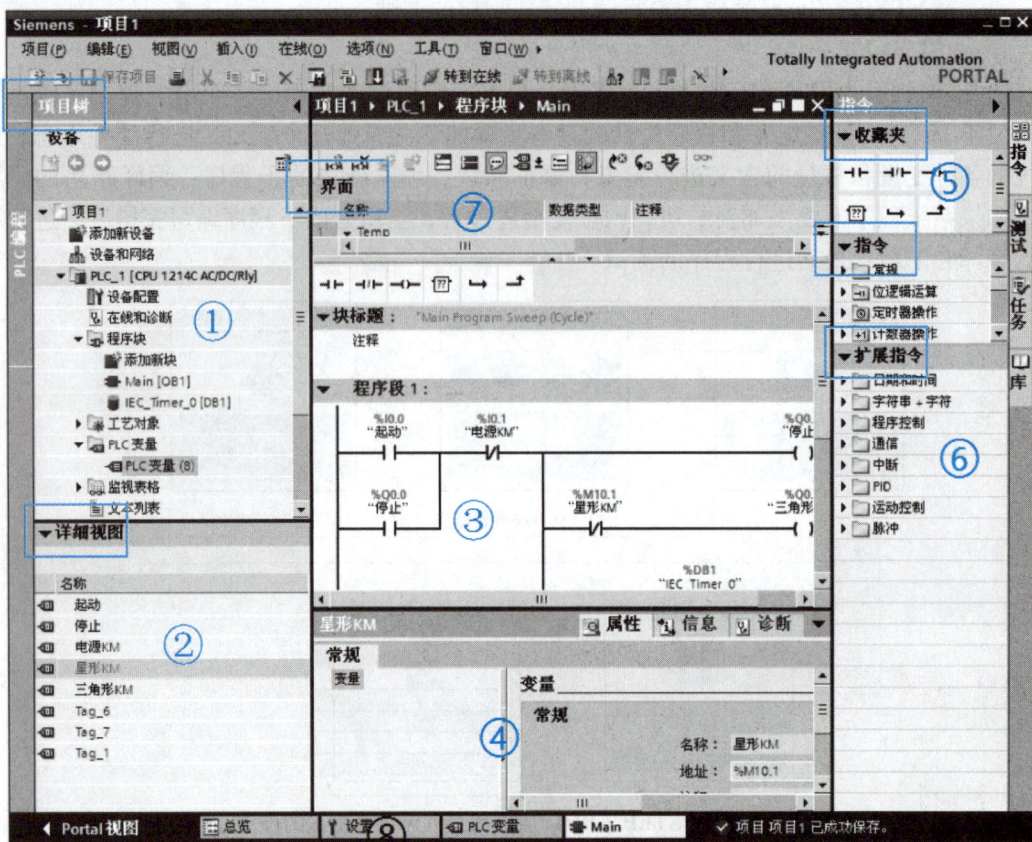

图4-65 项目视图中的程序编辑器

"变量"选项卡用来定义 PLC 变量,"系统常数"是系统自动生成的与 PLC 硬件和中断有关的常数。在"变量"选项卡中"名称"一栏输入变量名称;在"数据类型"一栏,从右侧隐藏按钮选取数据类型,位数据选 Bool 型,位字符串选字节(Byte)、字(Word)、双字(DWord);"地址"一栏中输入变量绝对地址,"%"自动添加。电动机星三角降压起动的变量生成如图 4-66 所示。

(3)添加新块 单击项目树中的"添加新块",出现如图 4-67 所示的窗口。在此可以进行新块的添加,如程序中用到的定时器、计数器需要添加数据块,主程序中的子程序需要添加函数或功能。建立新块时用到的变量可以在详情视图窗口和巡视窗口区进行拖放操作。

(4)生成用户程序 选中程序段中需要放置元件的水平线,可以单击收藏夹中的┤├、┤/├、( )、→、┐、回等按钮生成位逻辑指令,元件上面红色的地址域用来输入元件地址,可以从变量表中以拖拽的方式输入地址;定时器、计数器以及其他的传送、比较等指令都可以从对应的指令收藏夹中找到,这时可以将需要的指令拖至需要位置的水平线上,其中常数可以通过键盘输入,变量可以从右侧隐藏的按钮中选择,或者从变量表中拖拽。

(5)程序块的编译 写完一个程序块后可以对这部分程序进行编译,在设备中选取要编译的功能,然后单击 按钮,系统即对这个功能进行组态编译,如图 4-68 所示。

(6)组织块 OB 的编写和编译 当所有的功能都写完后,便可以进行组织块的编写。找

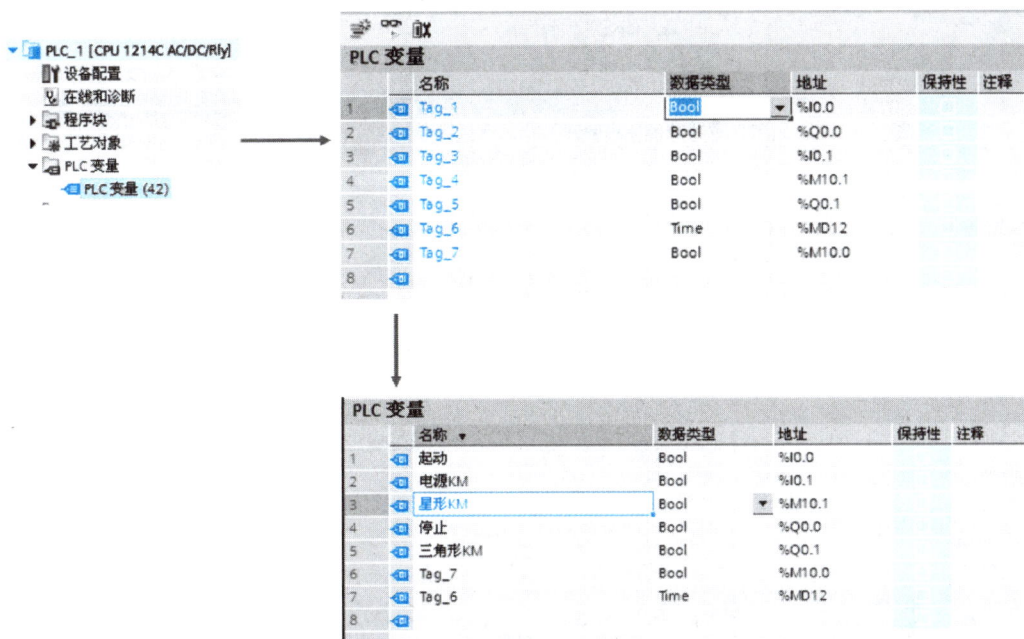

图 4-66　电动机星三角降压起动的变量生成

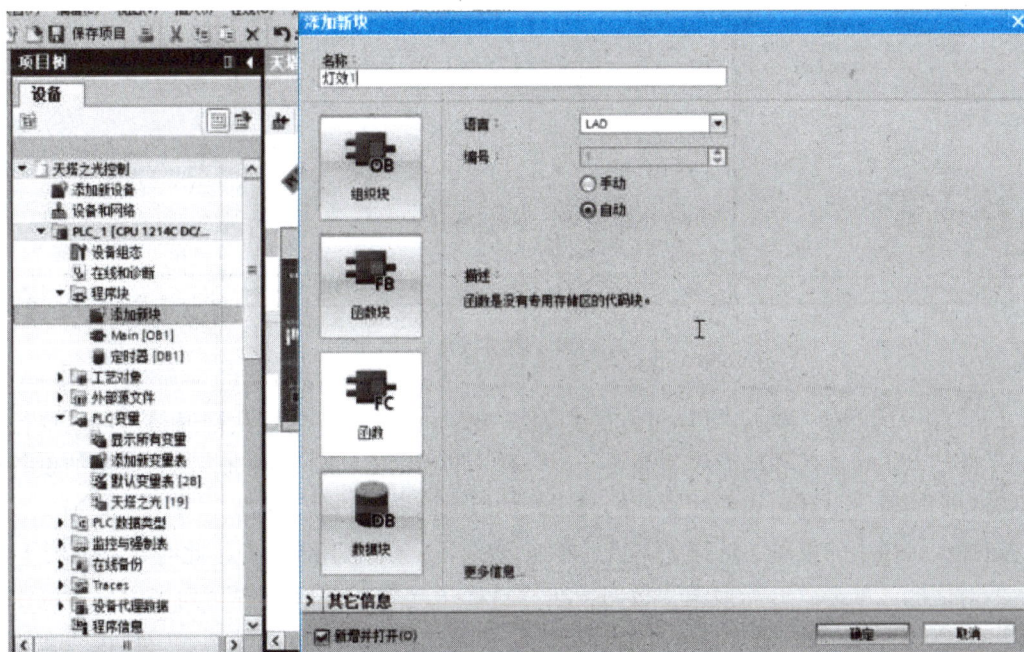

图 4-67　添加新块

到项目树中的程序块，单击 Main［OB1］，即可开始编写主程序。在编写主程序时，调用功能块时可以以拖曳的方式调用，如图 4-69 所示。主程序编写完毕后，可以选中项目树中的主程序 Main［OB1］，然后单击 🔳 按钮，进行主程序的编译，如图 4-70 所示。

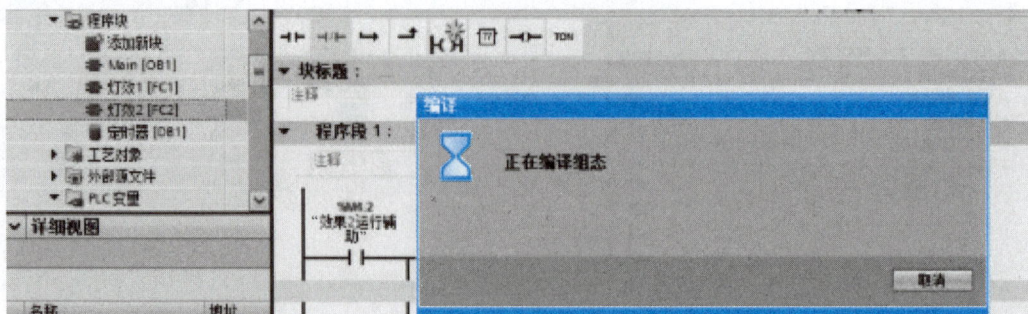

图4-68 程序块的编译

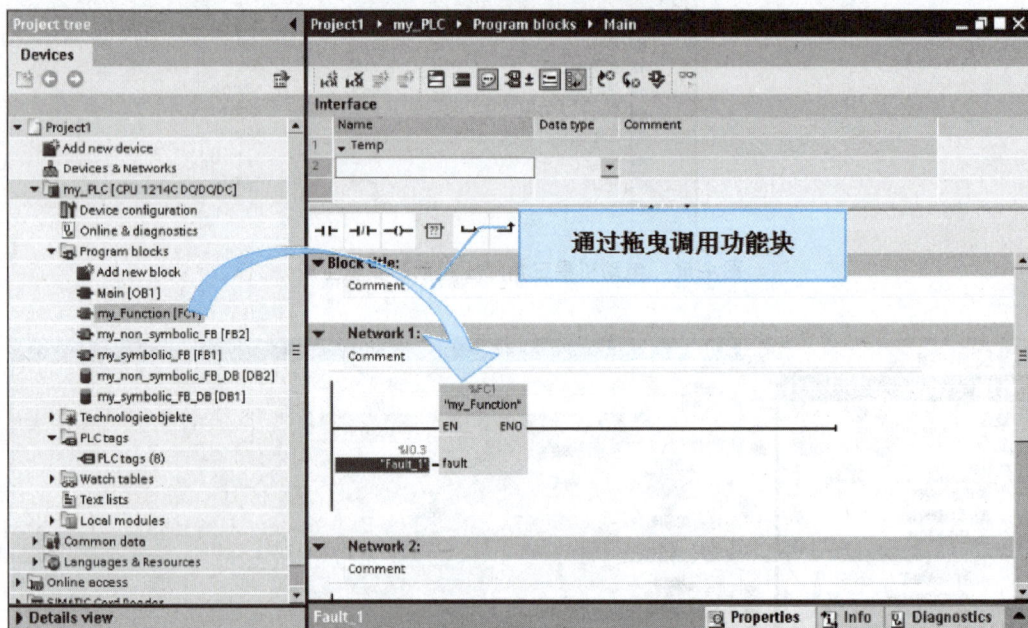

图4-69 调用功能块

（7）程序的下载 通过 CPU 与运行 STEP 7 Basic 的计算机的以太网通信，可以执行项目的下载、上传、监控和故障诊断等任务。一对一的通信不需要交换机，两台以上的设备通信则需要交换机。CPU 可以使用直通的或交叉的以太网电缆进线通信。

选择项目树中的设备，选择 PLC_1，单击 ⬇ 按钮，执行下载任务，此时显示如图4-71所示的对话框。单击"开始搜索"按钮，在"目标子网中的兼容设备"列表中出现网络上的 S7－1200CPU 和它的 IP 地址。此时计算机与 PLC 之间由断开变为接通，CPU 进入在线状态。单击"下载"按钮，出现"下载预览"对话框，下载结束时，出现"下载结果"对话框。编程软件首先对项目进行编译，编译成功后，单击"全部覆盖"复选按钮，单击"下载"按钮开始下载，然后单击"完成"按钮，PLC 切换到 RUN 状态。

（8）测试程序 有两种测试用户程序的方法：程序状态监视和用监视表监视变量。

1）程序状态监视。与 PLC 建立好在线连接后，打开需要监视的代码块，单击工具栏上

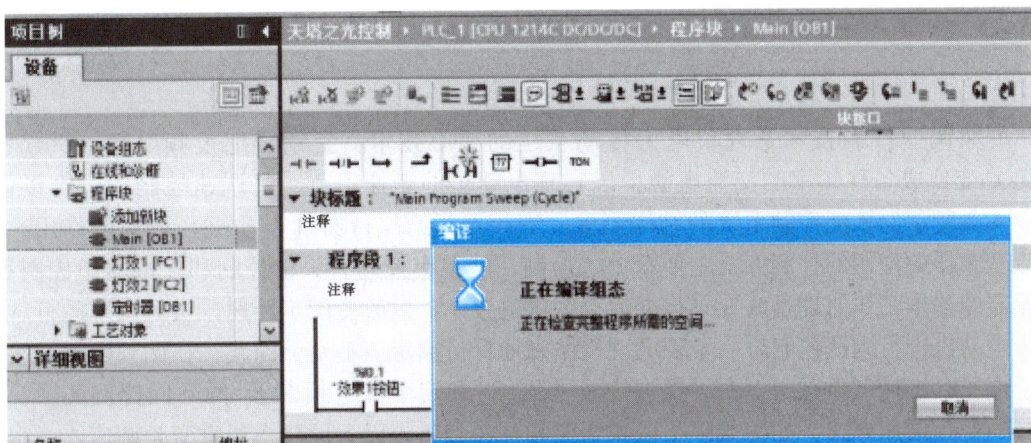

图 4-70　主程序的编译

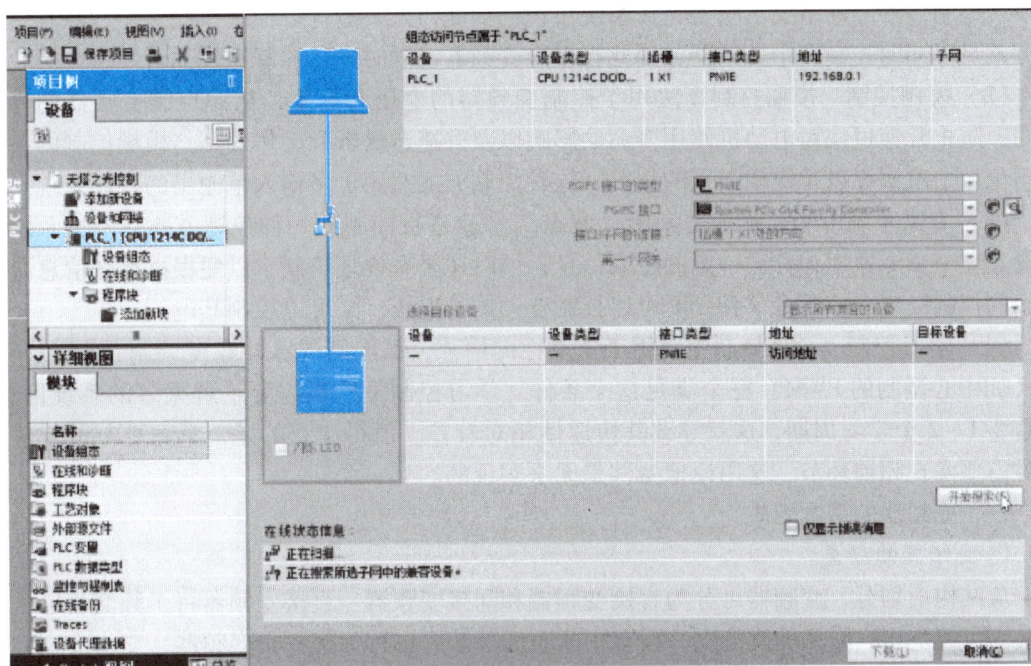

图 4-71　下载任务执行的对话框

的 按钮，启动程序状态监视。启动程序状态监视后，梯形图用绿色实线来表示状态满足，用蓝色虚线表示状态不满足，用灰色实线表示状态未知。

2）用监视表监视变量。与 PLC 建立好在线连接后，单击工具栏上的 按钮，启动"监视全部"功能，将在"监视值"列连续显示变量的动态实际值。再次单击该按钮，将关闭监视功能。单击工具栏上的 按钮，可以对所选变量的数值做一次立即更新，该功能主要用于 STOP 模式下的监视和修改。

第四节　变频调速控制技术

变频调速控制技术是现代电力传动系统的核心技术。变频器把工频电源（50Hz 或 60Hz）变换成各种频率的交流电源，以实现电动机的变速运行，是调速控制的关键设备。在图 4-2 所示的智能控制系统的结构图中，变频器起给执行器（电动机）调速的作用。在交流变频器中使用的控制方式主要有 U/f 控制、转差率控制、矢量控制和直接转矩控制等。变频器的基本工作原理是改变异步电动机的供电频率，以改变同步转速，实现调速运行。对异步电动机进行调速控制时，希望电动机主磁通保持额定值不变。因此，在调频的时候改变定子电压以维持气隙磁通不变。根据定子电压 U_1 和定子供电频率 F_1 的不同比例关系，有不同的变频调速方式，如基频以下恒磁通变频调速和基频以上恒功率弱磁变频调速。

变频器的智能控制方式主要有神经网络控制、模糊控制、专家系统和学习控制等。

（1）神经网络控制　神经网络控制方式应用在变频器的控制中，一般是进行比较复杂的系统控制。神经网络要求既要完成系统辨识的功能，又要能进行控制。此外，神经网络控制方式可以同时控制多个变频器，因此在多个变频器级联时进行控制比较适合。

（2）模糊控制　模糊控制算法用于控制变频器的电压和频率，从而控制变频器的升速时间，防止升速过快对电动机使用寿命的影响以及升速过慢影响工作效率。模糊控制的关键在于论域、隶属度以及模糊级别的划分，这种控制方式适用于多输入单输出的控制系统。

（3）专家系统　专家系统是利用"专家"经验进行控制的一种控制方式。专家系统一般要建立一个专家库，存放一定的专家信息；同时还要有推理机制，以便根据已知信息寻求理想的控制结果。应用专家系统既可以控制变频器的电压，又可以控制其电流。

（4）学习控制　学习控制主要用于重复性的输入，而规则的脉冲宽度调制（PWM）信号（如中心调制的 PWM）完全满足这个条件。学习控制虽然不需要了解太多的系统信息，但需要 1~2 个学习周期，这就导致其快速性相对较差。值得注意的是，学习控制的算法中有时需要实现超前环节，这用模拟器件是无法实现的。

一、变频器的基本组成

1. 变频器的分类

从结构上划分，变频器可分为直接变频器和间接变频器。直接变频器将工频交流电一次变换为可控电压、频率的交流电，没有中间直流环节，也称为交－交变频器。交－交变频器连续可调的频率范围较窄，主要用于大容量、低速场合。

间接变频器也称为交－直－交变频器，交－直－交变频器又可分为电流型变频器和电压型变频器。电流型变频器中间直流环节采用大电感滤波，输出的交流电流是矩形波，如图 4-72a所示；电压型变频器中间直流环节采用大电容滤波，直流电压波形比较平直，输出的交流电压是矩形波，如图 4-72b 所示。

2. 变频器的基本结构

目前通用变频器的变化环节大多采用交－直－交变频变压方式。交－直－交变频器是先把工频交流电通过整流器变成直流电，然后再把直流电逆变成频率和电压连续可调的交流电。通用变频器的基本结构如图 4-73 所示。它由主电路、控制电路、输入输出接线端子和操作面板组成。

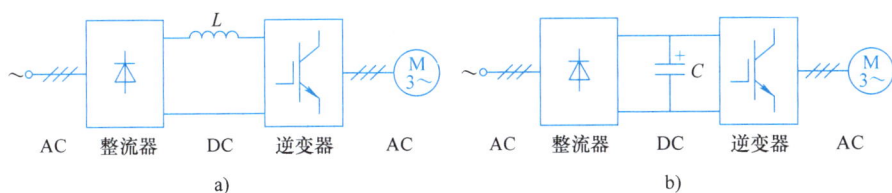

图 4-72　电流型变频器和电压型变频器

a）电流型变频器　b）电压型变频器

通用变频器的主电路由整流电路、直流中间电路及逆变电路等构成。通用变频器的控制电路为主电路提供控制信号，其主要任务是完成对逆变器开关元件的开关控制和提供多种保护功能。控制方式有模拟控制和数字控制两种。

通用变频器的控制电路框图如图 4-74 所示，主要由主控板、键盘、显示板、电源板、驱动板及外接控制电路等构成。

（1）主控板　主控板是变频器运行的控制中心，核心器件是微控制器（单片机）或数字信号处理器（DSP），其主要功能如下。

1）接收从键盘和外部控制电路输入的各种信号。

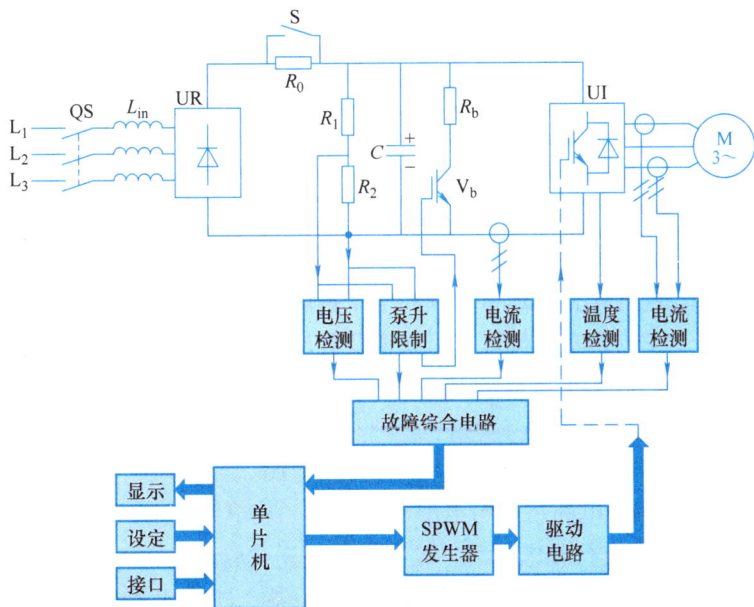

图 4-73　通用变频器的基本结构

2）将接收的各种信号进行判断和综合运算，产生相应的调制指令，并分配给各逆变管的驱动电路。

3）接收内部的采样信号，如电压与电流的采样信号、各部分温度的采样信号及各逆变管工作状态的采样信号等。

4）发出保护指令。变频器必须根据各种采样信号随时判断其工作是否正常，一旦发现

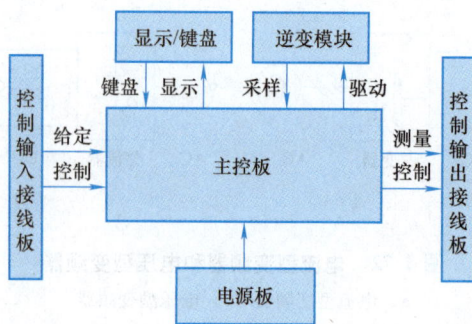

图 4-74　通用变频器的控制电路框图

异常工况，必须发出保护指令进行保护。

5）向外电路发出控制信号及显示信号，如正常运行信号、频率到达信号及故障信号等。

（2）键盘与显示板　键盘与显示板总是组合在一起。键盘向主控板发出各种信号或指令，主要向变频器发出运行控制指令或修改运行数据等。显示板将主控板提供的各种数据进行显示，大部分变频器配置了液晶或数码管显示屏。显示板上还有 RUN（运行）、STOP（停止）、FWD（正转）、REV（反转）和 FLT（故障）等状态指示灯和单位指示灯，如 Hz、A、V 等。显示板可以完成以下指示功能。

1）在运行监视模式下，显示各种运行数据，如频率、电压和电流等。

2）在参数模式下，显示功能码和数据码。

3）在故障状态下，显示故障代码。

（3）电源板与驱动板　变频器的内部电源普遍采用开关稳压电源，电源板主要提供以下直流电源。

1）主控板电源。它是具有极好稳定性和抗干扰能力的一组直流电源。

2）驱动电源。逆变电路中上桥臂的三只逆变管驱动电路的电源是相互隔离的三组独立电源，下桥臂的三只逆变管驱动电源则可共"地"。但驱动电源与主控板电源必须可靠绝缘。

3）外控电源。它为变频器外电路提供稳恒直流电源。

中小功率变频器的驱动电路往往与电源电路在同一块电路板上，驱动电路接收主控板发来的 SPWM 调制信号，在进行光电隔离、放大后驱动逆变管的开关工作。

（4）外接控制电路　外接控制电路可实现由电位器、主令电器、继电器及其他自控设备对变频器的运行控制，并输出其运行状态、故障报警和运行数据信号等。外接控制电路一般包括外部给定电路、外接输入控制电路、外接输出电路和报警输出电路等。

中小容量通用变频器外接控制电路往往与主控电路设计在同一电路板上，以减小整体体积，降低成本，提高电路的可靠性。

二、变频器的主要功能

通用变频器除了保证自身的基本控制功能外，其他大多数功能则是根据变频器传动系统的需要而设计的。变频器的主要功能见表 4-8。

表 4-8　变频器的主要功能

系统功能	全区域自动转矩补偿功能	频率设定功能	多级转速设定功能
	防失速功能		频率上下限设定功能
	过转矩限定运行		禁止特定频率功能
	无速度传感器简易速度控制功能		指令丢失时的自动运行功能
	带励磁释放型制动器电动机的运行		频率指令特性反转功能
	减少机械振动，降低冲击动能		禁止加减速功能
	运行状态检测显示		加减速时间切换功能
	出现异常后的再起动功能		S 形加减速功能
与运行方式有关的功能	三线顺序控制	保护功能	变频器的保护
	通过外部信号对变频器进行"起/停"控制		

		保护功能	变频器的保护	瞬时过电流保护
与运行方式有关的功能	直流制动（DC 制动）停机			对地短路保护
	无制动电阻的直流制动快速停机			过电压保护
	运行前的直流制动			欠电压保护
	自寻速跟踪功能			变频器过载保护
	瞬时停电后自动再起动功能			散热片过热保护
	电网电源和变频器切换运行功能			由熔丝进行过电流保护
	节能运行			控制电路异常保护
	多 U/f 选择功能		电动机的保护	电动机过载保护
与状态监测有关的功能	显示负载速度			电动机失速保护
	脉冲监测功能			光（磁）码盘断线保护
	频率/电流计的刻度校正		系统保护	过转矩检测功能
	LCD 显示窗（数字操作盒）的监测功能			外部报警输入功能
多控制方式	无 PG（速度传感器）U/f 控制方式			变频器过热预报
	有 PG U/f 控制方式			制动电路异常保护
	无 PG 矢量控制方式	其他功能	载频频率设定功能	
	有 PG 矢量控制方式		高载波频率运行	
			平滑运行	
			全封闭结构	

三、变频器的组成、拆装与接线

1. 变频器的组成部件

1）变频器的外观如图 4-75 所示。

2）变频器拆去前盖板和操作面板后的结构如图 4-76 所示。

图 4-75 变频器的外观

图 4-76 变频器拆去前盖板和操作面板后的结构

2. 面板显示及各按键功能

三菱 FR－A500 系列变频器的操作面板（FR－DU04）如图 4-77 所示；操作面板的按键及说明见表 4-9；操作面板的显示及说明见表 4-10。

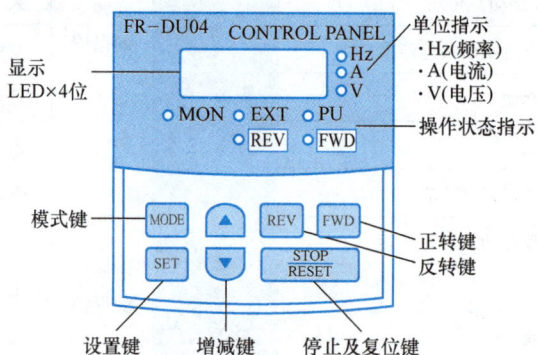

图 4-77 三菱 FR－A500 系列变频器的操作面板（FR－DU04）

表 4-9 操作面板的按键及说明

按键	说　明
MODE	用于选择操作模式或设定模式
SET	用于确定频率和参数的设定
▲ / ▼	用于连续增加或降低运行频率。按下这两个键可改变频率 在设定模式中按下这两个键，可连续设定参数
FWD	用于给出正转指令

（续）

按键	说　明
REV	用于给出反转指令
STOP RESET	用于停止运行 用于保护功能动作输出停止时复位变频器（用于主要故障）

表 4-10　操作面板的显示及说明

显示	说　明
Hz	显示频率时点亮
A	显示电流时点亮
V	显示电压时点亮
MON	监示显示模式时点亮
PU	PU 操作模式时点亮
EXT	外部操作模式时点亮
FWD	正转时闪烁
REV	反转时闪烁

3. 通用变频器的铭牌

通用变频器的铭牌如图 4-78 所示。

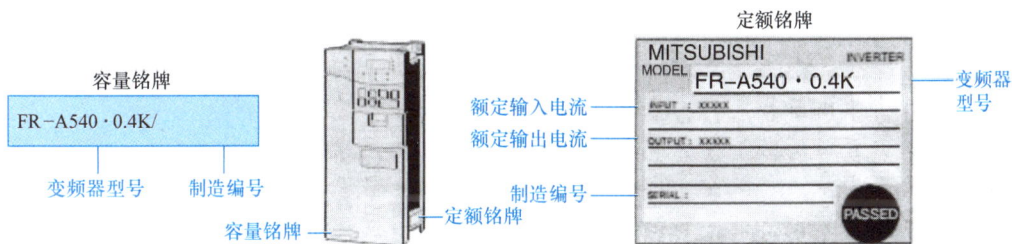

图 4-78　通用变频器的铭牌

4. 变频器的接线

（1）变频器端子接线图　变频器端子接线图如图 4-79 所示。

（2）变频器电路端子说明

1）主电路端子说明。主电路端子说明见表 4-11。

◎ 主电路端子
○ 控制电路输入端子
● 控制电路输出端子

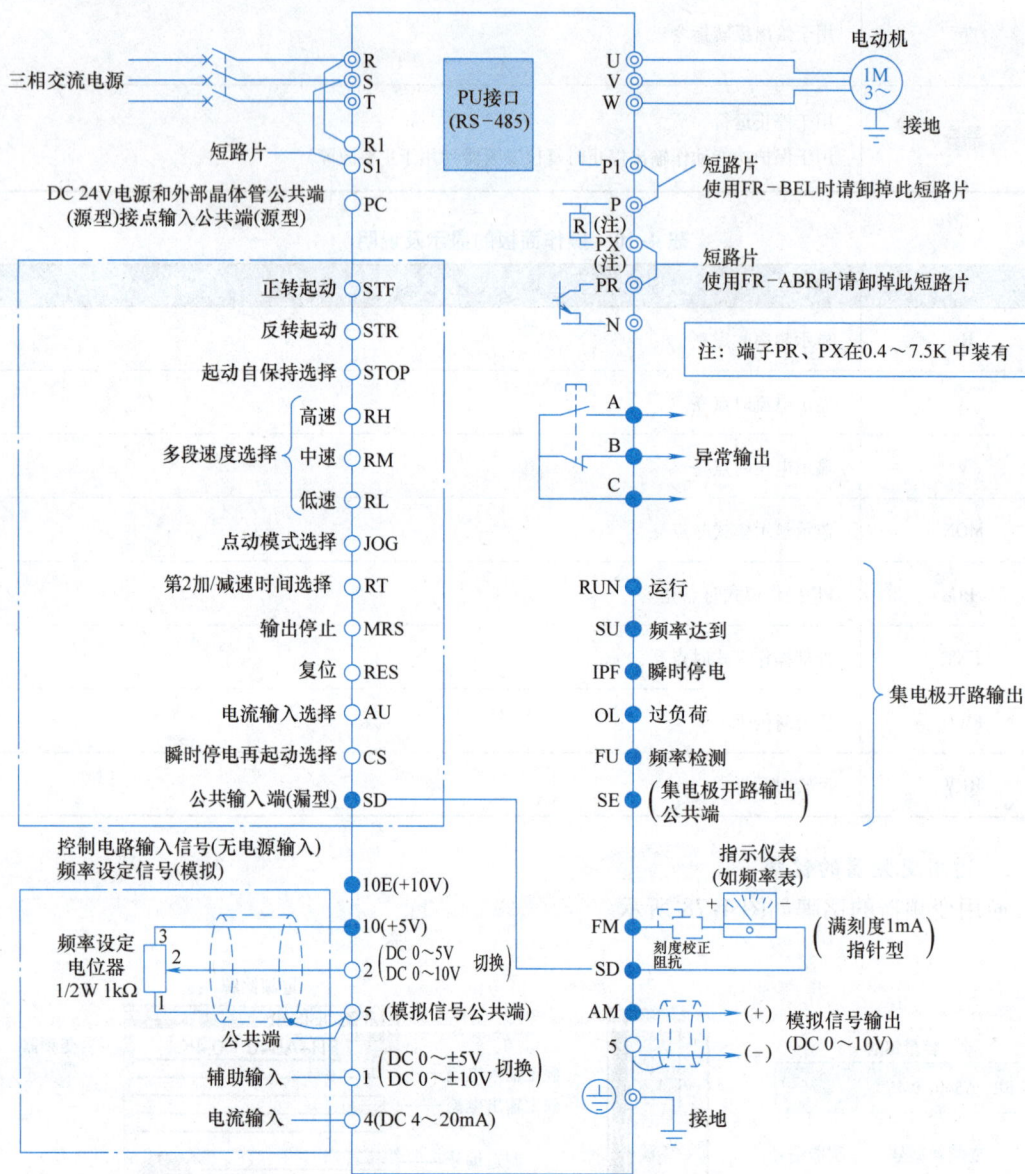

图4-79　变频器端子接线图

表4-11　主电路端子说明

端子记号	端子名称	说　明
R、S、T	交流电源输入	连接工频电源，当使用高功率因数转换器时，确保这些端子不连接（FR－HC）
U、V、W	变频器输出	接三相笼型电动机
R1、S1	控制电路电源	与交流电源端子R、S连接，在保持异常显示和异常输出时，或当使用高功率因数转换器（FR－HC）时，拆下R－R1和S－S1之间的短路片，并提供外部电源到此端子

（续）

端子记号	端子名称	说　明
P、PR	连接制动电阻器	拆开端子 PR－PX 之间的短路片。在 P－PR 之间连接制动电阻器（FR－ABR）
P、N	连接制动单元	连接 FR－BU 型制动单元或电源再生单元（FR－RC）或高功率因数转换器（FR－HC）
P、P1	连接改善功率因数 DC 电抗器	拆开端子 P－P1 间的短路片，连接改善功率因数用电抗器（FR－BEL）
PR、PX	连接内部制动电路	用短路片将 PX－PR 间短路时（出厂设定），内部制动电路便生效（7.5K 以下装有）
⏚	接地	变频器外壳接地用，必须接地

2）控制电路端子说明。控制电路端子说明见表 4-12。

表 4-12　控制电路端子说明

类型	端子记号	端子名称	说　明	
输入信号	STF	正转起动	STF 信号处于 ON 便正转，处于 OFF 便停止。程序运行模式时为程序运行开始信号（ON 开始，OFF 静止）	当 STF 和 STR 信号同时处于 ON 时，相当于给出停止指令
	STR	反转起动	STR 信号 ON 为逆转，OFF 为停止	
	STOP	起动自保持选择	使 STOP 信号处于 ON，可以选择起动信号自保持	
	RH，RM，RL	多段速度选择	用 RH、RM 和 RL 信号的组合可以选择多段速度	输入端子功能选择（Pr.180～Pr.186），用于改变端子功能
	JOG	点动模式选择	JOG 信号为 ON 时选择点动运行（出厂设定）。用起动信号（STF 和 STR）可以点动运行	
	RT	第 2 加/减速时间选择	RT 信号处于 ON 时选择第 2 加/减速时间。设定第 2 力矩提升、第 2 V/F（基底频率）时，也可以用 RT 信号处于 ON 时选择这些功能	
	MRS	输出停止	MRS 信号为 ON（20ms 以上）时，变频器输出停止。用电磁制动停止电动机时，用于断开变频器的输出	
	RES	复位	用于解除保护电路动作的保持状态。使端子 RES 信号处于 ON 在 0.1s 以上，然后断开	
	AU	电流输入选择	只在端子 AU 信号处于 ON 时，变频器才可用直流 4～20mA 作为频率设定信号	输入端子功能选择（Pr.180～Pr.186），用于改变端子功能
	CS	瞬时停电再起动选择	CS 信号预先处于 ON，瞬时停电再恢复时变频器便自动起动。但用这种运行必须设定有关参数。因为出厂时设定为不能再起动	
	SD	公共输入端（漏型）	接点输入端子和 FM 端子的公共端。DC 24V、0.1A（PC 端子）电源的输出公共端	
	PC	DC 24V 电源和外部晶体管公共端接点输入公共端（源型）	当连接晶体管输出（集电极开路输出），如可编程序控制器和外部晶体管共端时，将晶体管输出用的外部电源公共端接到这个端子时，可以防止因漏电引起的误动作，该端子可用于 DC 24V、0.1A 电源输出。当选择源型时，该端子作为接点输入公共端	

起动接点·功能设定

— 185 —

（续）

类型		端子记号	端子名称	说　明	
模拟	频率设定	10E	频率设定用电源	DC 10V，容许负荷电流 10mA	按出厂设定状态连接频率设定电位器时，与端子 10 连接
		10		DC 5V，容许负荷电流 10mA	当连接到 10E 时，应改变端子 2 的输入规格
		2	频率设定（电压）	输入 DC 0～5V（或 DC 0～10V）时 5V（或 10V）对应于最大输出频率，输入输出成比例。用参数单元进行输入直流 DC 0～5V（出厂设定）和 DC 0～10V 的切换。输入阻抗 10kΩ，容许最大电压为 DC 20V	
		4	频率设定（电流）	DC 4～20mA，20mA 对应于最大输出频率，输入输出成比例。只在端子 AU 信号处于 ON 时，该输入信号有效。输入阻抗 250Ω，容许最大电流为 30mA	
		1	辅助频率设定	输入 DC 0～±5V 或 DC 0～±10V 时，端子 2 或 4 的频率设定信号与这个信号相加。用参数单元进行输入 DC 0～±5V 或 DC 0～±10V（出厂设定）的切换。输入阻抗 10kΩ，容许电压 DC ±20V	
		5	频率设定公共端	频率设定信号（端子 2、1 或 4）和模拟输出端 AM 的公共端，不要接地	
输出信号	接点	A，B，C	异常输出	指示变频器因保护功能动作而输出停止的转换接点，AC 200V、0.3A，DC 30V、0.3A。异常时，B - C 间不导通（A - C 间导通）。正常时，B - C 间导通（A - C 间不导通）	
	集电极开路	RUN	运行	变频器输出频率为起动频率（出厂时为 0.5Hz，可变更）以上时为低电平，正在停止或正在直流制动时为高电平[①]，容许负荷为 DC 24V、0.1A	输出端子功能选择（Pr. 190 ～ Pr. 195）用于改变端子功能
		SU	频率达到	输出频率达到设定频率的 ±10%（出厂设定，可变更）时为低电平，正在加/减速或停止时为高电平[①]，容许负荷为 DC 24V、0.1A	
		OL	过负荷	当失速保护功能动作时为低电平，失速保护解除时为高电平[①]，容许负荷为 DC 24、0.1A	
		IPF	瞬时停电	瞬时停电，电压不足保护动作时为低电平[①]，容许负荷为 DC 24V、0.1A	
		FU	频率检测	输出频率为任意设定的检测频率以上时为低电平，以下时为高电平[①]，容许负荷为 DC 24V、0.1A	
		SE	集电极开路输出公共端	端子 RUN、SU、OL、IPF、FU 的公共端	
	脉冲	FM	指示仪表用	可以从 16 种监视项目中选一种作为输出[②]，如输出频率，输出信号与监视项目的大小成比例	出厂设定的输出项目：频率容许负荷电流 1mA 60Hz 时 1440 脉冲/s
	模拟	AM	模拟信号输出		出厂设定的输出项目：频率输出信号 DC 0～10V 容许负荷电流 1mA
通信	RS-485	—	PU 接口	通过操作面板的接口，进行 RS - 485 通信 ● 遵守标准：EIA RS - 485 标准 ● 通信方式：多任务通信 ● 通信速率：最大 19200B/s ● 最长距离：500m	

注：端子 PR、PX 在 FR - A540 - 0. 4～7.5K 中装设。

① 低电平表示集电极开路输出用的晶体管处于 ON（导通状态），高电平处于 OFF（不导通状态）。

② 变频器复位中不被输出。

5. 变频器的拆装

（1）前盖板的拆卸与安装（图4-80）

1）拆卸。

① 手握前盖板上部两侧向下用力推。

② 握着向下的前盖板向身前拉，就可将其拆下，即使带着 PU 单元（FR－DU04/FR－PU04）时也可以连参数单元一起拆下。

图4-80　前盖板的拆卸与安装

2）安装。

① 将前盖板的插销插入变频器底部的插孔中。

② 以安装插销部分为支点将盖板完全推入机身。

注意：安装前盖板前应拆去操作面板，安装好前盖板后再安装操作面板。

3）注意事项。

① 不要在带电时进行拆装。

② 抬起时要缓慢轻拿。

（2）操作面板的拆卸与安装（图4-81）

1）拆卸。一边按着操作面板上部的按钮，一边拉向身前就可以拆下。

2）安装。安装时，垂直插入并牢固装上。

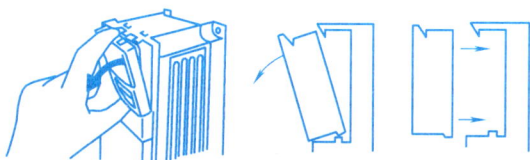

图4-81　操作面板的拆卸与安装

（3）连接电缆的安装（图4-82）

1）拆去操作面板。

2）拆下标准插座转换接口（将拆下的标准插座转换接口放置在标准插座转换接口隔间处）。

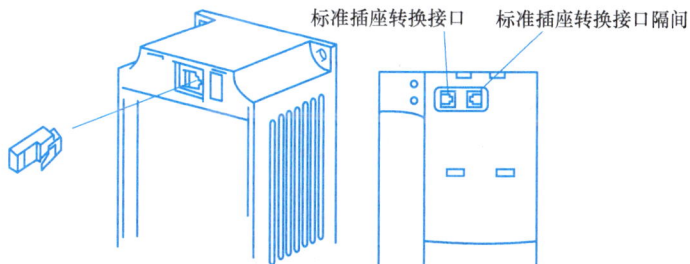

图4-82　连接电缆的安装

3）将电缆的一端牢固插入机身的插座上，将另一端插到 PU 单元上。

四、变频器的基本功能操作

1. 参数设定方法及功能单元操作

变频器的基本功能参数见表4-13。

表4-13　变频器的基本功能参数

参数号	参数名称	设定范围	出厂设定值
0	转矩提升	0% ~30%	3%或2%
1	上限频率/Hz	0 ~120	120
2	下限频率/Hz	0 ~120	0
3	基底频率/Hz	0 ~400	50
4	多段速度（高速）/Hz	0 ~400	60
5	多段速度（中速）/Hz	0 ~400	30
6	多段速度（低速）/Hz	0 ~400	10
7	加速时间/s	0 ~3600	5
8	减速时间/s	0 ~3600	5
9	电子过电流保护/A	0 ~500	依据额定电流整定
10	直流制动动作频率/Hz	0 ~120	3
11	直流制动动作时间/s	0 ~10	0.5
12	直流制动电压	0% ~30%	4%
13	起动频率/Hz	0 ~60	0.5
14	适用负荷选择	0 ~5	0
15	点动频率/Hz	0 ~400	5
16	点动加减速时间/s	0 ~360	0.5
17	MRS端子输入选择	0, 2	0
20	加减速参考频率/Hz	1 ~400	50
77	参数写入禁止选择	0, 1, 2	0
78	逆转防止选择	0, 1, 2	0
79	操作模式选择	0 ~8	0

2. 基本功能操作

1）按参数单元的"MODE"键，可以改变5个监视显示界面，如图4-83所示。

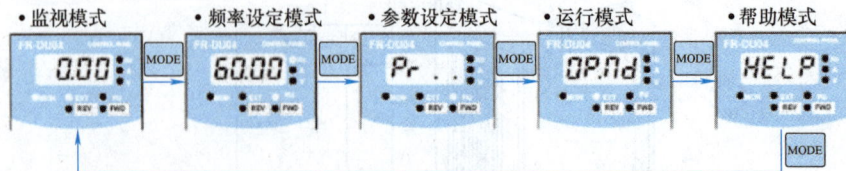

图4-83　监视显示界面

2）显示功能操作，如图4-84所示。

① 显示器显示运转中的指令。

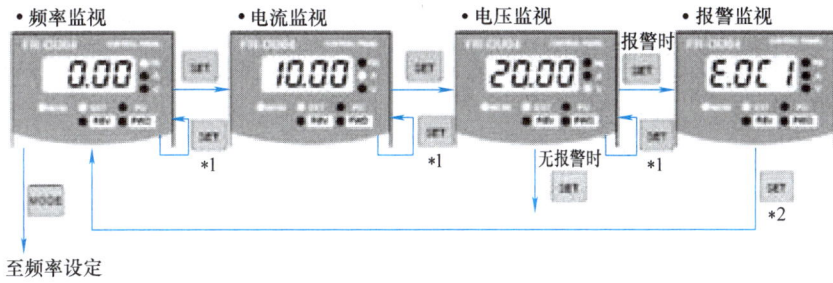

图 4-84　显示功能操作

注：1. 按下标有"＊1"的键超过 1.5s，可把电流监视模式改为上电监视模式；

2. 按下标有"＊2"的键超过 1.5s，可显示包括最近 4 次的错误指示。

② EXT 指示灯亮表示外部操作。

③ PU 指示灯亮表示 PU 操作。

④ EXT 和 PU 指示灯同时亮表示 PU 和外部操作组合方式。

⑤ 监视显示在运行中也能改变。

3）频率设定，如图 4-85 所示。

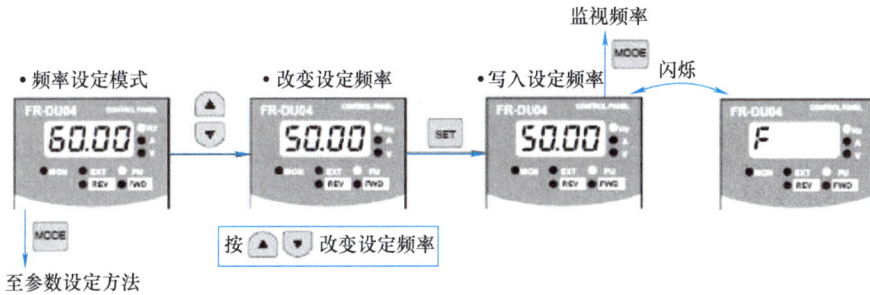

图 4-85　频率设定

4）操作模式，如图 4-86 所示。

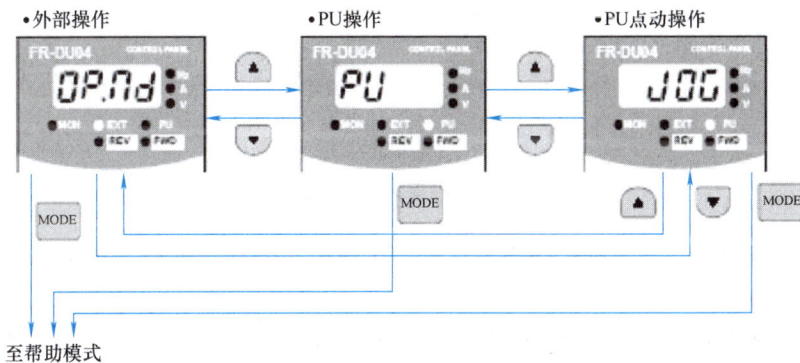

图 4-86　操作模式

5）帮助模式操作，如图 4-87 所示。

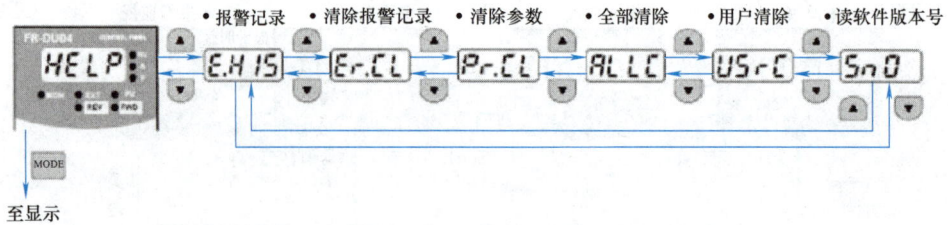

图4-87 帮助模式操作

① 报警记录。报警记录显示如图4-88所示，用 ▲/▼ 键能显示最近的4次报警（带有"."的表示最近的报警），当没有报警存在时，显示"E0"。

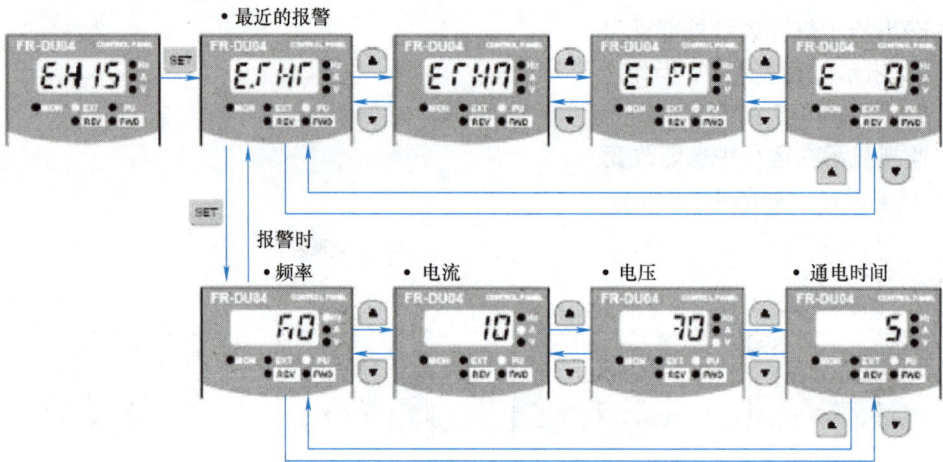

图4-88 报警记录显示

② 报警记录清除。报警记录清除操作如图4-89所示，可清除所有报警记录。

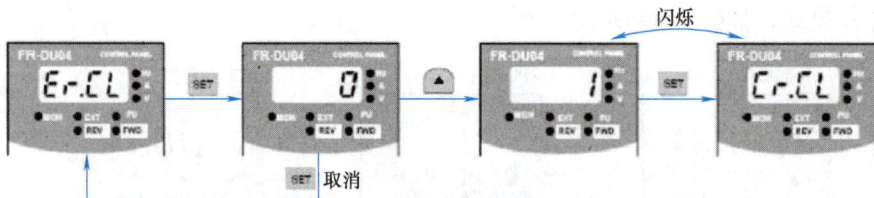

图4-89 报警记录清除操作

6）全部清除操作。为了操作能顺利进行，在操作开始前应进行一次全部清除操作，步骤如下。

① 确认变频器PU灯亮，使变频器工作在PU操作模式下。

② 按"MODE"键至帮助模式，显示"HELP"。

③ 按"MODE"键至全部清除，显示"ALLC"。

按照图4-90所示步骤，将参数值和校准值全部初始化为出厂设定值。

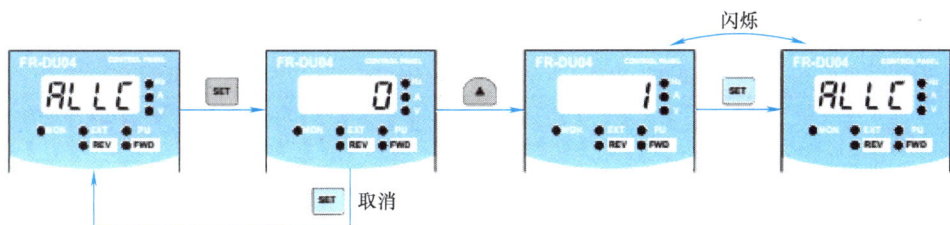

图 4-90 全部清除操作步骤

3. 参数设定方法

在操作变频器时，通常要根据负荷和用户的要求向变频器输入一些指令，如上限频率和下限频率、加速时间和减速时间等。另外，要完成某种功能也要输入相应的指令。

例如：将 Pr. 79 "运行模式选择"设定值从 "2" 变为 "1"，可按以下步骤进行。

1）按 "MODE" 键改变监视显示，使显示器显示为 "参数设定模式"。

2）按 ▲/▼ 键改变参数号，使参数号为 79。

3）按 "SET" 键显示参数。

4）按 ▲/▼ 键更改参数，将参数改为 1。

5）按住 "SET" 键 1.5s，写入设定。

如果此时显示器交替显示参数号 Pr. 79 和参数 1，则表示参数设定成功；否则，设定失败，须重新设定。参数设定步骤如图 4-91 所示。

参数设定注意事项如下。

1）在运行中也可以进行运行频率的设定。

2）参数设定一定要在 PU 模式下进行（一些参数除外，使用时会特别说明），否则显示 "P. 5" 字样（操作错误报警显示），这时最简单的清除方法是重新开启变频器电源。

3）各种清除操作也要在 PU 模式下进行。

4）在 Pr. 79 = 1 时，不能进行 "外部"与 "PU"间的转换。

五、PLC 与变频器的连接

PLC 与变频器的连接常用以下三种连接方法。

1. 利用 PLC 的模拟量输出模块控制变频器

PLC 的模拟量输出模块输出 0～5V 电压或 4～20mA 电流，将其送给变频器的模拟电压或电流输入端，控制变频器的输出频率。

2. 通过 PLC 的 RS 485 通信接口控制变频器

这种控制方式的硬件接线简单，但是需要增加通信用的接口模块，这种模块的价格可能较高，熟悉通信模块的使用方法和设计通信程序可能要花较多的时间。

3. 利用 PLC 的开关量输入、输出模块控制变频器

PLC 的开关量输出、输入端一般可以与变频器的开关量输入、输出端直接相连。利用 PLC 开关量输入、输出端控制变频器的连接过程如下。

1）设定变频器参数。在 PU 模式下，先进行全部清除操作，然后设定变频器的参数，见表 4-14。

用 MODE 键切换到参数设定模式

• 参数设定模式

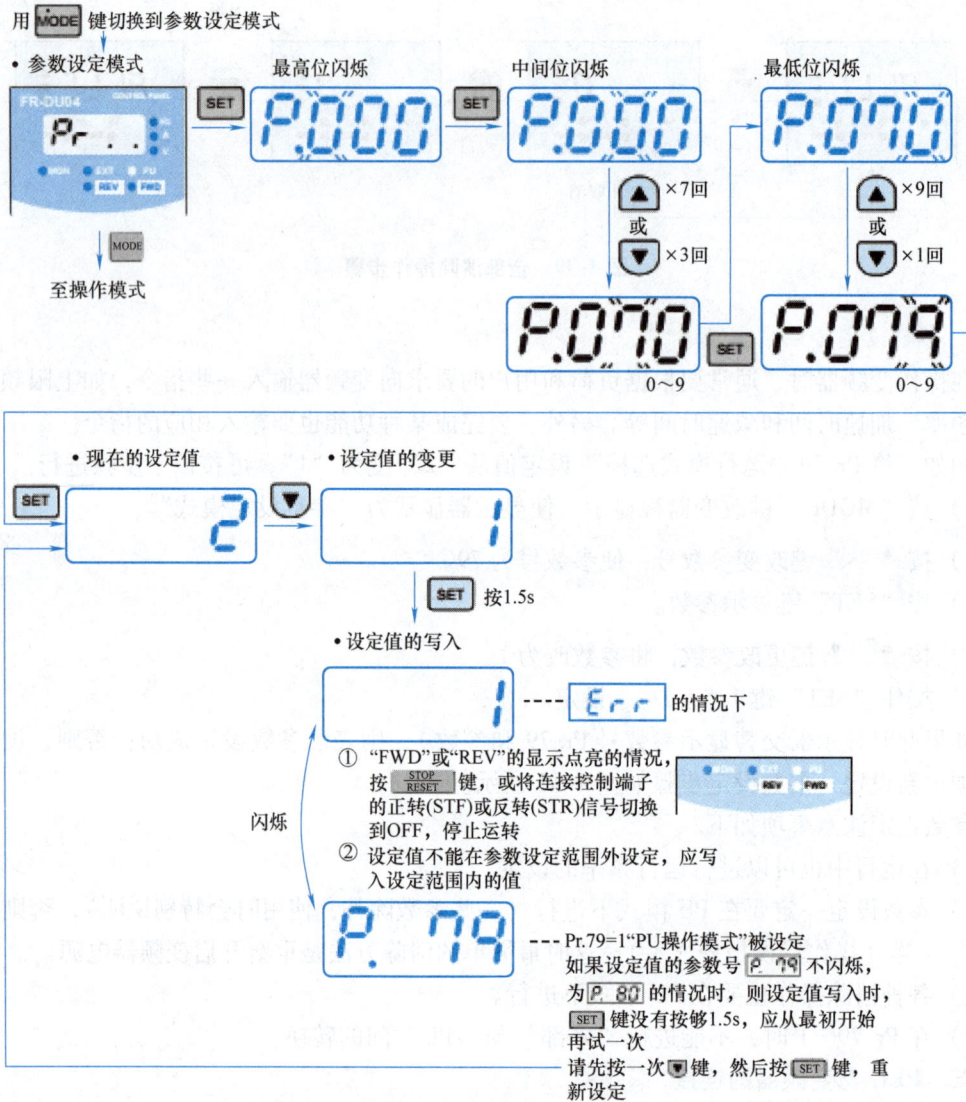

图 4-91　参数设定步骤

表 4-14　变频器的参数

参数名称	参数号	参考值
上升时间	Pr. 7	4s
下降时间	Pr. 8	3s
加减速基准频率	Pr. 20	50Hz
基底频率	Pr. 3	50Hz
上限频率	Pr. 1	50Hz
下限频率	Pr. 2	0Hz
运行模式	Pr. 79	1

2）转换模式。将变频器运行模式改为外部操作（Pr. 79 = 2）。

3）编制 PLC 程序，调试运行。参考程序梯形图如图 4-92 所示。

4）接线。将 PLC 和变频器之间的连接线按图 4-93 所示进行连接。

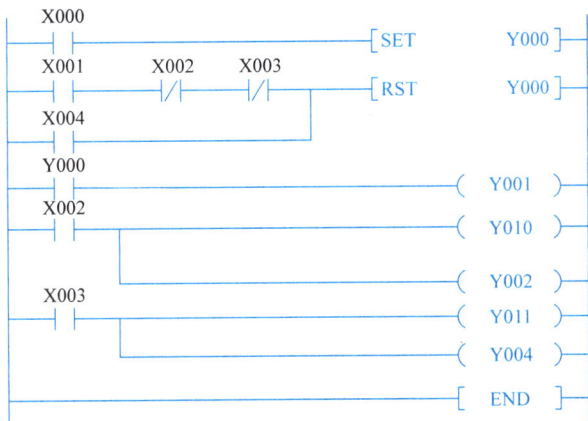

图 4-92　参考程序梯形图

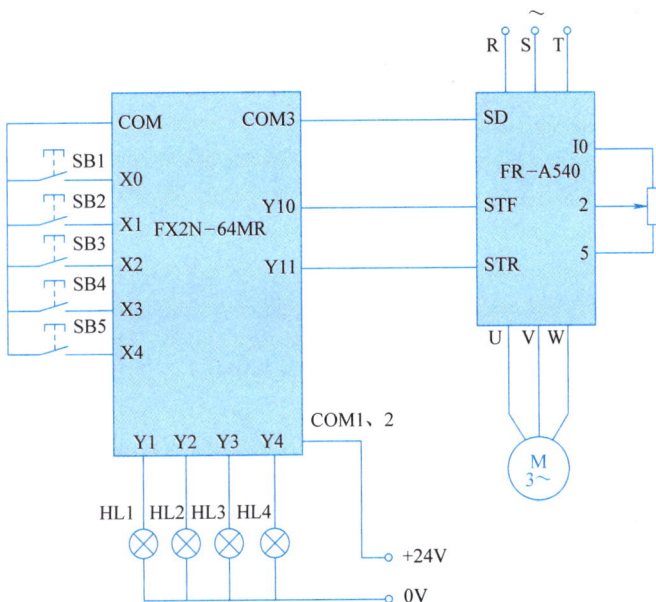

图 4-93　PLC 和变频器接线图

5）通电试验。

① 通过改变可调电阻，观察电阻的变化和电动机转速的关系。

② 用秒表测量电动机的上升时间和下降时间。

操作注意事项如下。

1）切不可将变频器的 R、S、T 与 U、V、W 端子接错，否则会烧坏变频器。

2）PLC 的输出端子只相当于一个触点，不能接电源，否则会烧坏电源。

第五节 工业人机界面

工业人机界面（Industrial Human – Machine Interface，或简称为 Industrial HMI）是一种带微处理器的智能终端，是智能控制系统中的人机交互设备，一般用于工业场合，连接可编程序控制器、变频器、直流调速器和仪表等工业控制设备，利用显示屏显示，通过输入单元（如触摸屏、键盘和鼠标等）写入工作参数或输入操作命令，实现人和机器之间的信息交互，包括文字或图形显示以及输入等功能。目前已有大量的工业人机界面应用于智能楼宇、智能家居、城市信息管理及医院信息管理等非工业领域。工业人机界面正在向应用范围更广的高可靠性、智能化信息终端发展。

一、工业人机界面（HMI）产品的组成

工业人机界面产品由硬件和软件两部分组成，硬件部分包括处理器、显示单元、输入单元、通信接口和数据存储单元等，如图 4-94 所示。其中，处理器的性能决定了 HMI 产品的性能高低，是 HMI 的核心单元。根据 HMI 的产品等级不同，处理器可分别选用 8 位、16 位和 32 位的处理器。HMI 软件一般分为两部分，即运行于 HMI 硬件中的系统软件和运行于个人计算机 Windows 操作系统下的界面组态软件（如 JB – HMI 界面组态软件）。使用者都必须先使用 HMI 的界面组态软件制作"工程文件"，再通过个人计算机和 HMI 产品的串行通信接口，把编制好的"工程文件"下载到 HMI 的处理器中运行。工业人机界面的软件组成如图 4-95 所示。

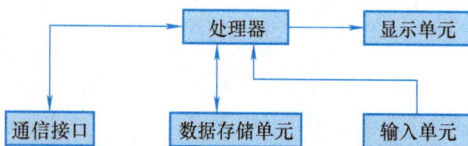

图 4-94 工业人机界面的硬件组成

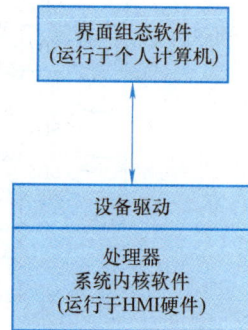

图 4-95 工业人机界面的软件组成

二、工业人机界面的分类

根据功能的不同，工业人机界面习惯上被分为文本显示器、触摸屏人机界面和平板计算机三大类，如图 4-96 所示。

1）文本显示器为薄膜键输入的 HMI，显示屏尺寸小于 5.7in[⊖]，界面组态软件免费，属初级产品，一般采用单片机控制，图形化显示功能较弱，成本较低，适用于低端的工业人机界面。

2）触摸屏人机界面为触摸屏输入的 HMI，显示屏尺寸为 5.7 ~ 12.1in，界面组态软件免费，属中级产品。它采用较高等级的嵌入式计算机设计，目前比较流行的设计是采用 32 位

⊖ 1in = 25.4mm。

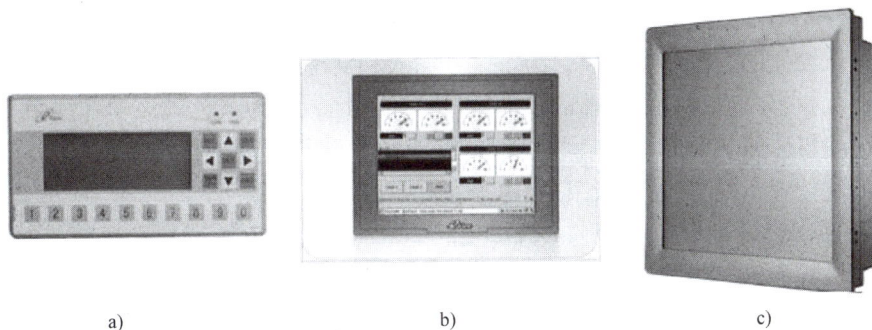

图 4-96　工业人机界面的分类

的 ARM 微处理器，主频一般在 100MHz 以上，采用 Linux 或 WinCE 等嵌入式操作系统。触摸屏人机界面具备丰富的图形功能，能够实现各种需求的图形显示、数据存储和联网通信等功能，且可靠性高，成本比平板计算机低，体积小，是工业场合的首选，近期也逐渐替代工业计算机成为主流的智能化信息终端。

3）平板计算机是基于个人平板计算机的、多种通信接口的高性能 HMI，显示屏尺寸大于 10.4in，界面组态软件收费，属高端产品。它是扁平设计的工业个人计算机，一般采用 X86 架构的设计、Windows XP 操作系统，带触摸屏，CPU 功能强大，可以完成大量的数据运算以及存储，缺点是成本较高，且部分带硬盘和风扇的设计降低了系统的可靠性。

三、工业人机界面产品的基本功能及选型指标

（1）基本功能

1）设备工作状态显示，如指示灯、按钮、文字、图形及曲线等。

2）数据、文字输入操作，打印输出。

3）生产配方存储，设备生产数据记录。

4）简单的逻辑和数值运算。

5）可连接多种工业控制设备组网。

（2）选型指标

1）显示屏尺寸及色彩，分辨率。

2）HMI 的处理器速度性能。

3）输入方式：触摸屏或薄膜键盘。

4）画面存储容量。注意厂商标注的容量单位是字节（Byte）还是位（bit）。

5）通信接口种类及数量，是否支持打印功能。

四、工业人机界面组态软件的设计

1. 界面风格设计

控制台人机界面选用非标准 Windows 风格，以实现用户个性化的要求。但考虑到大多数用户对于标准 Windows 系统较熟悉，在界面设计中尽量兼容标准 Windows 界面的特征。因为位图按钮可在操作中实现高亮度、突起和凹陷等效果，使界面表现形式更灵活，同时可以方便用户对控件的识别。但是，界面里使用的对话框、编辑框和组合框等都选用 Windows 标准

控件，对话框中的按钮也使用标准按钮。控件的大小和间距尽量符合 Windows 界面推荐值的要求。

界面默认窗体的颜色是亮灰色。为了区分输入和输出，供用户输入的区域使用白色作为底色，能使用户容易看到这是窗体的活动区域；显示区域设为灰色（或窗体颜色），提示用户那是不可编辑区域。窗体中所有的控件依据 Windows 界面设计标准采用左对齐的排列方式。对于不同位置上的多组控件，各组也是左对齐的。

2. 界面布局设计

工业人机界面的布局设计根据人体工程学的要求应该实现简洁、平衡和风格一致。典型的工控界面分为三部分：标题菜单部分、图形显示区以及按钮部分。根据一致性原则，保证屏幕上所有对象（如窗口、按钮、菜单等）风格的一致。各级按钮的大小、凹凸效果和标注字体、字号都保持一致，按钮的颜色和界面底色保持一致。

3. 打开界面的结构体系

选择界面的概念取决于多个界面。可将界面设计为循环式的。如果运行大量界面，必须设计一个合理的结构体系来打开界面。应选择简单而永久的结构以便操作员能够快速了解如何打开界面。

用户一次处理的信息量是有限的，所以大量信息堆积在屏幕上会影响界面的友好性。为了在提供足够信息量的同时保证界面的简明，可在设计时采用控件分级和分层的布置方式。分级是指把控件按功能划分成多个组，每一组按照逻辑关系细化成多个级别。用一级按钮控制二级按钮的弹出和隐藏，保证界面的简洁。分层是把不同级别的按钮纵向展开在不同的区域，区域之间有明显的分界线。在使用某个按钮弹出下级按钮的同时对其他同级的按钮实现隐藏，使逻辑关系更清晰。

分层通常要由三个层面组成。层面 1 是总览界面，该层面要包含不同系统部分在系统所显示的信息，以及如何使这些系统部分协同工作。层面 2 是过程界面，该层面包含指定过程部分的详细信息，并显示哪个设备对象属于该过程部分；该层面还显示了报警对应的设备对象。层面 3 是详细界面，该层面提供各个设备对象的信息，如控制器、控制阀、控制电动机等，并显示消息、状态和过程值；如果合适的话，该层面还包含与其他设备对象工作有关的信息。

4. 文字的应用

界面中的常用字体有中文的宋体、楷体，英文的 Arial 等，因为这些字体容易辨认、可读性好。考虑到一致性，控制台软件界面所有的文本都选用中文宋体，文字的大小根据控件的尺寸选用了大、小两种字号，使显示信息清晰并保证风格统一。

人体工程学要求界面的文本用语简洁，尽量用肯定句和主动语态，英文词语避免缩写。控制台人机界面中应用的文本有两类：标注文本和交互文本。标注文本是写在按钮等控件上、表示控件功能的文字，尽量使用描述操作的动词，如"设备操作""系统设置"等。交互文本是人与计算机以及计算机与总控制台等系统交互信息所需要的文本，包括输入文本和输出文本。交互文本使用的语句尽量采用用户熟悉的句子和礼貌的表达方式，如"请检查交流电压""系统警告装置锁定"等。对于信息量大的情况，采用上下滚动而不用左右滚屏，因为这样更符合人们的操作习惯。

5. 色彩的选择

工业人机界面中色彩的选择也是非常重要的。人眼对颜色的反应比对文字的反应要快，所以不同的信息用颜色来区分比用文字区分的效果要好。不同色彩给人的生理和心里的感觉是不同的，所以色彩选择是否合理也会对操作者的工作效率产生影响。在特定的区域，不同颜色的使用效果是不同的。例如：前景颜色要鲜明一些，使用户容易识别；而背景颜色要暗淡一些，以避免对眼睛的刺激。所以，红色、黄色、草绿色等耀眼的色彩不能应用于背景色。蓝色和灰色是人眼不敏感的色彩，无论处在视觉的中间还是边缘位置，眼睛对它们的敏感程度是相同的，作为人机界面的底色调是非常合适的。但是在小区域内的蓝色就不容易被感知，而红色和黄色则很醒目。因此提示和警告等信息的标志宜采用红色、黄色。

使用颜色时应注意以下几点。

1）限制同时显示的颜色数。一般同一界面不宜超过四种或五种，可用不同层次及形状来配合颜色增加的变化。

2）界面中活动对象颜色应鲜明，而非活动对象颜色应暗淡，对象颜色应不同，前景色宜鲜艳一些，背景色则应暗淡一些。中性颜色（如浅灰色）往往是最好的背景色，浅色具有跳到面前的倾向，而黑色则使人感到退到了背景之中。

3）避免不兼容的颜色放在一起（如黄与蓝，红与绿等），除非做对比时使用。

6. 图形和图标的使用

图形和图标能形象地传达信息，这是文本信息达不到的效果。控制台人机界面通过可视化技术将各种数据转换成图形、图像信息显示在图形区域。选择图标时应力求简单化、标准化，并优先选用已经创建并普遍被大众认可的标准化图形和图标。

五、工业人机界面的使用方法

1）明确监控任务要求，选择适合的 HMI 产品。

2）在个人计算机上用界面组态软件编辑"工程文件"。

3）测试并保存已编辑好的"工程文件"。

4）个人计算机连接 HMI 硬件，下载"工程文件"到 HMI 中。

5）连接 HMI 和工业控制器（如 PLC、仪表等），实现人机交互。

六、三菱 F940GOT 触摸屏

1. 三菱 F940GOT 触摸屏的性能

三菱 F940GOT 触摸屏的外观如图 4-97 所示。三菱 F940GOT 触摸屏的显示界面为 5.7in，型号有 F940GOT - BWD - C（双色）、F940GOT - LWD - C（黑白）及 F940GOT - SWD - C（彩色）三种，其双色为蓝白两色，黑白为黑白两色，其他性能指标类似。三菱 F940GOT 的屏幕硬件规格见表 4-15，其基本功能见表 4-16。

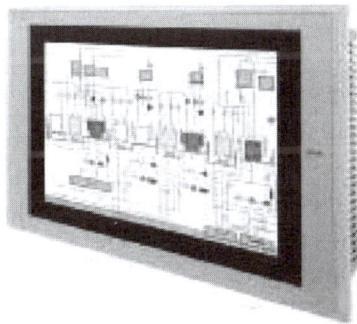

图 4-97　三菱 F940GOT 触摸屏的外观

表 4-15 三菱 F940GOT 的屏幕硬件规格

项目		规 格
显示元件		F940GOT – BWD – C：STN 液晶，双色（蓝色和白色）
		F940GOT – LWD – C：STN 液晶，双色（黑色和白色）
		F940GOT – SWD – C：STN 液晶，彩色
分辨率		320×240（点），20 字符×15 行
点间距		0.36mm（0.014in）水平×0.36mm（0.014in）垂直
有效显示尺寸		115mm（4.53in）×86mm（3.39in）：6（5.7in）型
液晶寿命		大约 50000h（运行环境温度：25℃），质保期 1 年
背灯		冷阴极管
背灯寿命		50000h（BWD，不能更换）、40000h（LWD，SWD）或更长（运行环境温度：25℃），质保期 1 年
触摸键		最大 50 触摸键/界面，20×12 矩阵键，Enter 键
接口	RS422	符号 RS422（COM0），单通道，用于 PLC 通信
	RS232C	符号 RS232C（COM1），单通道，用于界面传递和 PLC 通信
界面数目		用户界面：500 个界面或更少，No.1 ~ No.500
		系统界面：指定界面 No.1001 ~ No.1030
用户内存		快闪内存 512KB（内置）

表 4-16 三菱 F940GOT 的基本功能

模式	功能	功能概要
用户屏模式	字符显示	显示字母和数字
	绘图	显示直线、圆和长方形
	灯显示	屏幕上指定区域根据 PLC 中位元件的 ON/OFF 状态反转显示
	图形显示	可以以棒图、线形图和仪表面板的形式显示 PLC 中字元件的设定值和当前值
	数据显示	可以以数字的形式显示 PLC 中字元件的设定值和当前值
	数据改变功能	可以改变 PLC 中字元件的当前值和设定值
	开关功能	控制的形式可以是瞬时、交替和置位/复位
	界面切换	可以用 PLC 或触摸键切换显示界面
	数据成批传送	触摸屏中存储的数据可以被传送到 PLC
	安全功能	只有在输入正确密码以后才能显示界面（本功能在系统界面中也可以使用）
HPP（手持式编程）模式	程序清单[①]	可以以指令程序的形式读、写和监视程序
	参数[①]	可以读写程序容量、锁存寄存器范围等参数
	软元件监视	可以用元件编号和注释表达式监视位元件的 ON/OFF 状态及字元件的当前值和设定值
	当前值/设定值改变	可以用元件编号和注释表达式改变字元件的当前值和设定值
	强制 ON/OFF	PLC 中的位元件可以强制变为 ON 或 OFF
	动作状态监视[①]	处于 ON 状态里自动显示状态（S）编号被自动显示用于监视（仅在连接 MELSEC FX 系列时可以使用）
	缓冲存储器（BFM）监视[①]	可以监视 FX_{2N}/FX_{2NC} 系列特殊模块的缓冲存储器（BFM），也可以改变它们的设定值
	PLC 诊断[①]	读取和显示 PLC 错误信息

（续）

模式	功能	功能概要
采样模式	设定条件	多达四个要采样元件的条件，设置采样开始/停止时间等
	结果显示	以清单或图形形式显示采样结果
	数据清除	清除采样结果
报警模式	显示状态	在清单中以发生的顺序显示当前报警
	报警历史	报警历史和事件时间（以时间顺序）一起被存储在清单中
	报警频率	存储每个报警的事件数量
	清除记录	删除报警历史
测试模式	界面清单	以界面编号的顺序显示用户界面
	数据文件	改变在配方功能（数据文件传送功能）中使用的数据
	调试	检测操作，看显示的用户界面上键操作、界面改变等是否被正确执行
	通信监测	显示与连接的 PLC 的通信状态
其他模式	设定时间开关	在指定时间将指定元件设为 ON/OFF
	数据传送	可以在触摸屏和界面创建软件之间传送界面数据、数据采样结果和报警历史
	打印输出	可以将采样结果和报警历史输出到打印机
	关键字	可以登记保护 PLC 中程序的密码
	设定模式	可以指定系统语言、连接的 PLC 类型、串行通信参数、标题界面、主菜单调用键，进行当前日期和时间、背光熄灭时间、蜂鸣音量、LCD 对比度、界面数据清除等初始设置

① 只有连接了 FX$_{2N}$ 系列 PLC 时有效。

2. 触摸屏的基本操作模式和主要功能

（1）界面显示功能　系统主菜单界面状态如图 4-98 所示。

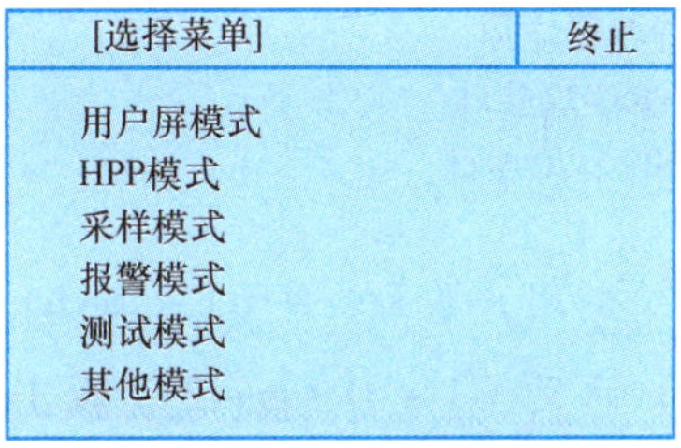

（2）界面操作功能　实际使用时，操作者可以通过触摸屏上的操作键来切换 PLC 的位元件，也可以通过键盘输入、更改 PLC 数字元件的数据。在触摸屏处于 HPP（手持式编程）状态时，还可以作为编程器对与其连接的 PLC 进行程序的读写、编辑和软元件的监视，以及对软元件的设定值和当前值的显示与修改。

图 4-98　系统主菜单界面状态

（3）检测监视功能　触摸屏可以进行用户界面显示，操作者可以通过界面监视 PLC 内位元件的状态及数据寄存器中数据的数值，并可对位元件执行强制 ON/OFF 状态，可以对数据文件的数据进行编辑，也可以进行触摸键的测试和界面的切换等操作。

（4）数据采样功能　可以设定采样周期，记录指定的数据寄存器的当前值，通过设定采样的条件，将收集到的数据以清单或图表的形式进行显示或打印。

（5）报警功能　触摸屏可以指定 PLC 的位元件（可以是 X、Y、M、S、T、C，最多256 个）与报警信息相对应，通过这些位元件的 ON/OFF 状态来给出报警信息，并可以记录最多1000 个报警信息。

（6）其他功能　触摸屏具有设定时间开关、数据传送、打印输出、关键字和动作模式设定等功能，在动作模式设定中可以设定系统语言、连接 PLC 的类型、串行通信参数、标题界面、主菜单调用键、当前日期和时间等内容。

3. 触摸屏的基本工作模式及与计算机、PLC 的连接

作为 PLC 的图形操作终端，触摸屏必须与 PLC 联机使用，触摸屏机箱上的通信接口如图 4-99 所示。通过操作者手指与触摸屏上图形元件的接触发出 PLC 的操作指令或显示 PLC 运行中的各种信息。计算机与触摸屏的连接如图 4-100 所示。触摸屏与 PLC 的连接如图 4-101所示。

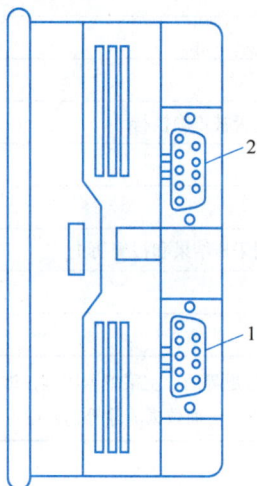

图 4-100　计算机与触摸屏的连接

图 4-99　触摸屏机箱上
　　的通信接口
1—RS 422 接口
2—RS 232C 接口

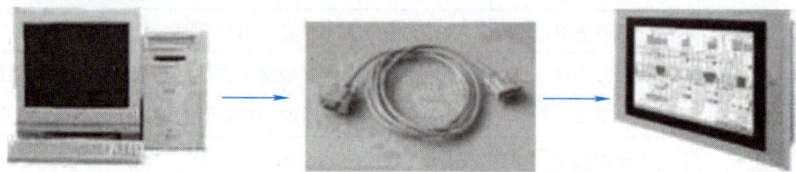

图 4-101　触摸屏与 PLC 的连接

4. 绘制用户界面软件 GT – Designer2 的操作方法

（1）启动 GT – Designer2　双击桌面上的 GT – Designer2 按钮![icon]，即可启动 GT – Designer2，此时弹出"新建工程向导"对话框，单击"显示新建工程向导"复选按钮，开启一个新工程的环境设置，如图 4-102 所示。

确认无误后，单击"下一步"按钮，设置与 GOT 连接的机器，如图 4-103 所示。

设置与 GOT 连接的 PLC 类型，这里选择"QnA/Q"，如图 4-104 所示。

设置完成后，单击"下一步"按钮，选择连接为"标准 RS – 232"，并单击"下一步"按钮，如图 4-105 所示。

设置"通讯驱动程序"，这里选择"A/QnA/Q CPU"，如图 4-106 所示。

GT15 可以连接多台机器，这里只连接一台，单击"下一步"按钮，如图 4-107 所示。

选择基本画面为"GD100"，如图 4-108 所示。

设置完毕后，单击"下一步"按钮，如图 4-109 所示。

（2）编辑 GOT 界面　新建第一幅画面，编号为1，给画面设置标题，单击"确认"按

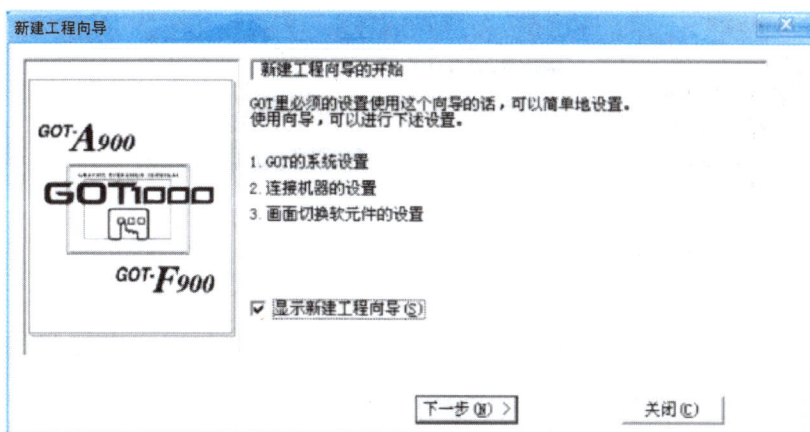

图 4-102　开启新工程

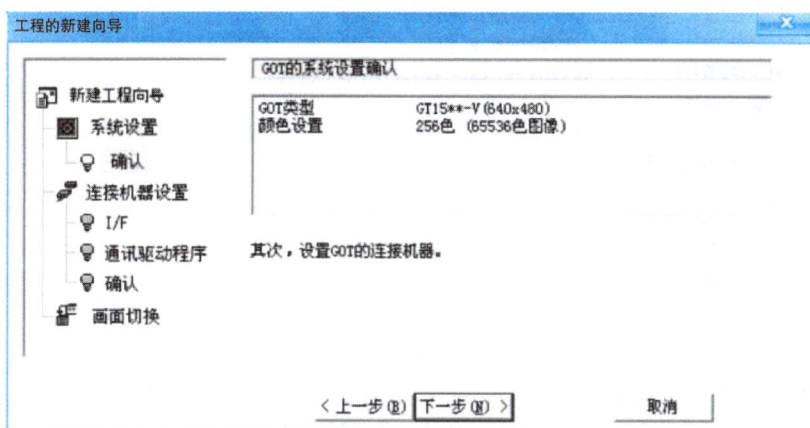

图 4-103　设置与 GOT 连接的机器

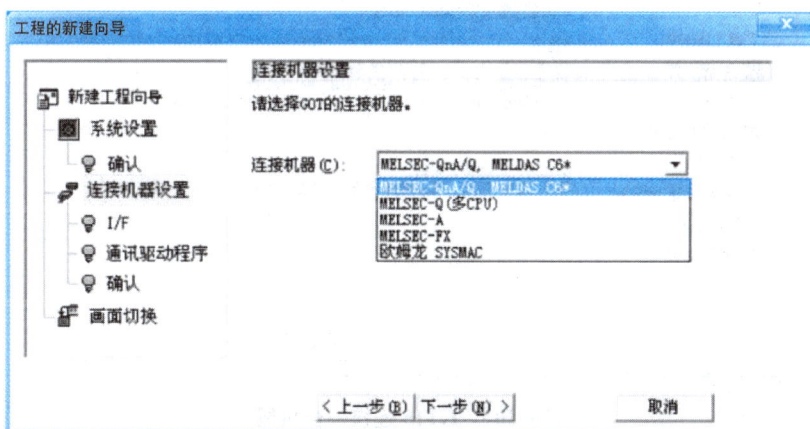

图 4-104　设置与 GOT 连接的 PLC 类型

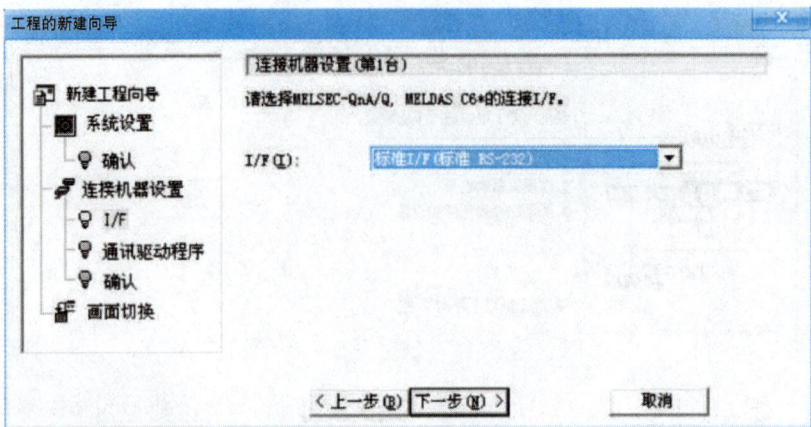

图 4-105　选择连接

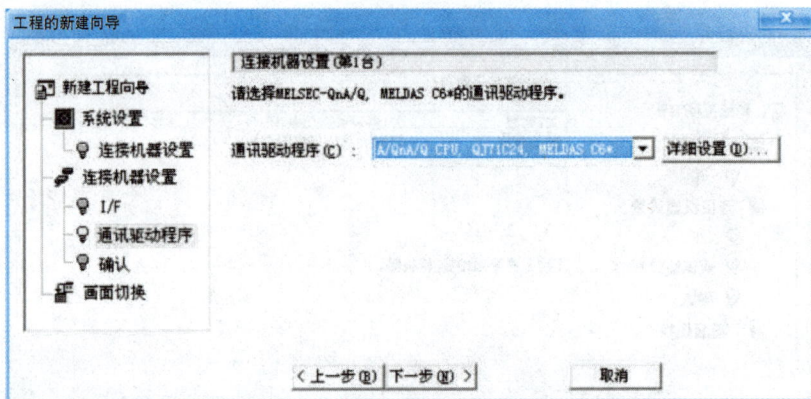

图 4-106　设置"通讯驱动程序"

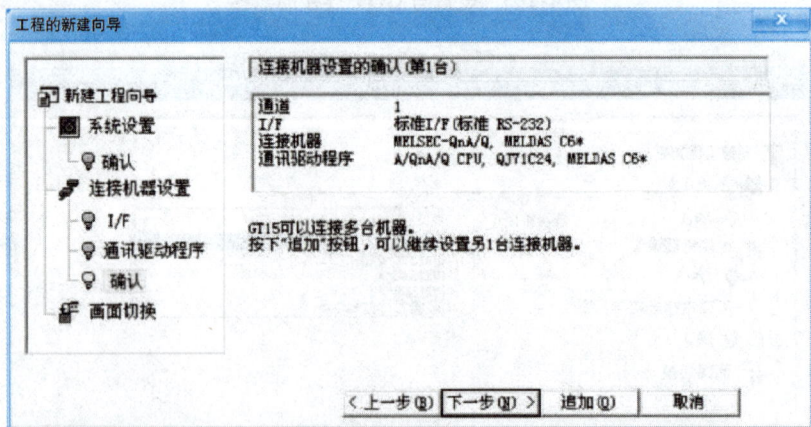

图 4-107　GT15 连接一台机器

钮完成，如图 4-110 所示。

编辑界面如图 4-111 所示。

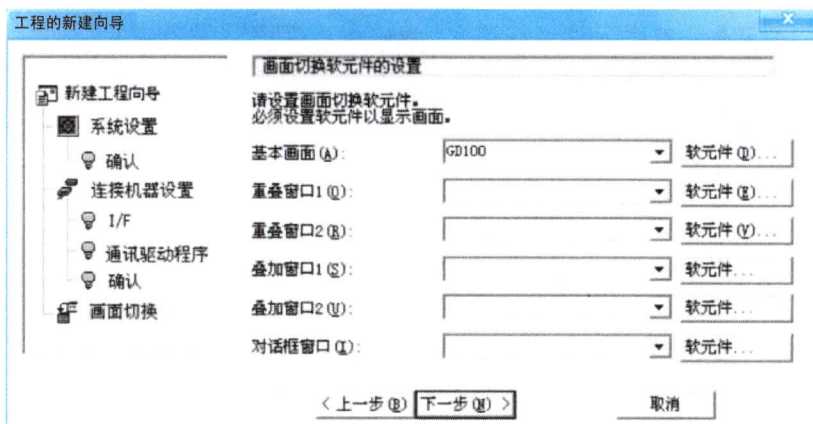

图 4-108　画面设置

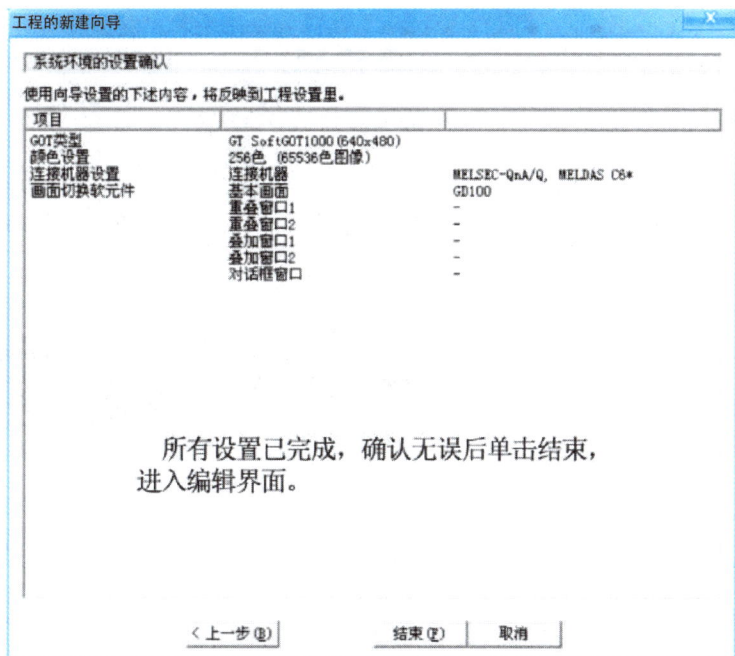

图 4-109　设置完毕

（3）常用控件的功能及使用方法

1）指示灯。

① 位指示灯 。根据位软元件的 ON/OFF 使指示灯实现亮灯/灭灯的功能。指示灯亮/灭的功能实现如图 4-112 所示。

② 字指示灯 。根据字软元件的值的变化变更指示灯的颜色。指示灯颜色变化的功能实现如图 4-113 所示。

单击快捷按钮，并在编辑窗口单击，便可得到希望的元件，双击元件进行属性和动作的设置。元件属性和动作设置界面如图 4-114 所示。

2）数值显示和数值输入。

① 数值显示 123 。将连接设备的软元件中存储的数据以数值的形式显示到 GOT 中，如图 4-115 所示。

② 数值输入 123 。将任意的值从 GOT 写入连接设备的软元件中，如图 4-116所示。

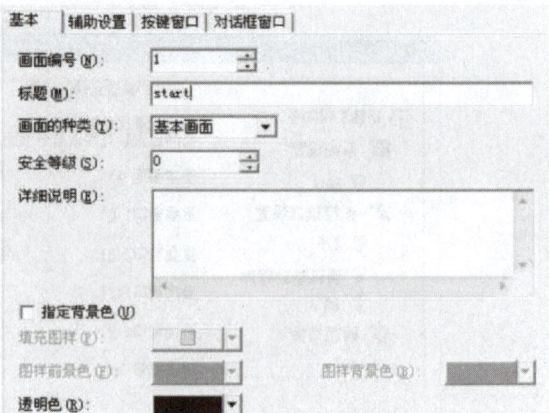

图 4-110 新建第一幅画面

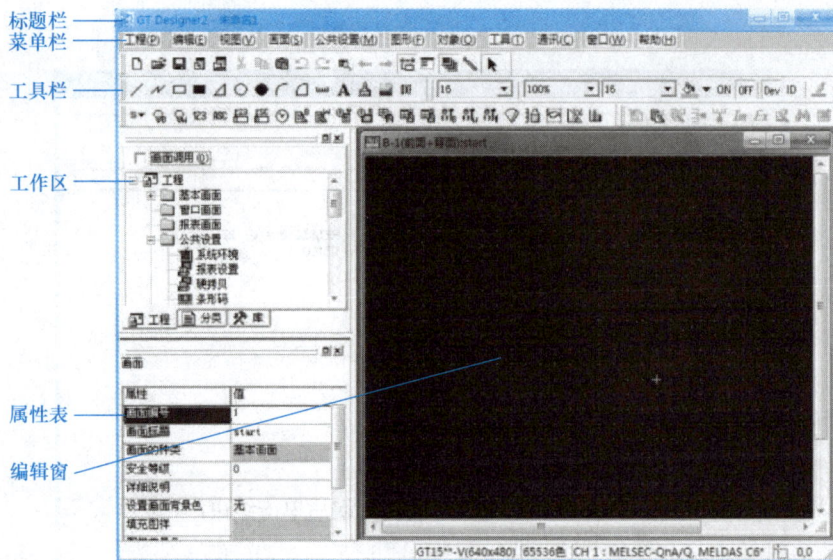

图 4-111 编辑界面

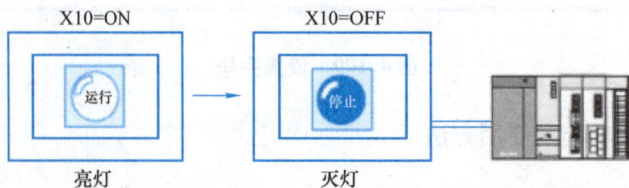

图 4-112 指示灯亮/灭的功能实现

3）日期、时间显示。

① 日期显示 。设置日期，以西历两位显示年，如图 4-117 所示。

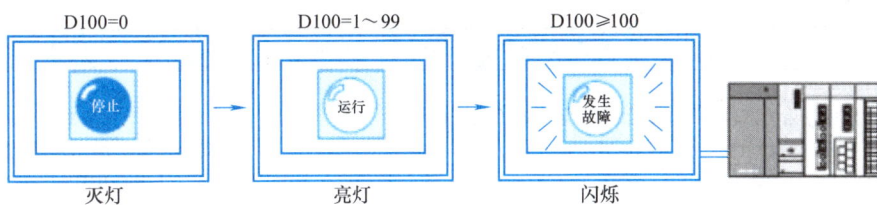

图 4-113　指示灯颜色变化的功能实现

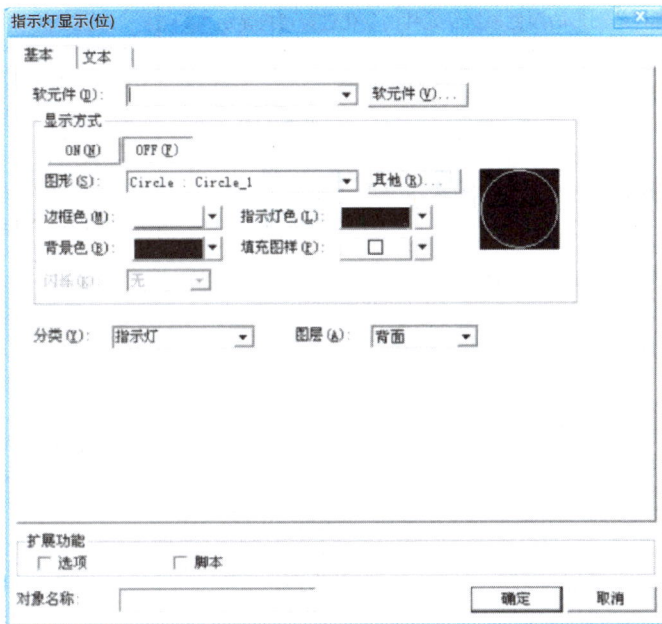

图 4-114　元件属性和动作设置界面

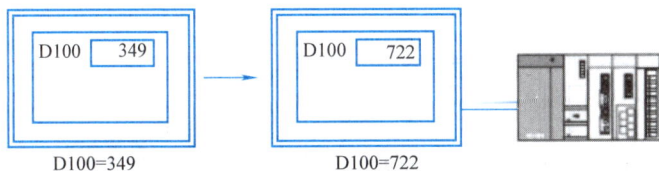

图 4-115　数值显示

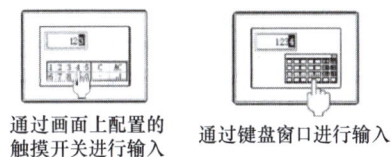

图 4-116　数值输入

② 时间显示 ⊙ 。设置时间，以 24h 制显示，如图 4-118 所示。

4）部件显示。部件显示见表 4-17。

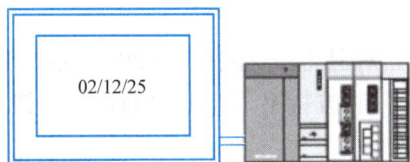

图 4-117　日期显示

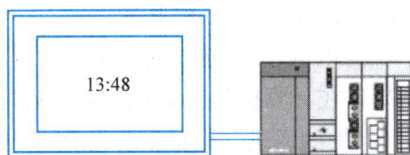

图 4-118　时间显示

表4-17 部件显示

类型	内容	备注
部件	显示登录为部件的图形，如可登录为部件的图形 图形　　　　　BMP/JPEG文件	1. 对部件需要预先进行登录 2. 将部件用的BMP/JPEG文件登录到存储卡中
记号	将登录为部件的图形的颜色根据软元件的变化进行切换显示 由于在一个部件中可以显示不同的图像，因此不需要登录多个部件，可以节约GOT的存储器空间 白色　　　　蓝色　　　　红色 D100=0　　D100=50　　D100=100 在白色的部分进行显示颜色的切换	1. 不能使用BMP/JPEG格式的部件 2. 应将进行颜色切换的部分绘制为白色 3. 部件显示（固定）时不能切换为多个颜色，只能显示为1种颜色
基本画面 窗口画面	显示任意的基本画面、窗口画面中的图形 基本画面1　　基本画面20 画面显示 基本画面20的图形被显示到基本画面1中	基本画面、窗口画面中，不能显示所设置的对象

5）面板仪表显示 ◇。根据已设定的上限值、下限值对应的数值，以仪表（针摆）显示字软元件值，如图4-119所示。

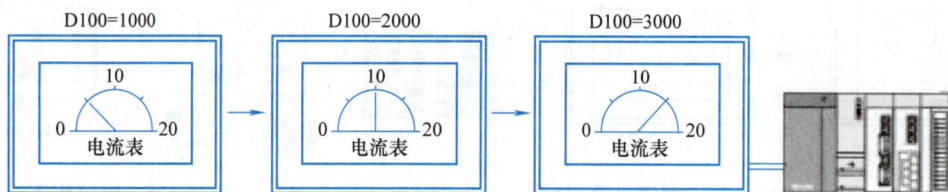

图4-119 面板仪表显示

具体参数与软元件对应关系在双击仪表盘后打开的对话框内设置。

（4）通讯设置与工程下载

1）通讯设置。选择通讯，打开"通讯设置"对话框，如图4-120所示。选择"RS232"，在计算机的设备管理器中确定好连接的端口号和波特率，单击"确定"按钮，弹出"跟GOT的通讯"对话框，如图4-121所示。

2）工程下载。单击图4-121所示的"下载"按钮后，工程被下载到GOT中，连接

PLC，GOT 便能根据所设置的对应关系读取各软元件的值，实现各种显示及控制功能。

图 4-120　"通讯设置" 对话框

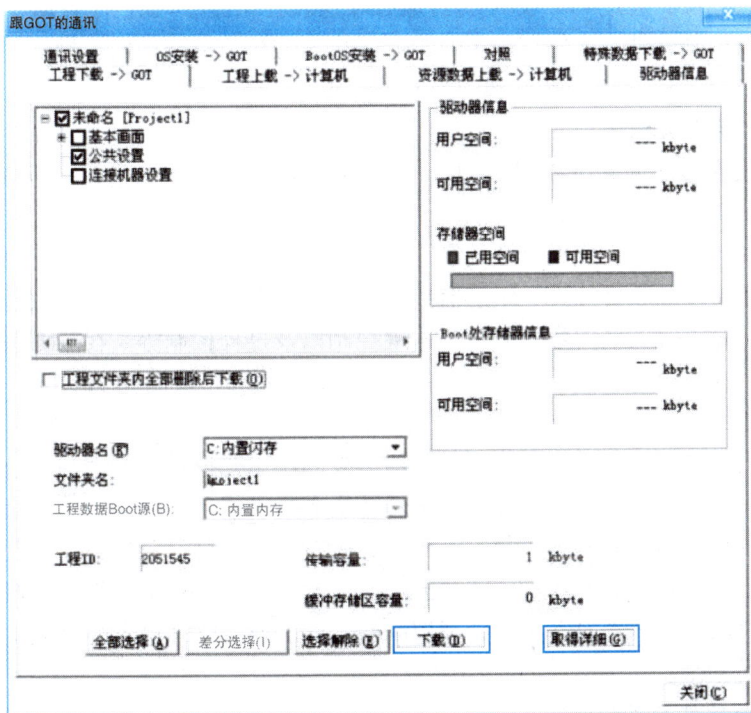

图 4-121　"跟 GOT 的通讯" 对话框

第六节　组态监控技术

"组态"的概念是伴随着集散型控制系统（Distributed Control System，DCS）的出现才开始被广大的生产过程自动化技术人员所熟知的。在工业控制技术不断发展和应用的过程中，个人计算机（包括工业控制计算机）相比以前的专用系统具有的优势日趋明显。计算机在工业控制领域的广泛应用促进了工业自动控制水平的迅速提高，自动控制设备和过程监控装置在工业领域的应用种类越来越多，控制要求越来越高，传统的工业控制软件已无法满足用户的各种要求。其主要原因是：如果开发传统的工业控制软件为不同被控对象，工业被控对象发生变动时就必须修改控制系统的源程序，这对编程人员要求很高，软件开发和修改周期长；已开发成功的工业控制软件因控制项目的不同而不同，重复使用率很低，因此价格非常昂贵；当开发或修改工业控制软件源程序时，若原编程人员离职，则必须有其他编程人员或新手接替，进行源程序的修改，这往往是一件困扰工业控制软件开发公司的难事。综上所述，迫切需要一种新型的软件开发工具。

组态监控软件是用于工业自动化和过程监控的通用软件。它具有友好的用户界面、灵活多样的组态方式，是为用户提供快速构建工业自动控制系统监控功能的、通用层次的监控工具。它的出现为解决自动化实际工程问题提供了一种崭新的方法。它能够很好地解决传统工业控制软件存在的种种问题，使用户能够根据自己的控制对象和控制目的任意组态，最终完成自动化控制工程。在个人计算机技术向工业控制领域的渗透中，组态监控软件占据着非常特殊而且重要的地位。通过 PLC/PAC（可编程序逻辑控制器/可编程序自动化控制器）等控制设备和计算机控制软件，人们摆脱了对控制现场恶劣环境的直接监控操作，实现了远程自动控制。

一、组态监控软件概述

组态监控软件译自英文 SCADA，即 Supervisory Control and Data Acquisition（数据采集与监视控制）。它是指一些数据采集与过程控制的专用软件。它们处在自动控制系统监控层一级的软件平台和开发环境，使用灵活的组态方式为用户提供了快速构建工业自动控制系统监控功能的、通用层次的软件工具。组态监控软件的应用领域很广，可以应用于电力系统、给水系统、石油、化工等领域的数据采集、监视控制以及过程控制等。在电力系统以及电气化铁路上又称为远动系统（RTU System，Remote Terminal Unit）。图 4-122 所示为制冷运行系统的组态界面。

工业计算机控制系统通常可以分为设备层、控制层、监控层和管理层四个层次结构，如图 4-123 所示。其中，设备层负责将物理信号转换成数字信号或标准的模拟信号，控制层完成对现场工艺过程的实时监测与控制，监控层通过对多个控制设备的集中管理来完成监控生产运行过程的目的，管理层实现对生产数据进行管理、统计和查询。组态监控软件一般是位于监控层的专用软件，负责向下集中管理控制层，向上连接管理层，是企业生产信息化的重要组成部分。

1. 组态监控软件的性能

（1）延续性和可扩充性　当现场（包括硬件设备或系统结构）或用户需求发生改变时，不需对用通用组态软件开发的应用程序做很多修改，可以方便地完成软件的更新和升级。

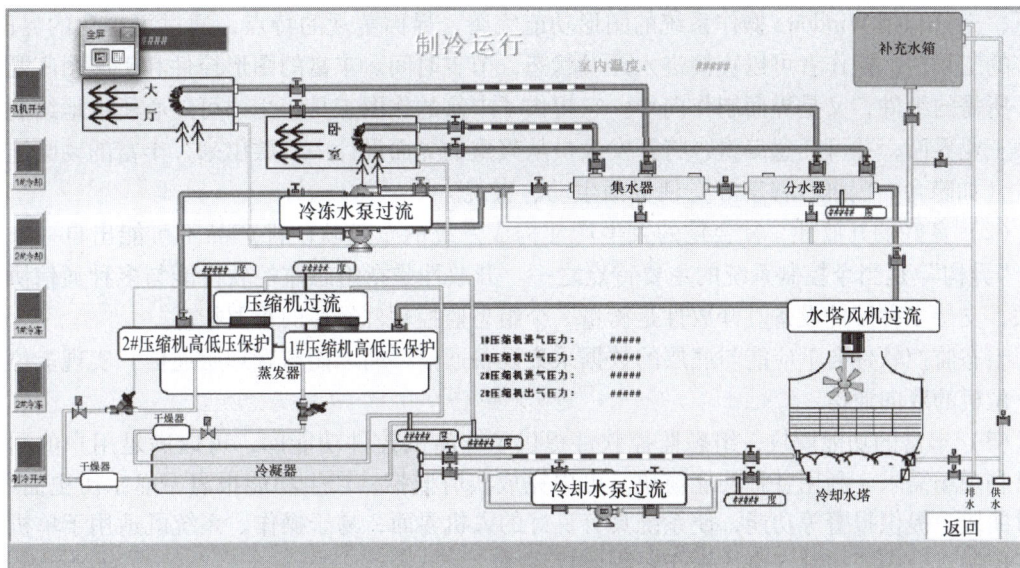

图 4-122　制冷运行系统的组态界面

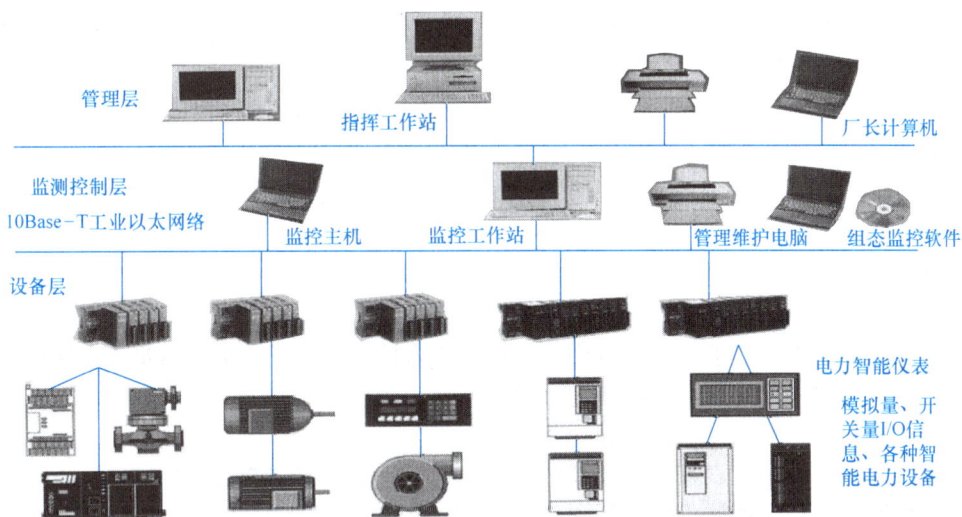

图 4-123　工业计算机控制系统组成示意图

（2）封装性　通用组态软件所能完成的功能都用一种方便用户使用的方法包装起来，对于用户，不需掌握太多的编程语言技术（甚至不需要掌握编程技术），就能很好地实现一个复杂工程所要求的所有功能。

（3）通用性　每个用户根据工程实际情况，利用通用组态软件提供的底层设备（PLC、智能仪表、智能模块、板卡和变频器等）的 I/O 驱动器、开放式的数据库和界面制作工具，就能完成一个具有动画效果、多媒体功能和网络功能，能够进行实时数据处理，且历史数据和曲线并存的工程，不受行业限制。

2. 组态监控软件的特点

（1）强大的界面显示功能　目前，工业控制组态监控软件大都运行于 Windows 操作系统下，充分利用 Windows 操作系统的图形功能完善、界面美观的特点，通过可视化的界面、丰富的工具栏，操作者可以直接进入开发状态，节省时间。丰富的图形控件和工况图库既提供了所需的组件，又是界面制作向导。它提供了丰富的作图工具，用户可随心所欲地绘制出各种工业界面，并可任意编辑，将开发人员从繁重的界面设计中解放出来，丰富的动画连接方式（如隐含、闪烁、移动等）使界面生动、直观。

（2）良好的开放性　社会化的大生产使构成系统的全部软硬件产品不可能出自一家公司，"异构"是当今控制系统的主要特点之一。开放性是指组态监控软件能与多种通信协议互联，支持多种硬件设备。开放性是衡量一个组态监控软件好坏的重要指标。

组态监控软件向下应能与底层的数据采集设备通信，向上能与管理层通信，实现上位机与下位机的双向通信。

（3）丰富的功能模块　组态监控软件提供了丰富的控件功能库，可以满足用户的测控要求和现场需求。利用各种功能模块，可以完成实时监控，产生功能报表，显示历史曲线、实时曲线，提供报警等功能，使系统具有良好的人机界面，易于操作。系统既适用于单机集中式控制、分布式控制，也适用于远程监控系统。

（4）强大的数据库　组态监控软件配有实时数据库，可存储各种数据，如模拟量、离散量和字符等，实现与外部设备的数据交换。

（5）可编程的命令语言　组态监控软件有可编程的命令语言，使用户可根据需要编写程序，增强图形界面。

（6）周密的系统安全防范　对不同的操作者赋予了不同的操作权限，保证整个系统安全可靠地运行。

（7）仿真功能　组态监控软件提供了强大的仿真功能，使系统可以并行设计，缩短了开发周期。

3. 组态监控软件的操作

组态监控软件为用户提供了一个简捷的操作平台，在此平台上，用户只需做一些简单的二次开发就可达到设计要求。就像搭积木一样，可以任意组合，每个积木是一个黑匣子，称为对象，通过对该对象的属性和事件进行简单编程，快速构建满足用户要求的工业控制监控系统，即可实现对工程项目的监视和控制功能。

例如：现场有一个仪表数据需要在计算机上显示出来，硬件已连接，将现场温度仪表信号连接至工业控制计算机的示意框图如图 4-124 所示。

图 4-124　将现场温度仪表信号连接至工业控制计算机的示意框图

在组态监控软件中只要进行三步简单的操作。

1）建立一个过程连接到仪表数据的 PLC。
2）定义一个变量到该过程连接。
3）建立一个显示域显示该过程连接的变量数据。

存盘后进入运行系统，就会在工业控制计算机的屏幕上看到仪表数据，所有的工作在几分钟内即完成，用户甚至没有输入任何代码，使用非常方便快捷。

二、力控组态软件

力控组态软件是对现场生产数据进行采集与过程控制的专用软件，其最大的特点是能以

— 210 —

灵活多样的"组态方式"而不是以编程方式来进行系统集成。它提供了良好的用户开发界面和简捷的工程实现方法，只要将其预设置的各种软件模块进行简单的"组态"，便可以非常容易地实现监控层的各项功能。例如：在分布式网络应用中，所有应用（如趋势曲线、报警等）对远程数据的引用方法与引用本地数据完全相同，通过"组态"的方式可以大大缩短系统集成的时间。

1. 力控组态软件的结构

力控组态软件基本的程序及组件包括工程管理器、人机界面（VIEW）、实时数据库（RTDB）、I/O 驱动程序、控制策略生成器、各种数据服务及扩展组件。其中，实时数据库是系统的核心。图 4-125 所示为力控组态软件的结构图。

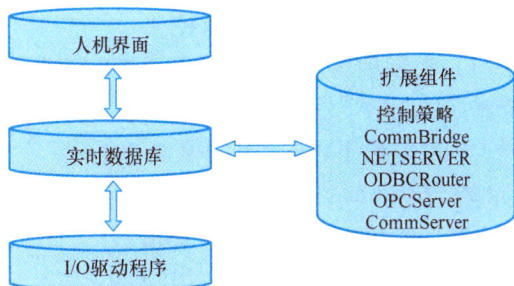

图 4-125　力控组态软件的结构图

2. 系统要求

（1）硬件配置　目前市面上流行的计算机完全可以满足力控的运行要求。推荐配置如下。

1）CPU。Pentium（R）4 CPU 2.0GHz 以上。

2）内存。512MB 以上。

3）显示器。VGA、SVGA 以及支持桌面操作系统的图形适配器，显示 256 色以上。

4）并行接口或 USB 接口。安装产品授权的加密锁。

（2）软件要求　软件没有经过授权，也可以开发和运行，但有限制：数据库连接项支持 64 点，系统在线运行时间是 1h。软件支持的操作系统为 Windows 2000 以上。

（3）硬件加密锁　软件是通过硬件加密锁进行授权的，软件经过授权后可以长时间运行，产品提供的加密锁包括并行接口硬件加密锁和 USB 接口硬件加密锁，硬件加密锁使用前必须安装驱动程序。

3. 使用力控组态软件的一般步骤

力控组态软件创建新的工程项目的一般过程是：绘制图形界面、创建数据库、配置 I/O 设备并进行 I/O 数据连接、建立动画连接、运行及调试。组态的一般步骤如下。

1）将开发的工业控制项目中所有 I/O 点的参数收集齐全，并填写表格。

2）搞清楚所使用的 I/O 设备的生产商、种类、型号，使用的通信接口类型、采用的通信协议，以便在定义 I/O 设备时做出准确选择。设备包括 PLC、板卡、模块和智能仪表等。

3）将所有 I/O 点的 I/O 标识收集齐全，并填写表格。I/O 标识是唯一确定一个 I/O 点的关键字，组态软件通过向 I/O 设备发出 I/O 标识来请求其对应的数据。在大多数情况下，I/O 标识是 I/O 点的地址或位号名称。

4）根据工艺过程绘制、设计界面结构和界面草图。

5）按照第 1）步统计出的表格，建立实时数据库，正确组态各种变量参数。

6）根据第 1）步和第 3）步的统计结果，在实时数据库中建立实时数据库变量与 I/O 点的一一对应关系，即定义数据连接。

7）根据第 4）步的界面结构和界面草图，组态每一幅静态的操作界面（主要是绘图）。

8）将操作界面中的图形对象与实时数据库变量建立动画连接关系，规定动画属性和幅度。

9）对组态内容进行分段和总体调试。

10）系统投入运行。

三、创建一个简单工程实例——化学液体存储罐控制组态仿真

1. 项目分析

工业控制中一个项目总的要求可分为四个部分：控制现场与工艺、执行部件与控制点数、控制设备及现场模拟与监控。

（1）控制现场与工艺　控制现场与工艺是在开发工业控制项目和学习组态软件使用时首要掌握的内容。需要控制的现场是多种多样的，控制内容、控制方式各不相同，工艺要求各异，控制对象不一样，精度要求也不同。

（2）执行部件与控制点数

图 4-126 中有五个控制点：存储罐液面的实时高度、入口阀门、出口阀门、开始和停止两个按钮；有一个工艺：罐中液体的配方。在五个控制点中，入口阀门和出口阀门用电磁阀控制，液面的实时高度用高精度液位传感器检测，两个按钮用机械按钮。五个控制点用四个变量：反映存储罐液位的模拟量、反映入口阀门状态的数字量、反映出口阀门状态的数字量、控制整个系统起动与停止的开关量。

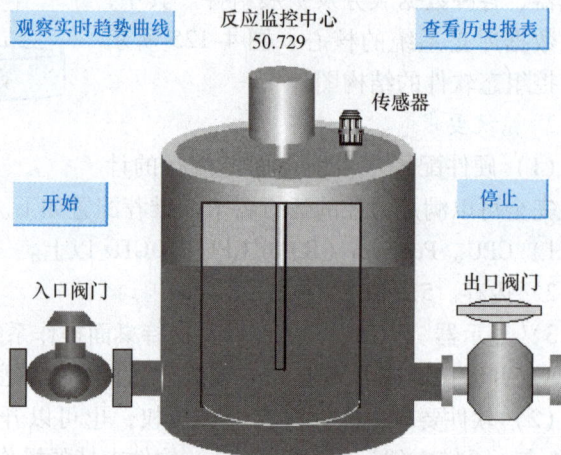

图 4-126　化学液体存储罐控制组态仿真

（3）控制设备　这里主要考虑设备的稳定性、可靠性和性价比。入口阀门和出口阀门用电磁阀控制，液面的实时高度用高精度液位传感器检测，具体驱动控制电磁阀和检测两个按钮的开关状态用一台 PLC（可编程序控制器）来实现，即 PLC 的输出端用两个点接电磁阀，用两个输入点接两个按钮。PLC 的串行线与一台工业计算机相连，用 A–D 转换模块（或用 PLC 自带的 A–D 转换单元）将传感器数据输入工业计算机。由此可见，工业计算机与执行部件之间还要以各种板卡、模块、PLC 等作为桥梁才能组成一个完整的控制工程。

（4）现场模拟与监控　可以用软件将现场情况在工业计算机中模拟出来。例如：在存储罐的液体控制中，可以设计两个按键代替实际的起动和停止开关，再设计出一个存储罐和两个阀门。当单击"开始"按键时，入口阀门不断地向一个空的存储罐内注入某种液体。当存储罐的液位快满时，入口阀门自动关闭，同时出口阀门自动打开，将存储罐内的液体排放到下游。当存储罐快空时，出口阀门自动关闭，入口阀门打开，又开始向存储罐内注入液体，如此反复进行。同时将液位的变化用数字显示出来。在实际控制过程中，用一台 PLC 来实现控制。在仿真时，整个逻辑的控制过程都是用一台仿真 PLC 来实现的。仿真 PLC 是一个力控仿真软件。它除了采集存储罐的液位数据，还能判断什么时候应该打开或关闭哪一个阀门，还要在计算机屏幕上看到整个系统的运行，实现控制整个系统的起动与停止。

2. 创建项目

1）启动力控工程管理器，出现"工程管理器"对话框，如图 4-127 所示。

2）单击"新增应用"按钮，创建一个新的工程。出现图 4-128 所示的"应用定义"对话框。在"应用名"文本框内输入要创建的应用程序的名称，本例中可命名为"液位平衡"。在"路径"文本框内输入应用程序的路径，或单击"..."按钮创建路径。最后单击"确认"按钮返回。"应用名称"列表增加了"液位平衡"，即创建了液位平衡项目，同时也是液位平衡项目的开发窗口。

3）单击"开发系统"按钮进入开发系统，即进入图 4-129 所示的液位平衡项目的开发窗口。

3. 环境开发

开发系统（Draw）、界面运行系统（View）和数据库系统（DB）都是组态软件的基本组成部分。Draw 和 View 主要完成人机界面的组态和运行。DB 主要完成过程实时数据的采集（通过 I/O 驱动程序）、实时数据的处理（包括报警处理、统计处理等）和历史数据处理等。

（1）创建窗口 选择菜单"文件"→"新建"命令，单击"属性"按钮出现图 4-130 所示的"窗口属性"对话框，进行属性设置，单击"确定"按钮完成。

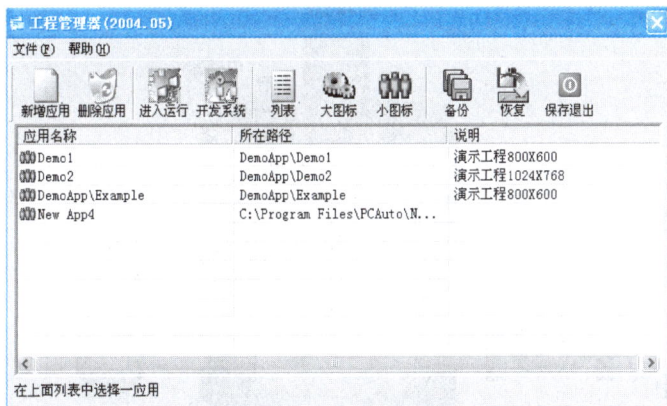

图 4-127 "工程管理器"对话框

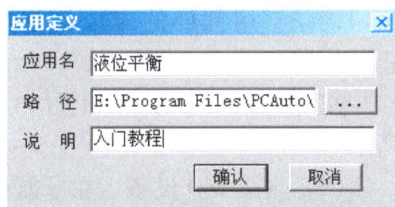

图 4-128 "应用定义"对话框

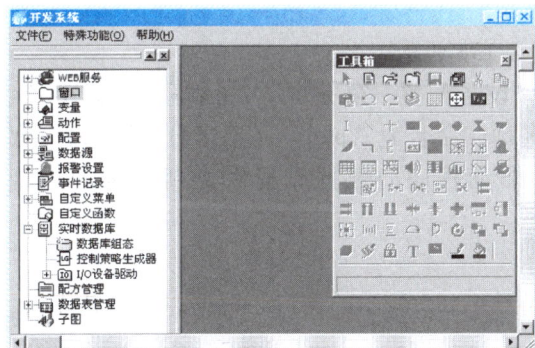

图 4-129 液位平衡项目的开发窗口

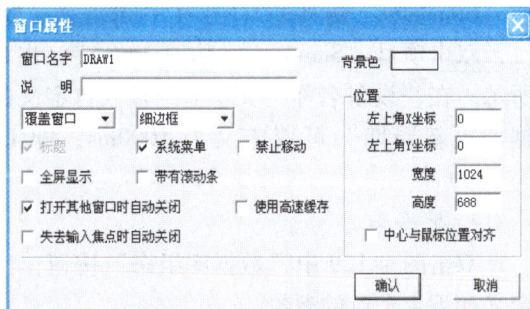

图 4-130 "窗口属性"对话框

（2）创建图形对象 在开发系统（Draw）导航器中双击"子图"按钮，出现图 4-131 所示的"子图列表"对话框。单击"子图"前面的"＋"号展开子目录，在子目录中选择"罐"，所有的罐显示在窗口中，选择 457 号，双击 457 号罐就出现在作图窗口中。选择

"管道"，分别选择 481 号和 482 号。选择"阀门"，选择 521 号作为入口阀门，选择 530 号作为出口阀门。选择"传感器"，这里选择 633 号。

（3）制作文本 创建一个显示存储罐液位高度的文本域和一些说明文字。选择工具箱"文本"工具，把鼠标移至存储罐下面，单击定位

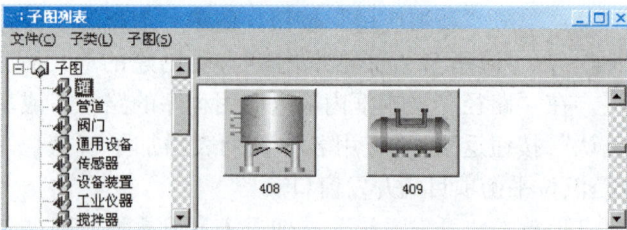

图 4-131 "子图列表"对话框

"文本"工具，输入"###.###"，按 <Enter> 键完成第一个字符串的输入。然后可以输入另外几个字符串："入口阀门""出口阀门"和"反应监控中心"。把"反应监控中心"和符号（#）移至存储罐的上面。把字符串"入口阀门"和"出口阀门"分别移至入口阀门和出口阀门图形的上面。"传感器"文字创建方法相同，此处不再叙述。

（4）制作按钮 创建的按钮上有一个标志"Text"（文本）。选定这个按钮，右击，弹出快捷菜单。选择"对象属性"命令，弹出"按钮属性"对话框，在其中的"新文字"文本框中输入"开始"，然后单击"确认"按钮确认。用同样的方法创建"停止"按钮。

文本、按钮制作如图 4-132 所示。

（5）定义 I/O 设备 在导航器中选择"I/O 设备驱动"项使其展开，在展开项目中选择"PLC"项并双击使其展开，选择项目"仿真 PLC"下

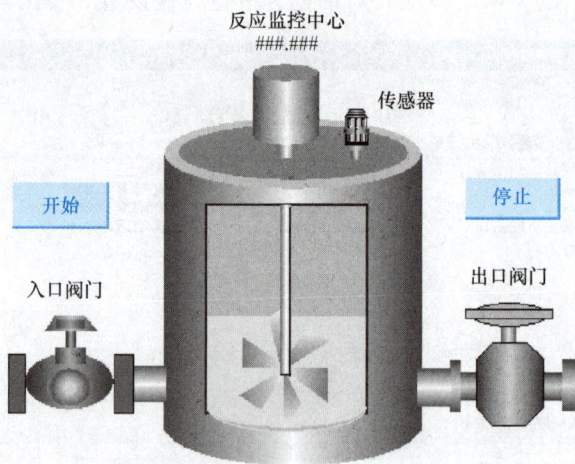

图 4-132 文本、按钮制作

的"Simulator（仿真 PLC）"。I/O 设备驱动如图 4-133 所示。

双击项目"Simulator（仿真 PLC）"，出现"设备配置—第一步"对话框，如图 4-134 所示。在"设备名称"文本框中输入自定义的名称，命名为"plc1"（不区分大小写）。数据"更新周期"可以定义为 1000ms，即 I/O 驱动程序向数据库提供更新数据的周期为 1000ms。

4. 数据库

双击图 4-129 中"数据库组态"按钮，出现图 4-135 所示的窗口。根据以上工艺需求，定义如下 4 个点的参数。

1）反映存储罐的液位模拟 I/O 点，命名为"YW"。

2）反映入口阀门状态的数字 I/O 点，命名为"IN1"。

3）反映出口阀门状态的数字 I/O 点，命名为"OUT1"。

4）控制整个系统的起动与停止的开关量，命名为"RUN"。

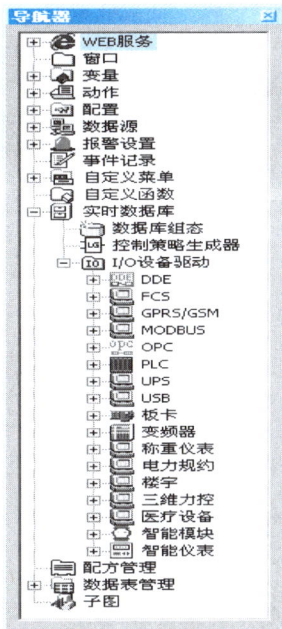

图 4-133 I/O 设备驱动

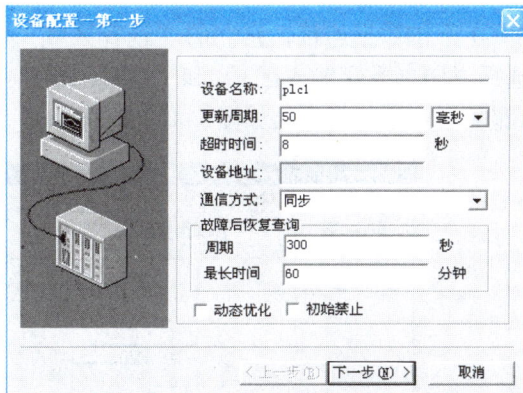

图 4-134 "设备配置—第一步"对话框

进行数据连接的步骤如下。

1）启动数据库组态程序 Db Manager，双击点"YW"，再单击"数据连接"标签，出现图 4-136所示的选项卡。

2）在"设备"下拉列表框中选择设备"PLC1"，再单击"增加"按钮，出现图 4-137 所示的"YW"数据连接生成器。

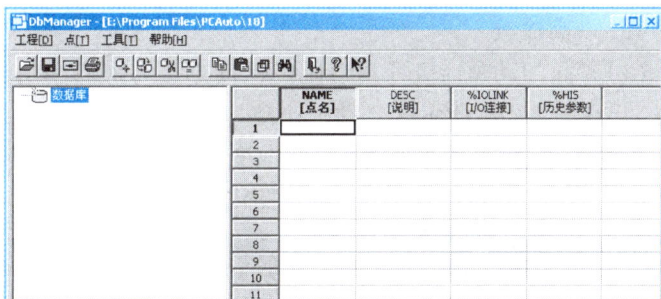

图 4-135 各 I/O 点命名

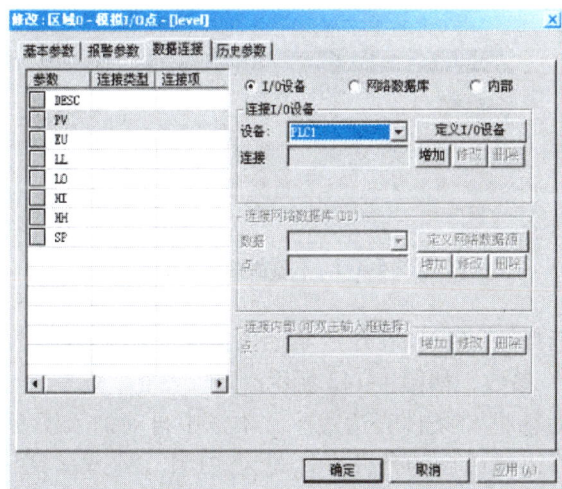

图 4-136 "数据连接"选项卡

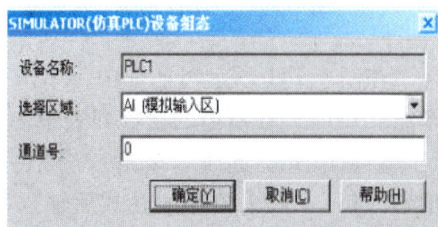

图 4-137 "YW"数据连接生成器

3）双击点"IN1"，再单击打开"数据连接"选项卡，建立数据连接。单击"增加"按钮，出现图 4-138 所示数据连接生成器，在"选择区域"下拉列表框中选择"DI（数字输入区）"，"通道号"指定为"0"。

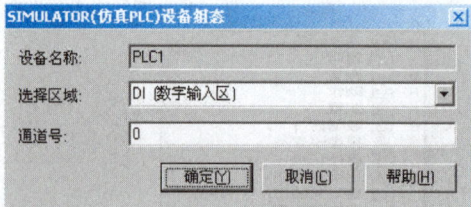

用同样的方法为点"OUT1"和"RUN"创建 PLC1 下的数据连接，它们的"选择区域"分别选择"DI（数字输入区）"和"DO（数字输出区）"，"通道号"分别指定为"1"和"0"，最后各个数据的连接如图 4-139 所示。

图 4-138 "IN1"数据连接生成器

图 4-139 各个数据的连接

5. 动画连接

（1）阀门动画连接（出口阀门连接方法与入口阀门连接方法一致） 双击入口阀门对象，出现图 4-140 所示的"动画连接"对话框。

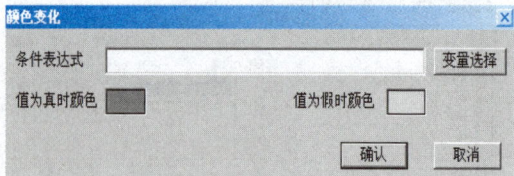

要让入口阀门按一个状态值来改变颜色，选择"颜色变化"→"条件"。单击"条件"按钮，出现图 4-141 所示的"颜色变化"对话框。

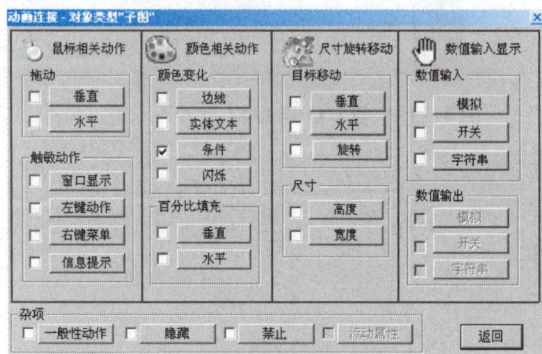

图 4-140 "动画连接"对话框

图 4-141 "颜色变化"对话框

在图 4-141 所示对话框中，单击"变量选择"按钮，展开"本地数据库"项，然后选择点"IN1"，在右边的参数列表中选择"PV"参数，如图 4-142 所示。

然后单击"选择"按钮，"颜色变化"对话框"条件表达式"文本框中自动加入了变量名"IN1. PV"，在该表达式后输入"＝＝1"，使最后的条件表达式为"IN1. PV ＝＝1"，如图 4-143 所示（力控组态软件中的所有名称标识、表达式和脚本程序均不区分大小写）。

（2）液位动画连接　首先处理液位值的显示。选中存储罐下面的符号"###.###"，双击出现图4-140所示"动画连接"对话框，要让"###.###"符号在运行时显示液位值的变化，选择"数值输出"→"模拟"。单击"模拟"按钮，出现图4-144所示的"模拟值输出"对话框。在该对话框中单击"变量选择"按钮，展开"本地数据库"项，然后选择点"YW"，在右边的参数列表中选择"PV"参数，然后单击"选择"按钮，再单击图4-144中的"确认"按钮，完成设置。

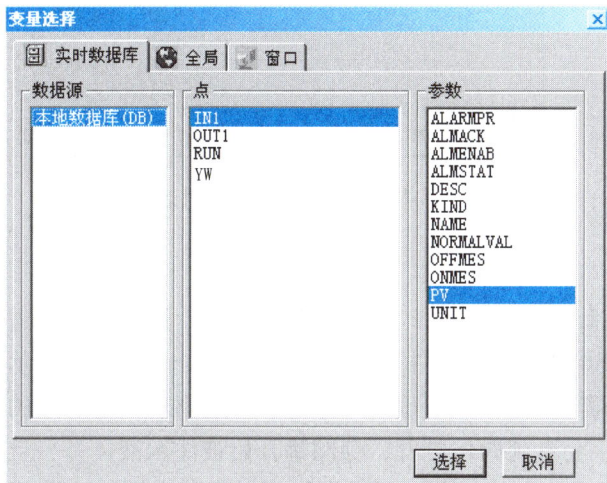

图4-142　"变量选择"对话框

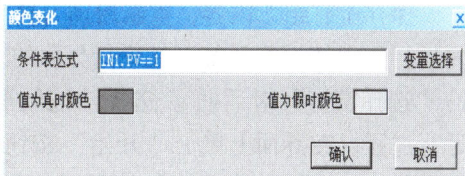

图4-143　颜色变化设定

选中存储罐，双击出现图4-140所示的"动画连接"对话框，选择"百分比填充"→"垂直"。单击"垂直"按钮，弹出图4-145所示的"垂直百分比填充"对话框，在"表达式"文本框内输入"YW.PV"：如果值为0，存储罐将填充0%，即全空；如果值为100，存储罐将是全满的；如果值为50，将是半满的。

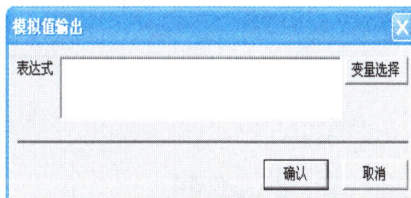

图4-144　"模拟值输出"对话框

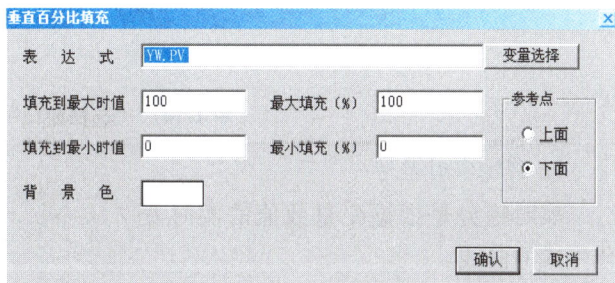

图4-145　"垂直百分比填充"对话框

（3）按钮动画连接　选中按钮，双击出现"动画连接"对话框。选择"触敏动作"→"左键动作"。单击"左键动作"按钮，弹出"动作脚本"对话框，如图4-146所示。在"开始"按钮的"按下鼠标"选项卡的脚本编辑器里输入"RUN.PV = 1;"，表示当鼠标按下"开始"按钮后，变量RUN.PV的值被设置为1。在"停止"按钮的"按下鼠标"选项卡的脚本编辑器里输入"RUN.PV = 0;"，表示当鼠标按下"停止"按钮后，变量RUN.PV的值被设置为0。

加入脚本程序：

IF RUN. PV = = 1 THEN

IN1. PV = 1；

OUT1. PV = 0；

IF YW. PV > 40 THEN

OUT1. PV = 1；

ENDIF

ENDIF

IF RUN. PV = = 0 THEN

IN1. PV = 0；

OUT1. PV = 0；

ENDIF

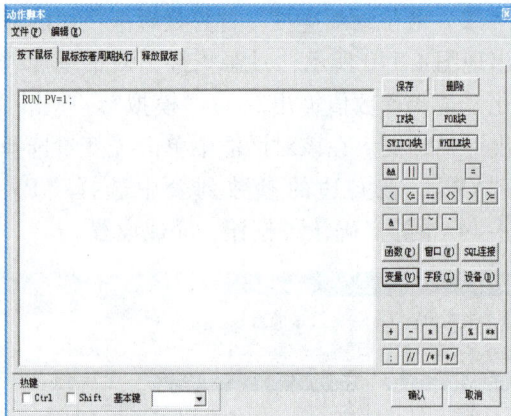

图4-146 "动作脚本"对话框

6. 运行

保存所有组态内容，重新启动力控工程管理器，选择工程"液位平衡"，然后单击"进入运行"按钮运行系统。在运行界面的菜单中选择"文件"→"打开"，弹出图4-147所示的"选择窗口"对话框 。选择"液位平衡"，再单击"确定"按钮，出现图4-148所示的运行过程。在界面上单击"开始"按钮，会看到阀门打开，存储罐开始被注入液体；一旦存储罐即将被注满，它会自动排放，然后重复以上过程。可以在任何时候单击"停止"按钮来中止这个过程。

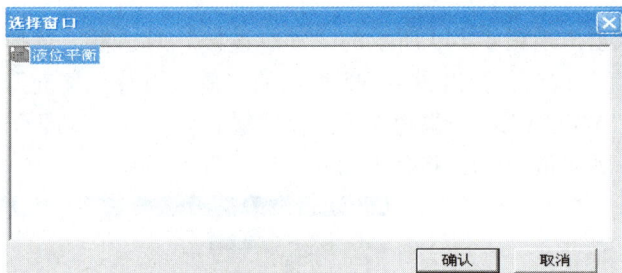

图4-147 "选择窗口"对话框

7. 创建实时趋势

实时趋势是根据变量数值的实时变化生成的曲线。

（1）制作按钮 按以上制作按钮的方法，创建一个"观察实时趋势曲线"按钮。

（2）创建窗口 创建一个新的"实时趋势窗口"。方法是：单击工具栏中的"创建一个新文档"，或在主菜单中选择"文件"→"新建"命令，或者双击导航器中窗口，出现图4-130所示的"窗

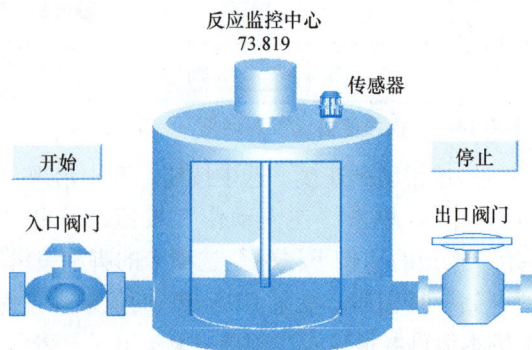

图4-148 运行过程

口属性"对话框，在"窗口名字"文本框中输入"实时趋势"，单击"确定"按钮，出现图 4-149 所示的创建实时趋势窗口。

（3）创建实时趋势

1）在工具箱中单击"实时趋势"按钮或在主菜单中选择"插入"→"实时趋势"命令，在"实时趋势"窗口中单击并拖拽到合适大小后释放鼠标。

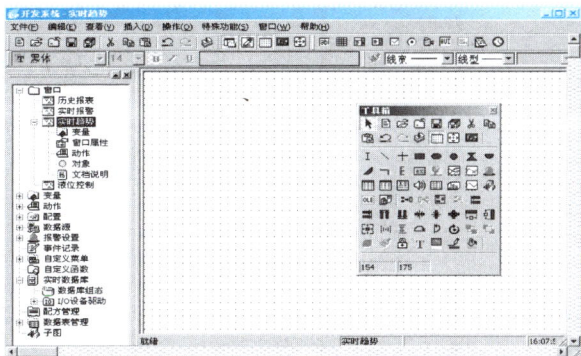

图 4-149　创建实时趋势窗口

2）这时可以像处理普通图形对象一样改变实时趋势图的属性。右击实时趋势图，打开"对象属性"对话框，通过该对话框可以改变实时趋势图的填充颜色、边线颜色和边线风格等。

3）双击趋势对象，弹出图 4-150 所示的"实时趋势组态"对话框。

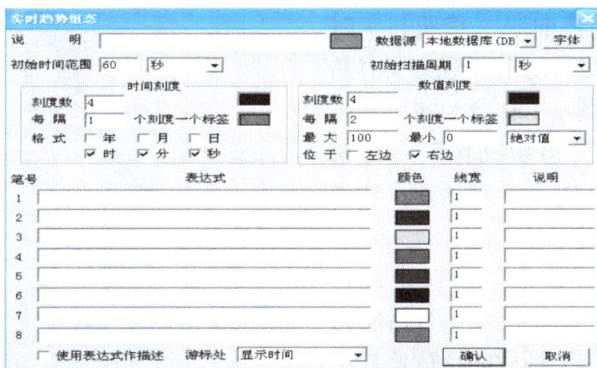

图 4-150　"实时趋势组态"对话框

在该对话框中，将"时间刻度"选项组中的"刻度数"修改为"6"，将"数值刻度"选项组中的"刻度数"修改为"5"，其他相应值的改变如图 4-151 所示。

4）改变"表达式"的值。双击笔号 1，打开"变量选择"对话框，在选项卡"实时数据库"中选择变量 YW. PV 即可。

5）在本窗口中创建一个"返回控制中心"按钮，保证在界面运行时能返回主界面。

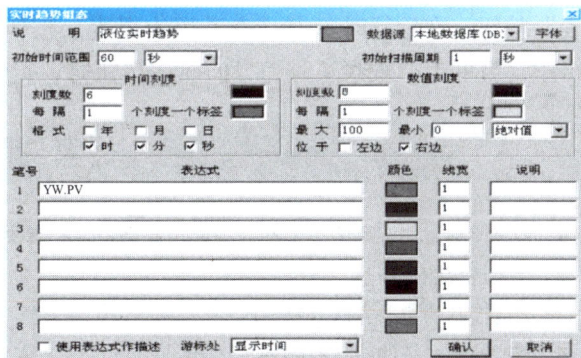

图 4-151　"时间刻度"和"数值刻度"选项组的修改

6）分别插入"液位实时趋势变化曲线""液位高度"和"时间"三个文本。

最终创建的实时趋势如图 4-152 所示。

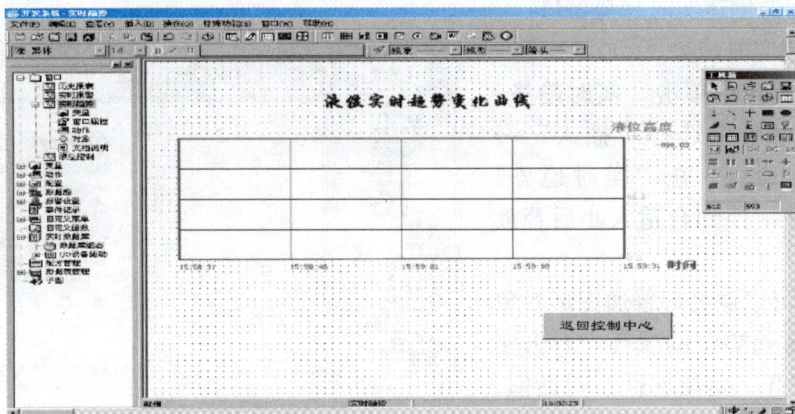

图 4-152　最终创建的实时趋势

（4）动画连接

1）"观察实时趋势曲线"按钮与实时趋势变化曲线窗口连接。双击"观察实时趋势曲线"按钮，出现图 4-140 所示的"动画连接"对话框，选择"触敏动作"→"窗口显示"，出现"窗口选择"对话框，选择"实时趋势"。

2）同样在"实时趋势"窗口中进行"返回控制中心"的动画连接。运行后实时趋势曲线显示在窗口中，最后的反应监控中心动画如图 4-153 所示。

用以上同样的步骤可以创建"查看历史

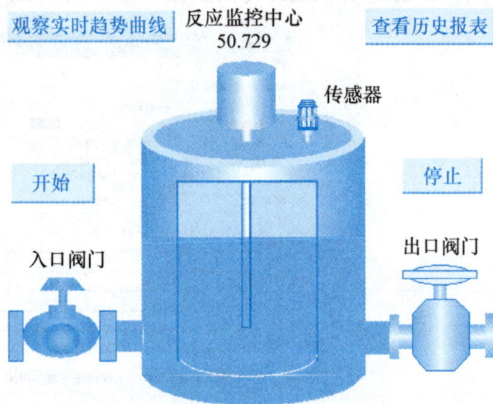

图 4-153　反应监控中心动画

报表"按钮，在运行时单击"查看历史报表"按钮，进入历史报表窗口，历史数据显示在表格中。当单击"观察实时趋势曲线"按钮时，实时函数曲线显示在窗口中。

思考题

1. 传统控制方法有哪些局限性？智能控制理论主要解决哪些问题？

2. 什么是智能控制？

3. 智能控制的主要方法有哪些？

4. 智能控制系统的特点有哪些？

5. 传感器的组成有哪些？

6. 自动测控系统的分类有哪些？

7. 智能控制系统的组成有哪些？

8. 西门子 S7－1200 主机的结构有哪些？

9. 西门子 S7－1200 的指令系统主要包括哪些指令？

10. 将下面的梯形图转换成指令的形式。

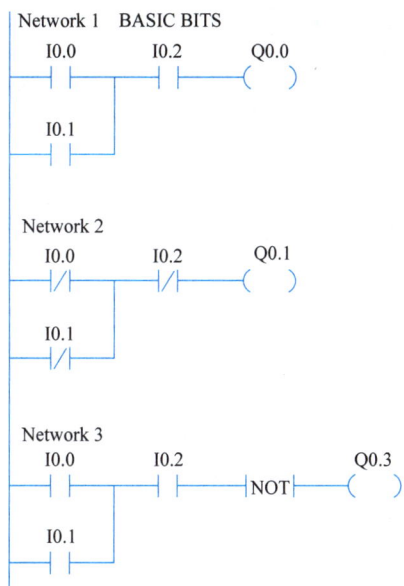

Network 1   BASIC BITS

```
      I0.0        I0.2        Q0.0
   ───┤ ├──┬───────┤ ├───────(   )
            │
      I0.1  │
   ───┤ ├───┘
```

Network 2

```
      I0.0        I0.2        Q0.1
   ───┤/├──┬───────┤/├───────(   )
            │
      I0.1  │
   ───┤/├───┘
```

Network 3

```
      I0.0        I0.2                    Q0.3
   ───┤ ├──┬───────┤ ├───┤NOT├──────────(   )
            │
      I0.1  │
   ───┤ ├───┘
```

11. 通用变频器的基本结构有哪些?

12. 变频器的主要功能是什么?

13. 变频器的参数设定步骤是什么?

14. 人机界面的硬件和软件组成有哪些?

15. 工业人机界面可以分为哪几类?

16. 什么是组态监控软件?

17. 使用组态监控软件的步骤是什么?

第五章
CHAPTER 5

柔性制造系统与计算机集成制造系统

一、柔性制造系统产生的历史背景

自 20 世纪 50 年代以来，一些工业发达国家与地区在达到高度工业化水平以后，就开始了从工业社会向信息社会转化的时期。这个时期的主要特征是计算机、遗传工程、光导纤维、激光、海洋开发等新技术的日益广泛应用。到 21 世纪中期，现在已突破的和将要突破的新技术会很快地应用于生产或生活，给社会生产力带来新的飞跃，并相应地使经济、社会产生新变化。

对机械制造业来说，对其发展影响最大的就是计算机的广泛应用，随之出现了一系列新技术，如机床数字控制（NC）、计算机数字控制（CNC）、计算机直接控制（DNC）、计算机辅助制造（CAM）、计算机辅助设计（CAD）、成组技术（GT）、计算机辅助工艺规程编制（CAPP）、计算机辅助几何图形设计（CAGD）以及工业机器人（ROBOT）等。

20 世纪 70 年代末、80 年代初出现了柔性制造系统（FMS），这是一个由计算机控制的自动化加工系统，在其上面可同时加工形状相近的一组或一类产品。柔性制造系统是一种广义上的可编程的控制系统。它具有处理高层次分布数据的能力，有自动的物流，从而实现小批量、多品种、高效率的制造，以适应不同产品周期的动态变化。这种技术的出现有多种内在的和外部的因素。但最根本的有两个：一是市场发展的需要；二是科学技术发展到一个新阶段，为新技术的出现提供了一种可能。

1. 从市场的特点来看

20 世纪初是工业化形成的初期，市场对产品有充分的需要。这一时期的特点是，产品品种单一，生命周期长，产品数量迅速增加，各类产品的开发、生产、销售主要由少数企业控制着。这促使制造企业通过采用自动机或自动生产线来提高生产率以满足市场的需求。

20 世纪 60 年代后，世界市场发生了很大的变化，对许多产品的需求呈现饱和趋势，在这种饱和的市场中，制造企业面临着激烈的竞争。企业必须按照用户的不同要求开发出新的产品。这个时期市场的变化归纳起来有以下一些特征。

（1）产品品种日益增多　为了竞争的需要，生产企业必须根据用户的不同要求，不断开发新产品，即所谓的量体裁衣。为适应这种变化，企业必须改变原有的适用于大批大量生产的自动线生产方式，代之以应变能力强、能快速适应生产新产品的新生产方式，寻求一条有效途径，解决单件小批量生产的自动化问题。

（2）产品生命周期明显缩短　生产、生活的发展对产品的功能不断提出新的要求，同时技术的进步为产品的不断更新提供了可能，所以产品的生命周期越来越短。

（3）产品交货期缩短　缩短从订货到交货的周期是赢得竞争的重要手段。有资料显示，美国两家公司的交货期最少可缩短为几十个小时。

2. 从科学技术的发展条件来看

近年来，科学技术几乎在各个领域都发生了深刻变化，出现了新飞跃。人类的科学知识在19世纪是每50年增加1倍，20世纪中叶是每10年增加1倍，20世纪70年代是每5年增加1倍，目前则是每3年增加1倍。

计算机辅助制造技术的发展应从数控机床的发展算起。自1952年美国麻省理工学院研制成功第一台数控铣床，计算机辅助制造技术就被公认为是解决单件小批量自动化生产的有效途径。仅60多年的时间就有了飞速的发展。先是控制元器件方面的不断革新，电子管、晶体管、小规模集成电路、中规模集成电路、大规模集成电路相继出现，仅用了20年就发生了四次根本性的变革。与此同时，滚珠丝杠、滚动导轨、调频变速主轴的应用以及加工中心的出现，都使机床结构和功能产生了极大的变化。伺服系统也从步进电动机、直流伺服发展至交流伺服，控制理论方面也有了长足进步。

20世纪70年代初期出现了计算机数字控制（CNC），对计算机软件的发展带来了一个极大的转机。过去的硬件数控系统要进行某些改变或是增加一些功能，要重新进行结构设计；而CNC系统只要对软件做一些修改，就可以适应新的要求。与此同时，工业机器人和自动上下料机构、交换工作台、自动换刀装置都有了很大的发展，于是出现了自动化程度更高、柔性更强的柔性制造单元，简称为FMC。又由于自动编程技术和计算机通信技术的发展，出现了一台大型计算机控制若干台机床，或由中央计算机控制若干台CNC机床的计算机直接控制系统，即所谓的DNC。20世纪70年代末、80年代初，伴随着计算机辅助管理物料自动搬运、刀具管理、计算机网络和数据库技术的发展以及CAD/CAM技术的成熟，出现了系统化程度更高、规模更大的柔性制造系统，即所谓的FMS。

柔性制造系统的应用行业主要有航空航天、军事、国防、汽车、电子、计算机、半导体、食品、石化及生物医学等。

应用柔性制造系统可获得明显的效益，主要原因如下。

（1）利用率高　在典型情况下，采用柔性制造系统中的一组机床所获得的生产量是单机作业车间环境下用同等数目机床所获得的生产量的3倍左右。通过计算机对零件作业进行调度，柔性制造系统可以获得很高的生产率。零件在物料运储系统上的移动和将相应的NC程序传输给机床是同时进行的。另外，零件到达机床时已被装夹在托盘上（零件在单独的装卸站完成，机床不用等待零件的装夹）。

（2）降低主要设备成本　由于主要设备利用率高，因而在加工同样数量的零件时，系统所需的机床数量少于单机情况下的机床数量。

（3）降低直接人工成本　机床完全由计算机控制，只需要一个系统管理人员和非技术工人在装卸站进行零件的装卸。然而，人工成本的降低是以需要熟练技术人员为基础的，目前这样的熟练技术人员在工厂是缺少的。

（4）减少在制品库存量及生产周期　柔性制造系统与常规加工车间相比，其在制品的减少量相当惊人。有报告显示，在设备相同的条件下，在制品减少了80%，这是零件等待切削加工的时间减少的结果，其原因可以归结为以下几点。

1）生产零件所要求的全部设备集中在一个小范围内（柔性制造系统内）。

2）由于零件集中在加工中心加工，因此减少了零件的装夹次数和加工零件的机床数量。

3）采用计算机能有效地调度投入的零件批量，能在系统内调度零件。

（5）能响应生产变化的需求　当市场需求变化或工程变化时，柔性制造系统具有生产不同产品的柔性能力。这是通过具有冗余加工能力以及物料运储系统可以避开故障的机床来实现的。

（6）产品质量高　柔性制造系统加工的产品与由未连成系统的数控机床加工的产品相比，质量得到了明显改善。柔性制造系统具有较高的自动化程度，减少了夹具和机床的数目，夹具结构合理耐用，零件与机床匹配恰当，因而保证了加工的一致性及优良性，也大大减少了返修费用。

（7）运行柔性　运行柔性从另一方面提高了生产率。有些系统在第二班和第三班期间能进行无人看管运行。目前这种接近无人看管运行的系统还不普遍，但是随着高质量的传感器及计算机控制器被开发出来，对非预见性问题（如刀具破损、零件流阻塞等）能进行检测处理，使无人看管的系统将会进一步普及。在此种运行方式下，检测、装夹和维护都可以放在第一班进行。

（8）生产力具有柔性　在车间平面布置合理的情况下，可以把柔性制造系统初期产量规定得低些，根据需要可以添加机床，从而增加生产能力。

二、柔性制造系统的定义和组成

根据中华人民共和国国家军用标准有关武器装备柔性制造系统术语的定义，柔性制造系统（Flexible Manufacturing System，FMS）是由数控加工设备、物料运储装置和计算机控制系统等组成的自动化制造系统。它包括多个柔性制造单元，能根据制造任务或生产环境的变化迅速进行调整，适用于多品种、中小批量生产。该标准还对与柔性制造系统密切相关的术语的定义做了规定。

美国制造工程师协会的计算机辅助系统和应用协会把柔性制造系统定义为"使用计算机控制、柔性工作站和集成物料运储装置来控制并完成零件族某一工序或一系列工序的一种集成制造系统"。

还有一种更直观的定义："柔性制造系统至少由两台机床、一套物料运储系统（从装载到卸载具有高度自动化）和一套控制系统的计算机所组成的制造系统，它通过简单地改变软件的方法便能制造出某些部件中的任何零件。"

还有各种其他的定义来描述柔性制造系统。虽然各种定义的描述方法不同，但它们都反映了柔性制造系统应具备下面这些特征。

（1）从硬件形式上看由三部分组成

1）两台以上的数控机床或加工中心、其他加工设备，包括测量机、清洗机、动平衡机以及各种特种加工设备等。

2）一套能自动装卸的运储系统，包括刀具的运储和零件原材料的运储。具体结构可采用传送带、有轨小车、无轨小车、搬运机器人、上下料托盘和交换工作站等。

3）一套计算机控制系统。

（2）从软件内容上看主要包括三部分

1）柔性制造系统的运行控制。

2）柔性制造系统的质量保证。

3）柔性制造系统的数据管理和通信网络。

（3）柔性制造系统的功能

1）能自动进行零件的批量生产。

2）简单地改变软件，便能制造出某一零件族的任何零件。

3）物料的运输和储存必须是自动的（包括刀具、工装和零件）。

4）能解决多机条件下零件的混合比且无须增加费用。

图 5-1 所示为一个典型的柔性制造系统。在装卸站将毛坯安装在早已固定在托盘上的夹具中。然后物料传送系统把毛坯连同夹具和托盘输送到进行第一道加工工序的加工中心旁边排队等候，一旦加工中心空闲，毛坯就立即被送上加工中心进行加工。每道工序加工完毕以后，物料传送系统还要将该加工中心完成的半成品取出并送至执行下一工序的加工中心旁边排队等候。如此不停地进行至最后一道加工工序。在完成零件的整个加工过程中，除进行加工工序外，若有必要还要进行清洗、检验以及压套组装工序。

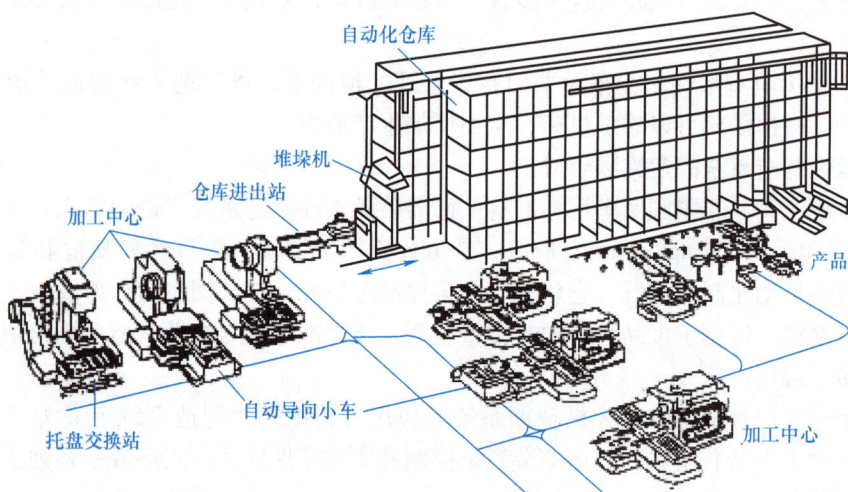

图 5-1 一个典型的柔性制造系统

三、柔性制造系统的特点

柔性制造系统是高度融合现有的信息技术，集管理、业务、技术和数据于一体，软、硬件高度集成的生产系统。这是一套软、硬件一体的生产系统，具有接口标准化、生产柔性化以及车间管理透明化等特点，使生产系统与信息系统深度融合，帮助用户实现多任务的混线生产、故障自适应、生产异常报警、在线数据采集等，满足个性化需求，实现柔性、低成本及定制化的制造。

（1）管理系统与自动化系统深度融合　管理系统软件与生产设备、检测设备、传感器等硬件集成统一系统平台，自动接收调度中心信息（如生产计划、物流信息和设备指令等）并自动安排生产，生产指令可以直接下达至每个自动化生产设备、执行机构，实现人机之间、设备之间互联互通操作。

（2）过程可实现全追溯

1）机器视觉与智能传感器相结合，实现生产系统自动在线检测。

2）自动剔除缺陷产品，杜绝不良品流入下一工序，避免更大损失。

3）对品质进行实时评测、记录，并发布在线检测报告。

4）基于全流程数据驱动，可追溯至任一关键节点。

（3）高度灵活、可配置

1）可实现多任务订单同时并行混线生产。

2）可灵活重构生产资源，实现高效、快捷的动态调整。

3）设备、物料、工装、夹具等生产资源统一调度并自动执行。

4）根据大数据分析结果动态性地调整生产要素的配置。

第二节　柔性制造硬件系统

柔性制造硬件系统主要由加工系统、运储系统及计算机控制系统等组成。

一、柔性制造系统的加工系统

1. 加工系统在柔性制造系统中的角色

（1）加工系统的作用　柔性制造系统是一个计算机化的自动制造系统，能以最少的人的干预，加工任一范围的零件族工件。用于把原料转变为最终产品的设备称为加工设备，如机床、冲孔设备、装配站和锻造设备等。加工设备与托盘等一些部件构成了柔性制造系统的加工系统。加工系统中所需设备的类型、数量和尺寸等均由被加工零件的类型、尺寸范围和批量大小决定。目前，主要有两类零件在柔性制造系统中加工，即棱柱体类零件（包括箱体型、平板型等）和回转体类零件。换句话说，加工系统的结构既取决于被加工零件的类型、形状、尺寸和精度要求，也取决于批量大小及自动化程度。由于柔性制造系统加工的零件多种多样，且其自动化水平相差甚大，因此构成柔性制造系统的机床是多种的；可以是单一机床类型的，即仅由数控机床、车削加工中心或适合系统的单一类型机床构成的柔性制造系统，称为基本型的系统；也可以是以数控机床、数控加工中心为结构要素的柔性制造系统；还可以是由普通数控机床、数控加工中心及其他专用设备构成的多类型的柔性制造系统。

（2）选择系统的原则　纳入柔性制造系统运行的机床应当是性能可靠、自动化、高效率的加工设备。在选择时，要考虑零件的尺寸范围、经济效益、零件的工艺性、加工精度和材料等。换言之，柔性制造系统的加工能力完全是由其所包含的机床来确定的。目前，加工棱柱体类零件的柔性制造系统技术比加工回转体类零件的更成熟。对于棱柱体类零件，机床的选择通常在各种型号的立式和卧式加工中心以及专用机床（如可换主轴箱的、转位主轴箱的）中进行。

为了适应纯粹的棱柱体类零件与带有大孔或圆支承面棱柱体类零件的加工，可以采用立式转塔车床。对于长度与直径之比小于2的回转体类零件，如需要进行大量铣、钻和攻螺纹加工的圆盘、轮毂或轮盘，通常也放在加工棱柱体类零件的柔性制造系统中进行加工。系统若由加工中心与立式转塔车床组成，尤其是当立式转塔车床与卧式加工中心结合使用时，通常每种零件全都需要较多的夹具，因为这两种机床的旋转轴不同。这个问题可以通过在卧式机床上采用可倾式回转工作台来解决。但也应当注意：在标准加工中心上增加可倾式回转工作台将大大增加成本（因为事实上已成为一台五坐标机床）；另外，托盘、夹具和零件都悬伸出工作台外，由于下垂和加剧磨损等，不利于保证加工精度。

加工纯粹的回转体类零件（杆和轴）的柔性制造系统正处于发展阶段。可以把具有加工轴类和盘类零件能力的标准CNC车床结合起来，构成一个加工回转体类零件的柔性制造系统。

数控加工中心的类型很多，可以是基本形式的卧式或立式三坐标机床，这些机床只加工工件的一个侧面（或者能进行邻近几个面上的一些有限加工）。这种方法一般需要多次装夹才能完成每个工件的加工。每次装夹后都由一个单独的零件程序处理，并且可以在同一台机床或在不同机床上加工，这取决于作业调度和生产线上的每台机床的刀具配套情况。若在卧式加工中心上增加一个或两个坐标轴（如称为第四个坐标轴的托盘旋转，称为第五坐标轴的主轴头倾斜），就可以对工件进行更多表面的加工。要在立式加工中心上同样实现工件的多面加工，必须在基本机床上增加一个可倾式回转工作台。如果不考虑所增加的成本，这种方案对于小型的托盘和工件的加工还是很好的。

除这种多轴加工能力外，还可在一套托盘、夹具上装夹一个以上的工件。它可以使一个特定柔性制造系统的生产能力有所提高。通常第五个坐标轴用于满足一些非正交平面内的特殊加工需要或解决一些特殊范围的问题。

在一套柔性制造系统上，待加工零件族决定着这些加工中心所需要的功率、加工尺寸范围和精度。一条生产线用不同机床的配合来达到某一范围的精度要求是很普遍的。但是，如果用一台高精度机床来达到孔的特殊公差要求，那么整个生产线的作业就取决于这台机床的正常运行时间，因为没有功能的余度（即冗余功能）。离线加工这些高精度孔可能更好。从调度的观点看，最有效的办法是所有机床都采用同一型号的机床以保证充分的余度。但是，由于工件的加工要求不同，可能必须放弃这种设想。

除了功率、加工尺寸范围和精度要求之外，选择柔性制造系统的加工中心还可能会进一步受到与物料运储系统连接问题的限制。

柔性制造系统的所有加工中心都具有刀具存储能力，采用鼓形、链形等形式的刀库。为了满足柔性制造系统内零件品种对刀具的要求，通常要求有很大的刀具存储容量。一个刀库需要100个以上的刀座是很常见的。这样的容量连同某些刀具重量，特别是大的镗杆或平面铣刀，要求对刀具传送和更换机构的可靠性给予高度注意。

2. 柔性制造系统对机床的要求及配置

（1）柔性制造系统对机床的要求　一般来说，纳入柔性制造系统运行的机床主要有三个特点：工序集中、高柔性与高生产率、易控制。

工序集中是柔性制造系统中机床的最重要特点。由于柔性制造系统是高度自动化的制造系统，价格昂贵，因此要求加工工位的数量尽量少，并能接近满负荷工作。此外，加工工位少可以减轻工件流的输送负担，还可以保证零件的加工质量。所以工序集中成为柔性制造系统中机床的主要特征。

为了满足高柔性和高生产率的要求，近年来在机床结构设计上形成了两个发展趋势：柔性化组合机床和模块化加工中心。柔性化组合机床又称为可调式机床，如自动更换主轴箱机床和转塔主轴箱机床，就是把过去适合大批大量生产的机床进行柔性化。模块化加工中心就是把加工中心也设计成由若干通用部件、标准模块组成，根据加工对象的不同要求组合成不同的加工中心。

柔性制造系统是采用计算机控制的集成化制造系统，所采用的机床必须适合纳入整个控制系统。因此，机床的控制系统要能够实现自动循环，能够适应加工对象改变时易于重新调整的要求。

另外，柔性制造系统中的所有设备受到本身数控系统和整个计算机控制系统的调度、指挥，要实现动态调度、资源共享和高效率，就必须在各机床之间建立必要的接口和标准，以便准确及时地实现数据通信与交换，使各个生产设备、运储系统和控制系统等协调地工作。

（2）柔性制造系统中机床的配置形式　柔性制造系统适用于中小批量生产，既要兼顾对生产率和柔性的要求，也要考虑系统的可靠性和机床的负荷率。因此，产生了互替形式、互补形式以及混合形式等多种类型的机床配置方案。

互替就是纳入系统的机床是可以互相代替的。例如：对于由数台加工中心组成的柔性制造系统，由于在加工中心上可以完成多种工序的加工，有时一台加工中心就能完成箱体的全部工序，工件可随机地输送到系统中任何空闲的加工工位。这样的系统具有较大的柔性和较宽的工艺范围，而且可以达到较高的时间利用率。从系统的输入和输出来看，它们是并联环节，因而增加了系统的可靠性，即当某一台机床发生故障时，系统仍能正常工作。

互补就是纳入系统的机床是可以互相补充的，各自完成某些特定的工序，各机床之间不能互相取代，工件在一定程度上必须按顺序经过各加工工位。它的特点是生产率较高，对机床的技术利用率较高，可以充分发挥机床的性能。

从系统的输入和输出角度来看，互补机床是串联环节，它减少了系统的可靠性，即当一台机床发生故障时，系统就不能正常工作。

现有的柔性制造系统大多是互替机床和互补机床的混合使用，即柔性制造系统中的有些设备按互替形式布置，而另一些机床则以互补方式安排，以发挥各自的优点。

在某些情况下，个别机床的负荷率很低，如基面加工机床（对于铸件通常是铣床，对于回转体通常是车端面、钻中心孔的机床等）所采用的切削用量较大，加工内容简单，单件时间短。加上基面加工和后续工序之间往往需更换夹具，要实现自动化也有一定困难。因此，常将这种机床放在柔性系统外，作为前置工区，由人工操作。当某些工序加工要求较高或实现自动化还有一定困难时，也可采用类似方法，如精镗加工工序、检验工序和清洗工序等可作为后置工区，由人工操作。

二、柔性制造系统的运储系统

柔性制造系统的运储系统的任务主要有以下三方面。

1）原材料、半成品及成品的运输和储存。

2）刀具、夹具的运输和储存。

3）托盘、辅助材料、废品和备件的运输和储存。

图 5-2 所示为运储系统的任务和当前采用的工作方式。

1. 零件自动运输系统的组成和基本形式

（1）柔性制造系统的总体布局　零件自动运输系统的组成与柔性制造系统总体布局有着密切的关系。因此在讨论零件自动运输系统的组成之前，首先介绍一下柔性制造系统总体布局的原则，可概括为以下五种（图 5-3）。

1）随机布置原则。这种布局方法是将若干机床随机地排列在一个长方形的车间内。它的缺点是非常明显的，只要多于两台机床，运输路线就会非常复杂。

2）功能原则（或称为工艺原则）。这种布局方法是根据加工设备的功能分门别类地将同类设备组织到一起，如车削设备、镗铣设备和磨削设备等。工件的流动方向是从车间的一头流向另一头。这是一种典型的按工种分类的车间。这种布局方法的零件运输路线也比较复杂，工件的加工路线并不一定总是按照车、

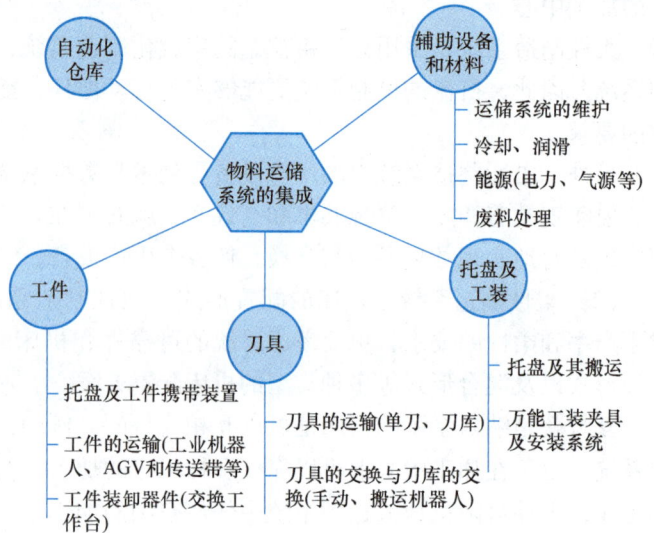

图 5-2　运储系统的任务和当前采用的工作方式

铣、磨的顺序流动，有时也会反方向流动，如车、铣加工以后又进行车削加工。

3）模块式布置原则。这种布局方法的车间是由若干功能类似的独立模块组成的。这种布局方法看似增加了生产能力的冗余度，但是在应对紧急任务和意外事件方面有着明显的优点。

4）加工单元布置原则。采用这种布局方法的车间，每一个加工单元都能完成相应一类工件的加工，这种构思是建立在成组技术思想基础上的。

5）加工阶段划分原则。这种布局方法是将车间加工阶段分为准备加工阶段、机械加工阶段和特种加工阶段。

（2）自动运输系统的组成　自动运输系统主要用于完成两种性质不同的工作：一是将零件的毛坯、原材料由外界搬运进系统以及将加工好的成品从系统中搬走；二是零件在系统内部的搬运。在一般情况下，前者是需要人工干预的，而后者则应是自动完成的。

如果零件的毛坯是杆料或其他型材，通常将材料运至装卸站后，在人工干预的情况下装进中央仓库或切断机床，或直接将杆料和型材送到机床的自动进料装置。若是锻铸毛坯，则必须将毛坯装进夹具中，毛坯往夹具中的第一次安装也多是人工完成的。对于重型零件，还应采用起重机或机器人搬运，但在装卸站也需要人工调整或由人操纵这些机器人和起重机。

零件在系统内部的搬运所采用的运输工具，目前比较实用的主要有三种：传送带、运输小车和搬运机器人。传送带主要是由古典的机械式自动线发展而来的，目前新设计的系统用得越来越少。运输小车的结构变化发展得很快，形式也是多种多样的，大体上可分为无轨小车和有轨小车两大类。有轨小车有的采用地轨；有的采用天轨，或称为高架轨道，即把运输

小车吊在两条高架轨道上移动。无轨小车由于其导向方法的不同，分为有线导向、磁性导向、激光导向和无线电遥控等多种形式。柔性制造系统发展的初期，多采用有轨小车，随着柔性制造系统控制技术的成熟，采用自动导向的无轨小车越来越多。

（3）自动运输系统的基本形式从自动运输系统的布局来看，可将它分为串行工作方式和随机工作方式两大类。串行工作方式可分为直线移动（往复式）和封闭循环式。随机工作方式又可分为直线往复式、封闭循环式和网络式。图 5-4 所示为典型运输方式示意图。

不论是串行方式还是随机方式，采用直线往复和封闭循环运输时，多利用传输带来实现。而网络式则利用自动导引小车（AGV）或搬运机器人来实现。

柔性制造系统发展的早期，多采用直线往复式封闭循环的运输方式，图 5-5 和图 5-6 所示为采用直线往复式运输方式的例子。图 5-5 所示方式的特点是机床排列在运输线的一边。在图 5-6 中，两台水平式加工中心位于 AGV 导轨的一端，彼此面对面地排列；导轨的另一端是装卸站；中间部分为导轨，导轨的两边并列排放着 19 个托盘站（包括小车上的托盘共有 20 个）。

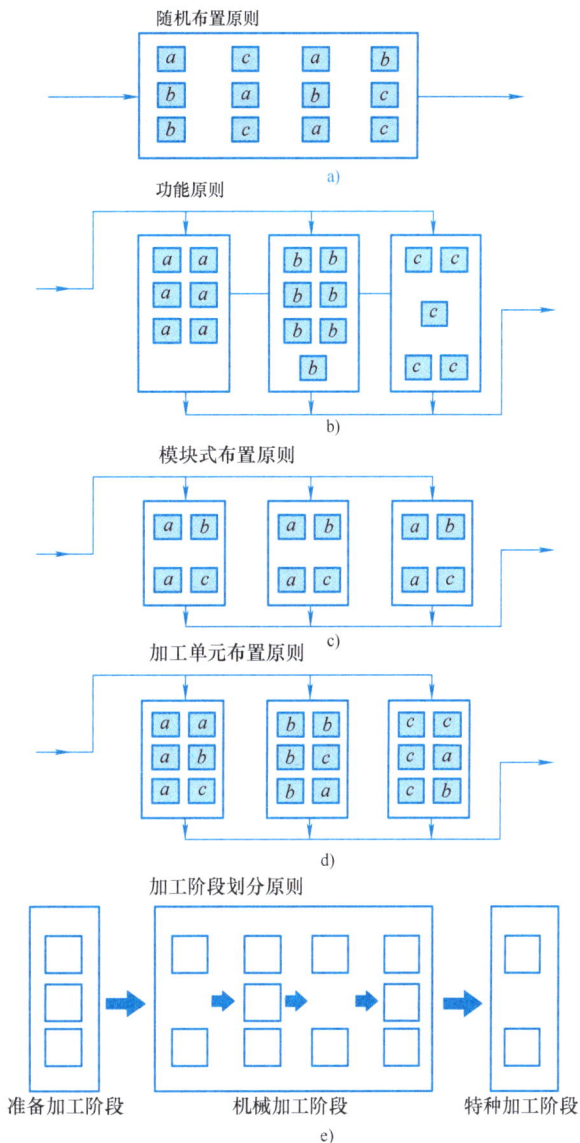

图 5-3 柔性制造系统的总体布局原则

该系统用来加工 50 种不同的铝铸件，批量大约为每月 50 件/种，有齿轮箱、法兰盘等。工件的基面加工由车间另外配置的一台加工中心和两台钻床完成，以保证工件在托盘上定位的精度。工人在装卸站将工件安装在相应的托盘中的同时，将托盘号和零件号输入计算机，计算机根据调度计划，可以命令 AGV 在哪里装卸工件，并指令加工中心调用加工程序控制加工。

图 5-7 和图 5-8 所示为两种循环式的布置，循环式布置的搬运工具可以用导轨，也可以是各种形式的无轨小车。图 5-7 所示为简单的环形运输系统，用了两台运输小车 AGV1 和 AGV2。AGV1 是刀具运输小车，其任务是将中央工具库的刀具分别运到四台加工中心处，与加工中心的刀库交换刀具。AGV2 是零件运输小车，其任务是自动从仓库中取出毛坯和原

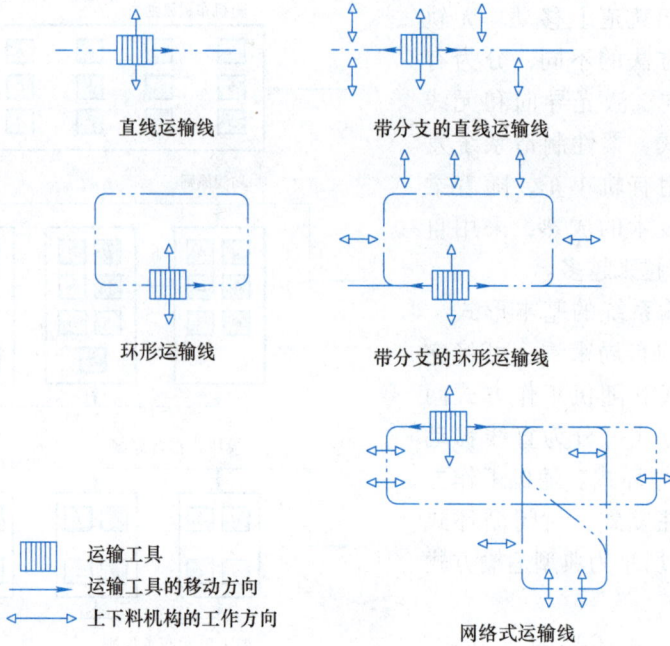

直线运输线   带分支的直线运输线

环形运输线   带分支的环形运输线

▦ 运输工具
→ 运输工具的移动方向
↔ 上下料机构的工作方向

网络式运输线

图 5-4   典型运输方式示意图

材料，运送至各加工中心，再把加工中心加工好的半成品或成品搬运到其他加工中心或中央仓库。

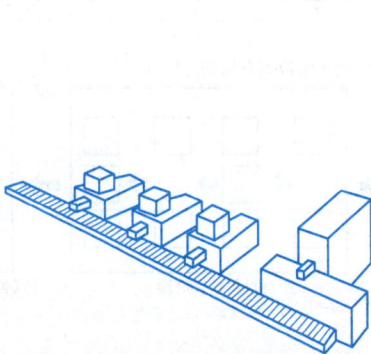

图 5-5   采用直线往复式运输方式的例子一

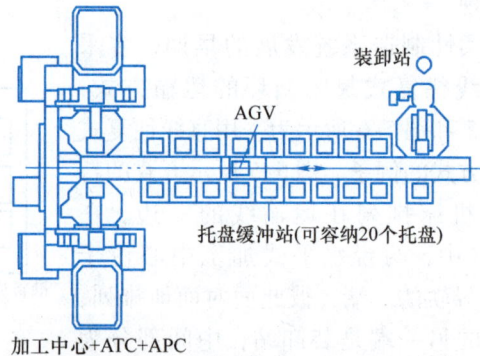

装卸站

AGV

托盘缓冲站(可容纳20个托盘)

加工中心+ATC+APC

图 5-6   采用直线往复式运输方式的例子二

图 5-8 所示为加工曲轴柔性制造系统采用的环形运输系统。图 5-8 中有四种加工单元，加工单元 1、加工单元 2、加工单元 3 和加工单元 4。加工单元 1 包括一台 Swedturn 18 数控车床，平衡机用来确定毛坯的中心线，并打上记号，Swedturn 18 用来粗加工法兰面和主轴颈表面。加工单元 2 包括一台 VDF 数控铣床和一台车床，用来铣削曲轴承载表面和车削平衡重块。加工单元 3 包括一台 VGF Bochringer 铣床和一台车床，用来进一步加工曲轴轴颈和两个孔口平面。加工单元 4 包括一台精密的 Swedturn 18 数控车床和一台加工中心，用来完成最后的精加工。加工单元内有一桥式上料器，服务于两台机床之间。

零件的毛坯由装卸站进入系统，进入系统之前没有任何准备工序，操作者在装卸站使用起重机将铸钢毛坯装在传送带上，传送带把它们送到加工单元 1。传送带可装载 15 个曲轴，足够 1.5h 加工的需要。加工单元 1 的桥式上料器拣起曲轴，送至机床上加工或放到托盘上等待加工，每个托盘上可放置 5 个工件。加工过的零件也由桥式上料器送回托盘，等待运走。自动运输小车根据控制计算机的命令，可将一个单元的工件连同托盘送到另一个加工单元。托盘在加工单元内放在一个支架上，小车进入托盘的下面，小车的台面自动升起，就将托盘连同工件装到小车上。此后，就可以将托盘连同工件送到另一个加工单元。小车走到另一加工单元后，停在安放托盘的支架下面，小车的台面自动落下，托盘连同工件停放在支架上。再根

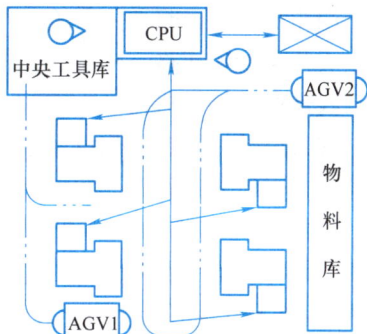

图 5-7　简单的环形运输系统

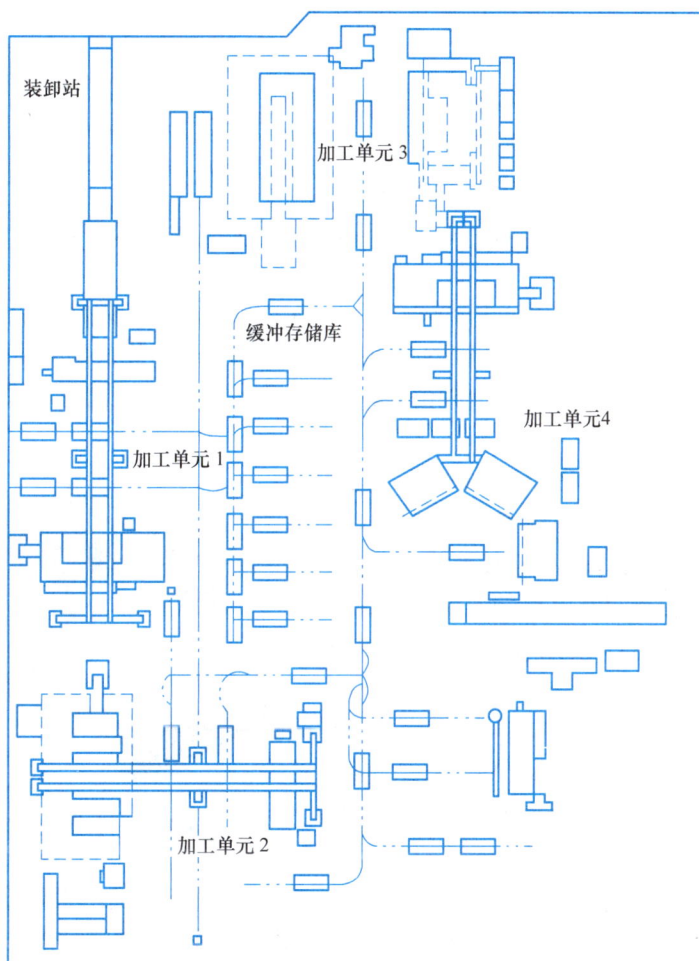

图 5-8　加工曲轴柔性制造系统采用的环形运输系统

据加工命令，由桥式上料器将托盘上的工件搬运到机床上进行加工。

如果工件在运输过程中发现正在送往某个加工单元的托盘支架已经占用，就将托盘先送往托盘缓冲存储库，等该加工单元中的托盘支架空出后，再将存在缓冲存储库中的托盘取出，送往目标加工单元中。缓冲存储库最多可存放 6 个托盘，也就是有 30 根曲轴的容量。

图 5-9 所示为网络式运输系统，运输路线可以有几条封闭环路。网络式运输系统便于小车寻找最优的运输路径。

该系统是休斯飞机公司为了加工种类不多的铝合金壳体零件而设计的柔性制造系统生产线，其加工种类为 5 ~ 6 种，批量为 4500 ~ 7000 件/年，属中批量生产。该系统由 9 台加工中心、1 台坐标测量机组成。每台加工中心和测量机都配备有一个专门的托盘短程传送装置，其把 600mm × 600mm 的工件托盘从物料运输线上取下，送至机床；或将工件托盘从机床上取下，送至物料运输线。

运输系统采用的运输工具为一种用牵引索牵引的小车，其可以自动地把工件输送到各台加工中心或坐标测量机。图 5-9 中的箭头标出了运输小车行走的方向，只要控制小车在分叉处的走向，小车就会沿着不同的路线行走。

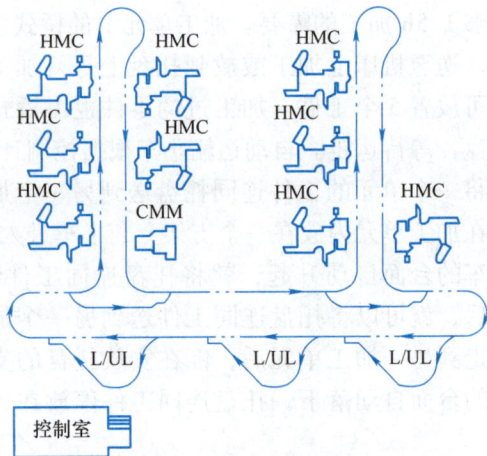

图 5-9　网络式运输系统

HMC—卧式加工中心　CMM—坐标测量机
L/UL—上下料部位

2. 自动导向小车

自动导向小车（Automatic Guided Vehicle，AGV）广泛应用于柔性制造系统中。早在 20 世纪 50 年代初期就曾出现了无人驾驶的拖拉机，20 世纪 60 年代又出现了用来研究月球的登月机器人车。自动导向小车就是一种由计算机控制的、按照一定的程序或轨道自动完成运输任务的运输工具。

图 5-10 所示为一种小型 AGV 的外形。这些 AGV 有两种控制方法：编程器控制和遥控。编程器控制是根据事先编好的程序控制小车工作，采用遥控方法是根据中央计算机的命令工作的。

在柔性制造系统中，使用 AGV 有以下四方面的优点。

1）较高的柔性。只要改变导向程序，就可以很容易地改变、修正和扩充 AGV 的移动路线。如果改变固定的传送带运输线或有轨小车的轨道，相应的工作量要大得多。

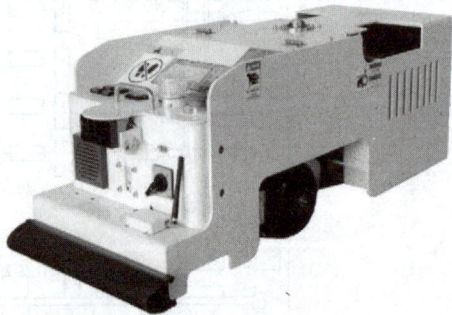

图 5-10　一种小型 AGV 的外形

2）实时监视和控制。由于控制计算机实时地对 AGV 进行监视，如果柔性制造系统根据某种需要，要求改变进度表或作业计划，则可很方便地重新安排小车路线。此外，还可以为紧急需要服务，向计算机报告负载的失效、零件错放等事故。采用的是无线电控制可以实现 AGV 和计算机之间的双向通信。不管小车在何处或处于何种状态，计算机都可以用调频法通过发送器向任一特定的小车发出命令，且只有响应的那一台小车才能读到这个命令，并根据命令完成移动、停车装料、卸料以及充电等一系列动作。另外，小车也能向计算机发出信号，报告小车的状态、小车故障及蓄电池状态等。

3）安全可靠。AGV 能以低速运行，一般以 10 ~ 70m/min 的速度运动。通常 AGV 由微处理器控制，能同本区的控制器通信，可以防止相互之间的碰撞。有的 AGV 上面还安装了定位精度传感器或定中心装置，可保证定位精度达到 ±30mm，精确定位的 AGV 定位精度可达到 ±3mm，从而避免了在装卸站或在运动过程中小车与小车之间发生碰撞，以及工件卡死的现象。

AGV 也可装报警信号灯、扬声器、急停按钮及防火安全联锁装置，以保证运输的安全。

4）维护方便。维护包括小车蓄电池的充电以及对电动机、车上控制器、通读装置、安全报警装置（如报警扬声器、保险框和传感器等）的常规检测。大多数 AGV 都装有蓄电池状况自动报告设施，其与中央计算机联机，蓄电池的储备能量降到需要充电的规定值时，AGV 便自动去充电站充电，一般 AGV 可工作 8h，无须充电。

AGV 主要有有轨小车、有线小车、遥控小车和光导小车。

（1）有轨小车　有轨小车的加速过程和移动速度都比较快，且适合搬运重型零件，同时它与旧设备的结合也比较容易。它可以很方便地在同一轨道上来回移动，在短距离移动时它的机动性能比较好，停靠准确。它的一个不足之处是，一旦将轨道铺设好后就不便改动；另一个缺点就是转弯的角度不能太小。

一般概念的有轨小车就是指小车在轨道上行走，由车辆上的电动机牵引。此外，还有一种联锁牵引小车，在小车的底盘前后各装一导向销，地面上修好一组固定路线的沟槽，导向销嵌入沟槽内，保证小车行进时沿着沟槽移动。前面的销杆除作定向用外，还作为链牵动小车行进的推杆。推杆是活动的，可在套筒中上下滑动。链索每隔一定距离有一个推头，小车前面的推杆可自由地插入或脱开链索的推头，由埋设在沟槽内适当地点的接近开关和限位开关控制。推杆脱开链索的推头，小车停止前进；推杆插入推头，链索即推动小车前进。小车底盘下有车轮，支承负载和滚动前进。这种小车只能向一个方向运动，所以适合简单的环形运输方式。

采用空架导轨和悬挂式的机器人也应属于一种变化发展的有轨小车。悬挂式的机器人可以由电动机拖动在导轨上行走，像厂房中的天车一样工作。工件以及安装工件的托盘可以由机器人的支持架托起，并可以上下移动和旋转。由于机器人可自由地在 X、Y 两方向上移动，并可将吊在机器人下臂上面的支持架上下移动和旋转，它就可以将工件连同托盘转移到导轨允许到达的任意地方的托盘交换台。

（2）有线小车（线导小车）　有线小车的导向方法是靠敷设在地面上的导线来引导小车运动的。一般在地面上挖一条长 3～10mm、宽 10～200mm 的槽，将导线埋在其中。

导线通过低频交变电流在导线周围形成一个环形电磁场。小车上面装有一对电感探头，当小车偏离轨道时，两个探头的感应电势就会产生差别，利用其感应电势差，控制小车始终沿着导线移动。

为了转弯的灵便，小车的车轮应设计成三轮车的形状，电动机带动两个后轮，推动小车前进，独立的前轮安装在一个方向接头上面，使小车的转向非常灵活。在大型或重型的零件车间，为了增加小车的承载能力，可以采用四轮甚至八轮的小车，但转弯灵活性相应要降低，这种小车的转弯半径不能太小。

（3）遥控小车　这种小车没有传送信息的电缆，而是以无线电形式发送给接收设备，传送命令，信息和车辆的控制（如起停、转弯）都是以无线电信号形式传递的。小车活动范围和路线基本上不受限，故柔性最大。

（4）光导小车 有些小车采用光学导向，其原理是直接在地面上涂上一层荧光材料，或敷设一层涂有荧光材料的带子，利用荧光材料的反光，激发光敏传感器辨认出小车应走的路线，引导小车移动。这种小车用于办公室和装配车间更为方便。它的最大优点是：成本低，便于更改运行路线。

第三节 柔性制造运行控制系统

运行控制系统是柔性制造系统的大脑，负责控制整个系统协调、高效地运作。本节首先介绍柔性制造控制系统，然后分别介绍柔性制造系统的质量保证系统及数据管理与通信网络系统。

一、柔性制造控制系统

1. 柔性制造系统的递阶控制结构

柔性制造系统是一个复杂的制造系统，其控制系统必然也是很复杂的。复杂控制系统采用递阶控制结构方式是当今的主流方向。也就是说，人们通过对系统的控制功能进行正确、合理的分解，划分成若干层次，各层次分别进行独立处理，完成各自的功能，层与层间保持信息交换，上层向下层发送命令，下层向上层回送命令的执行结果，通过信息联系构成完整的系统。把一个复杂的控制系统分解为分层控制，减少了全局控制和开发的难度。实际上，美国国家标准局（NIST）在其计算机集成制造系统（CIMS）参考模型中提出的递阶控制结构概念已在国际上被广泛地认可。NIST 对 CIMS 提出的五层（工厂层、车间层、单元层、工作站层和设备层）递阶控制结构，如图 5-11 所示。

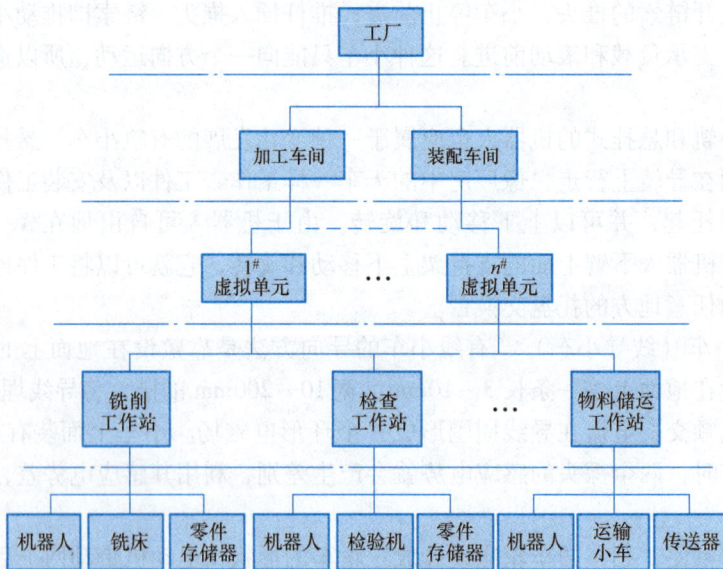

图 5-11 CIMS 递阶控制结构

实践证明，分层递阶的概念为柔性制造系统的实现提供了一个行之有效的方法。首先，把复杂的控制过程的管理和控制进行分解，分为相对简单的过程，分别由各层计算机去处理，功能单一，易于实现，不易出错。其次，各层的处理相对独立，易于实现模块化，使局部增、删、修改简单易行，从而增加了整个系统的柔性和对新技术的开放性。最后，分层处理对实时性要求有很大差别的任务，可以充分有效地利用计算机资源。不过，究竟分几层为好，这要视具体对象和条件而定，不可千篇一律。

在由工厂、车间、单元、工作站和设备五层控制所组成 CIMS 体系结构模型中，柔性制造系统覆盖罗列其中的底部三层，即单元层、工作站层和设备层。在工厂的经营管理、工程设计、加工制造三大功能中，柔性制造系统负责制造功能的实施，所有产品的物理转换都是由制造单元完成的。工厂的经营管理所制定的经营目标，设计部门所完成的产品设计、工艺设计等都要由制造单元来实现。可见，制造单元的运行特性在整个工厂具有举足轻重的作用。

柔性制造控制系统是一个多级递阶控制系统。它的第一级是设备级控制器，是各种设备（机器人、机床、坐标测量机、运输小车、传送装置）和储存、检索系统等的协调控制器。其规划的时间可以从几毫秒到几分钟。这一级控制系统向上与工作站控制系统用接口连接，向下与设备连接。设备级控制器的功能是把工作站控制器的命令转换成可操作的、有次序的简单任务，并通过各种传感器控制这些任务的执行。

第二级是工作站控制器，这一级控制器负责指挥和协调车间中一个设备小组的活动。它的规划时间可以从几分钟到几小时。例如：一个典型的加工工作站可由一台机器人、一台机床、一个物料储运器和一台控制计算机组成。加工工作站负责处理由物料储运系统交来的零件托盘，工作站控制器通过工件调整、工件装夹、切削加工、切屑清除、加工过程检验、卸下工件以及清洗工件等对设备级各子系统进行调度。

柔性制造控制系统的第三级是单元控制器，通常也称为柔性制造系统控制器。它的规划时间范围可以从几小时到几周。单元控制器作为制造单元的最高一级控制器，是柔性制造系统全部活动的总体控制系统，全面管理、协调和控制单元内的制造活动。同时它还是承上启下、沟通与上级（车间）控制器信息联系的桥梁。因此，单元控制器对实现底部三层有效的集成控制，提高集成制造系统的经济效益，特别是生产能力，具有十分重要的意义。

单元控制器的主要任务是实现给定生产任务的优化分配，实现单元内工作站和设备资源的合理分配和利用，控制并调度单元内所有资源的活动，按规定的生产控制和管理目标高效率地完成给定的全部生产任务。

2. 具有开放性的单元控制器结构模型

由于制造企业总是处在多供货商的环境中，而且企业面对的是一个需求多变的环境，这就要求制造企业必须在组织和生产结构上具备一种自适应的动态调节能力，以适应外部环境在技术、市场及组织机构等方面发生的变化或发展。因此作为直接控制柔性制造系统制造活动的单元控制器，应当有一个合适的体系结构。这个结构必须具有时间上和空间上的开放性，以满足企业因外界发生的变化而调整经营过程对管理和控制单元在结构上、功能上所提出的要求。

单元控制器的空间开放性是指它对不同的硬件环境是开放的，软件能够运行在不同制造厂商的异构计算机系统中，即在空间上具有互连性。单元控制器的时间开放性是指它能适应新技术的发展、具备容纳新设备的能力，即在时间上具有连续性。

根据对单元控制器的时空开放性要求，单元控制器开放性体系结构的内涵如下。

（1）在功能结构上具有柔性　柔性是指基于不同的生产任务能够灵活地分割及组合，提供不同的服务，并且能够方便地修改或增加的新功能。

（2）在应用与实践过程中具有适应性　适应性是指适应多种多样的生产环境，在异构计算机环境中能够方便地从一种硬件环境或操作系统转化到另外一种。

由此可见，单元控制器开放性体系结构应当是一个对用户、新技术和设备制造商均开放的框架结构。

为了实现开放的目的，单元控制器的开放体系结构在技术上具体体现为平台技术。它本质上就是CIM（Computer Integrated Manufacturing）/OSA（Open System Architecture）单元在这个领域的集成基础结构。这个平台为单元控制器提供了一套结构化核心服务和公共服务，并且遵循有关的国际标准和协议，其作用如下。

1）将用户的应用程序与单元控制器的实施环境相隔离。

2）实现单元控制器与上级控制器（车间）、同级控制器以及下级控制器（工作站）的互连，使单元控制器成为CIM系统中的有机组成部分。

图5-12所示为符合开放性概念的单元控制器模型。它由核心功能服务、通信服务、信息服务和前端服务四大部分组成。

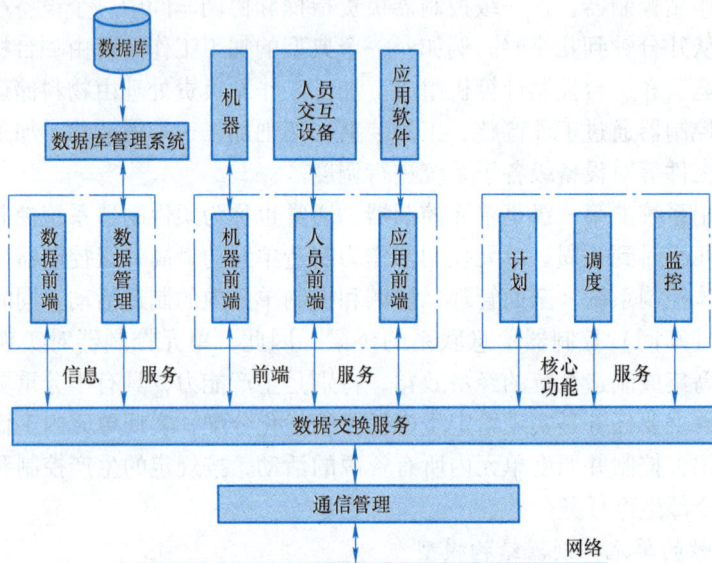

图 5-12　符合开放性概念的单元控制器模型

（1）核心功能服务　它提供的是单元层最核心、最基本的服务。这些服务是指计划、调度和监控服务。通过这些服务，实现单元控制器最基本的功能。

1）计划。根据车间下达的周生产计划，在一定的策略支持下，制订出单元的日/班作业计划和相应的生产准备计划。

2）调度。根据单元的实际运行状态，为完成单元生产计划而做出的具体实施计划。它是在调度规则库的支持下，决定工件进入系统的队列和进入系统后的加工队列，并对意外情况（如机床发生故障、紧急订货等）进行实时调度。

3）监控。实时处理和反馈单元内加工状态和资源状态信息，为计划和调度提供依据，同时产生统计报告。

（2）通信服务　单元控制器作为CIMS计算机网络上的一个节点，其内部的信息交换是通过数据交换服务完成的，而与网络上其他节点之间的信息交换则是由数据交换和通信管理两个服务共同完成的。用户并不需要知道具体的通信过程和与其通信的实体位置。

1）数据交换服务。直接处理通信请求，并为单元控制器内部各种服务提供通信服务。

2）通信管理。它是基于开放系统互连基本参考模型的概念和有关国际标准，实现网络上节点与节点间的通信，支持异构系统的应用集成。

（3）信息服务　信息服务的目的是管理单元控制器数据的存储和检索，保证数据的一致性和有效性。它不要求用户去了解数据存储于何处和如何存储。信息服务包括以下两部分内容。

1）数据前端服务。它负责对数据存储和检索请求的控制；作为用户和系统之间的数据处理接口，处理所有用户对信息的所有请求。

2）数据管理服务。负责处理和响应来自数据前端的请求，通过数据库管理系统接口，实现数据的存储、检索、恢复和转换。

（4）前端服务　前端服务提供了柔性制造系统所有功能实体与集成平台所有服务的交互。这些前端服务包括如下内容。

1）机器前端服务。它以统一的方式表示所有的外部数据处理设备，如数控机床、机器人控制器和可编程序控制器等，并实现外部设备与单元控制器内各种服务的交互。按照CIMS通常的五层递阶控制结构，单元控制器的下一级是工作站控制器，而不是底层设备控制器，因此机器前端服务应当在工作站这个节点内，在单元控制器中可以没有机器前端服务。但是作为一个通用的结构模式，这里还是设置了机器前端服务。因为在某些场合，单元控制器直接控制设备，而没有工作站这一层。

2）人员前端服务。提供用户接口，实现人员与各种服务的交互。这里的人员是指操作人员、交互设备操作人员和设备代理人员等。

3）应用前端服务。实现应用程序与系统各种服务的交互，并使应用程序与环境无关，从而使应用程序易于维护和移植。

在单元控制器这个平台的基础上，可以开发一系列应用软件模块以供选择。平台通过应用前端与不同应用软件模块的灵活组合，使单元控制器可以满足不同用户的要求或同一用户的不同要求，这样的单元控制器的体系结构是开放的。

因此按照上述概念设计的单元控制器，功能分解合理，提供的服务完善，各模块之间关系清楚，开放性好。事实上，这个具有开放体系结构的控制器模型不仅适用于单元控制器，同样也适用于车间控制器和工作站控制器，所不同的是其各自的核心功能服务内容不同而已，而作为计算机网络上的一个节点，它们的公共服务本质上是一样的。

3. 动态重构单元控制器

现代企业面对的是一个多变的需求环境，柔性制造系统面对的加工任务也是多变的。这种变化包括生产零件的品种、类型、规格、批量和交货期等各个因素的变化。由于生产任务的不同，其加工工艺路线也会变化，导致设备资源和设备负荷也不同，因此，将设备资源固定在一个制造单元的传统资源组织模式存在以下问题。

1）由于设备负荷不平衡，使某些资源的利用率下降，造成资源浪费，生产成本上升。

2）由于设备负荷不平衡，使某些资源特别紧张，形成瓶颈，使生产率下降。

3）由于单元内设备资源是固定的，不能适应最优工艺路线组合，从而造成工件跨单元的加工，导致了辅助资源（如运输系统的小车、托盘和夹具等）的紧张，使生产能力下降，交货期延长。

为了克服以上缺点，一个适应市场竞争需要的柔性制造系统或制造单元应当是一种动态可重构单元。它的控制器是动态重构单元控制器。这种动态可重构单元具有以下特征。

1）单元是由若干个具有相对独立功能的工作站组成的。

2）单元控制器所控制的工作站不是固定的，随着生产任务的变化，组成单元的工作站是动态变化的。在某个时间片段内，为了完成某项具体的生产任务，根据单元重构的原则和算法，确定车间内哪些工作站属于哪个单元。一旦任务完成，旧单元解体，并根据新任务的要求重构新的单元，所以单元的组成是动态的。

3）工作站的物理位置是固定的，单元重构时并不要求这些设备重新布置，所以这是一种逻辑上重构的单元，因此也称为逻辑单元或虚拟单元。它是通过计算机网络实现对工作站分布式控制的。因此单元的重构需要计算机网络通信技术的强有力支持，以实现单元控制器与工作站之间的通信应答和数据传递。图 5-13 所示为适用于单元重构的系统局部网络形式之一。

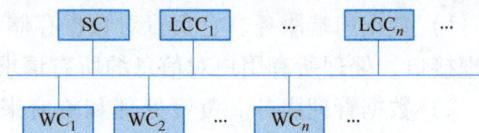

图 5-13　适用于单元重构的系统
局部网络形式之一

SC—车间控制器　LCC—逻辑单元控制器
WC—工作站控制器

4）根据生产任务的不同，车间控制器做出对虚拟单元如何重构和何时重构决策。因此单元重构的软件系统是驻留在车间控制器内的。

5）由于虚拟单元控制器控制的工作站的数目和类型是随重构的实现而动态变化的，因此虚拟单元控制器应当是一个具有开放体系结构的通用单元控制器。

就功能而言，从重构开始到解体为止，虚拟单元控制器的生命周期内和一般单元控制器相同，起承上启下的作用，负责对单元层的控制、管理和协调工作。

动态逻辑可重构单元的概念是对 CIMS 开发系统结构的重要贡献。美国国家标准局在 20 世纪 80 年代初首先提出了虚拟单元的概念，在 CIMS 研究领域引起了巨大反响，欧盟以及我国对此也开展了深入的研究。单元重构的思想和研究单元重构的技术将会随着 CIMS/FMS 技术的推广而越来越受到人们的重视。

二、柔性制造系统的质量保证系统

1. 质量保证系统的结构、功能概念

制造业由产品导向、制造导向和销售导向发展到了今天的竞争导向阶段。随着制造业的发展，质量观念也随之发生变化。在产品导向阶段，产品质量是指产品是否达到了设计者期望的功能；在制造导向阶段，高质量意味着符合产品规范；在销售导向阶段，质量要求除符合规范外，还包括质量保证的一系列措施；在竞争导向阶段，质量则是指满足用户愿望与需求，并保证产品在其生命期内始终使用户满意。对一个生产经营型企业来说，提高质量就是从经营的目的出发，用最经济的方法在产品性能、价格、交货期、售后服务方面满足用户的需求。产品质量是六种质量的综合体现，即规范质量、设计质量、供给质量、制造质量、检验质量和使用质量。企业为满足用户的要求，使自己的产品具有竞争力，必须将市场调研、产品设计、生产技术准备、产品制造、检验及销售等一系列活动作为一个有机的整体，对生产活动实行全面的质量控制（TQC）。

质量保证系统（Quality Assurance System，QAS）是柔性制造系统的一个重要组成部分。柔性制造环境下的质量保证系统的作用如下。

1）通过质量信息的集成，实现质量信息的及时处理与反馈，从而保证产品质量及制造过程的改善。

2）将用户的需求直接用于控制产品的设计工作，并对设计及工艺进行分析和审核，尽早发现在制造过程中可能出现的质量缺陷，实现在设计阶段保证产品质量。

3）及时向操作者和管理人员提供正确的制造过程信息及产品质量信息。

柔性制造环境下质量保证系统的特点如下。

1）QAS 对产品的整个制造过程进行质量控制。典型质量环如图 5-14 所示。

2）QAS 通过分布式数据系统及计算机网络实现质量信息的提取、交换、共享和处理。

3）QAS 广泛采用各种智能技术（专家系统、神经元网络等）进行各种复杂信息的处理。

4）QAS 强调在质量问题的"源"处控制质量，即在质量缺陷产生的初期进行控制，而不是仅仅对已产生的质量缺陷进行处理；进行过程控制，而不仅是产品控制。

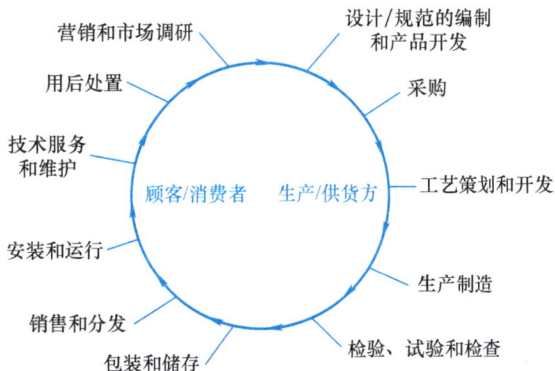

图 5-14 典型质量环

QAS 包括设计、生产技术准备、产品制造、检验、评价与改进等方面的内容，是一个非常复杂的系统。为了提高整个系统的可靠性、信息处理的及时性及信息的共享，QAS 采用分布式质量数据库为基础的分级结构，包括工厂级、车间级、工作站级和设备级，如图 5-15 所示。

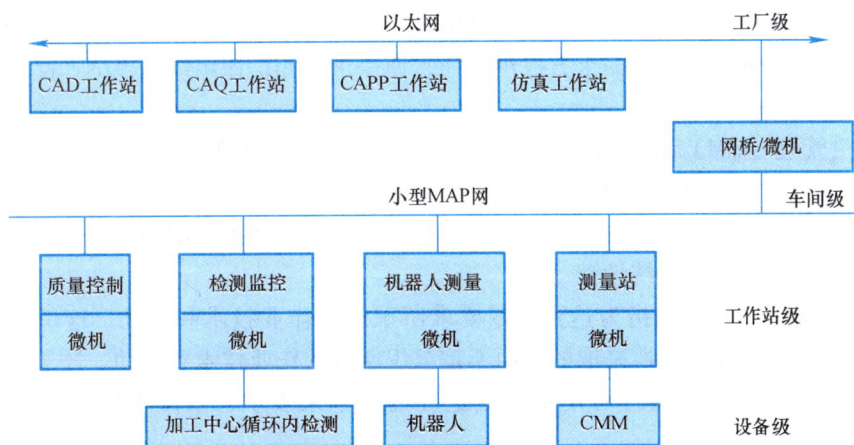

图 5-15 FMS QAS 分级结构图

（1）工厂级 在工厂级，QAS 主要完成如下任务。

1）将用户对产品需求的信息转化为产品的设计、制造和检验参数，使产品的设计、制造过程受到用户的直接控制。

2）对产品的设计方案、工艺方案进行审核与仿真，预防和发现设计及工艺准备中出现的质量问题，并反馈给 CAD、CAPP 系统及时进行修改。

3）制订生产过程检验计划、产品工序质量控制及质量检验计划。

4）进行质量成本的计划与分析，制订质量改进计划。

（2）车间级 在车间级，QAS 的主要功能如下。

1）根据工厂级下达的生产过程检验计划、产品工序质量控制及质量检验计划，生成相应的检验与控制程序指令，并下达给单元控制器。

2）对整个生产过程进行及时监控。

3）对发生的故障进行分析、诊断和排除。

4）对产品工序间的加工质量及最终质量问题进行分析和诊断，并提出相应的调整措施。

5）将质量信息反馈给相关的子系统部门。

（3）工作站级 在工作站级，QAS 主要接收车间级下达的各项指令，并据此控制相关设备的协调工作。

（4）设备级 在设备级，QAS 主要根据工作站控制器下达的指令进行具体操作，实现系统的基本功能。

柔性制造系统 QAS 的这种分级结构使各级均可利用质量信息，同时完成各自功能，因而具有较快的响应速度，对质量问题可进行及时控制。工厂级的各个子系统之间通过以太网连接，实现信息的交换与传输；车间采用小型 MAP 网；在工厂与车间之间利用网桥实现信息交换与共享；工作站与各设备间利用串行接口进行通信。

2. 质量保证、质量管理与质量控制

1）质量保证（QA）是指对某一产品或服务能满足规定质量要求，提供适当信任所必需的全部有计划、有系统的活动。质量保证不是仅仅针对某项具体质量要求的活动，不是一些互不相关的活动，也不是一些质量活动的机械组合。

质量保证分为内部质量保证和外部质量保证两个部分。内部质量保证是质量管理职能的一个组成部分，其向组织各层次管理者提供信任，使他们相信本组织提供的产品或服务满足要求。外部质量保证是为了向需求方提供信任，使需求方相信该组织提供的产品或服务满足要求。

2）质量管理（QM）是指制订和实施质量方针的全部管理职能。这里提到的方针是一个组织总的质量宗旨和质量方向，是一个比较长远的、组织所应遵循的有关质量方面的总的宗旨。因为质量管理的职责是负责质量方针的制订与实施，是由组织的最高管理者承担并与组织内各成员相关的一项系统性活动。

3）质量控制（QC）是指为达到质量要求所采取的作业技术和活动。这里的作业技术和活动是为了达到质量要求所采取的，而不是组织所有的作业技术和活动。质量要求需要转化为质量特性，这些质量特性可用定量或定性的规范来表示，以便于质量控制的执行和检查。

质量系统（QS）是指为实施质量管理的组织结构、职责、程序、过程和资源。对质量系统的理解应注意以下两点。

1）质量系统不仅包括组织结构、职责和程序等，还包括资源。资源是指：①人才资源和专业资源；②设计和研究设备；③制造设备；④检验和试验设备；⑤仪器、仪表和计算机软件。

2）质量系统并不包括质量方针的制订。因此，一个组织的质量系统是包含在该组织的质量管理范畴之内的。

质量保证、质量管理和质量控制的关系如图 5-16 所示。

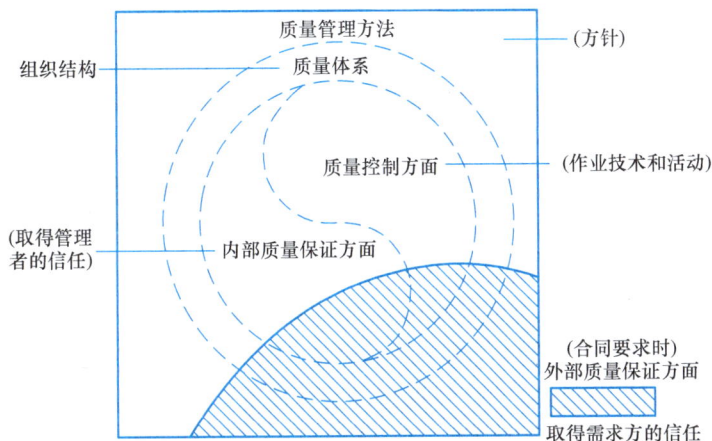

图 5-16 质量保证、质量管理和质量控制的关系

由图 5-16 不难看出：

1）最外面的正方形代表质量管理。它包括质量方针的制订与实施，是一个大的概念。它包括了质量方针、质量体系、质量控制和质量保证。

2）正方形内最大的虚线圆代表质量体系。实施质量管理依靠质量体系，其包括了质量控制和质量保证。

3）正方形内的小虚线圆被 S 形虚线所隔开，分别为内部质量保证方面和质量控制方面。S 形虚线隔开是说明内部质量保证和质量控制犬牙交错、密不可分，内部质量保证离不开质量控制。

4）剖面线代表了合同环境下的外部质量保证。在合同环境下，对某一特定产品或服务的质量保证都是在该组织质量体系的基础上增减要素所形成的不同保证模式。

3. 质量系统的发展与现状

全面质量管理（TQM）的概念是在 20 世纪 60 年代初由美国通用电气公司 Feigenbum 博士首先提出的，并为世界各国所接受。日本质量专家石川馨先生提出的全公司范围的质量管理（CWQM）是 TQM 思想的深化和具体应用。

基于 TQM 方式适应企业的质量系统是 20 世纪 70 年代才开始应用的。20 世纪 80 年代，质量职能向广泛的、多职能的全面质量保证发展，质量系统在理论上能综合而连续地控制全部关键的活动，使质量保证真正在整个组织范围之内普及，而不仅限于生产过程。20 世纪 90 年代，由于制造技术和检测手段的自动化，加之计算机技术的普及，质量系统也向自动化、集成化迈进。

目前，国外对自动化系统（如 FMS、CIMS）中的质量系统的研究有两个流派：一个是为了与 CAD、CAPP、CAM 相比较，将其表示为计算机辅助质量（CAQ）系统；另一个是把它看成相对独立的子系统，表示为信息质量系统（IQS）。德国常使用 CAQ 的概念，最典型的是在德国国家标准技术研究所（DIN）的研究报告中关于 CIM 的定义。美英学者认为质量系统是一个相对独立的系统，常使用 IQS 的概念。IQS 的概念最早是美国伊利诺伊大学香槟分校的 S. G. Kappor 等人在 1984 年 AIIE 会议上提出的。

日本学者对质量系统的研究着眼于质量控制（QC）方法。他们认为产品质量问题主要是管理方面的问题，占整个质量问题的 80% 以上。因此，日本人广泛开展 QC 小组活动，把制造过程 QC 小组推广到设计、采购等部门，使 QC 小组在全厂范围内普及。

国外对自动化系统中质量系统的研究比 CAD、CAPP、CAM 的研究大约晚 5 年，但从 20 世纪 80 年代中期以来，CAQ 和 CIQS 的研究和开展受到越来越广泛的重视。具有代表性的是 1989 年召开的 CIM 系统中的计算机集成质量系统（Computer Integrated Quality System in CIM System）国际会议。会议主题包括：①CIQS 的建模和体系结构；②CIM 中的 CAD、CAM、CAQ 的集成软件；③生产检测的柔性自动化；④CIQS 中的知识工程和专家系统。

与此同时，先进国家的一些企业为了提高产品质量和企业竞争力，也开发了各自的质量系统。如德国 MTU 公司在其大功率发动机生产中实施的质量信息管理系统（QUISS）包括了质量保证的四种基本功能：质量计划、质量检验、质量控制和质量改进。

我国是开展 TQM 较迟的国家，计算机和自动化技术在质量系统中大部分主要用于质量报表的生成，远远落后于发达工业国家。从 20 世纪 90 年代初期开始，我国的一些高等院校已开展了 FMS 中 QS 技术的研究，目前在柔性制造系统检测监控与故障诊断、柔性制造环境下质量系统体系结构以及检测规划的自动生成等方面进行了研究，并获得了进展和成果。目前正在此基础上进行更深层次的研究。

三、柔性制造系统的数据管理与通信网络系统

1. 柔性制造系统的开放体系结构

FMS 是工厂的一个制造单元，是生产的调度和控制的集成体。但是由于 FMS 是 CIMS 的单元技术，因而在谈及 FMS 信息系统时，应该联系 CIMS 的体系结构。否则，又将是一个自动化孤岛。

在设计 FMS 信息系统体系结构时，必须解决两个问题：信息的集成和信息的共享。而开放性的体系结构正好提供了这两个支持。

（1）必要性　在 FMS 中，各计算机承担不同的功能，完成不同的任务，设计系统的计算机要求速度快、容量大和图形功能强；单元层计算机需要有管理、调度的功能，实时性要求不那么严格；工作站层计算机和设备控制计算机要求是可靠性高、实施性强的工业级计算机，因此，在 FMS 中计算机将不会是统一的，有小型机（或服务器）、CAD 工作站和工业级计算机。一般来说，众多计算机将会分成若干子网，然后连接到主干网上，这就出现不同型号、不同厂家、不同年代计算机的连网问题以及不同网络的互连问题。这一切都需要有一个强有力的集成环境，因此，开放体系结构的形成就成为必然结果。

（2）实现的条件　FMS、CIMS 的异军突起迫使各计算机厂商都致力于建立自己的开放系统，并成立了若干国际的标准化组织，如电气和电子工程师学会（IEEE）的可移植式操作系统界面标准委员会（IEEE/POSIX）、X/Open 和开放式软件基金委员会（OSF）等。这三个标准化组织完成了 UNIX 操作系统的标准化，并提供了可移植的应用环境标准。它们的工作重点有两个：一个为应用程序界面（API），促使操作系统和应用软件互通；另一个为使用者界面，促使屏幕、表格、视窗和其他功能能以标准方式让使用者和系统沟通。另外，国际标准化组织颁布的开放系统互连（ISO/OSI）的七层参考模型为各种网络协议提供了参

考模型标准。现有的网络标准都在向此标准靠拢，兼容性较好的是 MAP/TOP 协议（3.0版）。MAP3.0 的应用层协议的 MMS（制造信息规范）为 FMS 提供了完整的服务定义，这些服务定义已被国际标准化组织以 ISO/IEC 9506 标准正式颁布。

（3）柔性制造信息系统及其原理模型　柔性制造信息系统是由不同类型、不同年代、不同厂家的计算机组成的多级计算机控制系统，在此系统中每台计算机担负不同的任务。众多的计算机在网络和数据库的支持下，得到数据共享和相互通信，使整个系统协调一致地工作，完成从产品设计（包括工艺设计、工装设计）、零件加工到产品检验全过程的调度控制。

柔性制造多级计算机控制系统一般是按照美国国家标准局自动化制造研究实验基地（Automated Manufacturing Research Facility，AMRF）的五层递阶结构的下三层来设计的，即单元层、工作站层和设备层。

1）单元控制器主要完成作业调度。它包括零件在工作站的作业顺序、路线选择、加工时间与提前期的预估，作业调度指令集的发放与管理，中央刀库的调度管理以及出错恢复功能。它包含三个模块：排队管理模块、调度管理模块和分配模块。

2）工作站控制器的主要功能是按照上一层分配下达的作业生成实施操作命令，同时对控制过程进行监控，为故障监测与诊断提供依据。本层还要统计作业完成情况，包括成品、次废品、加工总件数、加工时间和刀具使用时间等。

3）设备控制器的功能是把工作站控制器的命令转换成可操作的、有次序的简单任务，并通过各种传感器监控这些任务的执行，完成产品的加工、装卸、运输、测量和监控等工作。本层是控制信息的执行者，是整个系统中信息流的终端。

在复杂的柔性制造系统中，信息流的管理系统是极其重要的，其是柔性制造系统的神经中枢。为了适应三级控制的需要，必须有数据和网络两个管理子系统来支持。另外，为适应开放性体系结构，还需有符合标准的应用程序接口（API）。这样才能保证让单元控制器、工作站控制器和设备控制器之间的信息得到共享和传输。图 5-17 所示为柔性制造信息系统的原理模型。

在图 5-17 中，OS 表示操作系统，DBMS 表示数据库管理系统；设备层中各框仅代表类型，有的设备可直接上小型 MAP 网，没有必要再经过现场总线，可节省资源；网关起协议转换作用。

2. 开放体系结构的说明

前面提到了开放体系可提供柔性制造系统信息的集成环境，这是为什么？现从开放系统的定义来阐明这个道理，此处仅作为参考列出

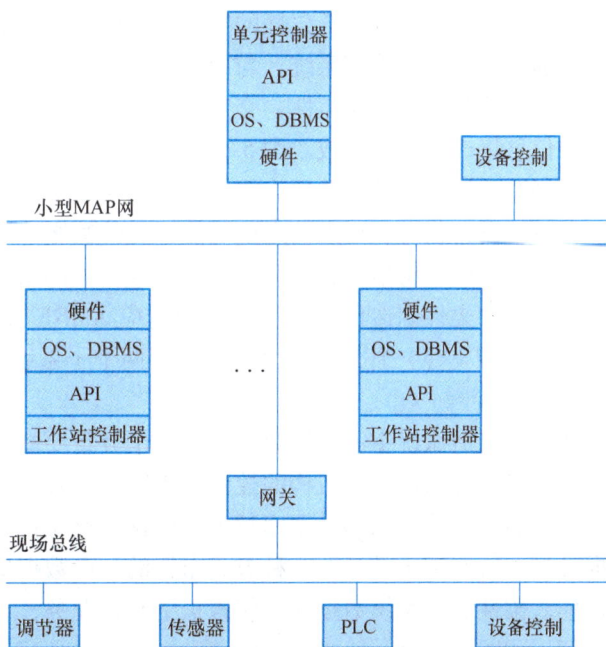

图 5-17　柔性制造信息系统的原理模型

其定义："在接口、服务和支持方式充分采用规范，使常规应用软件经过最少的变化便可在很大范围内的各种系统之间移植，并可与本地和远程系统中的其他应用软件进行交互式操作，同时允许用户按照自己的习惯移植。"

规范或者标准是计算机工业极其重要的工作。目前计算机标准化的主要内容包括应用软件界面、使用者界面、图形、数据库管理、安全、子系统、工具、网络和语言等。其目的是使不同厂家生产的计算机可以连接起来协调一致地工作，应用软件能在不同型号的计算机上执行，使现有的设备能够与未来的标准设备兼容。只有这样，才能保证柔性制造信息系统有集成的可能。

目前，计算机的标准化可分为两类，一类是工业标准，另一类是事实上的标准。前者是提供硬件和软件的结构和功能的详细规格，后者是由各厂商广泛使用和接受的，变成非正式的标准。对未来计算机发展具有深远影响的标准化工作已逐步展开，标准化的中心概念就是开放系统，而开放系统的目的是要建立一个标准的计算机操作环境。

关于开放系统有几个专业名词：交互操作性（Interoperability）、规模可变性（Scalability）、可移植性（Portability）和可连接性（Connectivity）。交互操作性是指应用程序和应用程序"交谈"，OSF 的远程过程调用（RFC）就是这种接口的一个实例。可连接性是指系统与系统的"交谈"，这是通过网络协议完成的，MAP/TOP（Manufacturing Automation Protocol/Technical and Office Protocol）、以太网、NFS、X25 是这种接口的实例。可移植性是指为应用程序从一个平台移到另一个平台，要达到移植的目的，需要在不同的系统中设置相同的接口集，并将应用程序写在这些接口上，这方面的实例是 X/Open XPG3 系统接口与语言规范。规模可变性是指允许同一应用软件在某一系列产品各种系统上均能运行的能力。另外，还需特别指出的是，标准是针对接口的，而不是产品，并且必须由独立（或称中性）机构来制定，而不是由特定的硬件或软件厂商来制定。

综上所述，一个具有开放性的柔性制造信息系统应具有符合标准的操作系统、能实现数据共享的分布式数据管理系统、与 OSI 七层协议兼容性好的网络以及标准的应用程序接口，才能提供应用程序的可移植性、交互操作性以及系统间的可连接性，最终才能完成柔性制造系统的信息集成和功能集成。图 5-18 所示为 FMS 开放系统的原理模型，但在设计一个具体的柔性制造系统时，并不是那么简单，特别是设备的进网问题尤其突出。一般来说，有较大一部分数控设备仅有点对点的通信功能，有的甚至连这一功能都不具备。因此，还得采取集中器的设计方法，将信息集中和转换，形成所需的格式，进入网络系统进行交换和处理。

在复杂的柔性制造信息系统中，为适应 AMRF 分级控制的需要，必须有一个计算机系统的支持（或支撑）环境。这个环境包括两个子系统：数据管理和通信网络。

3. 数据管理

在柔性制造系统中，系统数据管理是十分重要的。它关系到信息是否流畅，数据的冗余度是否恰当以及对各执行机构的控制是否行之有效等一系列问题。为了解决好这些问题，必须在柔性制造系统中采用数据库技术。数据库比文件方式更方便，通常文件仅能包含同一种数据类型，所有记录是按同一种方式布置的；而数据库具有一种逻辑结构，可以使其应用达到最佳。柔性制造系统数据库不仅覆盖了制造业务，而且能连同其他软件一起支撑整个工厂的运行，如图 5-19 所示。

（1）层次数据库 层次数据库就是库中信息之间具有一定的层次结构（或称为树形结

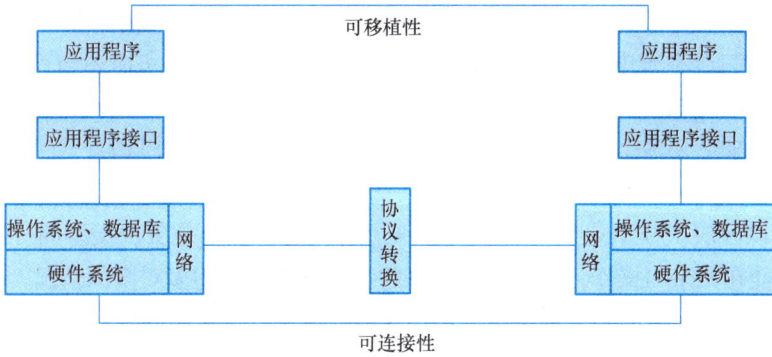

图 5-18　FMS 开放系统的原理模型

构)。这些信息从上到下相互之间有一定的层次，在数据库技术中通常称为父子关系。这种关系中的最高层称为数据库的根层，从根层往下可以有若干子层，对于根以外的其他节点只能有一个父节点。层次数据库的层次结构如图 5-20 所示。

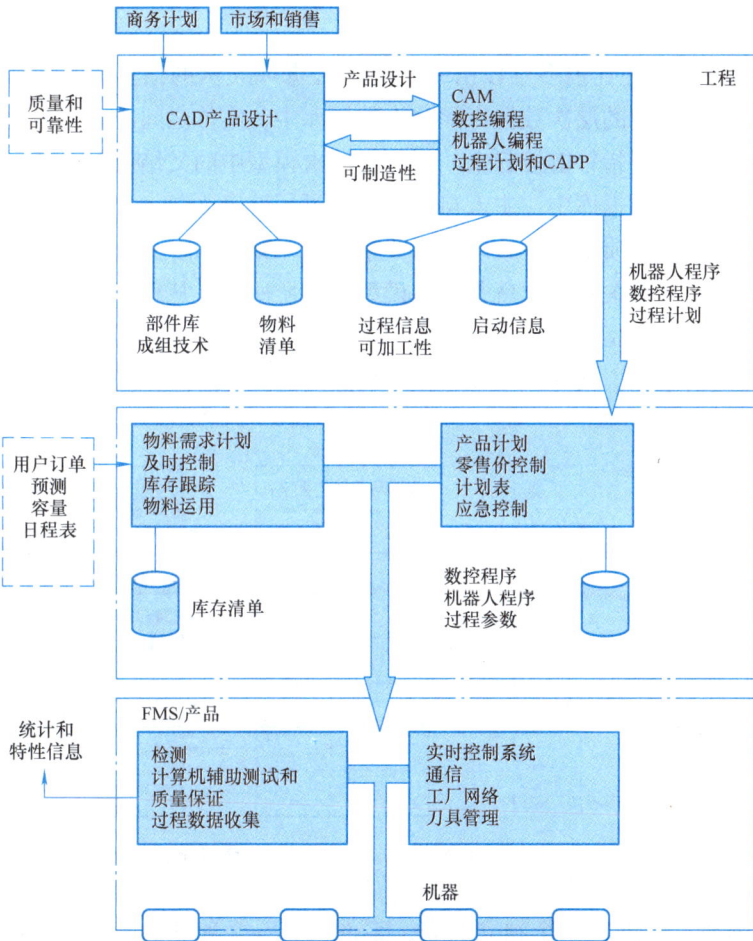

图 5-19　柔性制造系统数据库流程

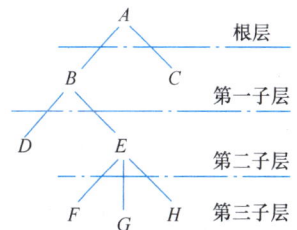

图 5-20　层次数据库的
　　　　　层次结构

图 5-20 中描述的是在层次数据库中信息项间的父子关系。数据库含有一个单独的根类

型 A，根的下一层是类型 B 与 C，B 的下一层是 D 与 E 等。层次数据库非常适合一对多关系的表示。在柔性制造系统中也可以找到这种数据关系，如可以用来描述与产品有关的工艺、工具、机器及运输路线等。

（2）网络数据　在层次模型中存在两个限制条件：一是高层只有一个节点，即根；二是根以外的其他节点有且只能有一个父节点。去掉上述两个限制，便成为网络模型。

因此，可以说层次模型是网络模型的特殊形式，网络模型是层次模型的一般形式。

网络数据能在冗余与操作之间用一个较好的折中方法来描述多对多的情况，网络数据库对复杂的甚至混乱的关系也能很好地进行处理。这些描述在变化复杂的柔性制造系统中会出现。

描述数据项的组称为集合（Set），数据项是集合的成员。注意：这里所讲的集合并不遵循数学集合理论的相同规则。

一个集合是由一个环形图中描述项连接而成的，由集合的主人启动，通过每一个成员，然后回到集合的主人。在机器与零件的例子中，用一台机器作为集合开始，通过所有能制造的零件，回到机器结束。同样，在一个工厂的集合中，它所包含的所有机器只是它的集合的一部分。图 5-21 所示为工厂、机器以及零件等的环形结构。

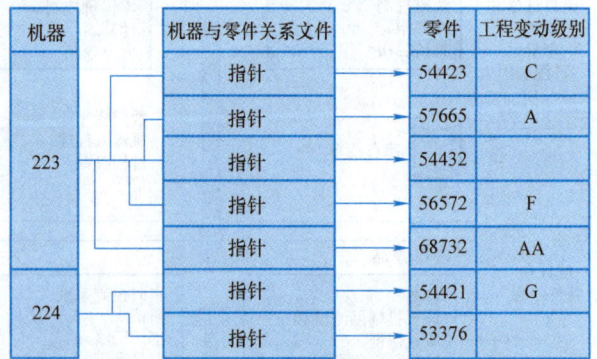

（3）关系数据库　现实中经常会碰到很多难以由一个层次数据库表示的信息关系，而这些信息又具有某种关系。在前面谈到的层次数据库和网络数据库中，实体之间的联系是通过指针来实现的，即把有联系的实体用指针链接起来。例如：层次模型中的父结点与子结点之间，以及孪生兄弟之间等。在网络数据库中，主人与成员之间可用链串接起来，所以从这一点来讲，层次数据库和网络数据库本质上是一致的；而关系数据库则是采取完全不同的思路，即采用表格数据来表示实体之间的关系，这就是关系模型的实质所在。从理论上讲，在关系数据库中，关系与关系之间是没有指针的，然而有时为了提高存取效率，在实际系统中也采用指针来建立两个关系之间的联系。图 5-22 所示为一个工厂机器与零件的对应关系。

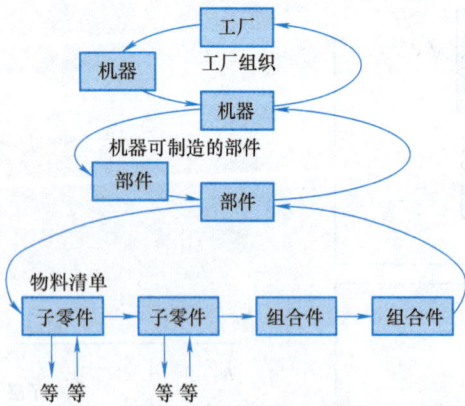

图 5-21　工厂、机器以及零件等的环形结构

图 5-22　一个工厂机器与零件的对应关系

从图 5-22 中可以清楚地看到，机器有一个独立的表，零件也有一个独立的表。对于机器来讲，一台机器可加工多种零件，如编号为 223 的机器可以加工五种零件，这时往往需建立一个连接机器与零件的关系文件。

上面简单介绍了具有代表性的三种数据库，由于这些数据库在结构方式上以及数据库的操作上都存在很大的差异，因此在选择数据库时要慎重，特别要注意避免选择投资大而又已证明难以实现的技术方式。在柔性制造系统中，由于数据的类型多，数据量大，而且数据分布也很广，因此在柔性制造系统中选择数据库时更要慎重。

4. 柔性制造系统的通信网络结构

（1）一般结构　在柔性制造系统中，如自动导向小车、数控机床或加工中心、机器人等设备的自动化程度较高，如何将这些既相关又独立的自动化孤岛集成起来，即采用什么样的网络结构将它们连接起来，这是设计柔性制造系统应首先考虑的问题。由国内外实现柔性制造系统的相关经验来看，采用递阶控制的结构比较合理。这种结构的特点是，层次分明，隔层不透明，每层只接受上层下达的命令，并向上层反馈信息，同层的协调由上层来完成，层次间由通信网络来完成。图 5-23 所示为柔性制造系统的网络结构示意图，其中，工作站与设备之间一般采用现场总线（Field Bus）或位总线（Bit Bus），各子系统之间则采用小型 MAP 网或以太网。

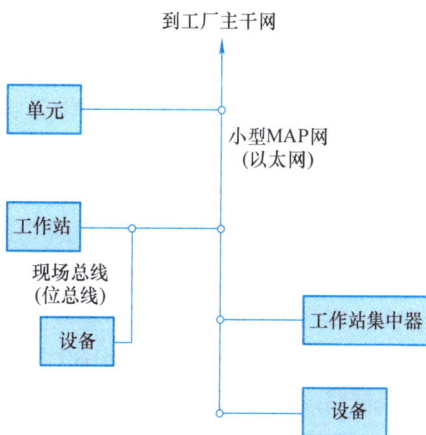

图 5-23　柔性制造系统的网络结构示意图

作为柔性制造系统网络，它既可以是工厂 CMS 网络中的一个子网，也可以是一个独立的局域网络系统。

长春柔性制造系统实验中心是我国自行研制的第一条柔性制造系统实验线。它的多级计算机控制是按照三级递阶结构设计的，并采用了国际上柔性制造系统主流网络 MAP3.0 标准，其结构如图 5-24 所示。

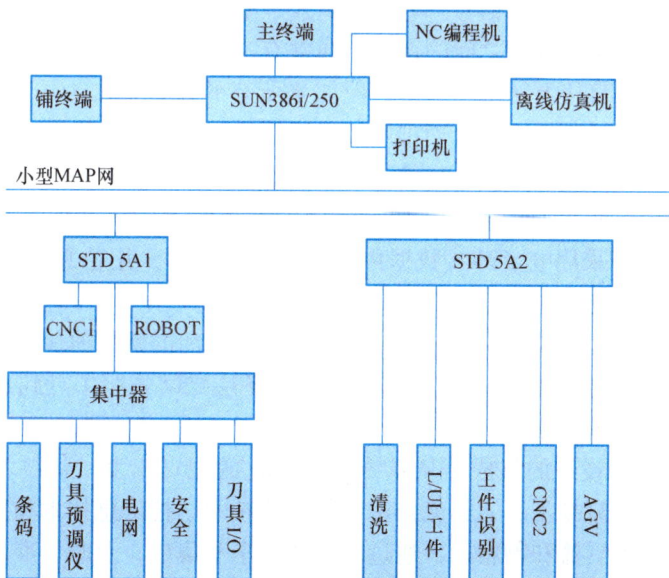

图 5-24　长春柔性制造系统实验中心的结构

— 249 —

其中，Sun386i/250 工作站作为单元层计算机，主要进行作业调度、编制 NC 程序、指令集的发放与监控、故障的分析与处理、在线仿真显示和工作站的管理等。两台 STD5A 机作为工作站计算机，一台控制刀具流，一台控制物料流，它们的功能主要是进行 MAP 网络协议与 CCP 协议的转换，分解和组装运控命令，协调子系统各设备间的联系，并向单元层反馈执行情况和故障信息等，而 AGV、CNC、ROBOT 等设备主要是执行运控命令，并根据工作站层的要求反馈执行情况和设备状态等信息。

（2）终端点到主机的连接　在柔性制造系统中，单元层与工作站层之间的通信通常采用局域网连接。目前国内外普遍采用的是以太网或 MAP 网。由于以太网物理层和数据链路层采用了 IEEE802.3 协议标准，即 CSMA/CD（载波侦听多路存取/冲突检测）技术，在网络节点较少的情况下，能够满足柔性制造系统中信息传输的要求，一旦节点增加，由于冲突的存在，将影响网络的实时响应性能，使柔性制造系统的实时性得不到保证。而 MAP 网络是美国通用汽车公司在 20 世纪 80 年代初制定的专门用于自动化的局域网络协议，其物理层和数据链路层符合 IEEE802.4 协议标准，即令牌传递总线（Token Passing Bus）协议。该协议规定，只有令牌的执有者才能控制总线，才能进行信息的传递，从而避免了冲突的发生，使网络的响应性能得到改善，特别适用于对响应性能要求较高的生产控制过程。

对于网间传输介质的选取，由于工厂环境恶劣，如尘埃、油污和腐蚀性气体的存在，加上强电设备起动频繁，一般多采用同轴电缆，以保证传输线路的正常通信。对于以太网，通常采用 50Ω 的同轴电缆，数据传输速率可达 10MB/s，最大分段长度为 500m，采用转发器后，站间距离最大的可达 2.3km。而 MAP 网络采用的传输介质为 93Ω 的同轴电缆，其数据传输速率可达 10MB/s，最大分段长度可达 600m，通过有源连接器，站间最大距离可达 6km。

光缆是一种新型的传输介质，其把电信号变成光信号后在直径很细的光导纤维中传输，在目的节点再把光信号转换成电信号。光具有高速、安全等优点。

对于工作站层到各执行设备之间的连接，通常有三种类型：点到点连接、主从式总线互连、局域网互连。设备直接上网虽然可行，但如果所有的设备都作为局域网的一个站的话，势必会增加网络的负担，增加网络管理难度，使网络的实时性受到影响。采用主从式总线连接，将要求设备控制器增加专用接口部件，且目前国内现有设备控制系统各异，实现起来困难很大，故采用点到点连接的居多。点到点连接最常用的是串行通信方式，采用 RS－232 或 RS－422 标准，也有采用电流环式数据传送。当然有条件采用位总线（Bit Bus）或现场总线（Field Bus）标准更好。

在长春柔性制造系统实验线中，单元层与工作站层之间的网络通信采用了 MAP3.0 网络协议，传输介质为 93Ω 的同轴电缆，工作站层与设备层之间采用了点到点连接，采用了基于 ISO BASIC 标准的通信控制协议 CCP。

（3）柔性制造系统设备的集成　从系统工程优化的观点出发，从技术性能上讲，柔性制造系统可划分为信息流技术、刀具流技术和物料流技术。把信息技术和生产技术有机地结合起来，合理地组织刀具流和物料流，通过信息的共享和集成，及时、准确、可靠地提供各类功能系统所需的信息，以充分发挥柔性制造系统的集成效果。

从形式上看，柔性制造系统似乎是各种设备的集合，其实质是信息的集成，通过信息的集成实现各种不同设备的集成。各种设备通过接口及时与主机交换信息，是实现信息集成的唯一途径。因此，接口的设计技术直接关系系统的集成效果。在进行柔性制造系统的设计时，应从实际出发，详细分析各子系统（即刀具流子系统、物料流子系统）及子系统中各设备信息交换的需求，除配置满足功能需要的软件和硬件外，应十分注意集成这些软、硬件所必需的软件接口、硬件接口、专用接口和人机接口的研发，注意这些信息传递的规范及实现这些规范的方法。显然，一个十分友善的人机接口会给用户的工作带来极大的方便。各种软件和各种设备之间的接口也会因软件和设备的不同而差异较大。

1）软件接口是柔性制造系统各子系统在局域网络和分布式数据库的支持下，跨越不同的子系统或同一子系统中的不同部分，进行数据的存取、维护、通信，实现资源和信息的共享。单元层计算机系统以共享数据库为核心，实现资源和信息的共享，运行控制软件系统通过访问数据库、数据处理实现对各部分的控制。运行控制软件系统主要由人机接口、实时控制、故障处理、动画仿真和网络接口五大部分组成，这些应用软件通过数据库管理软件与数据库相连接。

外部数据通过相应的应用软件作为接口，把数据输入数据库中，这些数据主要是用户输入的各种命令，条形码输入器输入的刀具补偿参数，工程子系统输入的 NC 程序、CAD/CAPP 数据以及设备报警信号的输入。

根据用户的命令或运控软件的控制，数据库的一些数据通过相应的应用程序接口输出给设备，这些输出主要是报文输出、动画仿真以及信息或运行状态的监视。

局域网是实现柔性制造系统各部分资源和信息共享的主要通道，网络接口子系统作为共享数据库子系统和柔性制造系统各子系统的接口，把单元层的信息通过网络接口软件发送到网络其他站点上。同理，其他站点的信息也可通过网络接口软件输入到单元层控制系统。图5-25所示为主要软件接口。

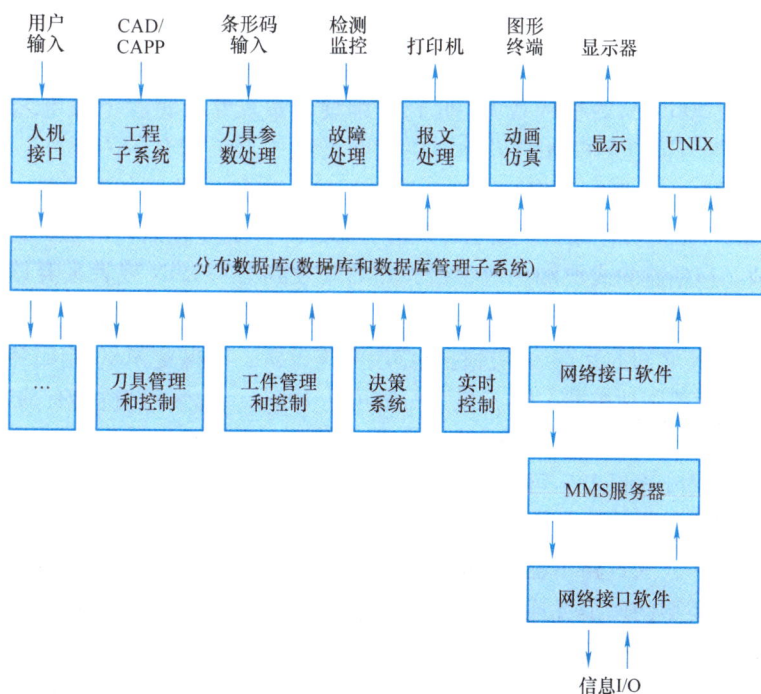

图 5-25　主要软件接口

2）硬件接口。有了网络和分布数据库的支持仅仅具备了柔性制造系统集成的基本环境。为了实现单元控制系统的集成，还需要各种硬件接口。

各单元控制器通过并行接口连接打印机，通过 RS－232C 或 RS－422/3 接口连接输入设备、工程子系统等设备。在柔性制造物流子系统中，工件装卸和清洗站设备常采用 PLC。因此，工作站与这些设备之间只能采取开关输入输出方式进行通信，凡采用这种通信方式的推荐采用互锁式通信，并加延时滤波措施，以提高通信的可靠性。

在工作站与加工中心连接时，若加工中心控制器不具备柔性制造系统接口，还需对加工中心进行改造，设计一个专门的接口，即辅助控制器，也就是说，加工中心控制器＋辅助控制器＝设备层控制器。

综上，工作站层与设备层之间的接口要视设备而定，它们使用的通信协议也不可能统一。

（4）分布式应用的支持 柔性制造系统中有众多不同年代、不同类型的制造设备和辅助设备，这些设备是由不同的计算机及操作系统异构的网络和数据库连接在一起的，因此数据的访问和相互通信将不是一件容易的事，而柔性制造系统的处理速度将是柔性制造系统效率的主要组成部分，为了数据修改和实时错误的恢复，提供一个带有局部智能的分布式处理系统是必要的。局部智能是指柔性和可靠的数据处理系统。

在复杂的柔性制造系统中，通信网络往往是不同种类的，因为各个子系统对数据传输要求是不一样的。有的要求报文长，传输速率可以稍慢一些，如设计系统、车间管理等；但有的一定要具有很强的实时性，如对加工设备的控制命令要求越快越好。因此，在柔性制造系统中，往往要选用两种或三种不同类型的网络。要想将这些网络互连，就需要提供重发器、网桥、路由器和能进行上层协议转换的网关来组网。

重发器的功能是将一段网上接收到的信息逐位放大后重传至同类型的网络，即实现比特流的放大、补偿传输信号的衰减并整形，主要用来扩大网络传输的范围。例如：常用的以太网收发器只能支持 500m 长的粗缆或 185m 长的细缆，重发器可将若干段电缆连接起来，延长电缆的总长，扩展局域网（LAN）。除对电缆或光缆的总长度有所限制外，对重发器的个数也应有一定的限制，一般允许串联两个，有的厂商也允许串联四个重发器。

网桥（Bridge）是一种存储转发设备，LAN 接收到一个完整帧后，对帧头进行校验，可对帧头做适当修改，包括删除或增加一些字段，然后转发到另一 LAN 或者丢弃该帧。如果网桥收到的帧的源地址和目的地址同属一个 LAN，则该帧丢弃；否则，将转发。网桥一般用于同一种协议的两个 LAN 之间的互连。网桥是链路层互连设备，不再受 MAC 定时特性的限制，可以比重发器互连更大范围地扩展 LAN，最大距离可达 10km。另外，网桥具有筛选、过滤功能，包括提高整个扩展 LAN 的吞吐量的网络响应速度，并可改善网络的安全保密性。

路由器是网络层互连设备，可分为单协议路由器和多协议路由器两大类。单协议路由器用于具有相同网络协议的网络互连，多协议路由器可以支持多种网络层协议。路由器的主要任务之一是路由选择，通过路由器中的路由表完成。用路由器来组网比用网桥组网有更多的优点：可实行不同类型的网络互连；具有很强的流量控制能力，可以采用优化和路由选择算法均衡网络负载，从而有效地控制拥塞；不仅可以根据 LAN 地址和协议类型过滤信息，而且可以根据网间地址、主机地址、数据类型过滤信息。因此，路由器有比网桥更强的隔离能力，有利于提高网络性能和安全保密性。

协议转换器或称为网关（Gateway），是比以上三个互连设备功能更强的异构网互连设备，一般用于两个具有不同协议，且物理上也相互独立的网络互连。例如：以太网和 MAP 网，在协议上分别为 TCP/IP 和 MAP，物理层则为 IEEE802.3 和 IEEE802.4，要完成这个协议转换是相当复杂的，因此不可能提供通用的协议转换器，只有一对一地进行研制。一般来说，网关比前述三种网络互连设备更为复杂，成本更高，吞吐量更高一些。

在柔性制造系统复杂的计算机网络中，需恰当应用上述四种组网技术，使传输速率更高，选用一种网络协议是较为合适的。

在柔性制造系统中，只要完成了异种机的连网和异构网的互连，就能支持具有分布式处理信息系统的数据实时传递。另外，如果能做到利用网络协议服务去操作数据库，就能大大提高柔性制造系统的柔性和生产率。

（5）网络管理　从设计原则上讲，网络管理是一种异常管理，是纠正错误的一种工具。正如 MAP2.1 标准所描述的：网络管理的任务是通过网络设备来收集网络介质使用方面的信息，确保网络的正确操作以及提供报告。

不论是广域网或是局域网，也不管网络执行何种协议，网络管理应执行下面两种基本功能。

1）配置管理。用来进行网络状态的控制，包括网络的初始化以及网络站点的进入和退出。

2）故障管理。对网络运行状态进行监控，包括网络故障的监测、诊断以及故障排除后自动恢复。

随着半导体技术的发展，大规模集成（Large Scale Integration，LSI）电路和超大规模集成（Very Large Scale Integration，VLSI）电路技术的日益成熟，将局域网的功能集成在少数几个芯片已成为现实。网络芯片的集成化和智能化给局域网的管理和维护带来极大的方便。

第四节　柔性制造系统应用案例

制造业的刚性自动化仅适于大批大量生产。企业为提高市场竞争力，特别关注中小批量加工。数控技术为提高中小批量加工的效率提供了有效的手段。柔性制造技术就是在数控技术和计算机技术的基础上发展起来的。

柔性制造系统由物料储运系统把一组机床和其他机械设备连接起来，并由计算机进行计划管理，安排物料供应和实施加工过程监控，从而达到完全自动化的柔性生产。

20 世纪 80 年代，国外柔性制造系统迅速发展，特别是板材柔性制造系统（简称为板材 FMS），由于具有极为显著的经济效益，其发展尤为突出。

针对一个企业的实际情况，论证其柔性制造系统计划的经济效益不是一件轻而易举的事。但是，对于占企业总产量绝大部分的中小批量加工，柔性生产线比单机使用的数控机床或刚性生产具有无可比拟的优越性。对传统制造业的生产车间的统计和分析表明，各种零件产品滞留在工厂的全部时间中 95% 以上是在等待，而加工时间低于 3%。这些等待时间无异于资金的积压，柔性制造系统能出色地解决这个问题。概括起来，板材柔性制造系统的主要优点如下。

1）由计算机监控保证连续工作，大大提高了机床等生产设备的使用效率。

2）计算机控制提供自动化生产，减少了人员配备。

3）计算机的合理调度与管理减少了在制品存量和原材料库存量。

4）采用数控机床和计算机计划管理，缩短了生产周期，增强了柔性，大大提高了中小批量生产的效率。

20世纪80年代，我国从国外先后引进了不少钣金加工设备，仅数控压力机就有百台以上，这些设备基本上都是作为单机使用的。NC码一般通过数控机床控制柜面板上的操作键盘、纸带穿孔机的NC码编程机、串行通信设备的NC码编程机提供。不少进口数控压力机企业仅配套购置了包含纸带穿孔机的编程机，加工过程是：编程产生NC码纸带→纸带阅读→手工装料→冲压加工→手工卸料，机床利用率是较低的。个别企业进口了包含串行通信设备的编程机，其机床利用率要稍好一些。

在拥有进口钣金加工数控机床的企业中，天水长城开关厂和上海机床附件三厂与众不同，其上级部门的计划人员卓有远见地决定建设钣金加工柔性生产线并付诸实施。天水长城开关厂的柔性生产线于1991年底正式建成投入运行，上海机床附件三厂的柔性生产线于1992年10月正式建成投入运行，且均达到了预定的设计目标，代表了我国当时钣金加工技术的先进水平。

下面对上海机床附件三厂的SSI板材柔性制造系统做简要介绍。

一、SSI板材柔性制造系统的组成

SSI板材柔性制造系统的总体布局如图5-26所示。从加工操作的内容和总体布局的角度，把柔性制造系统分为五大部分：自动仓库单元、冲压加工单元、剪切加工单元、中央控制单元和自动工艺编程单元。从递阶控制角度，把柔性制造系统分成上位部分和下位部分。中央控制单元和自动工艺编程单元处于上位，自动仓库单元、冲压加工单元和剪切加工单元处于下位。图5-27所示为SSI板材柔性制造系统递阶系统的结构原理图，从另一个角度描述了该系统的组成。各单元包含不同设备，有数控机床、物流设备、单元控制器、工业计算机及通信设备等。

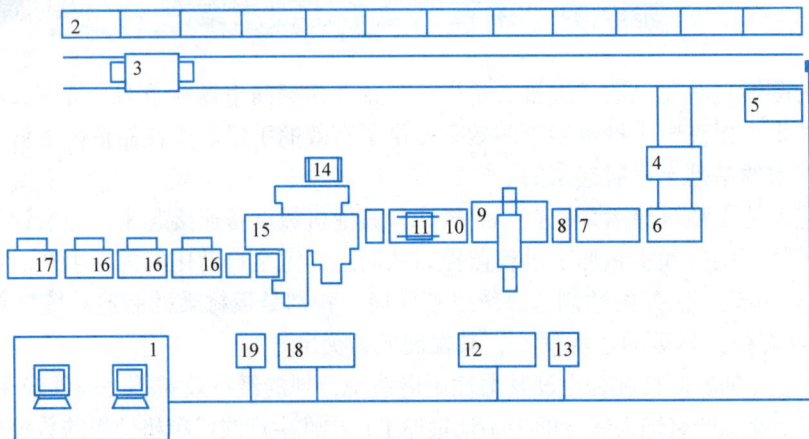

图5-26 SSI板材柔性制造系统的总体布局

1—中央控制室 2—立体储料库 3—堆垛机 4—进出料台车 5—装料台 6—装料机械手 7—自动定位输送机
8—工作台 9—数控回转头压力机 10—中间滚柱台 11—装卸料机械手 12—TPP数控箱 13—冲压加工单元控制器
14—定位机械手 15—数控直角剪切机 16—中小件自动分类输送机 17—大件自动分类输送机 18—RAS数控箱
19—剪切加工单元控制器

1. 冲压加工单元

1）进出料台车用于自动仓库单元同冲压加工单元之间输送板料。

2）板材装料机械手是吸盘式板材上料装置。它的功能是：①从台车吸取一张板材，经弯曲抖动分离、测厚，确认吸取的只是一张板材时，才把该板材送到自动定位输送机；②将自动定位输送机上的板材推到数控回转头压力机。

3）板材自动定位输送机用于板材初定位。

4）数控回转头压力机是冲压加工单元的主要加工设备。

5）板材装卸料机械手用于将已冲孔的板件从压力机卸料至中间滚柱台。当剪切加工单元允许进料时，也由装卸料机械手将已冲孔的板件拖至剪切机。

6）冲压加工单元控制器负责数控压力机的起

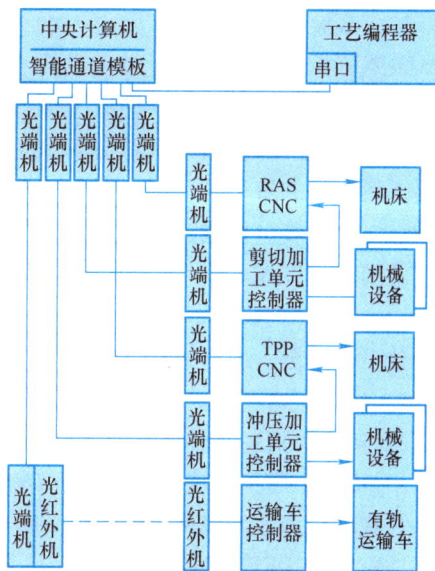

图 5-27　**SSI 板材柔性制造系统递阶系统的结构原理图**

停控制和上下料设备（进出料台车、装料机械手、自动定位输送机、装卸料机械手）的控制以及它们之间的协调，负责同中央控制单元的通信、接收指令和发送状态信息以及同剪切加工单元的联络，协调并满足相互的要求。冲压加工单元控制器还具有完整的故障自诊断功能，发生故障时能自动报警、停车和故障定位。

2. 剪切加工单元

1）数控直角剪切机是剪切加工单元的主要加工设备。

2）板材零件自动分类输送系统由三台中小件自动分类输送机和一台大件自动分类输送机组成，用于将剪切后的零件分类输送至料箱。

3）剪切加工单元控制器负责数控直角剪切机的起停控制、自动分类输送系统的控制以及它们之间的协调，负责同中央控制单元的通信、接收指令和发送状态信息以及同冲压加工单元的联络，协调并满足相互的要求。剪切加工单元控制器同样有完整的故障诊断功能，发生故障时能自动报警、停车和故障定位。

3. 自动仓库单元

1）有轨运输车（堆垛机）及其控制器，用于板料的入库和出库。

2）立体储料库，提供 98 个储存板料的库位。

3）红外数据通信设备，用于中央控制单元同不断运动的堆垛机之间的无线通信。

4. 自动工艺编程单元

自动工艺编程单元由一台微型计算机和自动工艺编程软件构成。它能完成从零件图形输入直到生成整张板材的 NC 码和分类信息，还能对 NC 码在屏幕上进行加工模拟。

5. 中央控制单元

中央控制单元由一台工业计算机、通信网络和软件系统构成。它实现板材柔性制造系统的系统级操作、控制、监测和管理，是板材柔性制造系统达到高度柔性和完全自动化的关键设备。

二、系统分析

系统分析是复杂系统设计的重要步骤，应在设计的最初阶段进行，其最基本的方法仍是结构化系统分析设计方法。该方法的核心思想是：一个复杂系统被分解成相对独立的较简单的子系统，每一个子系统又被分解成更简单的模块，如此自顶向下逐层进行模块化分解直到底层，而底层的每个模块则应是易于说明和执行的。IDEF 方法是较好地体现此核心思想的一种结构化系统分析设计方法。

美国空军首先在其项目中使用 IDEF 方法。该项目是集成计算机辅助制造（Integrated Computer Aided Manufacturing，ICAM），而 IDEF 则是 ICAM Definition Method 的缩写。IDEF 方法分三个部分。

1）IDEF0 通过建立模型来描述一个系统的功能活动及其联系。

2）IDEF1 描述系统信息及其联系，构造信息模型，据此进行数据库的设计。

3）IDEF2 用于系统模拟，建立动态模型。

在我国，国家 CIMS 试验工程研究中心在项目的设计中最早使用 IDEF 方法。鉴于它们的成功应用，IDEF 方法被推荐给高技术自动化领域作为复杂系统的设计规范。目前该方法已被普遍接受。

弄清对象是怎样的系统，是系统分析阶段应解决的主要问题。使用 IDEF0 建立功能模型是达到这一目的的手段。在板材柔性制造系统项目研制中也使用 IDEF0 进行系统分析，建立系统的功能模型。使用 IDEF0 应强调两点：其一，该方法是对功能活动的分析，而不是系统组成的分解；其二，按自顶层向下逐层分解的原则构造模型。IDEF0 是图形语言，它以带有箭头的方盒抽象地描述系统的某一部分的功能活动。模型的顶层以一个方盒代表全系统，是最抽象的描述。每一个方盒经分解由下层的一组方盒和箭头表达更详细的说明。自顶向下逐层分解的过程也就是功能活动由抽象描述逐渐细化的过程。底层方盒描述的功能活动不仅最详细和具体，而且也便于设计和执行。完整的模型包含较多的图形，这里只是部分分析结果。

系统分析是复杂系统开发过程的第一步。在建立模型的基础上顺序进入以后的各个步骤，如模块设计，定义系统的各个模块、接口和数据结构并建立各个子系统，集成各个子系统构成整体，进行全系统的调度、测试并进行试运行检验。各环节顺利开展和通过之后才达到最后的一步——交付使用。系统分析是开发工作的开端，它对整个开发工作的成功有重要的作用。一般估计，分析阶段的一个错误未被纠正，在设计阶段、测试阶段或运行维护阶段要花几倍甚至几十倍的时间才能纠正。

三、控制逻辑结构

由图 5-27 和图 5-28 可知，板材柔性制造系统由若干子系统构成。中央控制单元和各个加工单元在板材柔性制造系统功能模型 A0 图中是板材柔性制造系统的子系统，有同等地位。但是，从控制功能的作用来看，这些子系统所处的地位却有很大差别。冲压加工单元、剪切加工单元接受中央控制单元的控制命令和加工数据，输出成品或半成品，自动仓库单元接受中央控制单元的命令，完成原材料、成品或半成品的出入库以及相应的库存管理。实现这些控制要求的控制系统有两种逻辑结构可以选择，一种是中央控制单元 – 加工单元控制器 – 加工单元机械设备，另一种是中央控制单元 – 加工单元机械设备，这是两种结构上不同的控制逻辑链。前者逻辑结构的特点是分散和分级，后者则是集中。

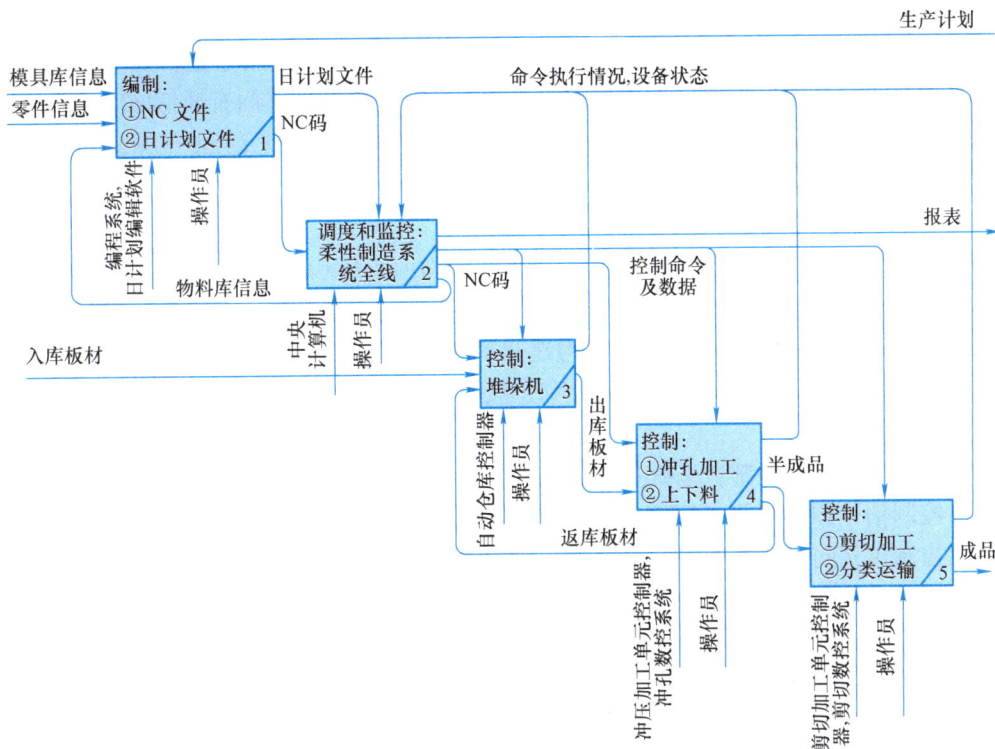

图 5-28　板材柔性制造系统功能模型 A0 图

　　早期的柔性制造系统采用集中式的控制结构。中央控制单元的计算机直接控制柔性生产线的各个机械设备，作业调度和控制都由它执行。在一台计算机中有多个任务并行运行，其工程实现有较大难度。采用分散型控制逻辑结构的情况就大不一样了，机械设备的控制由加工单元的计算机执行，而作业调度主要由中央控制单元的计算机执行。这实质上是将功能分散，由多台计算机去实现。恰当的分解可大大减少工程实施的复杂性，给开发维护带来极大的方便，也有利于优化计算机资源的配置和布局，降低工程费用。

　　图 5-29 所示为板材柔性制造系统控制功能的一种合理的分解方案。它是具有三级的控制逻辑链方案。这三级分别是监控级、现场控制级和设备级，构成递阶式逻辑结构。数控机

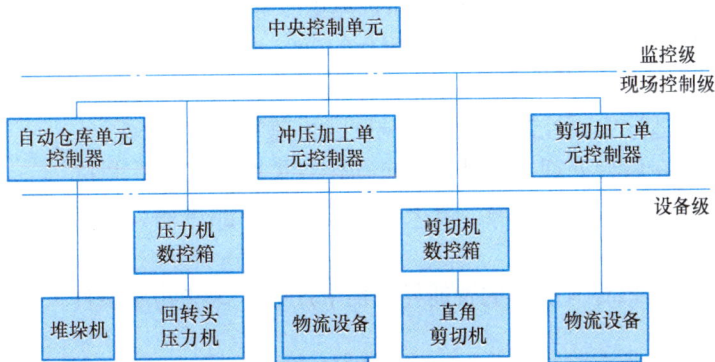

图 5-29　板材柔性制造系统控制功能的一种合理的分解方案

床（一台数控回转头压力机和一台数控直角剪切机）、装卸机械手以及堆垛机等设备处在设备级。加工单元控制器处在现场控制级，它对设备级的机械设备实施控制并采集设备状态信息。中央控制单元处在监控级，同现场控制级的加工单元控制器之间有通信网络连接。中央控制单元向下位的加工单元控制器发送调度命令和数据，从加工单元控制器采集命令执行情况和设备状态信息等，以便对整个板材柔性制造系统范围内的制造活动进行全面的管理、调度和控制。

将复杂系统的控制与管理问题分解成一组易于解决的子问题，其逻辑联系按递阶式结构构成，是解决复杂问题的有效方法。结构中不同层次有各自的功能特点，各层之间有规范化的信息交换方法。按这样的递阶逻辑结构建立控制系统有很多优点，如模块性强、界面分明、可并行设计以及具备很好的可维护性和扩展性等。

四、通信系统

通信系统把板材柔性制造系统各个分散的部分连接起来，实时地传送调度命令、作业进行情况、控制信号和设备状态等信息。板材柔性制造系统通信连接的示意模型如图 5-30 所示。中央控制单元同三个加工单元控制器、数控编程系统、机床数控箱之间采用异步通信连接，各加工单元控制器同机械设备之间以及加工单元相互之间采用电平连接。

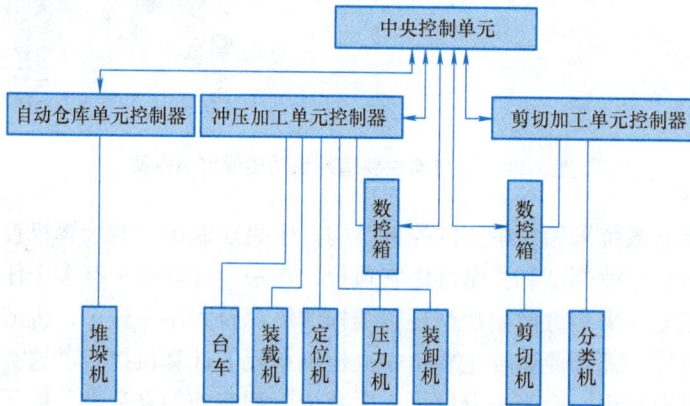

图 5-30　板材柔性制造系统通信连接的示意模型

基于异步通信技术建立板材柔性制造系统的通信系统是因为异步通信接口是板材柔性制造系统某些设备所支持的唯一通信手段，如机床数控箱就只配备 RS－232 接口，各加工单元控制器采用的 PLC 提供的常规通信模板 HOST LINK 也只包含一个异步通信接口等。此外，异步通信技术有很多优点对板材柔性制造系统是很有利的。这些优点可概括如下。

1）通信程序能适应中央控制单元实时调度的快速响应需要。

2）信息收发可在后台处理，这是完全自动化的柔性加工所要求的。

3）异步通信技术的应用极普遍，有关软硬件技术性能可靠，市场产品货源充足，价格便宜。

4）工业计算机和 PLC 有配套的智能异步信卡产品，这些物质条件大大增强了通信系统的性能。

中央控制单元（中央计算机）的通信设备是在工业计算机上安装的八串行智能通道模板及有关软件。随模板成套配备的软件是模板驱动程序、用户程序同驱动程序间的接口程序以及一套命令集等。这些软硬件设备是中央计算机通信程序的开发环境和工具，也是板材柔性制造系统通信系统运行环境的组成部分。采用了智能通道模板，完全改变了中央计算机同通信对象间的通信过程。如果不采用智能通道模板，为了使通信过程中允许其他程序并行工作，也可以使用"中断"功能，其是操作系统支持的功能。但是，操作系统仅支持极少的常规串行通信接口。扩充操作系统支持的通信接口数目是一件复杂的工作，要求具有相当的计算机专业知识和技能的人员承担。使用智能通道模板时，中央计算机的调度程序首先同智能通道模板通信，以计算机指令执行速度向模板发出一个简短命令及有关数据。中央计算机不必等待信息发往加工单元控制器即可结束通信任务，转去进行其他的工作。各任务轮转一遍后，调度程序再向智能通道模板探询对方的反馈信息，以便判断这一次是否成功。智能通道模板在收到调度程序的信息后，由它发送信息和接收回送的信息，再等待调度程序的探询。智能通道以自己的中断处理能力减轻了中央计算机的负担。中央计算机同各个 PLC 间的通信被安排在不同任务中，它们运行时都只同智能通道模板打交道，占用很少的 CPU 时间。这就是说，从一个任务到下一个任务的转换是很快的，因而中央计算机对任一个通信对象发生的事件都能迅速做出反应，达到很好的实时调度效果。

加工单元控制器的通信设备是 PLC 的配套通信模板 HOST LINK。HOST LINK 是智能模板。它的一套命令集允许通信的主动权完全掌握在中央计算机中。通过 HOST LINK，中央计算机可透明地对 PLC 主动发送信息，避免了处理各加工单元的并发通信要求，大大简化了通信双方的程序设计。

通信系统的传输媒介采用光纤，因而具有很好的抗电磁干扰性能。为了同不断运动的堆垛机通信，还采用了红外线通道设备。

五、工程实施

1. 中央控制单元的软硬件配置

分散和分级的总体逻辑结构方案对中央控制单元软硬件配置的要求大大降低。中央控制单元的全部功能采用一台总线工业计算机就能实现，其软硬件最低配置如下。

1）总线工业计算机一台，CPU80286，主时钟 16MHz。

2）内存储器 1MB，硬磁盘机 40MB。

3）VGA 彩色显示器，101 键盘。

4）八串行智能通道模板。

5）微软 DOS 操作系统，V3.3 以上版本。

6）Microsoft 5.0 版本语言系统。

其中，机型、通信模板和语言系统的选择合乎情理，唯独微软 DOS3.3 操作系统是否适合板材柔性制造系统这样的工业系统，值得探讨。

一般来讲，柔性制造系统要求实时多任务操作系统，有不少配备在各种型号工业计算机上的实时多任务操作系统产品，如配备在 Intel 工业计算机上的 IRMNX、配备在总线工业计算机上的 AMX 等。如果选择这些实时多任务操作系统中的任何一种，当然是合理的。研制人员做过一些试验，在试验的基础上，尝试在设计中自行建立实时多任务环境。在板材柔性制造系统情况下，多任务问题并不复杂。以通信对象划分任务，各通信任务以固定顺序轮转，不存在任何优先级的排队问题。变量设置、任务间通信、任务的状态转化等的实现也利用 C 语言实现。按此方法进行试验，获得了满意的结果。此方法简化了柔性制造系统工作软件的运行环境，增强了实时性和系统的可靠性。

2. 加工单元控制器的组成与配置

板材柔性制造系统的三个加工单元都包含有单元控制器，这些单元控制器又是分散型控制系统的组成部分。冲压加工单元控制器和剪切加工单元控制器有相同的硬件核心，即一台工业计算机和一台 PLC。工业计算机担任面板操作和状态显示等任务，PLC 执行设备控制以及同中央控制单元的连网通信等。冲压、剪切加工单元控制器的逻辑框图如图 5-31 所示。堆垛机控制器由一台 PLC 构成，实现操作、控制和通信等全部功能。三个单元控制器都能自成体系，独立完成加工单元范围内的控制任务。这些控制器有多种工作方式，包括同中央控制单元组成的联运方式、单元范围内的自动运行方式和手动方式。各单元控制器都有自诊断、故障提示和报警等功能。

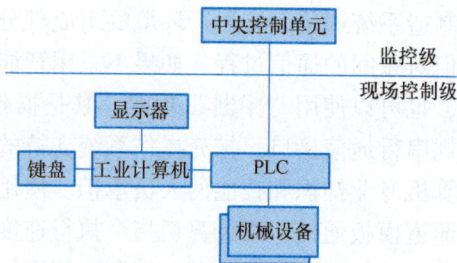

图 5-31　冲压、剪切加工单元控制器的逻辑框图

3. 仿真

在板材柔性制造系统的工程实施中，计算机仿真被多次成功地运用。第一次，在总体方案设计时，对三种机械设备的配置和布局方案通过仿真进行比较，为优选提供依据。第二次，在分析加工过程时作为分析的辅助手段，了解各设备动作的条件，以便在动作的连贯性、并发性和合理性方面加以改进，达到最佳的作业调度方案和设备利用率。第三次，在调试阶段，把中央控制单元工作软件的 OBJ 文件同加工单元仿真器和通信仿真器的 OBJ 文件连接，构成一个仿真系统，在试验条件下进行仿真运行及功能检验，能把中央控制单元工作软件调试到很成熟的程度，从而缩短车间现场调试的时间。第四次，在柔性制造系统建成后，一个能逼真地演示板材柔性制造系统生产活动的仿真不仅可以检验工艺排料及作业编排的优劣，还能起到宣传作用。

4. 系统监视

中央计算机随时接收加工单元发来的设备状态监测点的信息，这些反映作业进展情况的信息要显示在屏幕上，通常采用表格形式，这是最一般的跟踪方法。图形跟踪则是新颖的方法。中央控制单元在忙于调度、控制、信息采集的同时抽出 CPU 时间去驱动屏幕图形，达到动画效果。这是在实时控制系统中实现的加工作业的动画跟踪。动画跟踪有赖于系统的实时性、构图方法和动画技巧等。板材柔性制造系统的系统监视已成功地实现了动画跟踪，达到了很好的效果。

第五节　计算机集成制造系统

计算机集成制造（Computer Integrated Manufacturing，CIM）是 1974 年美国学者约瑟夫·哈林顿（Joseph Harrington）博士在其所著的《计算机集成制造》中首先提出的，它是一种组织、管理、运行企业生产的新概念。计算机集成制造系统（Computer Integrated Manufacturing System，CIMS）是 CIM 这一概念的具体体现。CIMS 代表着当今先进制造技术的发展趋势，其以实现企业信息集成为主要标志，以增强企业生产、经营能力为目标，最终提高企业参与市场竞争的综合实力。

一、CIMS 的基本概念及特点

CIMS 自产生至今，在世界各工业发达国家的推动下，历经百家争鸣的概念演变，已经进入蓬勃发展时期。目前，有关 CIMS 的定义已基本趋于一致。

1. CIMS 的定义

CIMS 是在计算机技术、信息处理技术、自动控制技术、现代管理技术、柔性制造技术的基础上，经过新的生产管理模式，将企业的全部生产、经营活动所需的各种分散的自动化系统同企业全部生产过程中有关的人、技术、经营管理三要素及其信息流与物料流有机地集成起来，以获得适用于多品种、中小批量生产的高效益、高柔性、高质量的制造系统。CIMS 将是 21 世纪占主导地位的新型生产方式。由此可见计算机集成制造系统是由多个系统组成，如果其中一个系统出现问题，整个系统将不能正常运行，而我们每一个学生都是班集体这个大家庭中的一员，个人思想滑坡，集体发展受阻；个人集体荣誉感强，集体运转良好；集体运转高效，激发个人发展，个人与集体相辅相成，有机结合。

从上述 CIMS 的定义可以看出：

1）CIMS 强调企业生产的各个环节，即市场分析、经营决策、管理、产品设计、工艺规划、加工制造、销售以及售后服务等全部活动过程，是一个不可分割的整体，要从系统的观点进行协调，进而实现全局优化。

2）企业生产要素包括人、技术及经营管理，尤其要继续重视发挥人在现代化企业生产中的主导作用。

3）企业生产活动包括信息流及物料流两大部分，信息流的管理尤其重要，而且要重视信息流与物料流之间的集成。

4）CIMS 是一门综合性技术，其综合并发展了与企业生产各环节有关的各种技术。

CIMS 的主要特征是集成化和智能化。集成化反映了自动化的广度，把系统空间扩展到市场、设计、加工、检验、销售、用户服务等全过程；而智能化则体现了自动化的深度，即不仅涉及物料流的自动化，还包括了信息流的自动化。

2. CIMS 的组成

CIMS 是以计算机为工具，以集成为主要特征的自动化系统。通常认为，CIMS 是由管理信息系统（MIS）、工程设计自动化系统（包括 CAD、CAPP 和 CAM）、制造自动化系统（柔性自动化系统，FMS）、质量保证系统（CAQ）、计算机网络（NET）系统和数据库（DB）系统六个部分有机集成起来的，其中，MIS、CAD/CAM、FMS 和 CAQ 称为功能分系统，NET 和 DB 称为支撑分系统。图 5-32 所示为 CIMS 的组成框图。

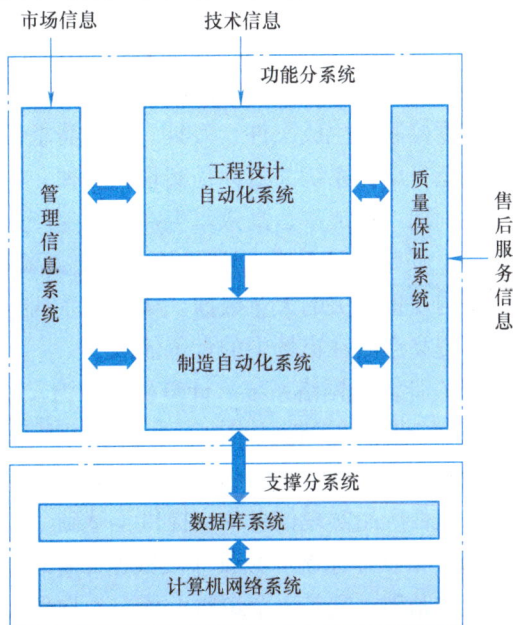

图 5-32 CIMS 的组成框图

但是，这并不意味着任何企业实施 CIMS 都要实现这六个分系统，而是应该根据企业具体需求及条件，在 CIM 思想的指导下，有计划、分步骤实现。

（1）管理信息系统　管理信息系统是 CIMS 的神经中枢，它以 MRP II 为核心，从制造资源出发，考虑了企业进行决策的战略层、中短期生产计划编制的战术层、车间作业计划与生产活动的操作层，其功能覆盖了市场销售、物料供应、生产计划、生产控制、财务管理、成本控制、库存管理、技术管理等活动，以营销计划、主生产计划、物料需求计划、能力需求计划、车间计划、车间调度与控制为主体形成闭环一体化生产经营与管理信息系统。

（2）工程设计自动化系统　工程设计自动化系统由 CAD、CAPP 和 CAM 三大部分组成。它在产品的概念设计、工程与结构分析、详细设计、工艺设计及数控编程等产品开发过程中引入计算机技术，使产品开发高效、优质、自动地进行。

CAD 系统包括产品结构设计、定型产品的变形设计以及模块化结构的产品设计。目前在计算机绘图、有限元分析、计算机造型与图形显示、优化设计、动态分析与仿真以及物料清单生成等方面的 CAD 软件应用较成功。

CAPP 完成毛坯设计、加工方法选择、工序设计、工艺路线制订以及工时定额计算等。其中，工序设计又包括工装夹具选择与设计、加工余量分配、切削用量选择、机床与刀具的选择以及必要工序图的生成等。CAPP 是工程设计自动化系统内部信息集成的关键环节。它是 CIMS 中设计信息与物料信息的交汇点，与生产计划、车间控制有着紧密联系，是工程设计自动化系统与其他系统交换信息的主要信息源和信息处理核心。

CAM 具有刀具路径的规划、刀位文件的生成、刀具轨迹仿真以及 NC 代码生成等功能。

工程设计自动化系统是 CIMS 主要信息源头之一。它为管理信息系统和制造自动化系统提供物料清单和工艺规程等信息。

（3）制造自动化系统　制造自动化系统是 CIMS 中信息流与物料流的结合点。它以柔性制造系统为基础，是 CIMS 最终产生效益的集聚地。它的功能包括生成作业计划，进行优化作业调度控制，生成工件、刀具、夹具需求计划，进行系统状态监控和故障诊断处理。

制造自动化系统的目标是实现多品种、中小批量产品生产的柔性化、自动化，实现高质量、短周期、低成本、高效率生产，为生产人员创造舒适而安全的劳动环境。

（4）质量保证系统　质量保证系统主要是采集、存储、评价和处理存在于设计、制造过程中与质量有关的大量数据，构成一系列控制环，并通过这些控制环有效促进产品质量的提高，提高产品在市场中的竞争能力。

（5）计算机网络系统　计算机网络为 CIMS 各功能分系统提供信息互通的硬件支撑，其是 CIMS 信息集成关键技术之一。它采用国际标准和工业标准规定的网络协议，可以保证实现异种机、异构网络之间的互连，从而为企业在不同历史阶段或从不同供应厂商购买的硬件设备、软件产品实现信息集成提供了基础。

（6）数据库系统　数据库及数据库管理系统是保证 CIMS 各功能应用系统之间信息交换和共享的基础。它是一个逻辑上统一、物理上分布，保证数据一致性、安全性、易维护性的数据管理系统。

CIMS 中的数据包括结构化数据和非结构化数据。目前，结构化数据管理广泛使用关系型数据库。产品数据管理（PDM）技术为非结构化数据管理提供了一个有效途径。

3. CIM-OSA 体系结构

CIM-OSA（计算机集成制造开放系统体系结构）是一种面向 CIMS 全生命周期，包括系统需求分析、系统定义、系统设计、系统实施以及系统运行等各阶段的开放式体系结构，如图 5-33 所示。

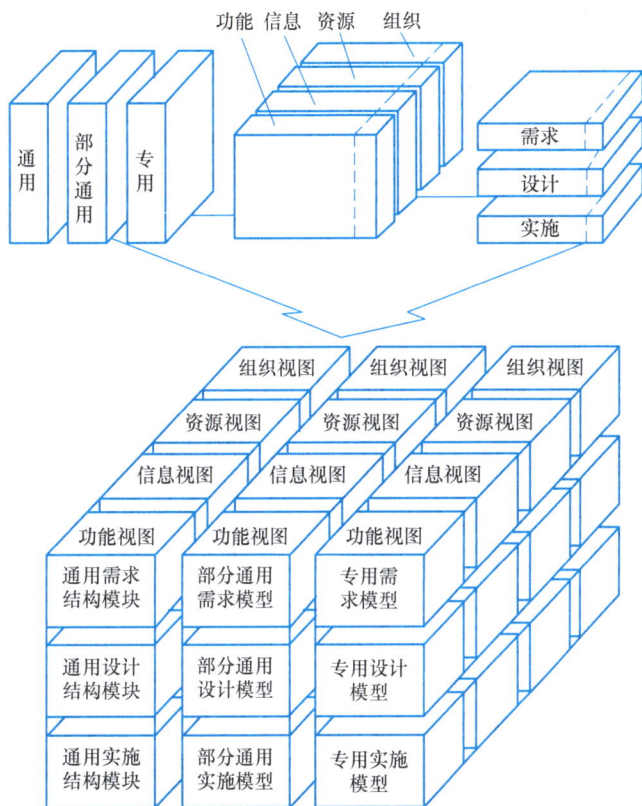

图 5-33   CIM-OSA 体系结构

CIM-OSA 由三维空间组成：通用程度维、企业视图维和生命周期维。一个具体企业的 CIMS 体系结构则是对相应的通用程度维、企业视图维和生命周期维的逐步具体、逐步生成和逐步推导的创建过程。

CIM-OSA 的通用程度维分为通用层、部分通用层和专用层。通用层由 CIM-OSA 的基本结构构成，包括通用的 CIMS 元件集、约束规则、术语、服务功能和协议等。部分通用层包括适用于不同类别工业（如航空、汽车、电子及机床行业等）和不同企业规模、不同企业加工产品类型的 CIMS 参考结构及其选择的方法。专用层指适用于一个特定企业的专门结构，该专门结构从通用层和部分通用层结构逐步具体化得到。

企业视图维分为四个视图：功能视图、信息视图、资源视图和组织视图。其中，功能视图是企业 CIMS 运行状态和功能结构的规范化描述，其反映 CIMS 的基本活动规律，指导用户选用或开发相应的功能模块。信息视图是企业 CIMS 活动有关产品信息、计划信息、控制信息等的规范化描述，其反映了企业的信息需求，指导用户建立 CIMS 基本的信息关系，确定数据库结构。资源视图是企业 CIMS 活动所需资源集的规范化描述，其用于帮助企业确定其资源需求，建立优化的资源结构。组织视图是对企业 CIMS 组织结构的规范化描述，其用于确定企业内部多级多维职责体系，建立 CIMS 多级组织结构。

生命周期维分为系统需求定义层、设计说明层和实施描述层。需求定义层按照用户给定的准则，根据四个视图来描述一个企业的需求定义模型。设计说明层是设计者根据企业经营业务的需求和系统的有限能力，从四个视图角度出发，对用户需求进行重构和优化。实施描述层在设计说明视图的基础上，从四个视图角度对企业活动实际过程及系统物理元件进行描述。物理元件包括制造技术元件和信息技术元件两类。制造技术元件是指转换、运输、存储、检验原材料、零部件、产品所需要的元件，包括 CAD、CAE、CAPP、CAM、DNC、FMS 和机器人等。信息技术元件是用于转换、输送、存储、检验企业各项活动有关数据的元件，包括计算机硬件、通信网络、系统软件及数据管理系统等基本数据处理元件和各类专门用途的应用软件。

二、CIMS 中的集成技术

集成是将原来没有联系或联系不紧密的单元组成为一个有一定功能的、紧密联系的新系统。CIMS 的集成是在 CIMS 网络和数据库支撑下，把人/机构、生产经营系统和技术系统三者紧密结合起来，组成一个统一的整体，使整个企业范围内的工作流、物料流、信息流都保持通顺流畅和相互有机联系，如图 5-34 所示。

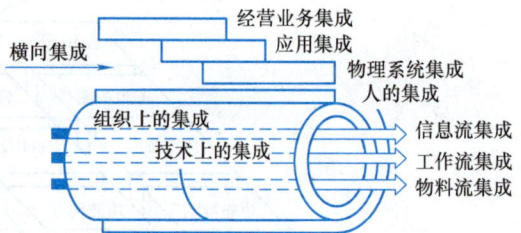

图 5-34　CIMS 的层次集成

工作流集成是指从企业的组织上对企业的工作流程进行优化、协调，消除多余环节，以达到高效的目的。信息流集成将消除企业信息流各环节上人工重复输入信息以及输出数据的泛滥，使正确的信息在需要的时刻到达需要的地方，保持整个系统内数据的一致性、完整性。物料流集成是指从优化角度出发，对企业生产所需的各种原材料、半成品、零部件等的储存、转运等环节进行合理的调配，以保证企业生产有序、高效。

1. CIMS 网络

CIMS 通信具有如下特点：①通信距离短，通常在几公里之内；②通信实时性强，尤其是低层设备之间的通信通常是毫秒级；③异构环境下的通信，这是由于 CIMS 的设备（如计算机、数控设备等）来自于不同的生产厂家，各厂家采用的通信协议、标准不同，形成异构环境；④通信系统具有可扩展性，这是由于企业常常处于发展、变化之中，对通信的要求也会随之改变，因此，通信系统必须具有良好的可扩展性，才能满足这种变化需求；⑤异种机进程间报文通信，报文是信息的一个逻辑单位，CIMS 中报文通信很频繁，如经常要求把加工命令报文从上级控制计算机传送到设备控制器，由于报文通信是在计算机系统之间或设备之间在加工过程中进行的，因此称为进程间通信。

为了适应 CIMS 通信的特点，CIMS 网络应具有开放性、实时性，符合标准化，并能提供丰富的网络服务功能，能适应企业的物理环境与地理环境。

CIMS 网络标准主要是国际标准化组织制订的开放系统互连参考模型 ISO/OSI，工业标准 TCP/IP 以及制造自动化协议 MAP 和办公自动化协议 TOP。

由于 CIMS 各部分对通信要求的差别很大，采用单一的 ISO/OSI 模型目前难以做到，应根据不同的要求选择不同的网络，通过网络互连构成一个综合的通信网络，以达到优化的结果。CIMS 中通信系统由各种通信机制组成，主要有局域网络、现场总线和点点通信等。

现场总线用于互连低层工业设备。它是利用串行数通信的一种工业低层总线局域网。与一般网络相比，它具有成本低、易于安装等优点，适用于对通信服务要求低的设备层互连。由于低层设备量大，往往有几十、上百台，采用现场总线代替局域网可以节省大量投资。点点通信是另一种低成本的设备之间通信方式。它适用于设备不具有网络接口的情况。但是，由于现场总线和点点通信协议都是由厂家或用户自行规定的，因此，它们的兼容性较差。

CIMS 网络按职责可分为下列几种。

（1）公司办公网络　该网络执行产品统计、市场销售、宏观管理、决策等。它通常是通过基于主机的局域网来互连工作站、个人计算机和终端的，并与企业外的公共数据网和广域网相连接。该局域网常选用 TOP 协议或以太网和 TCP/IP 协议。

（2）厂级网络　该网络执行生产控制、工程设计、生产准备、质量保证等工作。它以局域网为基础，连接工作站、个人计算机和终端。它选用的网络协议与公司办公网络类似。

（3）制造车间级网络　该网络执行监控、维护、调度产品生产或装配等工作。它以局域网为基础，连接控制器、可编程设备、装配或加工中心等。该局域网可以是 MAP 网、以太网、TCP/IP 协议、现场总线等。

图 5-35 所示为大型企业 CIMS 工程综合通信系统的网络结构。它包括广域网（WAN）、TOP 网、MAP 主干网、MAP/EPA、小型 MAP 网以及现场总线。这五类网络可通过网桥、路由器和网间连接器互连成一个 CIMS 通信体系结构。图 5-35 中的 MAP/EPA 节点把处于 MAP 网中控制器的信息传送到小型 MAP 网中各节点，同时把下层信息上传给控制器，因此它可看作一个协议转换器，完成 MAP 协议到小型 MAP 协议之间的转换。处于现场总线与小型 MAP 网之间的网间连接器则完成现场总线与小型 MAP 之间的转换。在 TOP 和 MAP 之间的网桥完成低层协议转换和路由选择。

由于采用了工业标准协议，因此图 5-35 所示的网络结构具有良好的开放性和可扩展性。但是这种结构造价高，适用于大型企业的 CIMS 工程。在中小企业的 CIMS 工程中，常采用价格较低、容易实现的 TCP/IP 协议和以太网。

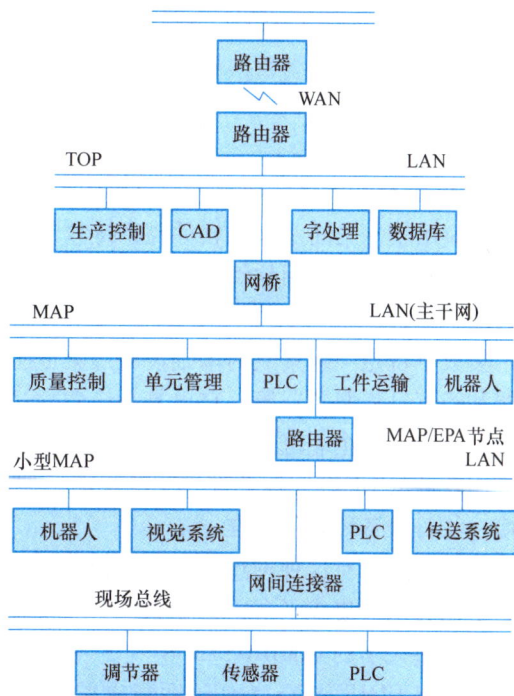

图 5-35　大型企业 CIMS 工程综合通信系统的网络结构

2. CIMS 数据库

CIMS 数据库采集 CIMS 中的各种数据，以合理的结构存储，以最佳的方式、最少的冗余、最快的存取响应为多种应用服务，使从产品设计、制造到经营整个生产环节中的数据融为一体，实现 CIMS 信息集成。

CIMS 中的数据具有如下特点。

1）由于涉及大量工程数据，其数据类型复杂，如表示图形和加工工艺过程的矩阵、向量、有序集以及表示加工时间的日期等。

2）数据结构复杂，有结构化和非结构化数据。其中，结构化数据指可以用确定格式的表格表示的数据，如各种管理信息等；而非结构化数据目前只能以文件方式表示，如图形、工艺规程、NC 代码等。

3）数据间存在着复杂的语义联系，数据对象间具有继承和递归的特征。

4）对工程类数据的操作，应具有长事务操作和版本管理等特殊功能。

5）数据载体可能有多种形式，如声音、图像等多媒体信息。

6）数据赖以存在的软硬件环境很复杂，如不同型号、不同类型的计算机硬件系统、操作系统等，是一个异构环境；同时，它们往往处于物理上不同的场地，又是一个分布环境。

CIMS 数据库通常采用集中与分布相结合的三层递阶控制体系结构，以保证数据的安全性、一致性和易维护性。这三层递阶控制体系结构包括：第一层，主数据管理系统，其功能是统一全企业关键字及编码标准，建立全局数据字典，统一用户界面，建立全局数据模型和语言，提供全局数据查询与服务；第二层，分布数据管理系统，其功能是建立分布数据字典，进行分布数据查询优化，建立局部数据库和文件系统及网络进程通信；第三层，数据控制系统，其功能是控制数据更新及存取权限，进行并发控制、版本控制、故障恢复和维护数据一致性。

3. CIMS 集成平台

CIMS 中存在大量应用软件，这些应用软件可能来自不同厂家，也可能由用户自行开发，因此，应用软件之间及应用软件与系统软件之间的集成存在许多问题。过去，人们习惯于开发接口，但是，当应用软件数量较大时，开发接口的工作量很大。于是，转向开发一种标准化的统一平台。

集成平台是一组集成的基础设施及集成服务器，包括信息服务器、通信服务器、前端服务器和经营过程服务器等。它也是系统建立过程中的开发环境。理想的集成平台应具有如下性能：①实现全企业范围内的信息集成和功能集成；②适用于各种不同的计算机系统；③实现应用软件与 CIMS 支撑软件之间的隔离，便于应用软件从一种计算机环境转到另一种计算环境；④符合各种软件标准。

目前，尚未有这种理想的集成平台，但许多科研单位和企业都在做不懈的努力，提出了各种不同类型的集成平台，如 IBM 公司的系统使能器和应用使能器、DEC 公司的 BASEStar、英国拉夫堡大学的 CIMBIOSYS 等。

下面以 CIMBIOSYS 为例说明集成平台的结构。该平台由如下三部分组成。

（1）服务管理 它提供一组一致性的交互机制。典型的服务包括与其他应用系统建立一个通信链路，与另一个应用系统交换数据，打开一个远程文件或数据库。

（2）运行管理 它控制全部外部过程及监控在系统中可能发生的故障，提供一个人工接口，通过此接口可以对应用系统进行人工干预；同时提供一个窗口，操作者可以监视系统状态。

（3）成形管理 它负责维护所有的内部系统的成形（体系）结构及外部的成形结构文件，包括从每个应用系统获取应用知识，其目的是当对系统进行修改时能将它孤立起来。

采用集成平台具有许多优点：①它减少了集成的复杂程度，作为应用系统，仅要求了解如何与平台发生联系，不必了解如何与其他应用系统发生联系；②它改变了支持环境，将来自应用系统的结构关系、交互机制、信息形式、数据结构、通信协议等方面的知识传送并放到集成基础设施中，使系统便于修改；③它促进了标准化，在平台与应用系统之间建立一个一致性接口，很容易将应用系统处理成开放系统，使之成为一个系统的标准模块。由此可见，集成平台是使系统从"硬"集成、"封闭式"集成通向"软"集成、"开放式"集成的重要途径。

4. CIMS 中人的集成

CIMS 概念提出初期，人们对 CIMS 的认识局限在理想化、完美化、无人化上。然而，经过多年的实践，尤其是 20 世纪 80 年代中期以来 CIMS 在工业领域的大范围应用，人们对 CIMS 的认识回到着重实效，讲究解决实际问题，注重发挥人的主观能动性上来。现在，人们充分认识到 CIMS 是人、管理、技术三者的集成，尤其以人的集成最为关键。

1991 年，美国先进制造研究公司（AMRC）提出，影响 CIMS 的主要障碍 70% 来自于人，11% 来自于成本的评估，9% 来自于技术原因，还有其他原因（如资金限制等）。工业实践的经验也证明，企业的高度柔性最终不是由机器完成的，而是由人来完成的。

人机合作应根据实际情况，确定在信息的输入、传送、处理、输出中，哪些工作由计算机完成，哪些工作由人工完成；在制造过程中的物料输送、中间储运、加工处理、产品检验等诸项工作中，哪些地方、哪些工作必须由人完成。划清人、机工作范围，建立友好的人机接口，发挥"人机"在信息集成、物理集成中的作用。

对于理想的人机集成模式，可以将极为复杂的企业、非常多的工作在不同地点的员工看成在同一地点，相互间能做什么、不能做什么一清二楚，彼此间能交互意见，商量工作中的变动。当市场有新需求或新订单到来时，要实现从修改设计、生产计划、加工制造等的变更，除了有必要的技术支撑条件外，更重要的是促进员工对工作的理解，激发其责任心、协作精神、开拓进取精神，建立一套行之有效的有关组织机构、运行机制、奖惩制度和激励方式等方面的综合管理体制。

只有充分发挥、调动企业内全体员工的积极性、创造性、进取性和协作性的 CIMS 才是成功的 CIMS，才能最大限度地获取整体效益。

正确处理人在 CIMS 中的集成作用，需要做好如下三方面的工作。

1）企业领导对人在 CIMS 中的重要作用有深入的理解，愿意正视和适应 CIMS 提出的变化要求。

2）组织机构和运行体制的改革是发挥人在 CIMS 中的集成作用的基本保障，必须及早动手、下大决心进行机构和体制改革，以适应 CIMS 运行环境的要求。

3）做好企业职工的教育与培训。CIMS 要引入大量新技术，企业职工只有不断更新自己的知识，才能满足 CIMS 的新要求。但是，更重要的是要创建一种适应集成的企业文化，使职工对本职工作高度负责，与小组尽心协作，对企业的生产经营活动有一种强烈的全局观念。

CIMS 集成需要企业员工全力以赴地投入，同时，CIMS 也给企业员工的素质提出了更高的要求，只有改造人和组织以适应这个要求，才能真正发挥 CIMS 的潜力。

三、企业 CIMS 实施方法

CIMS 是一个复杂的系统，为了降低其实施难度，企业在实施 CIMS 过程中通常采用分步或分阶段实施方法。一般分为可行性论证、初步设计、详细设计、工程实施和系统运行与维护五个阶段。

1. 可行性论证

可行性论证主要解决企业实施CIMS的必要性及可能性问题。为此，首先需要了解企业的战略目标及其需求；其次确定企业CIMS的总体目标和主要功能；然后拟订总体方案和技术路线，从技术、经济和环境条件等方面论证方案的可行性，制订相应的投资规划和开发计划；最后编写可行性论证报告。

（1）工作内容

1）了解企业的市场环境、经营目标和采取的策略。

2）调查和分析企业当前的生产经营活动流程、信息流程、生产设备及计算机资源情况、计算机应用情况、组织机构及人员状况。

3）明确企业的需求，确定CIMS的目标及主要功能。

4）拟订CIMS的技术方案和技术路线。

5）提出开发CIMS的关键技术和解决途径。

6）明确CIMS对组织变化的需求及可能造成的影响。

7）拟订系统开发计划。

8）完成投资概算和初步效益分析。

9）编写可行性论证报告。

（2）工作步骤　可行性论证的工作步骤如图5-36所示。

（3）可行性论证报告　可行性论证报告一般包括如下内容。

1）企业生产经营基本情况、资源和产品特点。

2）市场分析和企业经营战略目标。

3）企业实施CIMS的需求分析。

4）企业CIMS的体系结构、集成方案和运行环境。

5）各分系统的技术方案、软硬设备配置及实施技术路线。

6）关键技术和解决途径。

7）实施CIMS组织机构及人员配备。

8）投资概算和资金筹措途径。

9）效益分析。

10）实施计划。

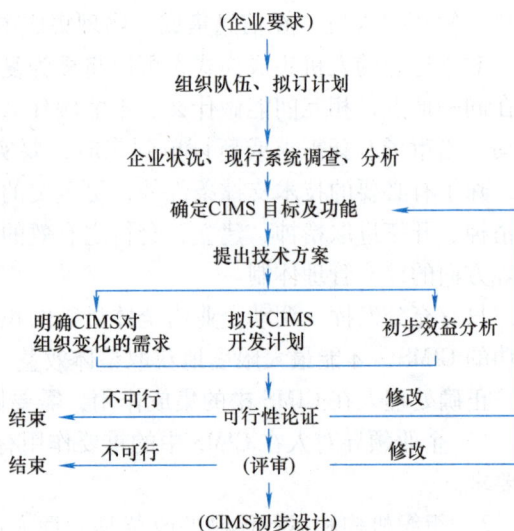

图 5-36　可行性论证的工作步骤

2. 初步设计

初步设计主要确定企业实施CIMS的系统需求，建立目标系统的功能模型，确定信息模型的实体和联系，提出CIMS实施的主要技术方案。

初步设计是对可行性论证的进一步深化和具体化。在系统需求分析和主要技术方案设计方面，应深入到各子系统，进一步明确各子系统的功能需求，产生相应的系统需求说明。

（1）工作内容

1）系统需求分析。

2）系统总体结构设计。

3）系统功能及技术性能指标设计。

4）确定系统信息模型的实体及联系。

5）提出系统集成所需的内、外部接口要求。

6）确定分系统技术方案。

7）提出拟采用的方法和技术路线。

8）提出关键技术和解决方案。

9）明确系统配置。

10）确定详细设计任务及实施进度计划。

11）规划 CIMS 环境下的组织机构。

12）经费预算。

13）技术经济效益分析。

14）编制报告和文档。

（2）工作步骤 初步设计的工作步骤如图 5-37 所示。

（3）初步设计报告 初步设计报告一般包括如下内容。

1）需求分析。

2）系统体系结构与功能设计。

3）分系统技术方案。

4）系统信息模型。

5）系统集成接口要求。

6）关键技术和解决方案。

7）系统配置。

8）组织机构及人员配备。

9）实施进度计划。

10）投资预算。

11）效益分析。

除此之外，初步设计还应包括如下附件。

1）系统功能模型图册。

2）系统信息模型图册。

3）分系统的初步设计报告。

4）详细设计任务书。

5）关键设备引进报告。

6）关键技术研制任务书。

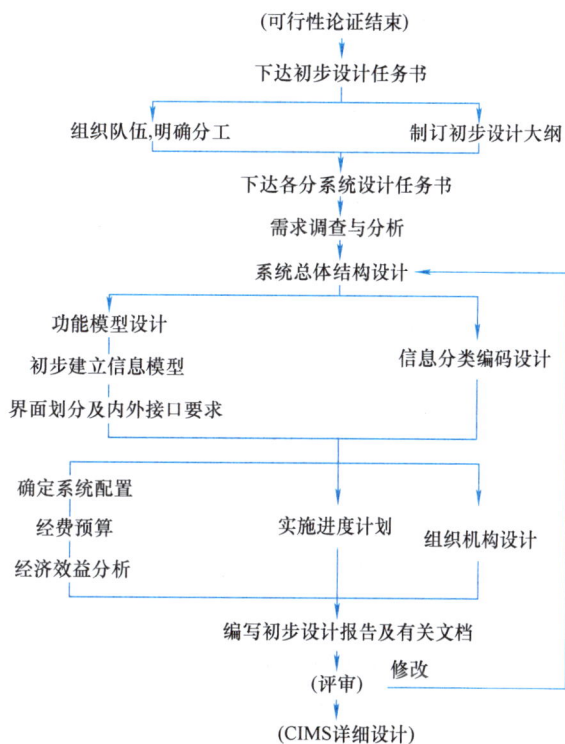

图 5-37 初步设计的工作步骤

初步设计完成后，需要组织专家委员会对设计方案进行评审，以确保项目的成功。为了规范初步设计工作和便于评审，设计中应尽量采用标准模式和辅助工具，建议采用 IDEF0 建立系统功能模型，采用 IDEF1X 建立系统信息模型。

3. 详细设计

详细设计主要解决目标系统的逻辑层次和物理层次的功能、信息、资源和组织等结构的实现途径。它是对初步设计方案的进一步完善和细化。详细设计主要完成关键技术研究、试验，数据库系统的概念、逻辑和物理结构设计，应用系统的软件结构、算法、代码编写说明，硬件安装施工设计，系统实施组织机构、人员配置和培训计划。设计结果应该达到可分步实施的程度。

（1）工作内容

1）确定系统的详细需求。

2）细化功能模型。

3）应用软件系统设计。

4）接口设计。

5）数据库系统设计。

6）系统资源配置设计。

7）关键技术研究、试验。

8）系统组织机构调整与确定。

9）制订实施规范。

10）拟订系统实施计划。

11）人才引进和职工教育、培训计划。

12）投资预算及资金规划。

13）细化效益分析。

14）编制报告和文档。

（2）工作步骤　详细设计的工作步骤如图 5-38 所示。

（3）详细设计报告　详细设计报告一般包括如下内容。

1）系统需求分析。

2）系统总体结构。

3）接口设计。

4）应用分系统详细设计。

5）数据库系统设计。

6）网络设计。

7）信息编码。

8）关键技术和解决方案。

9）软、硬件资源配置。

10）组织机构及人员配备。

11）实施计划。

12）投资预算。

（初步设计结束）

下达详细设计任务书

组织队伍，明确分工　　　　　　　　制订详细设计计划

下达各子系统详细设计任务书
制订详细设计实施规范

详细需求调查与分析　　　　　　确定技术标准

拟订质量保证计划

改进并细化功能模型

完成信息模型设计

硬件设计　　　　　　　　　　应用软件设计

自制设备：　　　外购设备：　　　　　数据库设计
完成零件图、装配　询价、商谈和
图和设计说明书　　安装环境设计

拟订测试计划

系统资源设计　　　　　组织机构设计

投资预算及规划　　　　人员培训计划　　　系统实施计划

编写报告及有关文档　　　　　　修改

（各子系统评审）
通过

（工程实施）

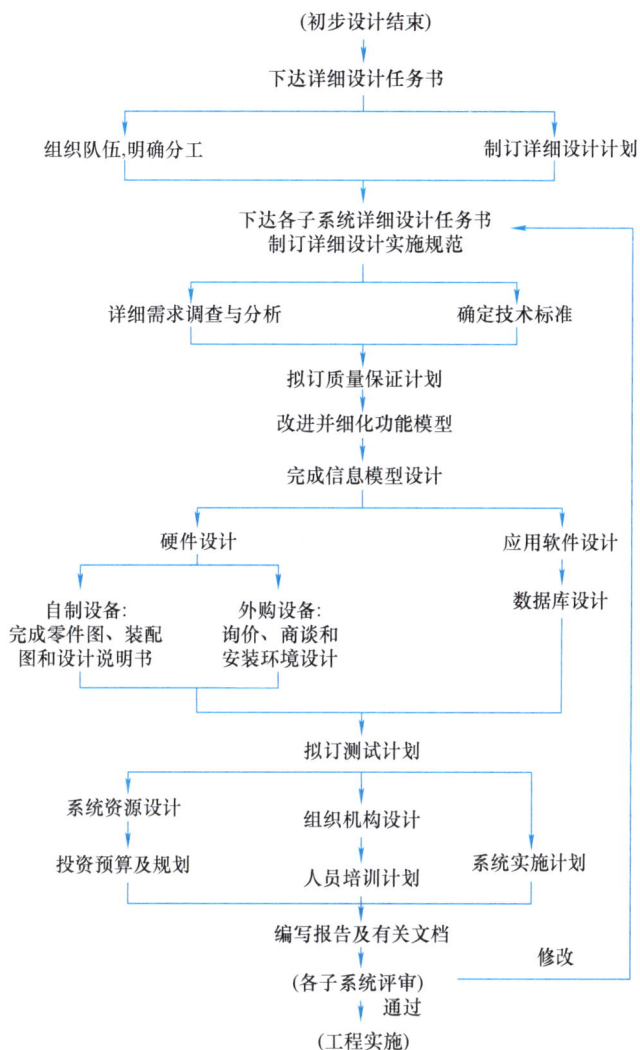

图 5-38　详细设计的工作步骤

13）效益分析。

除此之外，详细设计还应包括如下附件。

1）改进后的系统功能模型图册。

2）完整的系统信息模型图册。

3）分系统详细设计报告。

4）施工设计说明及图册。

5）应用软件测试设计说明。

详细设计主要是在子系统水平上进行的，可由总设计师主持评审。为了节省时间，详细设计往往与工程实施交错进行。

4. 工程实施

工程实施是将详细设计的内容物理实现，产生一个可运行的系统。工程实施主要完成数据库、网络及生产设备的安装调试，应用软件编码、安装、调试，组织机构的落实，人员定岗，并通过用户验收，交付用户使用。

（1）工作内容

1）数据库系统实施。

① 系统软、硬件安装。

② 建立试验数据库，用典型数据加载。

③ 调试数据库。

④ 数据库加载。

⑤ 与应用系统联调。

⑥ 数据库系统测试、验收。

2）应用系统实施。

① 制订编程约定。

② 建立数据文件和临时试验数据库。

③ 编制程序。

④ 程序调试和自测试。

⑤ 子系统和分系统的联调和测试，完成分系统测试报告。

⑥ 总系统联调和测试，完成总测试报告。

⑦ 编写、完善各类文档。

3）生产设备、计算机系统实施。

① 计算机系统的安装、测试和验收。

② 生产设备的安装、测试和验收。

③ 网络布线施工，系统安装、测试和验收。

4）组织机构实施。

① 组织机构调整。

② 人员定岗。

③ 维护、应用人员培训。

（2）工作步骤　工程实施的工作步骤如图5-39所示。

（3）工程实施提交的文档

1）项目合同书。

2）各项测试、验收报告。

3）用户使用手册。

4）CIMS工程开发总结报告。

5. 系统运行与维护

系统运行与维护是对投入运行的CIMS进行调整和修改，改正系统运行阶段出现的错误，并使系统适应外界环境的变化，实现功能的扩充和性能的改善，对系统的运行效果进行评价。

（1）工作内容

1）制订操作规程。

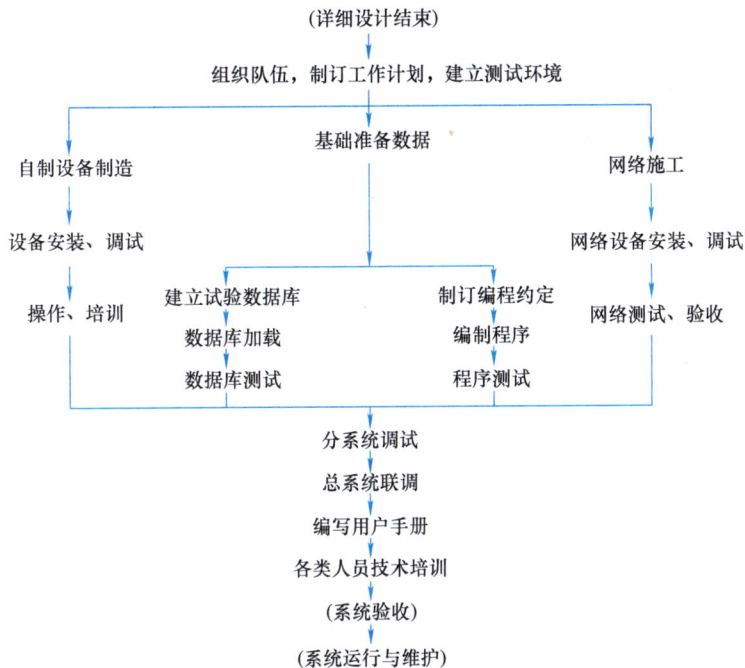

图 5-39　工程实施的工作步骤

2）制订维护规程。

3）系统运行状况记录。

4）软、硬件系统维护。

5）数据库维护。

6）系统评价。

（2）工作步骤　系统运行与维护的工作步骤如图 5-40 所示。

（3）系统运行与维护阶段提交的文档

1）系统运行报告。

2）软件问题报告。

3）软件修改报告。

4）系统评价报告。

5）评审意见书及意见处理汇总表。

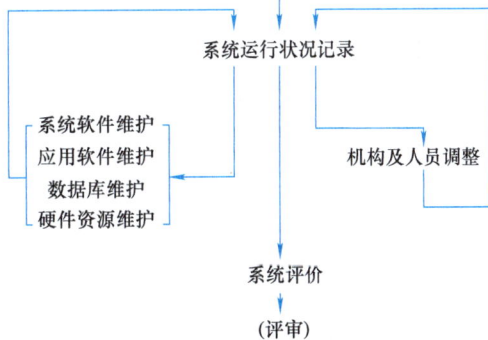

图 5-40　系统运行与维护的工作步骤

思考题

1. 柔性制造的概念是在什么样的技术背景下出现的？

2. 柔性制造系统的主要特点是什么？

3. 柔性制造系统主要由哪几部分构成？各部分的功能是什么？

4. 设计和建造一个柔性制造系统的主要步骤是什么？

5. 什么是 CIMS？

6. CIMS 由哪几个部分组成？各部分之间的关系是什么？

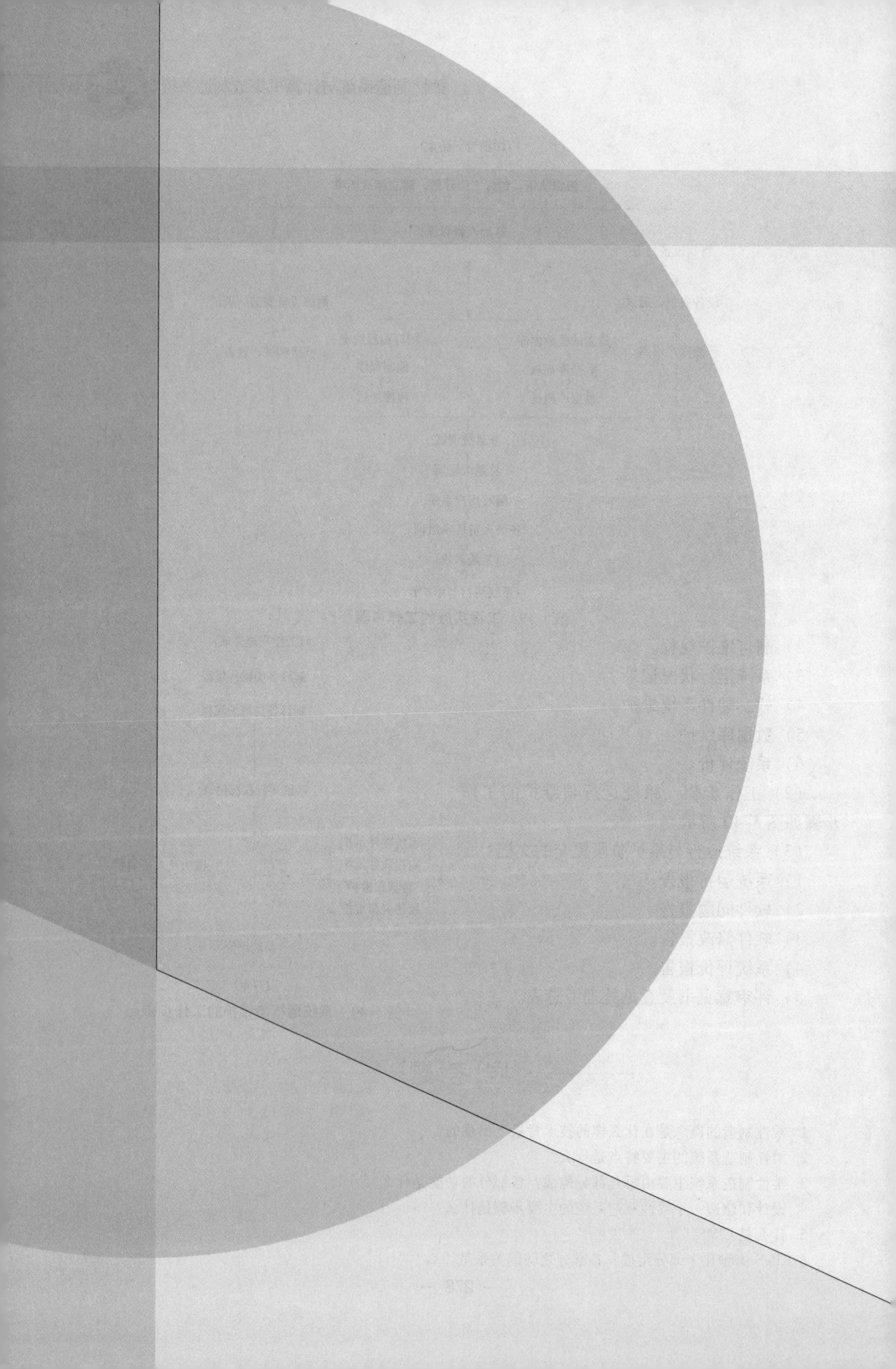

第六章
CHAPTER 6
智能制造中人与设备的关系

智能制造的目的不是机器代替人，而是将机器的优势和人的智慧融合起来形成新的人机互动系统，产生新的生产力，完成更加复杂和具有创造性的任务。在智能制造实施过程中，人的角色或工作岗位一定会变化或调整。本章从智能制造中人的角色和任务、人在智能制造中的作用以及智能制造条件下的人机交互等方面来分析这种变化。

第一节　智能制造中人的角色与任务

一、人在智能制造中的角色

企业的技术人员面对智能制造的新环境，仅仅依靠主观判定来解决问题或设备故障的情况将会发生变化。在智能制造的环境中，技术人员更多地看到的是数据。技术人员需要分析这些数据，结合与其他数据的对比来决定采用何种方法来解决问题。因此，阅读数据、解读数据、分析数据、使用数据以及借助数据进行决策的"数据人"将可能成为技术人员的第一个新角色。技术人员没有一个相对固定的岗位，他们更像是生产过程巡检员，在智能制造系统中巡视数据或监控数据，通过实时数据的接收和传送实现生产和设备的维护管理。数据巡检员将成为技术人员的第二个新角色。

很显然，现在生产厂家更加重视控制产品的成本，更加重视产品生命周期的管理，而全自动的规模化生产将逐渐升级为智能制造。批量的个性化定制将是工业新时代的重要标志，也是智能制造的目标。有专家指出，未来智能制造条件下的技术人员将依靠大数据进行生产计划、过程控制、任务执行、质量监督、设备维护保养与维修以及产品智能化服务等工作。未来的无人工厂只是一种理论上的可能，实际上在市场竞争中产品的变化如此之快，高投入的经济增长模式是难以适应的，解决问题的有效方法就是智能制造环境中的人机有机结合、人机有效互动，通过数据集成和云技术等现代信息技术和分析工具，将设备和人的优势充分发挥出来，实现智能生产。图6-1所示的日本MAZAK公司智能制造布局示意图。

在此智能化进程中，人的作用不是降低了而是更大了，人机交互的决策数据通过工厂网络指挥工厂生产。智能制造是替代传统的生产模式，而不是替代人。

二、人在智能制造中解决新问题

这里，通过一个案例来介绍人在智能制造环境下的角色变化和工作任务。多年来，一家

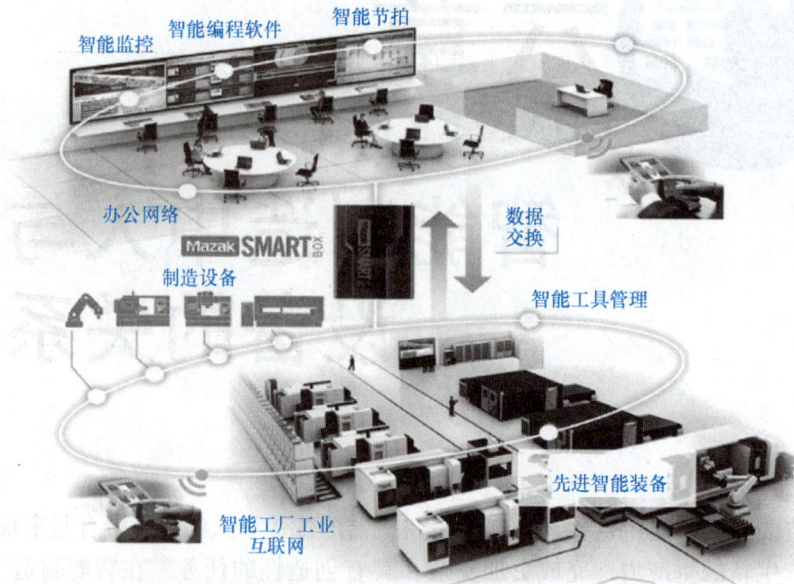

图6-1 日本 MAZAK 公司智能制造布局示意图

汽车制造企业的一线技术人员已经习惯在数控加工中心上通过触摸屏输入数据，给设备下达工作指令，进行零部件的加工和整车装配。而今天的情况是，负责车间生产的管理人员事先已经做好了生产准备，他们通过数据来模拟生产状态，以此来确定每个技术人员是否已经将平板计算机或工业型手机打开并处于工作状态，车间的工业互联网系统与生产设备之间的"对话"是否完全畅通并处于工作状态。当车间技术人员及生产设备给出了信息数据后，生产系统将会收到相应的指令，生产线开始运行。技术人员或管理人员通过平板计算机或工业型手机观察数据，实时监督生产的情况。当出现故障或产生报警时，数据采集系统自动调整成生产状态，技术人员按照手机端或平板计算机端系统给出的信息提示处理故障或人工干预来解决问题。技术人员要认真分析出现故障的原因，不断优化数据来提高生产的可靠性和准确率，避免再次出现类似问题。可见，人的角色由传统的车间生产管理者、设备操作者、产品质检员和车间资料员等转变为信息计划者、数据控制者、执行者和监督者等，更重要的是借助智能制造系统不断优化生产的创新者。同时可以发现，在智能制造系统中，平板计算机或工业型手机成为新的人机交互界面，技术人员通过"智能平板"可以将所有生产任务事先进行模拟加工，而且生产过程、结果一目了然。当数据通过验收后，可以直接使用，技术人员也可据此迅速做出决策。通过虚拟仿真验证必要的数据，通过实体完成具体生产任务，而人的角色是"两个"系统的决策者、数据评估者和生产优化者。因此，决策者、数据评估者、监督者和创新者是技术人员的第三个新角色，工作任务也伴随着角色的变化而变化。图6-2所示为人在监督和评估数据。

图6-2 人在监督和评估数据

第二节　人在智能制造中的作用

一、智能制造是互联网技术在工业领域的应用

互联网在消费领域和游戏领域的推广已被人们熟悉，其已经成为人们生活的一部分。2019年，我国的移动互联网网民达到9亿多人，这些网民产生了巨大的信息和数据。大数据具有数据量大、数据复杂等特征。利用这些大数据来分析消费者的各种经济行为、市场预期、环境压力及个人信用度等可为政府和企业决策提供依据。互联网技术在工业领域的应用要比在消费领域和游戏领域的应用更具有挑战性，主要表现在

大数据及其在智能产线中的应用

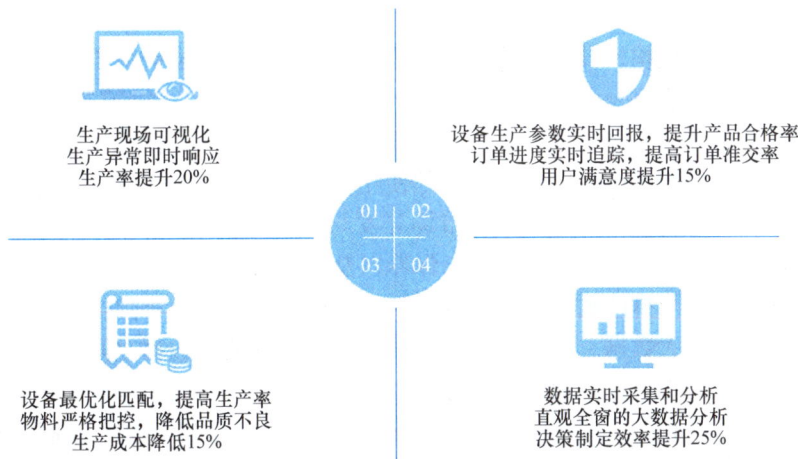

工业领域需要更加安全的系统，如网上购物可以退货或换货，但工业领域一旦出现数据错误，后果是严重的或是不可逆的。工业领域需要解决提高生产率、降低生产成本等核心问题。还有更重要的区别是互联网在消费领域和游戏领域处理的是人与人或在虚拟世界里开展的合作或交易，但智能制造最大的挑战是在设备与设备、人与设备、设备与网路、网路与人等构成的一个复杂互联网环境中利用人工智能等技术，实现工艺优化和规模化定制生产。互联网在消费领域和游戏领域的成功，为其应用于工业领域提供了重要的经验和方法。这就是人们经常说的信息物理系统（CPS）要解决的核心问题。

工业互联网的基础是物联网。近年来，随着工业互联网、物联网、智能制造的不断发展，人们发现：传统生产中人与设备的关系、设备之间的关系、管理者与一线生产者的关系都发生了根本性的变化。借助哲学中"量变到质变"的理论来理解今天的互联网带给人们的变化显得通俗易懂。这个"量"就是大数据，这个"质"就是资源的优化配置带来的生产率的提高和生产成本的降低，其中精益化生产和废品率的降低就是成果之一。图6-3所示为某企业智能制造的价值体现。第一象限表示智能制造中大数据通过可视化的及时响应提高生产率20%；第二象限表示通过设备优化提升用户满意度15%；第三象限表示通过设备的最优化匹配，提高质量，降低成本15%；第四象限表示依据大数据提升决策制定效率25%。

生产现场可视化
生产异常即时响应
生产率提升20%

设备生产参数实时回报，提升产品合格率
订单进度实时追踪，提高订单准交率
用户满意度提升15%

设备最优化匹配，提高生产率
物料严格把控，降低品质不良
生产成本降低15%

数据实时采集和分析
直观全窗的大数据分析
决策制定效率提升25%

图6-3　某企业智能制造的价值体现

二、工业互联网的价值基础是大数据

传统企业同样需要数据来实施正常的生产和经营活动，而数据都是在不同的工作岗位产生的。这里先回顾一下传统制造企业中的工作岗位。图6-4所示为传统制造企业结构图。

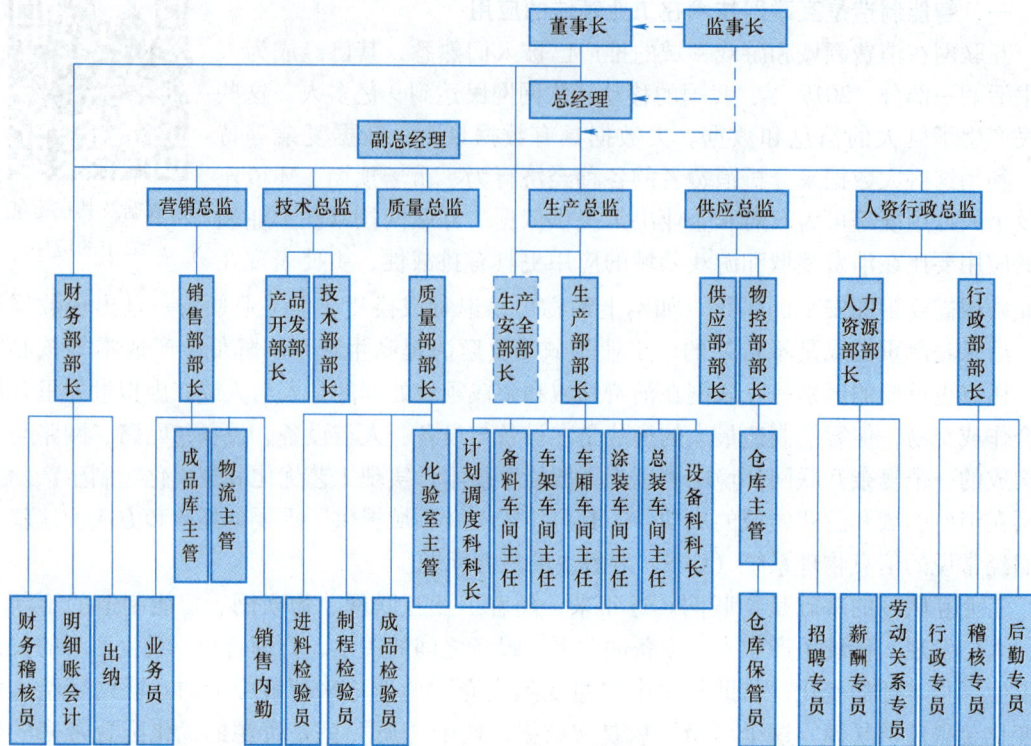

图6-4 传统制造企业结构图

董事会是最高决策机构，而决策的依据是层层提供的信息、存在的问题、拟解决问题的方案等。因此，数据的真实性、及时性和完整性等是非常重要的，可以称其为决策数据信息。

第二层是高级管理机构，其既是管理者又是执行者，既是数据的使用者，也是数据分析和处理的管理者，承上启下。

第三层是执行机构，其主要任务是按照企业的生产任务进行安排和实施。执行机构是数据的产生者，也是数据的提供者，更是数据的使用者（决策数据执行者）。通过分析可以发现，传统企业的经济行为包括领导决策、市场开发与营销、技术研发、原材料供应与采购、生产与质量保障、用户服务、设备的维修与保养以及库存管理等，在这些行为中会产生任务数据、设计数据、设备与排产数据、历史数据、生产机器状态的流程数据、文档数据和生产预警报告数据等直接的大数据。传统企业的数据往往是分散的，数据之间彼此是独立的。可以这样理解一个未来的现代化企业，在企业里生产组织、实施和决策等都离不开数据，生产的组织过程就是数据（信息）交换的过程，生产的控制过程就是数据的控制过程，安排生产的过程就是分享数据的过程，生产的改进过程就是优化数据的过程。互联网＋企业就是企业数字化的转型，企业要将以应用为中心转化为以数据为中心。图6-5所示为工业互联网平台为核心的生产大数据关系结构。这个系统将操作层面（OT）的数据、信息技术层面（IT）

的数据与工业互联网平台对接，通过海量大数据分析和计算驱动工厂生产。

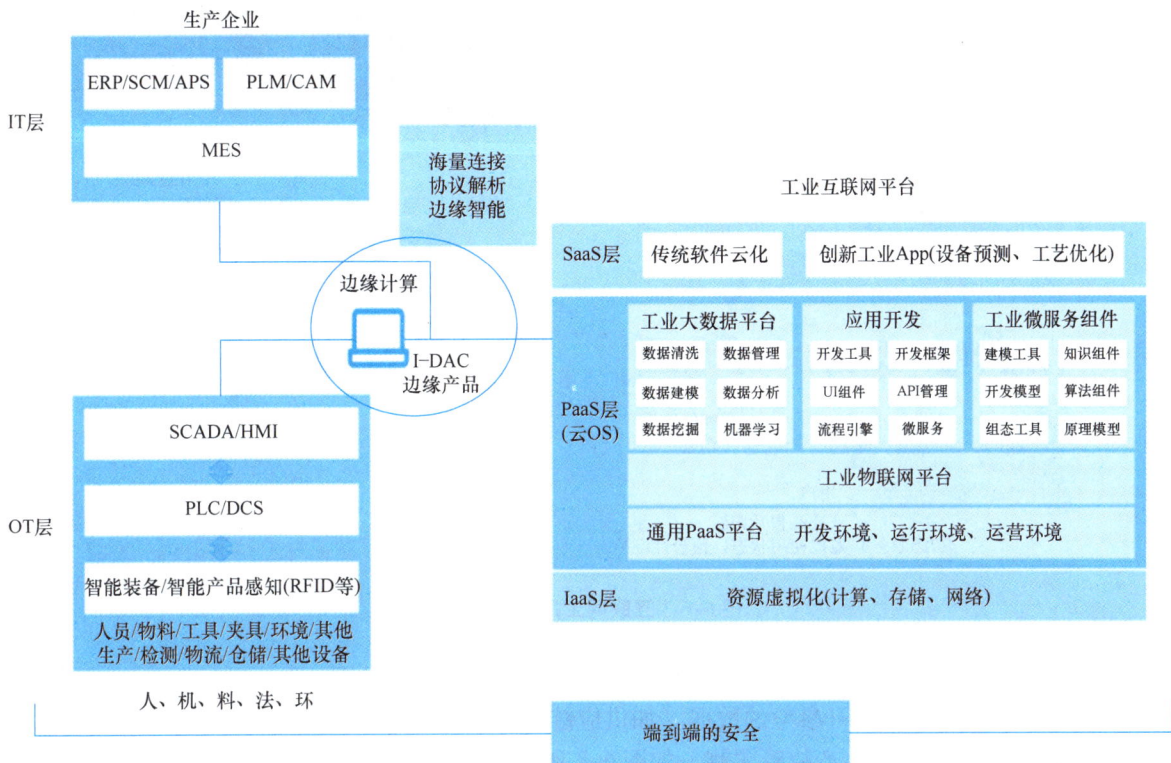

图 6-5　工业互联网平台为核心的生产大数据关系结构

三、大数据的利用成为人的重要任务

　　数据本来就是客观存在的，与生产模式没有关系。但随着社会的进步和需求的多元化，数据越来越多、越来越复杂，这就产生了大数据的概念。在企业中，员工面对复杂的数据，如何利用这些数据，学会分析和处理这些数据是未来员工的中心工作。企业的技术进步、流程再造等将成为企业的大数据再整合、再分析和再处理，这就是以大数据为中心的企业核心业务。智能制造的推进过程就是大数据互联互通的过程，包括与云端的联网和全球信息共享等。图 6-6 所示为互联网工厂的示意图。通过信息流（大数据流）的再分配，将传统的串联工艺流程转变为相互并联、交互、可视的互联网工厂，实现智能设计、智能采购、智能生产、智能销售和智能服务等，同时也是一个生态化的协同制造共创的平台。

　　人在大数据业务中的作用不可替代。目前为止，无论是传统企业还是现代化企业，数据的智能整合建模是需要人来完成的主要基础工作。例如：用户的订单需求、设备的生产和运行的数据等都需要先通过人工来完成。特别是建模数据与实际数据之间的对比产生的误差需要人工干预。人对智能制造有基础性的支撑作用。另外，人可以整合有效数据，包括以下几个内容：

　　1）从正在使用的大量数据中，选择针对企业不同人员集成有意义的信息。

　　2）把获得的信息（数据）以合适的方式整合呈现，让员工更正确地理解生产过程的实际状况。

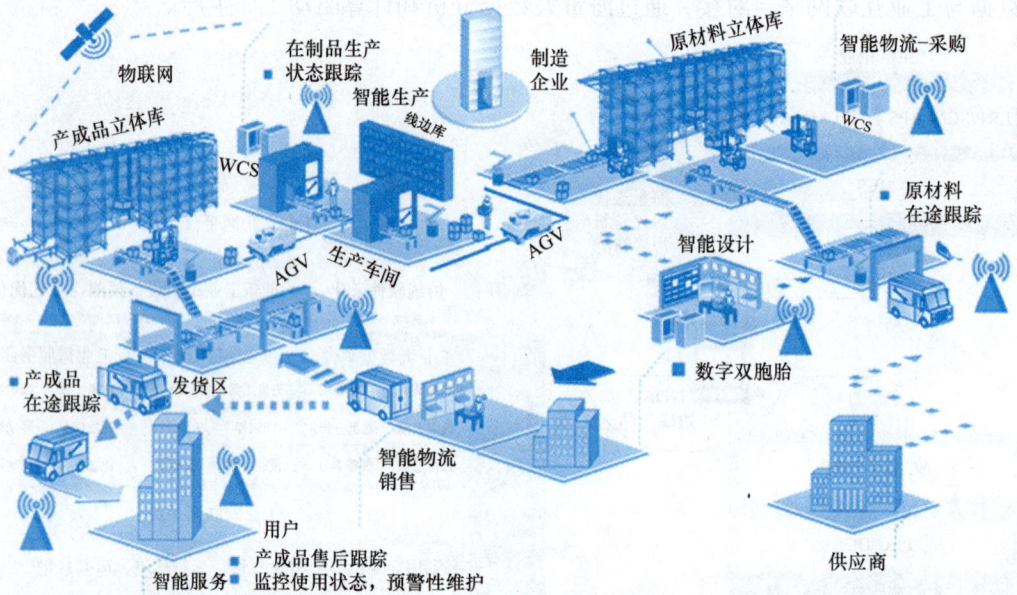

图 6-6 互联网工厂的示意图

3）为不同的数据终端（手机、平板、显示器）准备不同的数据。

4）为不同企业提供可参考的数据（如供应链管理）。

人可以进行可视化生产故障预测，如图 6-7 所示。

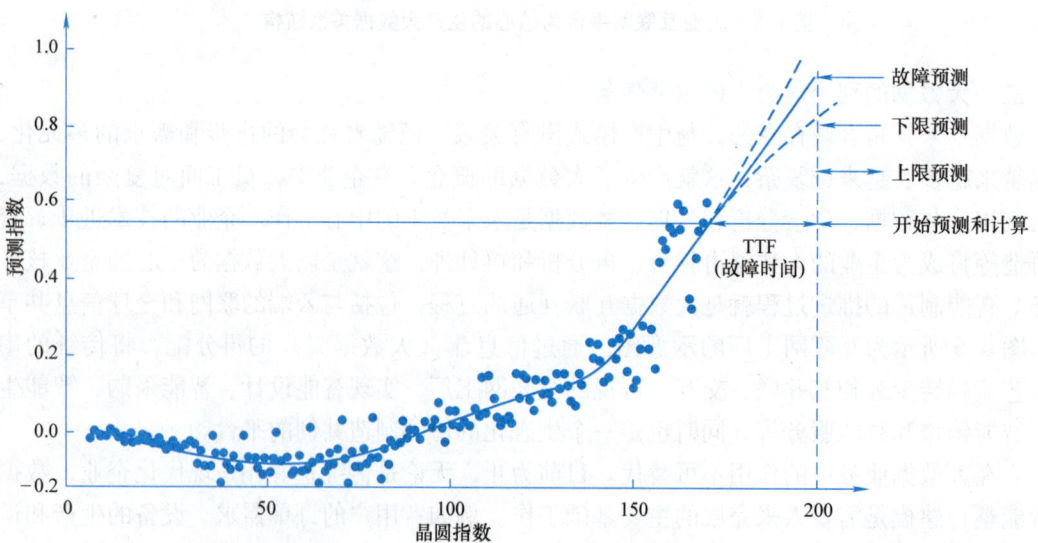

图 6-7 可视化生产故障预测

技术人员也可以通过 3D 可视化系统与建模的 3D 进行对比、评估，及时发现或预判存在的错误，实现实时质量监控等，如图 6-8 所示。

人可以解决大数据处理中的信息安全问题。前面已经提到，工业互联网的最大问题是信息安全，因为生产的产品是不可逆的，发给其他企业需要协同创新的错误信息也可以导致额外的损失。有专家指出：虽然工业互联网的应用与消费互联网、游戏互联网的应用区别不大，它们都有上下切换、菜单选择、互动开关、数值输入和文字输入等共同点，但工业互联网领域中安全运行是非常重要的，基于手指触摸相互作用的机器中首先必须具备精准、安全的特征。而这个安全屏障是由人来设计和保障的。简单的例子可说明这个道理。技术人员在设计和选择触摸式移动终端时，首先要考虑可视化窗口的尺寸限制，目前移动终端中采用的ANDROID系统或IOS系统，不能直接与有些可视化平台的中央控制屏的窗口兼容，目前考虑最多的是以浏览器（如HTML）为基础的运行平台。图6-9所示为可穿戴设备的移动终端示意图。

图6-8　3D实时质量监控

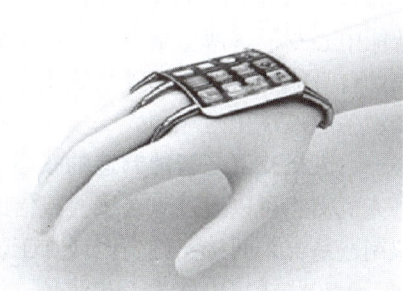

图6-9　可穿戴设备的移动终端示意图

人可以进行叠加信息的处理。叠加信息是指技术人员在手里的移动终端中可以获取更多的信息，与环境信息实时匹配。例如：技术人员在数据巡查中，通过可穿戴设备（数据眼镜）可获得额外的信息，如设备的维修信息、地理数据、导航数据、历史数据和建筑物理信息等。在工业互联网中，这些叠加信息是实时的过程数据，通过人工的整合，这些信息可以发送到云端，成为有价值的数据资源。图6-10所示为数据实时采集系统。

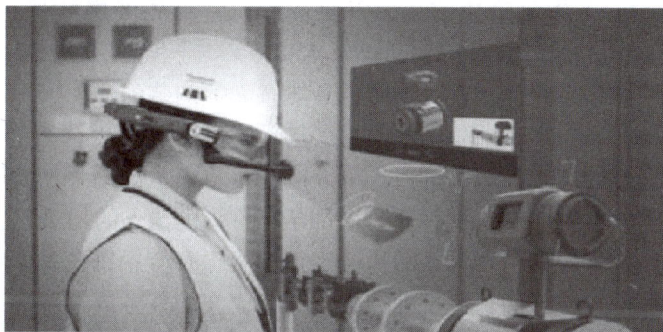

图6-10　数据实时采集系统

维修数据被发送到维修人员手中的移动终端可使维修工作更加具有预判性，以节约时间、节省成本。

人的另一个作用是支持工业设备的全球联网。智能制造的主要任务是解决最优化制造、实现制造效率最高、节约成本、个性化批量定制及绿色生产等，这些目标的实现须基于工业互联网的全球化，只有当单个设备或单独的企业与全球互联网平台对接，发挥全球化优势和经验，才能真正实现智能制造。设备的制造者可以通过这个全球互联网平台找到新的解决方案，而优化的过程和平台的构建是由工程技术人员完成的。

第三节 智能制造条件下的人机交互

按照智能制造的生产模式，生产系统中所有设备和加工对象都要具备信息交换和信息处理的功能，称为M2M技术。设备与设备之间相互联网，设备与企业管理平台之间相互联网，甚至设备与云端相互联网。但非常重要的一个联网就是与人的"联网"合作，称为人机交互。在智能制造不断推进的过程中，人在工厂的任务及要求的多样性已经逐渐显现，德国人工智能中心罗斯基博士指出：工业4.0并不致力于追求无人化工厂，而是通过更理想的操作把人的自身能力与信息物理系统紧密结合起来。换言之，智能制造或工业4.0的追求是人与生产设备的最优化匹配。

一、人机交互是智能制造的核心

人机交互可以通过直接操控或借助中间体进行，如技术人员可以直接操控机器人或通过虚拟制造系统来间接实施生产或加工。在此期间，人的首要任务就是预先设定一个生产策略或加工工艺路线，也称为工艺建模。设备的自主或自治生产过程是实时按照工艺建模中的数据进行的，而人对生产的监督也以工艺建模的数据为标准，当生产的数据与预先设定的数据之间出现偏差时，系统就会自动报警或出现相关提示。人机交互就是纠错的过程，更是人机相互协调的过程、人机相互深度合作的过程，而不是相互替代的"零和博弈"。

二、智能制造中人与机器将建立新关系

目前，在自动化程度较高的企业，机器人的应用已经非常普遍了。企业在工作环境特殊、劳动强度大的岗位用机器人来替代人，如工程机械公司往往采用焊接机器人代替人，用运输机器人代替仓库管理员、发货员等，但此时这些机器人仅仅解决岗位的需求问题，因为这些岗位招工比较难，工作风险比较大，因此企业通常首先考虑经济利益和生产的相互协调。

机器人具有通用性和特殊性。它可以完成一般意义上的装配、加工、焊接和搬运等，如果将机器人输入/输出的信息与人的信息开展交互，使机器人产生认知能力或感知能力时，就开启了机器人工智能的应用领域。机器人可以成为技术人员的助手，人可以灵活地直接指挥机器人完成具体工作，"直接"的意义是非同寻常的。机器人的加工程序不一定需要事先离线编程，而是按照技术人员的要求灵活执行。正如德国费劳恩霍夫工程研究所的工程师们所表述的：人与机器信息交互的目的是利用机器人完成新的任务或在制造流程中直接控制机器人，这种使用机器人的做法特别适用于个性化产品，而且可以节约成本。图6-11所示为医生与机器人合作手术。

三、人与机器人的信息数据交互

传统机器人的使用通常有两种方法。一种是生产现场编程，通过机器人界面输入加工程序，完成加工任务。这是小型机器人的使用方法。另一种方法，对于大型机器人，一般采用离线编程的方法，加工程序是在其他计算机上通过模拟软件完成的。无论是现场编程，还是离线编程，都属于传统的人机交互模式。手动引导机器人的出现实现了人与机器人的直接交互，即身体交互。手动引导机器人就是通过直观输入数据引导机器人按照技术人员的要求进

行加工合作。专家指出：在未来的智能制造或工业 4.0 领域，可以实现对不同机器人单元的输入进行集中的分析服务，通过互联在云端的机器人数据处理中心使机器人具有一定的认知能力，此外还会提供优化的解决方案，如图 6-12 所示。

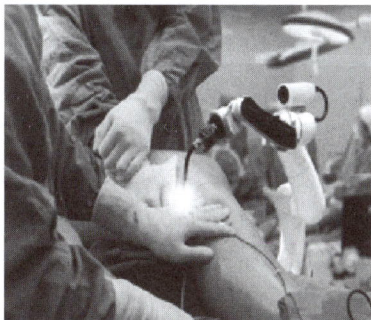

图 6-11　医生与机器人合作手术

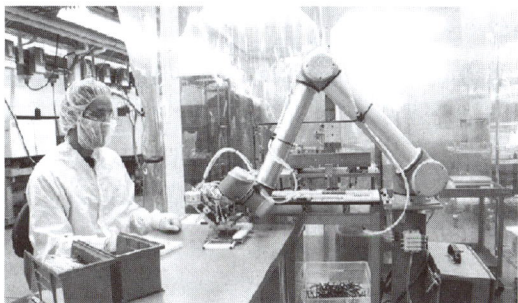

图 6-12　机器人认知加工

四、人与机器人亲密合作的安全问题

目前生产企业对于机器人的管理通常是采用防护栏，将人与机器安全分开，保障人的安全。这时的机器人是在事先编程的基础上独立完成加工任务。实际上，安全问题是机器人推广应用中最重要的问题之一。2006 年，国际标准化委员会就将机器人的安全技术纳入了标准体系中（ISO10218），规定了在什么情况下人和机器人可以直接合作。现在有些企业已经取消了机器人防护栏，安装了安全传感器（如采用激光传感器或光栅器等），以保障人的安全。在未来智能制造或工业 4.0 实施中，机器人与技术人员之间会无缝配合，这就需要研究新的安全措施来保障人身安全，其中包括机器人的工作边界管理。图 6-13 所示为技术人员与机器人直接交互。

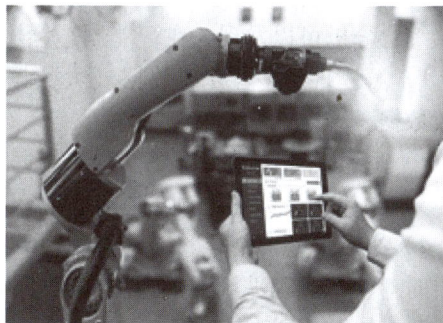

图 6-13　技术人员与机器人直接交互

五、智能制造中机器人的新应用

1. 智能制造要求机器人具有变化能力和工作的灵活性

在未来的智能制造领域中，人和机器人交互将会是一个工作岗位，他们同时进行工作，也可以按照时间段来合理分工，这些机器人通常称为服务型机器人。它具有变化能力、适应性和灵活性，这样的机器人将成为有"迁移能力"的服务型设备，可以去不同场合工作或承担任务，机器人的通用性不断加强，而不是现在的基于专用性的机器人配置。这样会产生机器人租赁市场。有些中小企业也可以拥有机器人所带来的新的人机互动，满足市场个性化的生产要求。人机互动的最大优势不是机器人将人的部分工作替代，而是人通过人机互动的生产模式，将人的聪明才智和工作经验嵌入到人机互动的体系中，与机器人精准、高效及灵活等优势有机结合，产生新的生产能力和智能化创造力，这才是人机互动的真正价值所在。

2. 机器人技术为智能制造提供了基础

机器人的互联互通、人机交互以及信息的集成等推动了智能制造逐渐成为现实。可以预见，未来的智能机器人将为人机交互广泛应用提供更大的服务空间。

总结本章内容可以得出如下结论：

1）智能制造或工业4.0时代，工厂中所有设备与设备之间互联互通、设备与人之间互联互通、人与人之间互联互通、并与云端资源互联互通，构建了完整的互联网＋制造的新体系。

智能制造不是机器替代人的劳动，而是人与设备融合为一体，发挥各自的优势，形成新的生产力与创造力。人机互动中人的作用至关重要，制造标准建模、生产工艺策略、实时监控、现场指挥运行、信息收集和评估、故障预测和排除等都需要人与所有机器配合来完成。技术人员由原来设计工艺路线、选择工具、直接操作设备等人工干预转变为整合数据、解读数据、使用数据、改造数据的"数据人"。这个重大的变化标志就是整个工厂实现无纸化工厂，而不是无人工厂，在无纸化工厂的背后是建立了完整企业数据平台。在这个平台上，用户、设计、环境条件、工艺、制造设备、物流和服务等通过PDM、ERP、MES、SAP、工业型手机和平板计算机等互联互通，形成并联式全产业线的企业协同生产与创新的系统，这是智能制造体系的本质。

2）人机交互既可以直接与机器设备交互，也可以通过虚拟现实技术间接地与机器设备交互，因此掌握虚拟现实（VR）技术成为技术人员的新技能。在未来生产中，虚拟现实技术是处理信息的重要工具。

综合分析可以发现，在智能制造领域人的任务主要如下：

1）解读理解多样化的数据（大数据），通过标准化处理使其成为能与现实生产对接的有效数据。

2）通过调用敏感的重要信息和数据，监管生产过程和质量。

3）预先设计标准建模，通过虚拟现实技术模拟生产过程。

4）采用动态可视化移动终端收集和使用数据，通过数据流检查设备故障或预测故障，需要时对生产过程进行干预，提供实时的人工支撑。

5）建立学习型生产组织，在人机交互的平台上不断提高生产率，满足个性化批量定制，创新生产模式和服务模式等。

思考题

1. 简述智能制造过程中人的角色和任务。
2. 如何理解智能制造条件下的人机交互？
3. 人机交互的安全问题主要包括哪些内容？

第七章
CHAPTER 7
智能产品与服务智能化

从个人3D打印设备到智能汽车，各种智能产品在最近几年集中涌现。目前市场上的智能产品主要有智能工业产品、智能交通产品、智能医疗产品、智能终端产品、智能家居产品、智能物流产品、智能金融产品、智能电网以及其他智能产品等，如图7-1所示。无论多炫酷的科技，最终都是要服务于人类、融入日常生活。因此，真正使用的功能和更低的使用门槛才是智能产品的发展方向。图7-2所示为重点智能产品的市场化进程。

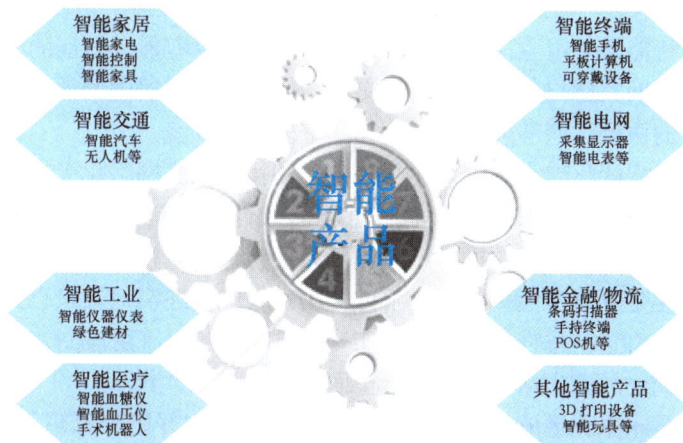

智能家居
智能家电
智能控制
智能家具

智能终端
智能手机
平板计算机
可穿戴设备

智能交通
智能汽车
无人机等

智能电网
采集显示器
智能电表等

智能工业
智能仪器仪表
绿色建材

智能金融/物流
条码扫描器
手持终端
POS机等

智能医疗
智能血糖仪
智能血压仪
手术机器人

其他智能产品
3D打印设备
智能玩具等

智能产品

图7-1 智能产品行业总体结构

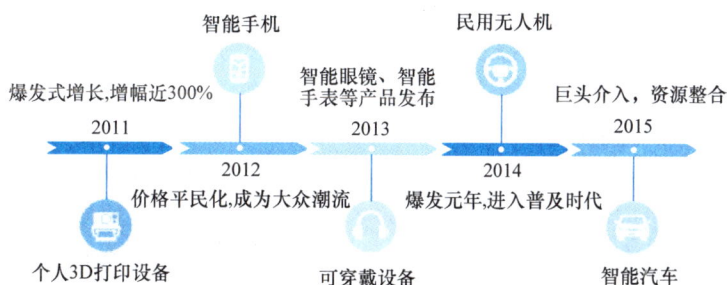

智能手机
爆发式增长,增幅近300%
2011

智能眼镜、智能手表等产品发布
2013

民用无人机
巨头介入，资源整合
2015

价格平民化,成为大众潮流
2012

爆发元年,进入普及时代
2014

个人3D打印设备

可穿戴设备

智能汽车

图7-2 重点智能产品的市场化进程

第一节 智能家居

智能家居是在互联网影响下物联化的体现，通过物联网技术将家中的各种设备（如音视频设备、照明系统、窗帘、安防系统、网络家电等）连接到一起，提供家电控制、照明控制、电话远程控制、室内外遥控、防盗报警、环境监测、暖通控制、红外转发以及可编程序定时控制等多种功能和手段。与普通家居相比，智能家居不仅具有传统的居住功能，兼备建筑、网络通信、信息家电、设备自动化，提供全方位的信息交互功能，可节约各种能源费用。

智能家居的概念起源很早，但一直未有具体的建筑案例出现，直到 1984 年美国联合科技公司将建筑设备信息化、整合化概念应用于美国康涅狄格州哈特佛市的 City Place Building 时，才出现了首栋智能型建筑，从此揭开了全世界争相建造智能家居的序幕。

一、智能家居的基本概念

数字智能家居，又称为智能家居或智能住宅。智能家居是以住宅为平台，兼备建筑、网络通信、信息家电、设备自动化，集系统、结构、服务和管理于一体的高效、舒适、安全、便利、环保的居住环境。智能家居是在家庭产品自动化、智能化的基础上，通过网络按拟人化的要求实现的。智能家居可以定义为一个过程或一个系统，利用先进的计算机技术、网络通信技术、综合布线技术和无线技术，将与家居生活有关的各种子系统有机地结合在一起。与普通家居相比，智能家居由原来的被动静止结构转变为具有能动智能的工具，提供全方位的信息交换功能，帮助家庭与外部保持信息交流畅通。智能家居强调人的主观能动性，要求重视人与居住环境的协调，能够随心所欲地控制室内居住环境。

应该注意，家居智能化与家居信息化、家居自动化、家庭网络化等有一定的区别。在住宅中为住户提供一个宽带上网接口，家居信息化的条件即已具备，但这还未达到家居智能化；电饭煲可定时烧饭煲汤，录像机可定时预录预定频道的电视节目，这些仅仅是家居自动化。信息化和自动化是家居智能化的前提条件，实现智能化还需对记录、判别、控制和反馈等过程进行处理，并将这些过程在一个平台实现集成，能按人们的需求实现远程自动控制。智能化应服务于人们的居家生活，因此应更全面、更富有人性化。

智能家居系统是未来住宅的中枢神经系统，让未来住宅开始有思想，为用户创造安全、舒适、方便、节能、智能、环保的科技居住环境。智能家居系统开创性地把家庭网络管理系统、家庭数字影院系统、背景音乐系统、安防监控门禁系统、家居灯光控制系统、电器智能控制系统、自动窗帘控制系统七大系统融为一体，可以用一键遥控、定时事件管理、一键场景、电话远程控制、互联网远程控制等多种智能控制方式实现智能管理与控制，让用户自由掌控住宅，享受数字科技生活。

二、智能家居国内发展现状

智能家居作为一个新兴产业，正处于一个导入期与成长期的临界点，市场消费观念还未形成，但随着智能家居市场推广普及的进一步落实，培育起消费者的使用习惯，智能家居市场的消费潜力必然是巨大的，产业前景光明。正因为如此，国内优秀的智能家居生产企业越来越重视对行业市场的研究，特别是对企业发展环境和用户需求趋势变化的深入研究，一大批国内优秀的智能家居品牌迅速崛起，逐渐成为智能家居产业中的翘楚。智能家居至今在我国已经历了二十多年的发展，从人们最初的梦想，到今天真实地走进我们的生活，经历了一个艰难的过程。

智能家居在我国的发展经历了四个阶段，分别是萌芽期、开创期、徘徊期和融合演变期。

（1）萌芽期（1994—1999年） 这是智能家居在我国的第一个发展阶段，整个行业还处在一个概念熟悉、产品认知的阶段。这时还没有出现专业的智能家居生产企业。

（2）开创期（2000—2005年） 国内先后成立了50多家智能家居研发生产企业，主要集中在深圳、上海、天津、北京、杭州和厦门等地。智能家居的市场营销、技术培训体系逐渐完善起来。此时，国外智能家居产品基本没有进入国内市场。

（3）徘徊期（2006—2010年） 2005年以后，上一阶段智能家居企业的野蛮成长和恶性竞争给智能家居行业带来了极大的负面影响，包括过分夸大智能家居的功能而实际上无法达到宣传效果，厂商只顾发展代理商却忽略了对代理商的培训和扶持导致代理商经营困难，产品不稳定导致用户高投诉率等。用户、媒体开始质疑智能家居的实际效果，市场销售也出现增长减缓甚至销售额下降的现象。2005—2007年，有20多家智能家居生产企业退出了这一市场，坚持下来的企业在这几年也经历了缩减规模的痛苦。正是在这一时期，国外的智能家居品牌却暗中布局进入了我国市场，而活跃在市场上的国外主要智能家居品牌都是这一时期进入我国市场的，如罗格朗、霍尼韦尔、施耐德等。国内部分企业也逐渐找到了自己的发展方向。

（4）融合演变期（2011年至今） 2011年以来，智能家居的放量增长说明智能家居行业进入了一个拐点，由徘徊期进入了新一轮的融合演变期。

在接下来的几年中，智能家居一方面进入一个相对快速的发展阶段，另一方面协议与技术标准开始主动互通和融合，行业并购现象开始出现甚至成为主流。

未来5～10年将是智能家居行业发展极为快速，但也是最不可捉摸的时期，由于住宅家庭成为各行业争夺的焦点市场，智能家居作为一个承接平台成为各方力量首先争夺的目标，国内将诞生多家年销售额上百亿元的智能家居企业。

三、数字智能家居系统（DHS）功能简述

1. DHS网络中心系统

利用无线路由器可实现多房间同时上网，计算机信息资源共享，计算机全宅智能管理，网络远程监控、操作和维护。

2. DHS数字影院系统

多房间共享家庭影音库，计算机影视资源共享，VCD、DVD音视频信号共享，有线、数字、卫星电视信号共享，实现全宅音视频电源开关、音视频播放源切换及音量调节；四路视频输入接口（VCD、DVD、安防摄像头等）均可提供视频输入，八路视频输出配置了网络监控及可视门铃，家里的每一台电视均可查看门口摄像头的视频监控图像。

3. DHS背景音乐系统

数字影院中心内置功放、MP3和FM调频立体声收音机功能，每个房间都可以独立听音乐、切换音源、自由开关、调节音量大小而互不干扰；四路立体声音源输入接口（计算机、CD、VCD、DVD、MP3、FM等）均可作为音源输入（其中第三路音源集成有MP3播放功能，可以播放MP3或U盘中的音乐；第四路音源为内部集成的FM调频收音机）；八路立体

声输出。

4. DHS 安防监控系统

该系统用于对家庭人身、财产等安全进行实时监控，发生入室盗窃、火灾、煤气泄漏以及紧急求助险情时，自动拨打用户设定的电话（最多八路号码），通过语音及时报告险情。它具有全部、局部本地及远程布撤防，远程监听功能，互联网远程实时动态摄像监控与监看功能，可视门铃智能化电视监控功能。

5. DHS 智能照明系统

该系统用于实现对全宅灯光的智能管理，可以用遥控等多种智能控制方式实现对全宅灯光的遥控开关，调光，（区域）全开全关及"会客、影院"等多种一键式灯光场景效果；并可用定时控制、电话远程控制、计算机本地及互联网远程控制等多种控制方式实现相关功能，达到智能照明的节能、环保、舒适、方便的功效。

6. DHS 电器控制系统

传统电器以个体形式存在，而智能电器控制系统是把所有能控制的电器组成一个管理系统，不但可以实现本地及异地红外家电的万能遥控，还可以用遥控、场景、定时、电话及互联网远程控制、计算机控制等多种控制方式实现电器的智能管理。

7. DHS 电动窗帘控制系统

该系统用于对家里的窗帘进行智能控制与管理，可以用遥控、定时等多种智能控制方式实现对全宅窗帘的开关、停止等控制，以及一键式场景效果的实现。

四、智能家居系统控制方式

1. 传统手动控制方式

保留智能住宅内所有灯及电器的原有手动开关、自带遥控等各种控制方式，无须进行改造，充分满足不同年龄、不同习惯的家庭成员及访客的操作需求，不会因为局部智能设备的临时故障导致无法控制的情况。

2. 智能无线遥控系统

用一个遥控器实现对所有灯光、电器及安防的各种智能遥控以及一键式场景控制，实现全宅灯光及电器的开关、临时定时等控制及各种编址操作。四路一键式情景模式，配合数字网络转发器，实现本地及异地万能遥控。

3. 一键情景控制系统

一键实现各种情景灯光及电器组合效果，可以用遥控器、智能开关或计算机等实现"回/离家、会客/影院、就餐、起夜"等多种一键控制功能。

4. 计算机全宅管理系统

可以通过自带的计算机软件实现对全宅灯光、电器、安防等系统的各种智能控制与管理，通过功能强大的计算机软件可以实现对整个数字住宅系统的本地及网络远程配置、监控、操作、维护以及系统备份与还原。用计算机可对灯光系统、电器系统、安防系统、音视频共享系统等各大系统的智能管理与监控。

5. 电话远程控制系统

可以实现用电话或手机进行远程控制以及安防系统的自动电话报警功能，无论用户在哪里，只要一个电话就可以随时实现对住宅内所有灯及各种电器的远程控制。离家时忘记关灯或电器，打个电话就可实现全关；回家前打个电话可以先把热水器起动、把空调打开。若配置了安防系统，当家里发生入室盗窃等险情时，安防系统会自动拨打预设的电话号码。

6. 互联网远程监控

可通过互联网实现远程监控、操作、维护以及系统备份与还原。通过用户授权，可以实现远程售后服务。无论在哪里，通过互联网可随时了解家里灯及电器的开关状态，包括远程控制；随时根据需求更改系统配置、定时管理事件，还可随时修改报警电话号码；若授权工程师服务人员，可以让他们协助远程售后服务。

7. 事件定时管理系统

可以个性化定义各种灯及电器的定时开关事件。一个事件管理模块总共可以设置多达87个事件，完全可以将每天、每月甚至一年的各种事件设置进去，充分满足用户的实际需求。可设置早上定时起床模式，晚上自动关窗帘模式，还有出差模式（模拟有人在家以防小偷）等。图7-3所示为智能家居系统原理图。

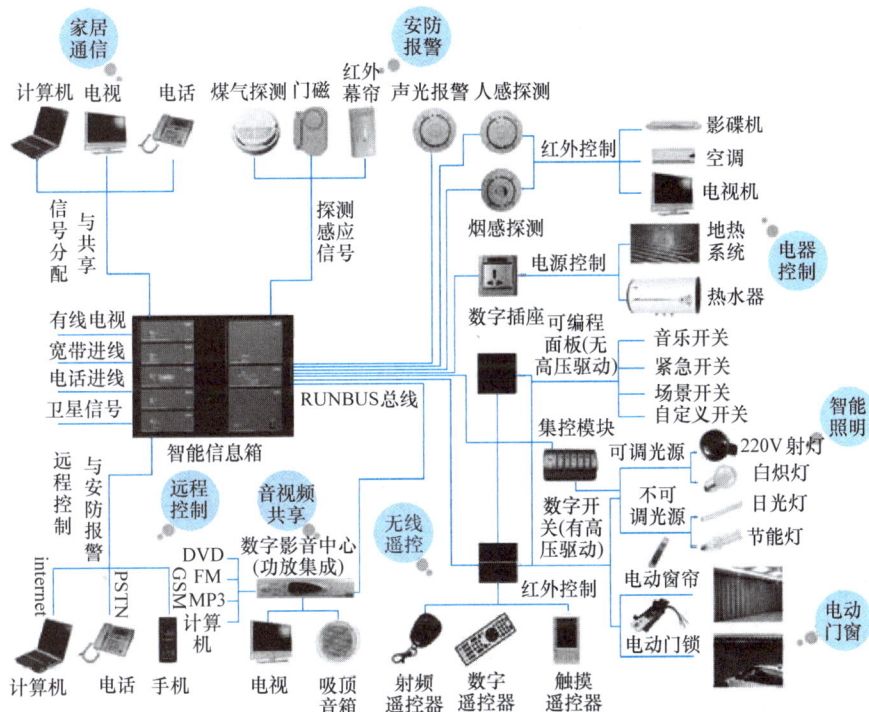

图7-3　智能家居系统原理图

第二节　智能仪器仪表

随着计算机技术和微电子技术的不断发展，仪器仪表技术也在不断地进步，相继诞生了个人计算机仪器、虚拟仪器等计算机化仪器及自动测试系统，现代电子技术的成就给传统的电子测量与仪器带来了巨大的冲击和革命性的影响。

一、智能仪器仪表概述

微处理器在20世纪70年代初期问世不久，就被引进电子测量与仪器领域，所占比例在各项计算机应用领域中名列前茅。在这之后，随着微处理器在体积小、功能强、价格低等方面的进一步发展，电子测量与仪器和计算机技术的结合更加紧密，形成了一种全新的微型计算机化仪器。由于含有微型计算机的电子仪器具有对数据的存储、运算、逻辑判断、自动化操作及与外界通信的功能，具有一定的智能作用，因而被称为智能仪器，以区别于传统的电子仪器。近年来，智能仪器已开始从较为成熟的数据处理向知识处理方面发展，并具有模糊判断、故障判断、容错技术、传感器融合和机件寿命预测等功能，使智能仪器向更高的层次发展。智能仪器一开始就显示出其强大的生命力，目前已成为仪器仪表发展的一个主导方向，并对自动控制、电子技术、国防工程、航天技术及科学试验等产生了极其深远的影响。

二、智能仪器仪表的结构

智能仪器仪表实际上是一个专用的微型计算机系统，其由硬件和软件两大部分组成。硬件部分主要包括主机电路、模拟量输入/输出通道、人机接口电路、通信接口电路。其中，主机电路用于存储程序、数据并进行一系列的运算和处理，其通常由微处理器、程序存储器、数据存储器及I/O接口电路等组成，或者它本身就是一个单片微型计算机；模拟量输入/输出通道用于输入/输出模拟信号，主要由A－D转换器、D－A转换器和有关的模拟信号处理电路等组成；人机接口电路的作用是沟通操作者和仪器之间的联系，主要由仪器面板中的键盘和显示器组成；通信接口电路用于实现仪器与计算机的联系，以便使仪器可以接收计算机的程控命令，目前生产的智能仪器一般都配有GP－IB等通信接口。

智能仪器仪表的软件分为监控程序和接口管理程序两部分。监控程序是面向仪器面板键盘和显示器的管理程序，其内容包括通过键盘输入命令和数据，以对仪器的功能、操作方式与工作参数进行设置；根据仪器设置的功能和工作方式，控制I/O接口电路进行数据采集、存储；按照仪器设置的参数，对采集的数据进行相关的处理；以数字、字符、图形等形式显示测量结果、数据处理的结果及仪器的状态信息。接口管理程序是面向通信接口的管理程序，其内容是接收并分析来自通信接口总线的远程命令，包括描述有关功能、操作方式与工作参数的代码；进行有关的数据采集与数据处理；通过通信接口输出仪器的测量结果、数据处理的结果及仪器的现行工作状态信息。

三、智能仪器仪表的主要特点

与传统的电子仪器相比较，智能仪器具有以下几个主要特点。

1）智能仪器使用键盘代替传统仪器中的旋钮式或琴键式切换开关，使仪器面板的布置和仪器内部有关部件的安排不再相互限制。智能仪器广泛使用键盘，使面板布置和仪器功能部件的安排可以完全独立地进行，明显改善了仪器前面板及有关功能部件结构的设计，这既有利于提高仪器技术指标，又方便了仪器的操作。

2）微处理器的运用极大地提高了仪器的性能。例如：传统的数字万用表只能测量电阻、交直流电压、电流等，而智能数字万用表不仅能进行上述测量，还能对测量结果进行诸如零点平移、平均值、极值、统计分析以及更加复杂的数据处理，使用户从繁重的数据处理中解放出来。目前，有些智能仪器还运用了专家系统计数，使仪器具有更深层次的分析能力，解决专家才能解决的问题。

3）智能仪器运用微处理器的控制功能，可以方便地实现量程自动转换、自动调零、触发电平自动调整、自动校准及自诊断等功能，改善了仪器的自动化测量水平。

4）智能仪器具有友好的人机对话能力，使用人员只需通过键盘输入命令，仪器就能实现某种测量和处理功能，同时智能仪器还通过显示器将仪器的运行状况、工作状态以及对测量数据的处理结果及时告诉用户，使人机之间的联系非常密切。

5）智能仪器一般配有 GP－IB 或 RS－232 等通信接口，使智能仪器具有可程控操作的能力，从而可以很方便地与计算机和其他仪器一起组成用户所需的多种功能的自动测量系统，以完成更复杂的测试任务。

20 世纪 70 年代以来，随着微电子技术和微型计算机的快速发展，电子仪器的整体水平发生了很大变化，先后出现了独立式智能仪器、GP－IB 自动测试系统及插卡式智能仪器。在此基础上又出现了 VXI 总线仪器、虚拟仪器。这些技术的出现改变了并将继续改变电子测量与仪器领域的发展，使之朝着智能化、自动化、小型化、模块化和开放式系统的方向发展。

四、智能仪器仪表的应用

1. 在仪器仪表结构、性能改进中的应用

首先，智能自动化技术为仪器仪表与测量在相关领域的应用开辟了广阔的前景。智能化软硬件使每台仪器或仪表能随时准确地分析、处理当前和以前的数据信息，恰当地从低、中、高不同层次上对测量过程进行抽象，以提高现有测量系统的性能和效率，扩展传统测量系统的功能，如运用神经网络、遗传算法、进化计算和混沌控制等智能技术，使仪器仪表实现高速、高效、多功能以及机动灵活等性能。

其次，可在分散系统的不同仪器仪表中采用微处理器、微控制器等微型芯片技术，设计模糊控制程序，设置各种测量数据的临界值，运用模糊推理技术，对事物的各种模糊关系进行各种类型的模糊决策。它的优势在于不必建立被控对象的数学模型，也不需大量的测试数据，只须根据经验总结合适的控制规则，应用芯片的离线计算、现场调试，按用户的需要和精确度产生准确的分析和准时的控制动作。

在传感器测量中，智能自动化技术的应用极为广泛。用软件实现信号滤波，如快速傅里叶变换、短时傅里叶变换及小波变换等技术，是简化硬件、提高信噪比、改善传感器动态特性的有效途径，但需要确定传感器的动态数学模型，而且高阶滤波器的实时性较差。

2. 在虚拟仪器的结构设计中的应用

在仪器仪表的结构设计中，仪器厂家过去都是以源代码形式向用户提供智能虚拟仪器，即插即用的仪器驱动器，为了简化最终用户的操作与开发过程，不断提高运行效率、编程质量和编程灵活性，相关仪器厂家在 VXI 即插即用的总线仪器驱动器标准的基础上做出了一套新的智能化仪器的驱动软件规范，在虚拟仪器的结构与性能上进行了多方面的改进。

由于虚拟仪器采用了一系列智能自动化手段，彻底改变了以往 VXI 总线即插即用标准仪器驱动器的运行效率低，编程的结构、风格不一致，编程困难，质量低，工作量大，使用、维护麻烦等一系列缺陷，实现了在高效、高质量、安全可靠、使用方便灵活的条件下的统一运行，显示出智能自动化技术对虚拟仪器以及整个仪器仪表工业高速发展的深远影响。

3. 在仪器仪表网络化中的应用

网络化的智能测量环境将网上各种类型、不同任务的计算机和仪器仪表有机地联系在一起，完成各种形式的任务要求，如在某地采集数据后送往需要这些数据的地方，把相同数据按需复制多份，送往各需要部门；或者定期将测量结果送往远方数据库保存，供需要时随时调用。而多个用户可同时对同一过程进行监控，如各部门工程技术人员、质量监控人员以及

主管领导人员可同时分别在相距遥远的各地监测、控制同一生产、运输过程，不必亲临现场而又能及时收集各方面数据，进行决策或建立数据库，分析现象规律，一旦发生问题，可立即展现眼前或重新配置，或即时商讨决策，采取相应措施。

智能仪器仪表是计算机科学、电子学、数字信号处理、人工智能等新兴技术与传统的仪器仪表技术的结合。作为智能仪器核心部件的单片机技术是推动智能仪器仪表向小型化、多功能化、人工智能化方向发展的动力。可以预见，在不久的将来，各种智能仪器仪表会应用于社会的各个领域。

第三节　智能汽车

智能汽车是一个集环境感知、规划决策、多等级辅助驾驶等功能于一体的综合系统。它集中运用了计算机、现代传感、信息融合、通信、人工智能及自动控制等技术，是典型的高新技术综合体。目前对智能汽车的研究主要致力于提高汽车的安全性、舒适性以及提供优良的人车交互界面。近年来，智能汽车已经成为世界车辆工程领域研究的热点和汽车工业增长的新动力，很多发达国家都将其纳入各自重点发展的智能交通系统当中。

智能汽车与自动驾驶有所不同，它指的是利用多种传感器和智能公路技术实现的汽车自动驾驶。智能汽车有一套导航信息资料库，存有全国高速公路、普通公路、城市道路以及各种服务设施（餐饮、旅馆、加油站、景点和停车场）的信息资料；具有全球定位系统（GPS），利用这个系统精确定位车辆所在的位置，与道路资料库中的数据相比较，确定行驶方向；具有道路状况信息系统，由交通管理中心提供实时的前方道路状况信息，如堵车、事故等，必要时及时改变行驶路线；具有车辆防碰系统，包括探测雷达、信息处理系统和驾驶控制系统，可控制与其他车辆的距离，在探测到障碍物时及时减速或制动，并把信息传给指挥中心和其他车辆；具有紧急报警系统，如果出现事故，自动报告指挥中心进行救援；具有无线通信系统，用于汽车与指挥中心的联络；具有自动驾驶系统，用于控制汽车起动、改变速度和转向等。图7-4所示为智能汽车与车联网。

图7-4　智能汽车与车联网

目前，智能汽车较为成熟的和可预期的功能和系统主要包括智能驾驶系统、生活服务系统、安全防护系统、位置服务系统以及用车服务系统等，各个参与企业也主要是围绕上述功能系统进行发展的。这其中，各个系统实际上又包括一些细分的系统和功能，如智能驾驶系统就是一个大的概念，也是一个最复杂的系统，其包括智能传感系统、智能计算机系统、辅助驾驶系统和智能公交系统等；生活服务系统包括影音娱乐、信息查询以及各类生物服务等功能；位置服务系统除了能提供准确的车辆定位功能外，还能让一辆汽车与另外的汽车实现自动位置互通，实现约定目标的行驶目的。

有了这些系统，相当于给汽车装上了"眼睛""大脑"和"脚"，它们都包括非常复杂的计算机程序，所以智能汽车能和人一样"思考""判断""行走"，可以自动起动、加速、制动，可以自动绕过地面障碍物。在复杂多变的情况下，它的"大脑"能随机应变，自动选择最佳方案，正常、顺利地行驶。

一、无人驾驶技术

不少国家正在开发无人驾驶技术。无人驾驶汽车并非科幻电影中的道具，英国 2010 年就在部分机场投放了这种汽车。在不久的将来，英国政府将修建专门的无人驾驶汽车公路，或者在一般公路上开辟无人驾驶汽车快速通道。有专家表示，在解决城市交通问题上，无人驾驶汽车因不用驾驶人而成本更低，而且这些汽车采用电力驱动，更加环保。无人驾驶汽车可以和城市交通指挥中心联网，选择最好的路线，有效避免塞车。

1. 无人驾驶关键技术

无人驾驶汽车开发的关键技术主要有两个方面：车辆定位技术和车辆控制技术。这两方面技术共同构成了无人驾驶汽车的基础。

（1）车辆定位技术　目前车辆定位常用的技术包括磁导航和视觉导航等。

（2）车辆控制技术　目前车辆控制常用的方法是经典的智能 PD 算法，如模糊 PD、神经网络 PD 等。

除以上两个方面，无人驾驶汽车作为智能交通系统的一部分，还需要一些其他相关技术的支持，如车辆调度系统、通信系统和人机交互系统等。

2. 无人驾驶相关技术

（1）防抱死制动系统　该系统可以监控轮胎情况，了解轮胎何时即将锁死，并及时做出反应，而且反应时机比驾驶人把握得更加准确。防抱死制动系统是引领汽车工业朝无人驾驶方向发展的早期技术之一。

（2）牵引和稳定控制系统　牵引和稳定控制系统非常复杂，各系统会协调工作，防止车辆失控。

（3）自动泊车系统　自动泊车系统是无人驾驶技术的另一大成就。通过该系统，车辆可以像驾驶人那样观察周围环境，及时做出反应并安全地从 A 点行驶到 B 点。

（4）雷达　一般汽车都已经配备了雷达，可检测附近物体，在保险杠旁安装有传感装置，当检测到障碍物出现在汽车盲点时发出警告。

（5）车道保持　安装在风窗玻璃上的照相机可识别车道标志线。如果汽车意外离开当前的车道，方向盘会通过短暂振动提醒驾驶者。

（6）激光雷达　某科技公司采用 Velodyne 公司的车顶光探测和测距系统，包括 64 束激光，以 $900r/min$ 的速度向上发射，形成点云，赋予汽车 $360°$ 视野。

（7）红外照相机　一般夜视辅助系统的两盏前照灯向前方道路发射不可见的红外光，安装在风窗玻璃上的照相机监测红外信号，将标注出危险区域的图像显示到仪表盘上。

（8）立体视觉　某概念车用两台安装在风窗玻璃上的照相机构成前方道路的实时 3D 图像，可发现潜在危险（如行人、自行车），并预计其走向。

（9）GPS　自动驾驶的汽车必须知道自己开往何处。某科技公司结合 Applanix 的定位系统、电子地图和 GPS 判断汽车方位。

（10）车轮计速　安装在车轮上的传感器通过转速测量汽车行驶的速度。

3. 当今主要无人驾驶汽车举例

（1）英国版　在英国伦敦希斯罗机场可以看见无人驾驶汽车"优尔特拉"自动驶离并抵达车站的场景。一辆辆汽车鱼贯而出，几乎毫无噪声，一切都井然有序。

这种汽车由英国的先进交通系统公司和布里斯托大学联合研制，并于 2010 年投放希斯罗机场作为出租车运送旅客。这种汽车让公共汽车变成一种过时的交通工具。它的独立舱没有驾驶人，只有一个装在墙上的按钮，按钮旁边写着"开始"。

如图 7-5 所示，该无人驾驶汽车形状似气泡，看起来就像一艘外星飞船。它依靠电池产生动力，而且乘客可以通过触摸屏来选择目的地。它的速度可达 40km/h，而且会自动沿着狭长的道路系统行驶。一旦乘客选择好了目的地，控制系统会记录下要求，并向汽车发送一条信息。随后汽车会遵循一条电子传感路径前进。在行驶期间，乘客可以按下一个按钮和控制人员通话。

（2）法国版　法国国家信息与自动化研究所（INRIA）花费十年心血研制出"赛卡博"（Cycab）无人驾驶汽车，外形看起来像高尔夫球车，如图 7-6 所示。

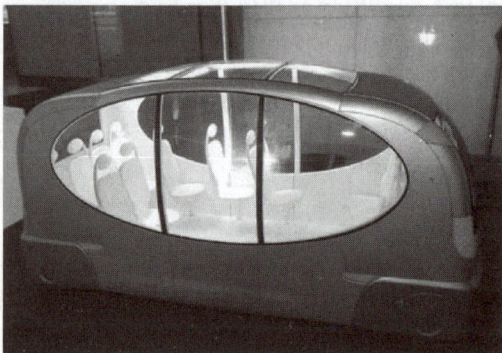

图 7-5　英国版无人驾驶汽车

图 7-6　法国版无人驾驶汽车

该车使用类似于给巡航导弹制导的全球定位技术，通过触摸屏设定路线。只不过它的全球定位系统要比普通的全球定位系统功能强大许多。普通全球定位系统的精度只能达到几米，而"赛卡博"却装备了名为"实时运动 GPS"的特殊全球定位系统，其精度高达 1cm。这款无人驾驶汽车装有充当"眼睛"的激光传感器，能够避开前进道路上的障碍物。它还装有双镜头的摄像头，可以按照路标行驶。人们甚至可以通过手机控制驾驶，每一辆车都能通过互联网来进行通信，这意味着无人驾驶汽车之间能够做到信息共享，多辆车能够组成车队，以很小的间隔顺序行驶。该车也能通过交通网络获取实时交通信息，防止交通阻塞的发生。在行驶过程中，该车还会自动发出警告，提醒过往行人注意。

（3）德国版　德国汉堡一家公司应用先进的激光传感技术，把无人驾驶汽车变成了现实。这辆无人驾驶智能汽车名为"路克斯"（Lux），由普通轿车改装而成，可以在错综复杂的城市公路系统中无人驾驶，如图 7-7 所示。它安装有无人驾驶设备，包括激光摄像机、全球定位仪和计算机等。

在行驶过程中，车内安装的全球定位仪将随时获取汽车所在的准确方位，隐藏在前照灯和尾灯附近的激光摄像机随时探测汽车周围180m内的道路状况，并通过全球定位仪路面导航系统构建三维道路模型。此外，它还能识别各种交通标志，保证汽车在遵守交通规则的前提下安全行驶。安装在汽车后备箱内的计算机将汇总、分析两组数据，并根据结果向汽车传达相应的行驶命令。

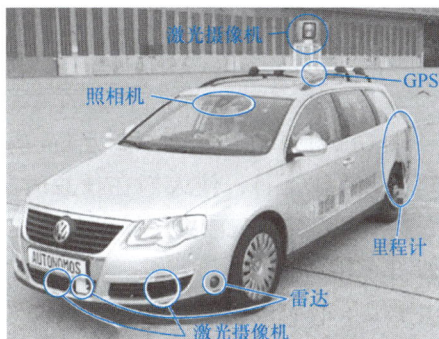

图 7-7 德国版无人驾驶汽车

激光摄像机能够探测路标并实现自行驾驶：如果前方突然出现汽车，它会自动制动；如果路面畅通无阻，它会选择加速；如果有行人进入车道，它也能紧急制动。此外，它也会自行绕过停靠的其他车辆。

二、汽车导航技术

1. 基本组成

汽车的导航系统由两部分组成：一部分是安装在汽车上的 GPS 接收装置和显示设备，另一部分是计算机控制中心，两部分通过定位卫星进行联系。计算机控制中心是由机动车管理部门授权和组建的，它负责随时观察辖区内指定汽车的动态和交通情况。GPS 导航示意图如图 7-8 所示。

2. 基本功能

汽车导航系统有两大功能，一个是汽车踪迹监控功能。只要将已编码的 GPS 接收装置安装在汽车上，该汽车无论行驶到任何地方都可以通过计算机控制中心在电子地图上指示出它的位置。图 7-9 所示为汽车导航系统框图。

图 7-8 GPS 导航示意图

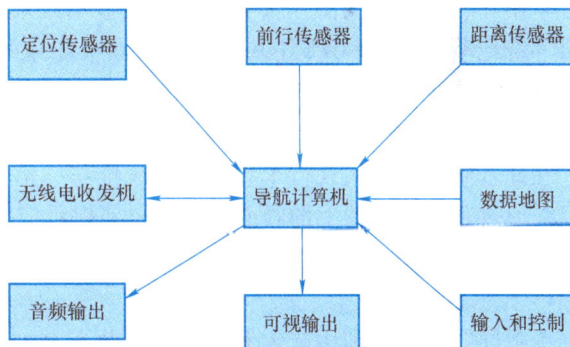

图 7-9 汽车导航系统框图

另一个是驾驶指南功能，车主可以将各个地区的交通线路电子图存储在存储介质上，只要在汽车上的接收装置中插入存储介质，显示屏上就会立即显示出该车所在地区的位置及目前的交通状态，既可输入要去的目的地，预先编制出最佳行驶路线，又可接受计算机控制中心的指令，选择汽车行驶的路线和方向。导航系统的显示屏是一个地图画面，输入目的地后，一个红色的箭头指示汽车要走的方向。接下来，导航系统的地图变成了立体地图，让人一目了然，到了该转弯的时候，会有声音提醒。新导航系统更加先进，在停车场行走的时候可以告诉驾驶人哪里有停车位；前面的行车路线哪里堵车，堵车有多远，如果改变路线的话应该走哪条路等。

3. 工作原理

24 颗 GPS 卫星在离地面 1.2 万 km 的高空上，以 12h 的周期环绕地球运行，使人们在任意时刻、在地面上的任意一点都可以同时观测到 4 颗以上的卫星。GPS 卫星示意图如图 7-10 所示。

由于卫星的位置精确可知，在 GPS 观测中，人们可得到卫星到接收机的距离，利用三维坐标中的距离公式，利用 3 颗卫星可以组成 3 个方程式，即可解出观测点的位置坐标 (X, Y, Z)。考虑卫星的时钟与接收机时钟之间的误差，实际上有 4 个未知数，X、Y、Z 和钟差，因而需要引入第 4 颗卫星，形成 4 个方程式进行求解，从而得到观测点的经纬度和高程。

图 7-10　GPS 卫星示意图

事实上，接收机往往可以锁住 4 颗以上的卫星，这时接收机可按卫星的星座分布将其分成若干组，每组 4 颗，然后通过算法挑选出误差最小的一组用作定位，从而提高精度。

由于卫星运行轨道、卫星时钟存在误差，大气对流层、电离层对信号的影响，以及人为的保护政策，使得民用 GPS 的定位精度只有 100m。为提高定位精度，普遍采用差分 GPS（DGPS）技术，建立基准站（差分台）进行 GPS 观测，利用已知的基准站精确坐标，与观测值进行比较，从而得出一修正数，并对外发布。接收机收到该修正数后，与自身的观测值进行比较，消去大部分误差，得到一个比较准确的位置。试验表明，利用差分 GPS，定位精度可提高到 5m。

车用导航系统主要由导航主机和导航显示终端两部分构成。内置的 GPS 天线会接收到来自环绕地球的 24 颗 GPS 卫星中至少 3 颗所传递的数据信息，由此测定汽车当前所处的位置。导航主机通过 GPS 卫星信号确定的位置坐标与电子地图数据相匹配，便可确定汽车在电子地图中的准确位置。

在此基础上，可实现行车导航、路线推荐、信息查询、播放 AV/TV 等多种功能。驾驶人只需通过观看显示器上的画面、收听语音提示或操纵手中的遥控器即可实现上述功能，从而轻松自如地驾车。

4. 具体应用

车载导航系统可利用蓝牙无线技术接收车载 GPS 传送过来的信号。车载导航系统只需要接收和处理卫星信号，显示装置则负责地图的存储和位置的重叠。所以，如果用户已经有了掌上计算机，只需要购买一个信号接收器和成图软件就可以了，掌上计算机就做到了一机多用。其实，很多手机已经具备了 GPS 的功能，若是加上地图的重叠功能，就可以变成一套移动导航系统。

车载导航系统除了可以用来指路导航之外，还可以发展出许多其他的用途，如用来寻找附近的加油站、自动取款机、酒店或超市等，有的还可以告诉用户如何避免危险地区或是交通堵塞。

大多数的车载导航系统利用视觉显示系统作为人机交流的接口，有些则提供语音系统，让人们直接与导航系统对话，用语音来提醒驾驶人何时该转弯，何时该驶出高速公路。有的还可以为用户提供一个行经路线的地图，以便回程之用，或是走错路需要倒回去。

有的车载导航系统还可以有不同的语言显示。有的还可以告诉用户当地的限速、路况和车辆行驶的平均速度，为用户估计到达目的地的时间。

5. 主流产品

Ahada（艾航达）公司是 GPS 卫星导航便携式设备供应商，产品线涉及便携式导航、GPS 手机导航及个人手持导航装置等全系列 GPS 便携产品。

国内上线的首款产品为 Ahada N310，是为商务精英和白领女性量身定做的 GPS 导航仪机型。

Ahada 产品的核心功能如下。

（1）地图查询

1）可以在操作终端上搜索用户要去的目的地位置。

2）记录用户经常去的地方的位置信息，并保留下来，可以和别人共享这些位置信息。

3）模糊地查询用户附近或某个位置附近的加油站、宾馆、自动取款机等信息。

（2）路线规划

1）GPS 导航系统会根据用户设定的起始点和目的地，自动规划一条线路。

2）规划线路可以设定是否要经过某些途径点。

3）规划线路可以设定是否避开高速公路等功能。

（3）自动导航

1）语音导航。用语音提前向驾驶人提供路口转向、导航系统状况等行车信息，其最大的优点就是可使用户无须观看操作终端，通过语音提示就可以安全到达目的地。

2）画面导航。在操作终端上会显示地图、车辆位置、行车速度、离目的地的距离、规划的路线提示以及路口转向提示等行车信息。

3）重新规划线路。当用户没有按规划的线路行驶或走错路口时，GPS 导航系统会根据当前位置为用户重新规划一条新的线路。

三、新能源汽车技术

新能源汽车是指采用非常规车用燃料作为动力来源（或使用常规车用燃料、采用新型车载动力装置），综合车辆的动力控制和驱动方面的先进技术，形成的原理先进、具有新技术、新结构的汽车。

新能源汽车包括燃气汽车（液化天然气、压缩天然气）、燃料电池电动汽车（FCEV）、纯电动汽车（BEV）、液化石油气汽车、氢能源动力汽车、混合动力汽车（油气混合、油电混合）、太阳能汽车和其他新能源（如高效蓄能器）汽车等，其废气排放量比较低。

1. 太阳能汽车

（1）产品特色 太阳能汽车以光电代油，可节约有限的石油资源。白天，太阳电池把光能转换为电能自动存储在动力蓄电池中；晚间，可以利用低谷电（220V）充电。

因为不用燃油，太阳能汽车不会排放污染大气的有害气体；没有内燃机，太阳能汽车在行驶时听不到燃油汽车内燃机的轰鸣声。

实用型太阳能汽车除行驶速度远低于燃油汽车外，还是有诸多优势的。

1）太阳能汽车耗能少，只需采用 $3 \sim 4m^2$ 的太阳电池组件便可使太阳能汽车行驶起来。

燃油汽车在能量转换过程中要遵守卡诺循环规律做功，热效率比较低，只有 1/3 左右的能量消耗在推动车辆前进上，其余 2/3 左右的能量损失在发动机和驱动链上；而太阳能汽车的热量转换不受卡诺循环规律的限制，有 90% 的能量可用于推动车辆前进。

2）太阳能汽车易于驾驶。太阳能汽车无须电子点火，只需踩踏加速踏板便可起动，利用控制器使车速变化；不需换档、踩离合器，简化了驾驶的复杂性，避免了因操作失误而造成的事故隐患。另外，太阳能汽车采用创新前桥和转向系统，前后独立悬架，可从 30km/h 迅速制动停车，制动距离不超过 7.3m。

3）由于太阳能汽车结构简单，除了需定期更换蓄电池以外，基本上不需日常保养，省去了传统汽车必须经常更换机油、添加冷却液等定期保养的烦恼。它小巧的车身使转向更加灵活，可以轻而易举地将车泊入拥挤不堪的都市停车场。

4）在都市行车，为了等候交通信号灯，必须不断地停车和起动，既造成了大量的能源浪费，又加重了空气污染；太阳能汽车减速停车时，可以不让电动机空转，大大提高了能源使用效率，减少了空气污染。

5）太阳能汽车没有内燃机、离合器、变速器、传动轴、散热器及排气管等零部件，结构简单，制造难度低。

（2）工作原理　太阳一刻不停地发出大量的光和热，是取之不尽、用之不竭的能源。将太阳光变成电能，是利用太阳能的一条重要途径。人们早在 20 世纪 50 年代就制成了第一个太阳电池。将太阳电池装在汽车上，可用它将太阳光不断地变成电能，使汽车开动起来。这种汽车就是太阳能汽车。

在太阳能汽车上装有密密麻麻像蜂窝一样的装置，它就是太阳电池板。平常人们看到的人造卫星上的金属翅膀，也是一种供卫星用电的太阳电池板。

太阳电池依据所用半导体材料不同，通常可分为硅电池、硫化镉电池和砷化镓电池等，其中最常用的是硅电池。

硅电池有圆形的、半圆形的和长方形的。在电池上有像纸一样薄的小硅片，在硅片的一面均匀地掺入硼，另一面掺入磷，并在硅片的两面装上电极，它就能将太阳能转变成电能。

在太阳能汽车顶上安装太阳电池板，板上整齐地排列着许多太阳电池。这些太阳电池在阳光的照射下，电极之间产生电动势，然后通过连接两个电极的导线，就会有电流输出。

通常，硅电池能把 10%～15% 的太阳能转变成电能。它既使用方便、经久耐用，又很干净、不污染环境，是一种理想的电源，只是光电转换率小了一些。美国已研制成光电转换率达 35% 的高性能太阳电池。澳大利亚用激光技术制成的太阳电池的光电转换率达 24.2%，而且成本与柴油发电相当。这些都为太阳电池在汽车上的应用开辟了广阔的前景。

2. 纯电动汽车

当前中国的纯电动汽车产量依然处于相对较低的水平。然而，随着国家政策的推进，中国的纯电动汽车行业将会呈现迅速发展的态势。车身轻量化、动力清洁化和充换电方式便捷化将是未来纯电动汽车的发展趋势。世界各国著名的汽车厂商也在加紧研制纯电动汽车，取得了一定的进展和突破。

（1）纯电动汽车的核心技术　发展纯电动汽车必须解决好四个方面的关键技术：电池技术、电动机及驱动技术、纯电动汽车整车技术以及能量管理技术。

1）电池是纯电动汽车的动力源泉，也是一直制约纯电动汽车发展的关键因素。纯电动汽车用电池的主要性能指标是比能量、能量密度、比功率、循环寿命和成本等。要使纯电动汽车能与燃油汽车相竞争，关键是要开发出比能量高、比功率大、使用寿命长的高效电池。

到目前为止，纯电动汽车用电池经过了三代的发展，已取得突破性的进展。第 1 代是铅酸电池，目前主要是阀控铅酸电池，由于其比能量较高、价格低以及能高倍率放电，因此它是目前唯一能大批大量生产的电动汽车用电池。第 2 代是碱性电池，主要有镍镉、镍氢、钠硫、锂离子和锌空气等多种类型，其比能量和比功率都比铅酸电池高，因此大大提高了纯电动汽车的动力性能和续航里程，但其价格比铅酸电池高。第 3 代是燃料电池，燃料电池直接将燃料的化学能转变为电能，能量转变效率高，比能量和比功率都高，并且可以控制反应过程，能量转化过程可以连续进行，是理想的汽车用电池，但目前还处于研制阶段，一些关键技术还有待突破。

2）电动机及驱动系统是纯电动汽车的关键部件，要使纯电动汽车有良好的使用性能，驱动电动机应具有调速范围宽、转速高、起动转矩大、体积小、质量小、效率高、动态制动强和有能量回馈等特性。目前，纯电动汽车用电动机主要有直流电动机、异步电动机、永磁无刷电动机和开关磁阻电动机等。

近几年来，由异步电动机驱动的纯电动汽车几乎都采用矢量控制和直接转矩控制。由于直接转矩的控制手段直接、结构简单、控制性能优良和动态响应迅速，因此非常适合电动汽车的控制。美国以及欧洲研制的电动汽车多采用这种电动机。永磁无刷电动机可以分为由方波驱动的无刷直流电动机系统和由正弦波驱动的无刷直流电动机系统，其都具有较高的功率密度，其控制方式与异步电动机基本相同，因此在电动汽车上得到了广泛的应用。无刷直流电动机具有较高的能量密度和效率，其体积小、惯性低、响应快，非常适应于电动汽车的驱动系统，有极好的应用前景。目前，由日本研制的电动汽车主要采用这种电动机。

开关磁阻电动机具有简单可靠、可在较宽转速和转矩范围内高效运行、控制灵活、可四象限运行、响应速度快和成本较低等优点。实际应用发现，这种电动机存在转矩波动大、噪声大、需要位置检测器等缺点，应用受到了限制。

随着电动机及驱动系统的发展，控制系统趋于智能化和数字化，变结构控制、模糊控制、神经网络、自适应控制、专家控制和遗传算法等非线性智能控制技术将分别或结合应用于纯电动汽车的电动机控制系统。

3）电动汽车是高科技综合性产品，除电池、电动机外，车体本身也包含很多高新技术，有些节能措施比提高电池储能能力还易于实现。采用轻质材料（如镁、铝、优质钢材及复合材料），优化结构，可使汽车自身质量减小 30% ~ 50%，实现制动、下坡和怠速时的能量回收；采用高弹滞材料制成的高气压子午线轮胎，可使汽车的滚动阻力减少 50%；汽车车身特别是汽车底部更加流线型化，可使汽车的气阻力减少50%。图 7-11 所示为纯电动汽车原理图。

图 7-11　纯电动汽车原理图

4）蓄电池是纯电动汽车的储能动力源。纯电动汽车要获得好的动力特性，必须具有比能量高、使用寿命长、比功率大的蓄电池作为动力源。而要使纯电动汽车具有良好的工作性能，必须对蓄电池进行系统管理。

能量管理系统是纯电动汽车的智能核心。一辆设计优良的纯电动汽车除了有良好的力学性能、电驱动性能以及选择适当的能量源外，还应该有一套协调各个功能部分工作的能量管理系统。它的作用是检测单个电池或电池组的荷电状态，并根据各种传感信息，包括力、加减速命令、行驶路况、蓄电池工况和环境温度等，合理地调配和使用有限的车载能量；能够根据电池组的使用情况和充放电历史选择最佳充电方式，以尽可能延长电池的寿命。图 7-12 所示为纯电动汽车在充电。

图 7-12　纯电动汽车在充电

世界各大汽车制造商的研究机构都在进行纯电动汽车能量管理系统的研究与开发。纯电动汽车电池当前存有多少电能，还能行驶多少公里，是纯电动汽车行驶中的重要参数，也是纯电动汽车能量管理系统应该完成的重要功能。应用纯电动汽车能量管理系统可以更加准确地设计电能储存系统，确定最佳的能量存储及管理结构，并且可以提高纯电动汽车本身的性能。

在电动汽车上实现能量管理的难点在于，如何根据所采集的每块电池的电压、温度和充放电电流的历史数据来建立一个确定每块电池剩余多少能量的较精确的数学模型。

（2）纯电动汽车的优点

1）无污染、噪声小。纯电动汽车无内燃机汽车工作时产生的废气，不产生排气污染，对环境保护和空气的洁净是十分有益的，几乎是"零污染"。

2）使用单一的电能源。相对于混合动力汽车和燃料电池汽车，纯电动汽车以电动机代替内燃机，噪声小、无污染，电动机、油料及传动系统少占的空间和自重可用于补偿电池的需求。因为使用单一的电能源，电控系统相比混合电动车大为简化，降低了成本，也可补偿电池的部分价格。

3）结构简单，维修方便。纯电动汽车较内燃机汽车结构简单，运转、传动部件少，维修保养工作量小。当采用交流异步电动机时，电动机无须保养维护。

4）能量转换效率高，可同时回收制动、下坡时的能量，提高能量的利用效率。

5）平抑电网的峰谷差。可在夜间利用电网的廉价"谷电"进行充电，起到平抑电网峰谷差的作用。电动汽车的应用可有效地减少对石油资源的依赖。向蓄电池充电的电力可以由煤炭、天然气、水力、核能、太阳能、风力、潮汐等能源转化。除此之外，在夜间充电可以避开用电高峰，有利于电网均衡负荷，减少费用。

3. 空气动力汽车（图 7-13）

空气动力汽车使用高压压缩空气作为动力源，空气作为介质，在汽车运行时通过动力装置把压缩空气存储的压力能转化为汽车的动能。以液态空气或液氮吸热膨胀做功为动力的汽车也属于此范畴。空气动力汽车的原理与传统汽车的原理基本相同，主要差别在于汽车的动力源不同，其发动机结构形式有往复活塞和起动马达等类型。

压缩空气动力系统的原理图如图 7-14 所示，储存在储气罐中的高压压缩空气经过压力调节器减至工作压力，通过热交换器吸热升温后，由配气系统控制进入空气动力发动机进行能量转换，把压力能转换为机械能。通过改变空气动力发动机的气体压力值，可以控制发动机的动力特性。

图 7-13　空气动力汽车

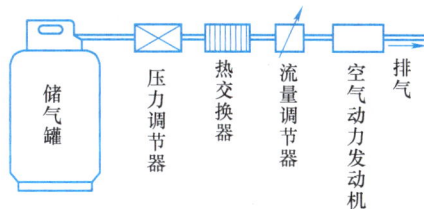

图 7-14　压缩空气动力系统的原理图

据美国媒体报道，能源问题与环保问题是一直以来困扰全球汽车行业的最严峻的两大问题。为此，各家车厂也是"八仙过海，各显神通"，各种概念层出不穷。在大多数车厂力争尽早把电动车投入市场时，美国一家汽车公司却正在生产空气动力汽车，这种车只需要靠压缩空气就能获得能量来源。

美国 ZPM（Zero Pollution Motors，零排放汽车）公司已于 2011 年将空气动力汽车投放美国市场，这种汽车通过压缩空气和一个小型的常规引擎来提供动力。ZPM 公司首席执行官施瓦·文卡特说，公司的最终目标是把空气动力汽车的价格控制在 18000～20000 美元之间，在低速行驶时废气零排放。

空气动力汽车技术在世界其他国家正加速发展。2012 年 3 月，法国 MDI 公司在瑞士日内瓦国际车展上展示了一辆空气动力汽车 Airpod。Airpod 是一款外形酷似甲壳虫的三轮汽车，Airpod 前后各有一个向上开启的玻璃门，两排座位背靠背，前排有一个座位，后排有两个座位。Airpod 是一款只能在城市行驶的车辆，是世界上最小的三座车辆，但也可乘坐三名成人和一名儿童。它用压缩空气驱动，完全是零排放、零污染的洁净汽车。同年 3 月，新版空气动力汽车在阿姆斯特丹的史基浦机场接受法国航空 – 荷兰皇家航空公司的测试，它们将在未来代替庞大的服务电动车队。在北京举办的第 15 届科博会上，展出了一台空气动力大巴车（图 7-15）。这款车功率可以达到 240kW，最高时速为 140km/h，续航里程为 200km，排量为 6L。整车配备了 6 速变速器，有 53 个座位，质量达到 16800kg。

图 7-15　空气动力大巴车

四、飞行汽车

飞行汽车可以在空中飞行，也可以在陆地上行驶（图7-16）。世界首辆飞行汽车于2009年3月初在美国实现了首飞，降落后只需按一个按钮就可将机翼折叠，驶上高速公路。2010年7月6日，美国Terrafugia公司制造的陆空两用变形车被美国航空主管部门允许投入商业生产。

图7-16 飞行汽车

1. 系统研制

进入20世纪90年代之后，为使飞行汽车真正实现实用化，一些专家致力于折叠式飞行汽车的研制。

首创这一技术的是美国加利福尼亚空中客车技术设计和发展公司的工程师肯尼思·韦尼克，他研制出车翼和螺旋桨叶可折叠的飞行汽车。将车翼折叠在车身上，就能像汽车一样在公路上行驶；展开车翼后，即可升空飞行。车上设四个座位，飞行时速可达660km/h，飞行高度为5000m，航程为160km。停放时，将车翼和螺旋桨叶折叠起来，只占一辆家用小汽车的位置，从而为飞行汽车走出试验场开启了大门。这辆飞行汽车更像一辆封闭式的摩托车而不怎么像汽车，它的机械-液压系统使其能斜着转弯。

2. 成功案例

（1）Avrocar（图7-17） 这是第一辆专为军用设计的飞行汽车（直升汽车），是加拿大和英国军方合作的产物。

（2）AirCar（图7-18） 它有四个座位、四个门和四个车轮，只需数秒就能将巨大的机翼折叠起来；在空中模式下，这个柴油动力飞机能以200mile/h（约321km/h）速度巡航在25000ft（7620m）的高空中。在它的内部有两个液晶计算机显示屏可适当显示空中模式和陆地模式的驾驶信息。驾驶者在陆地模式和空中模式下可以使用传统的方向盘进行操控。

图7-17 Avrocar

图7-18 AirCar

（3）我国的飞行汽车 2011年9月底，国内首辆飞行汽车（图7-19）问世，并已量产。

该飞行汽车的头部为扁圆弧形，头部两侧装有LED灯，顶部和尾部装有旋翼，底盘安装有四个车轮，内部可容纳两人乘坐。工作人员告诉记者，飞行汽车采用的方向盘和座椅均与 F1 赛车一模一样，制作座椅的材料是玻璃钢材质。飞行汽车的外部材料采用碳纤维和高强度钛合金。整个飞行汽车的质量是 450kg 左右，旋翼长度为 8.4m，行车模式时的长度、宽度、高度分别为 4.6m、2.0m、1.46m。它的最大起飞质量为 600kg，最大巡航速度能达到 180km/h，两轮驱动，行车速度为 120km/h。它装有一个 70L 的油箱，可连续飞行 3~4h。

图 7-19　中国制造的飞行汽车

　　智能汽车已经成为未来汽车发展的方向，智能汽车也将是新世纪汽车技术飞跃发展的重要标志。

第四节　智能穿戴设备

　　智能穿戴设备是应用穿戴式技术对日常穿戴进行智能化设计、开发出可以穿戴的设备的总称，如手表、手环、眼镜及服饰等。图 7-20 所示为智能化可穿戴设备的特点示意图。

　　广义的智能穿戴设备具有功能全、尺寸大、可不依赖智能手机实现完整或部分的功能（如智能手表或智能眼镜等），以及只专注于某一类应用功能，需要和其他设备（如智能手机）配合使用（如各类进行

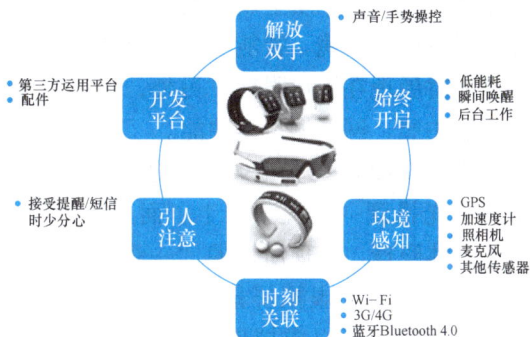

图 7-20　智能化可穿戴设备的特点示意图

体征监测的智能手环、智能首饰等）。随着技术的进步以及用户需求的变迁，智能穿戴设备的形态与应用热点也会不断变化。

　　穿戴式技术在国际计算机学术界和工业界一直备受关注，只不过由于造价成本高和技术复杂，很多相关设备仅仅停留在概念阶段。随着移动互联网的发展、相关技术的进步和高性能、低功耗处理芯片的推出等，部分智能穿戴设备已经从概念化走向商用化，新式智能穿戴设备不断推出，FashionComm（乐源数字）、Apple（苹果）、Sony（索尼）等诸多科技公司已经开始在这个全新的领域进行了深入的探索。

一、智能手表

　　智能手表采用曲面玻璃设计，可以平展或弯曲，内部拥有通信模块，用户可通过它完成多种工作，如调整播放清单、查看最近通话记录和回复短信等。

　　正如 iPhone 重新定义了手机，iPad 开启了平板计算机时代一样，苹果智能手表被认为是苹果公司的又一个颠覆性产品。不过有人认为苹果智能手表并不会取代 iPhone，而是作为 iPhone 的补充以及扩展其他设备的功能，让用户使用苹果设备变得更方便。图 7-21 所示为苹果智能手表。

二、智能手环

智能手环是新兴起的一个科技产品。它可以跟踪用户的日常活动、睡眠情况和饮食习惯，将数据与 iOS/Android 设备、云平台同步，帮助用户了解和改善自己的健康状况，分享运动心得。图 7-22 所示为智能手环。

图 7-21　苹果智能手表

图 7-22　智能手环

三、虚拟现实眼镜

虚拟现实眼镜本质上属于微型投影仪 + 摄像头 + 传感器 + 存储传输设备 + 操控设备的结合体。它可以将眼镜、智能手机、摄像机集于一身，通过计算机化的镜片将信息以智能手机的格式实时展现在用户眼前。另外，它还是生活助手，可以为用户提供 GPS 导航、收发短信、摄影拍照、网页浏览等功能。

它的工作原理其实很简单，通过眼镜中的微型投影仪先将光投到一块反射屏上，而后通过一块凸透镜折射到人体眼球，实现所谓的"一级放大"，在人眼前形成一个足够大的虚拟屏幕，可以显示简单的文本信息和各种数据。所以虚拟现实眼镜看起来就像是一个可佩戴式的智能手机，可以帮助人们拍照、录像、打电话，省去了从口袋中掏出手机的麻烦。图 7-23 所示为虚拟现实眼镜。

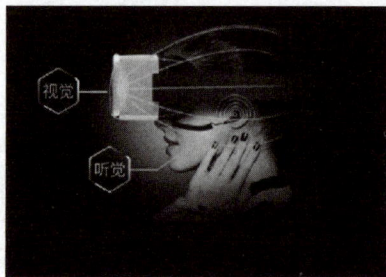

图 7-23　虚拟现实眼镜

四、智能头箍（BrainLink）

智能头箍（BrainLink）是由宏智力专为 iOS 系统研发的配件产品。它是一个安全可靠、佩戴简易方便的头戴式脑电波传感器。它可以通过蓝牙无线连接手机、平板计算机、手提计算机、台式计算机或智能电视等终端设备，配合相应的应用软件就可以实现意念力互动操控。智能头箍如图 7-24 所示。

五、太阳能比基尼（SolarBikini）

这款比基尼可以通过装配的光伏薄膜带吸收太阳光并将光能转换为电能，然后为自己的智能手机或其他小型数码产品进行充电。而且它并非是一件摆设，其也是一件真实的泳衣，女性可以在水中游泳，待她们上岸后将泳衣晒干后便能充电。另外，太阳能比基尼能直接传输能量，这意味着它并不存储能量，使用起来将十分安全。它在充电模式下有 5V 电压，是人体所察觉不到的，所以它是一件非常实用、安全的产品。太阳能比基尼如图 7-25 所示。

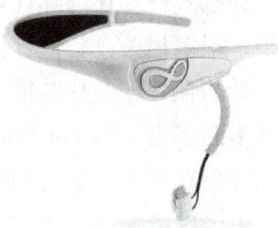

图 7-24　智能头箍

六、社交牛仔裤

Replay 公司推出了一款具有社交功能的牛仔裤。这种牛仔裤支持蓝牙功能，可以将牛仔裤跟智能手机进行连接，用户只需要单击前面口袋的小装置就可以进行即时通信，方便用户更新社交软件上的信息。另外，它还可以实时获取用户的情绪，追踪、分享个人的幸福感。社交牛仔裤如图 7-26 所示。

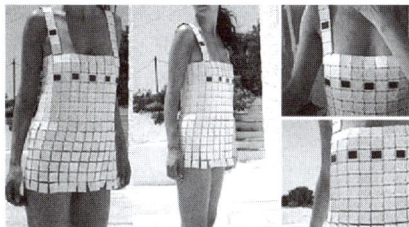

图 7-25　太阳能比基尼

图 7-26　社交牛仔裤

七、卫星导航鞋

英国设计师多米尼克威尔·考克斯发明了带有 GPS 功能的皮鞋。这双鞋的鞋跟处有一个非常先进的无线全球定位系统，通过 USB 来设定目的地。这款能够导航的皮鞋使用起来非常方便，需要导航的时候，鞋跟轻轻敲击地面即可。而启动后就能看见装在鞋子前段的 LED 灯亮起来，一只鞋用于表示距离目的地的远近，而另一只鞋为用户指明方向。

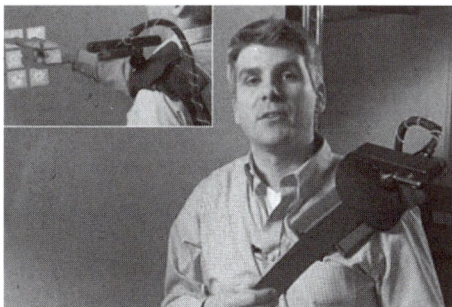

八、可佩戴式多点触控投影机

微软研究院推出了一款新的可佩戴式多点触控投影机，可将任一平面变成可触控显示器，如图 7-27 所示。

图 7-27　可佩戴式多点触控投影机

第五节　智能产品的远程服务应用

对制造业而言，在新一轮科技革命和产业变革的大背景下，以数字化、网络化和智能化为特征的智能制造已成为未来的发展趋势。工业领域基于云端的供应链精细化管理、连续的在线监测、生产设备运行的优化、能源数据管理、工业安全生产等远程服务应用将大大提高企业的发展潜力。工业物联网平台或者工业云平台代表着未来工业领域重要的发展方向，国内外企业纷纷展开激烈竞争。本节以三一重工股份有限公司（以下简称为三一重工）为例，介绍智能产品的远程服务应用及其成效。

智能服务

三一重工主营混凝土机械、路面机械、桩工机械、履带起重机械等工程机械。在全球制造业向工业 4.0 迈进之际，三一重工也在积极谋求向智能制造转型，打造本土工业物联网开放平台。三一重工的工业物联网发展基本可以分为三个阶段。

一、早期物联网探索阶段

在这一阶段，该公司重点开展以 M2M 为主要组成部分的物联网研发应用，建立 M2M 远程数据采集与监控平台。早在 2005 年，三一重工就认识到物联网在工程机械行业将发挥越来越重要的作用，并且开始对工程机械物联网核心部件及相关技术开展研究，成为国内首个在工程机械行业应用 GPS 的企业，可实现对全球设备的识别、定位、跟踪、监控、诊断处理和企业生产管理等。2007 年，中国移动长沙分公司与三一重工就"三一工程机械设备智能服务系统"项目开展合作，探索建立基于物联网技术的 M2M 远程数据采集与监控平台。平台由三部分组成，即基于 CAN 总线的数据采集和反向控制子系统、智能通道子系统和 M2M 应用平台。借助安装在设备上的信息采集装置、M2M 终端及反向控制系统，通过中国移动网络，将设备状态参数传送至企业监控中心。最初是小规模商用，在小范围的工程设备和车辆上实行试商用，主要解决信息采集状态不稳定、无线网络传输带宽不足、监控信息平台的网络接口改造等技术问题。2009 年，三一重工的 M2M 远程数据采集与监控平台实现规模化商用，建成国内首家工程机械物联网企业控制中心。公司进一步完善了车载 M2M 系统，作为工程机械的标配，在出厂前全部预装，开通中国移动的 M2M 服务。

二、物联网大规模应用阶段

强化远程数据采集与分析，提升产品智能化水平。2010 年后，三一重工强化 M2M 在信息采集、数据分析、信息传输、解决方案运营等相关环节的运用，对 M2M 远程数据采集与监控平台进一步细分，逐步形成了三个子平台。

一是设备远程监控技术支撑平台。该平台包括设备远程监控技术支撑平台和设备数据平台，为主机设备质量的持续改进及设备的售后服务提供参考数据。

二是机群智能服务系统。通过搅拌车位置信息、混凝土配送信息、混凝土消耗信息以及泵送设备和搅拌车当前作业状态信息在搅拌站各机群设备之间的实时数据交互和共享，实现各机群设备之间的作业协同和作业指导。用户据此可采用较科学的车辆调度策略和设备作业模式，提高企业运营效率和设备利用率，降低总体运营成本。

三是泵车远程监控及维护系统。通过研究工程机械智能化前端理论，开发出业界领先、具有自主知识产权的智能化产品，提升工程机械的作业能力和水平，设计构建先进的远程监控系统，全面提升企业的信息化服务水平和运行效率。

2011 年，三一重工建成国内工程机械行业最大容量的 M2M 应用平台，可支持 50 万台设备并行接入并具有动态扩展能力。在产品智能化方面，包括传感器、遥控器、智能运动控制器等全套的智能终端部件形成一个完整的体系，通过这个智能化产品采集数据，使公司能够实时对设备进行远程监控和诊断。2009 年，三一智能设备控制有限公司成立，构建了传感、通信、驱动、控制、人机交互、远程维护与诊断等产品布局，为各类工业设备提供智能化产品和系统，使三一重工成为国内首家自主研发智能化技术及产品的工程机械企业，奠定了公司在智能化领域的领先地位。2011 年，三一重工上海华兴数字科技有限公司成立，重点研发工程机械仪器仪表设备、软硬件产品、自动控制系统和智能管理系统。

三、大数据和云平台阶段

借助 ECC 用户服务平台，积极开展大数据应用。挖掘机具有功能强大、产销量大、系统复杂等特点，当前呈现出高效率低能耗、智能化精准化、更好的用户体验等发展趋势。作为传统的制造企业，首先是制造、服务和生产的所有环节数字化，然后用计算机运算、存储和分享沟通。企业自主研发了大数据储存与分析平台即 ECC 用户服务平台，包括所有设备底层控制的硬件和软件，能够实现双向的交互以及对设备的远程控制，可将 20 多万台用户设备实时运行情况的数据通过传感器传到后台进行分析和优化。每日实时监控设备运行信息（如位置、工时、转速、主压、油耗等），系统面向代理商、操作人员、挖掘机老板和研发人员四类主要用户。大数据设计要点从代理商、操作人员、挖掘机老板、研发人员四个侧重点出发，将基础矩阵分拆成基础向量，再分拆成特征值，其特征值重新组合形成自定义向量，再组合成设备信息、健康状况等矩阵，进而提供全生命周期的增值服务。用户可通过网页或手机 App 随时随地掌握机器各方面的状态。依据大数据分析，针对常用档位按区域、载荷、温度分别进行精准控制，使新产品的动力总成效率提升 8%，油耗降低 10%。

三一重工已经形成了 5000 多个维度、每天 2 亿条信息、超过 40TB 的大数据资源，基于这些数据开展的大数据应用主要体现在以下几个方面。

1）预测宏观环境。三一重工与清华大学合作，提出了挖掘机指数，显示设备的施工时长和开工率等数据，根据开工率数据预测下个月固定资产投资增量，在一定程度上可以反映中国宏观经济走势。根据每个省的数据情况，发现各省固定资产投资走向，实时分析区域市场变化，指导营销。

2）分析产品结构。建立基于数据分析的研发模式，可以发现哪种型号的产品更受欢迎，对于基于市场定位的产品研发有较强的参考价值。

3）预测设备故障。在设备出现故障征兆时提前维护，目前在出现故障的设备里有 50% 可以事先预测，减少用户的损失。

4）预测配件需求。通过设备运行状况研究其与配件消耗之间有什么样的关联，建立起预测模型，可大大降低企业生产成本。

思 考 题

试列举几种常见的智能穿戴设备。

第八章
CHAPTER 8

智能制造典型应用

第一节 西门子双星轮胎智能化技术解决方案

一、设计标准

方案设计参考国际标准 ISA – 95，对企业架构层级进行定义，全面构建各个层级的能力，打造全新的智能工厂。图 8-1 所示为智能工厂的功能示意图，PLM 是产品全生命周期管理，MES 是制造执行系统，TIA 是全集成自动化。

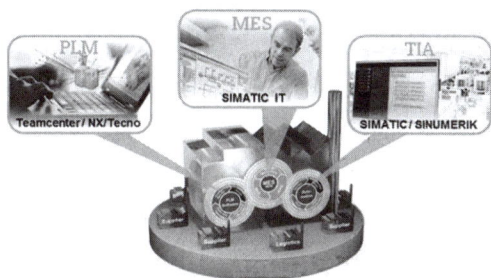

图 8-1　智能工厂的功能示意图
（图中英文部分是系统的标志）

二、建设数字化工厂的关键因素

（1）先进工厂管理理念　数字化工厂的建设需要采用先进的生产管理模式，并结合公司自身的生产特点进行突破和创新，实现生产管理的敏捷制造、准时交货、精益高效和质量至上的目标。

（2）敏捷制造　要求数字化工厂能够敏捷响应市场需求的多样性变化，具有支持多品种小批量生产的动态调整能力。

（3）准时交货　要求数字化工厂能够有效缩短产品的研发、生产周期，做到按照用户要求的交货期保质保量完成任务。

（4）精益高效　数字化工厂追求精益的生产率和管理能力，通过精细化管理以最小的投入达到最大的产出。

（5）质量至上　要求数字化工厂通过全过程在线质量监控及六西格玛质量管理，实现一次性成功投产并满足用户对产品的质量要求。

（6）全生命周期管理（PLM）　在数字化工厂内部，涵盖产品制造及装配前期评估、工艺设计、工艺仿真、工厂布局模拟、虚拟生产线运行、工艺信息发布以及制造运营管理。

（7）产品制造及装配前期评估　提前介入参与设计工作，提前进行虚拟工艺验证和评估工作。

（8）工艺设计　体现为基于知识和流程驱动下的工艺规划及结构化工艺设计，覆盖多种专业工艺设计工作，支撑零件加工工艺、数控工艺、特种工艺、热处理工艺、装配工艺、大修工艺和试车工艺等方面的全三维工艺设计能力。以工序、工步为对象，直接基于产品模型进行工艺编制、数控加工、质量检验，实现数字化设计与工艺信息传递以及全三维结构化工艺编制与管理。

（9）工艺仿真 支持通过工艺仿真进行工艺验证和优化。零件加工仿真主要是数控加工仿真和虚拟机床仿真、装配产品仿真、人机工程仿真等。

（10）三维工厂 基于 Web 的在线作业指导，直接从 Teamcenter 服务器获取工艺内容，展示内容包括工艺结构、工序流程图、操作描述、零组件配套表、工艺资源和三维模型。三维模型包含对应的工序组合视图。

（11）车间布局及物流优化 建立三维数字化车间或工厂的资源布局，包括工厂中所用的各种资源，通过三维工厂设计能清晰地了解工厂设计、布局与安装过程；具备物流优化、生产线评估能力，验证安装操作可达性，进行装配过程路径分析和物料搬运过程模拟仿真等。

（12）虚拟运行与调试 将孪生数字模型同真实的工厂数据进行连接，来自不同领域的工程师采用专家知识库及公共模型进行工作，在实际生产实施前，可以虚拟进行生产与调试，检测各项指标。其中专家知识库包含工艺知识库，是指经过验证的典型工艺知识，典型零件普通加工、NC 加工、铸造、锻造、装配、试车、检验工艺等经验类知识。

（13）制造执行系统（MES） 通过该系统实现自动/柔性化生产线与 PLM 和 ERP 的连接和贯通。MES 部分主要包含有智能排程、生产计划、物料管理、质量管理、设备管理和能源管理等功能模块。

（14）制造执行管理 面向制造企业车间执行层的生产信息化管理系统，可以为企业提供包括制造数据管理、计划排程管理、生产调度管理、库存管理、质量管理、人力资源管理、工作中心/设备管理、工具工装管理、采购管理、成本管理、项目看板管理、生产过程控制、底层数据集成分析以及上层数据集成分解等管理模块。

（15）智能排程 自动接收 ERP 下发的销售订单，并依据设备产能、物料信息、人员信息、设备日历、工序约束关系等进行智能分析和排程，并将排程结果传递给 MES 计划模块，排程结果最终到达班组和机台。

（16）生产计划 生产计划包含有密炼车间、压延车间、成形车间和硫化车间的计划管理，自动接收排程模块的排程结果。

（17）物料管理 物料管理包含有物料主数据、物料清单和物料追溯功能，满足轮胎的胶料、半成品和胎胚的追溯要求。

（18）质量管理 质量管理包含有质量标准和模板管理，过程质量收集和展示，X 光机、均匀性、动平衡等质检设备的信息集成工作。

（19）设备管理 设备管理包含有设备台账、设备基准、设备点/巡检、设备润滑和设备综合分析等内容。

（20）能源管理 能源管理包含有水、蒸汽、电的数据收集以及能源统计分析。

以上包含 PLM 和 MES 的内容。

三、全集成自动化（TIA）

（1）设备监控与数据采集（Supervisory Control And Data Acquisition，SCADA） 数据采

集与监视控制系统具备实时数据采集、信息显示、设备控制、报警处理、历史数据存储及显示（趋势）等能力。

（2）工业网络（Industry Network） 工业网络主要是指构造整个生产现场的网络，实现设备互联互通，同时与办公网络连接，建立企业整体网络环境，未来根据需要连接到互联网，建立广义的企业网络环境。

（3）物流自动化 物流自动化包括仓储自动化、仓储到车间的物流自动化、车间内物流自动化等。

（4）生产线自动化 生产线自动化主要实现各种设备、工装、工具、测量仪器等的自动化、联网和数据的实时采集等，将引入工业控制 PLC、新一代工业机器人、工位终端 HMI、现场总线、传感器、物料射频识别、全集成自动化（终端监控及数据收集，TIA&WINCC）、先进数控机床和先进生产线等。通过上述组件帮助能源装备制造企业打造软件与软件互联、软件与硬件互联的解决方案。图 8-2 所示为软硬件互联互通的示意图。

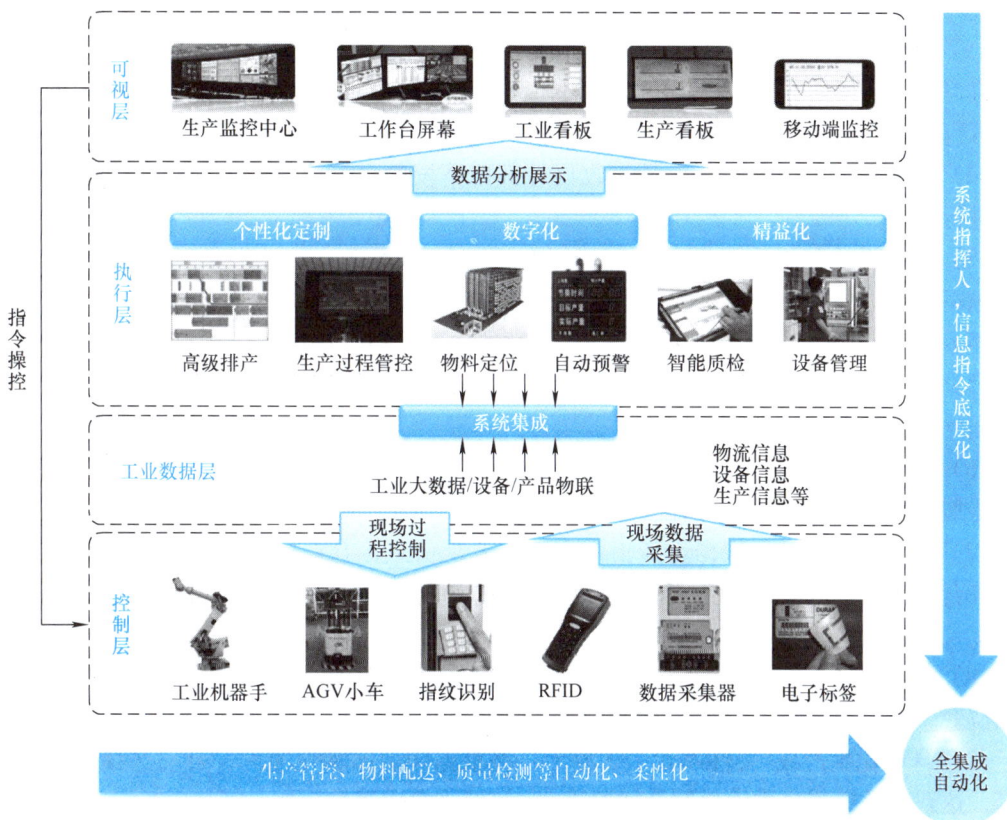

图 8-2 软硬件互联互通的示意图

四、解决方案的内容

（1）企业层和管理层 这主要是指产品研发 PLM 和企业管理 ERP 层面。尤其是应用 PLM 中的数字化制造技术，实现工厂的数字化建模和仿真分析，并基于虚拟工厂展现和操控生产，为数字化工厂奠定基础，通过产品全生命周期的数字制造和虚拟制造实现工程信息化，通过 ERP 和综合管理平台打造管理信息数字化。在车间层的技术与生产管控方面，通过工艺评估、工艺设计及仿真实现工厂指导思想的数字化，通过工厂规划建立支撑车间优化和生产线优化，通过新型仓储管理自动调度物料和运送物料，通过生产运营管理实现生产订单、在制品、质量、设备利用率、工装、刀具及物料等的全方位管控。

（2）操作层　操作层主要是执行和发布各种生产指令，实现产品、工艺、设备、测量仪器等各种数据的传递和采集。图 8-2 所示的第三层到第五层需要全面采用工业网络实现其统一联网，并最终与第一层和第二层的局域网贯通，为网络化工厂奠定基础。

（3）控制层和现场层　这里主要是接收操作层的指令，来实现现场层的各种硬件的自动化控制和驱动，确保其准确执行。现场部分主要是生产线现场的各种设备、工装、工具、测量仪器和物流设施等。

解决方案在上述五层架构下，数字化工厂将通过制造评估、工艺设计、生产运营管理、全集成自动化控制以及生产线的构造，开展业务活动并协同工作，未来工作流程可描述如下。

（1）制造前期评估　主管工艺人员负责使用数字化手段提前介入设计工作，在设计早期进行可制造性评估工作，达到设计工艺并行工作，同时数字化将作为重要手段，用来验证工艺可行性和制造可行性。

（2）工艺规划　主管工艺人员接收设计部门下发的设计数据，制订工艺方案，对工艺过程进行规划。

（3）工艺设计和制造资源　智能工厂在工艺设计环节引入工艺专家库和工艺知识库，以知识驱动模式快速而高效地进行工艺设计工作。

（4）生产订单　生产计划员接收公司下发的生产计划，并进行任务分解。

（5）生产排程　智能工厂根据接收的生产订单或计划要求，按照现有生产能力自动进行数据化高级排产。

（6）刀具和数控程序管理　智能工厂根据工位机床加工质量自动传输和调取 NC 程序进行制造加工，同时自动对刀具信息进行数据化管理。

（7）内部物料流转　根据生产指令和工艺要求信息，仓储物流系统自动拾取物料进行物料齐套，通过传送带或 AGV/RGV 将物料传送到生产线边库，并按照加工定位要求摆放物料。

（8）生产制造执行　智能工厂建立运输工装绑定射频识别系统，自动跟踪在制品的状态和位置。

（9）自动化生产线/柔性单元　智能工厂将根据知识库和专家库，自动选择刀具、制造路径，达到自适应和自主优化制造的要求。

（10）生产线/设备监控与数据采集　监控数控机床运行状态（开关机、主轴转速、进给率、运行时间和加工时间等），同时采集生产过程的详细数据信息；监控装配生产线运行状态（开关机、力矩、扭矩、装配位置等），同时采集产品装配过程的详细数据信息。

（11）质量检验　质检人员按照前期质量规划和工艺规程在规定的环节进行质量检验，对质量数据进行实时监控，同时对检验结果进行信息数据收集。如果不合格，进入不合格品处理流程，使用生产运营管理的智能诊断分析功能对问题做出快速反应。

（12）任务完成　对设备状态等进行数据采集。工序操作结束后，生产调度员接收任务完整的数据信息，按照智能制造系统的指令重新指派或调整加工任务。

（13）大数据分析　提供综合的生产运营管理各方面的关键数据信息，通过数据分析，各个层面的管理人员都能按照企业的总体营运目标实时地开展智能化管理，提高决策的前瞻性，并提高整体的资产效益，按照业务和生产的目标持续改善营运水平。

第二节　潍柴集团智能工厂建设方案

一、智能工厂建设方案简介

潍柴集团是我国智能工厂建设的领先企业。它应用了物理融合、高精度感知控制、虚拟设备集成总线、云计算、大数据和新型人机交互等多项先进技术，使智能化水平得到不断提升。

1. 对核心装备和生产线进行智能化升级

以现有工厂的信息化和自动化为基础，逐步将专家知识不断融入制造过程中，建立工业机器人及柔性生产线，实现灵活和柔性的生产组织形式，使生产模式向规模化定制生产转变，充分满足个性化需求。升级内容主要包括智能工厂中整套装备系统和生产线的智能化升级改造以及工厂中生产线网络化协同制造控制与管理。

2. 建设完善的工业通信网络

实现智能工厂内部整套装备系统、生产线、设施与移动操作终端泛在互联，车间互联和信息安全具有保障。构建智能工厂全周期的信息数据链，以车间级工业通信网络为基础，通过软件控制应用和用软件定义机器的紧密联动，促进机器之间、机器与控制平台之间、企业上下游之间的实时连接和智能交互，最终形成以信息数据链为驱动，以模型和高级分析为核心，以开放和智能为特征的智能制造系统。

3. 建设、完善并集成各类信息化平台

依据现有系统，逐步建设新的系统，完善已有平台并将各系统和平台进行不断集成，主要包含建设协同云制造平台、能源管理平台、智能故障诊断与服务平台及智能决策分析平台等，无缝集成与优化企业的虚拟设计、工艺管理、制造执行、质量管理、设备远程维护、能耗监测、环境监控和供应链等系统，实现智能工厂的科学管理，全面提升智能工厂的工艺流程改进、资源配置优化、设备远程维护、在线设备故障预警与处理、生产管理精细化等的水平，并实现研发、生产、供应链、营销及售后服务各环节的信息贯通及协同。

4. 开展方法论及体系研究并进行应用示范

针对制造业小批量、定制化的发展趋势，结合智能制造的实际需求，对智能制造过程中创新设计和研发、生产组织和管理、资源评估和优化、物流和供应链等关键因素进行研究。研究面向定制化的智能制造模式；研究智能制造标准体系并提出标准规范；形成企业智能制造方法体系，支撑企业产业链的资源优化配置和创新，增强企业竞争力。

潍柴集团信息化建设始于1986年。经过多年的发展，目前潍柴集团企业管理与信息化部门共有员工200余人，建设了"6＋N＋X"信息化平台，支撑了企业研发、供应链、生产、物流、销售及售后服务各环节的高效有序运转。近年来，随着企业的不断发展，潍柴集团也逐步意识到智能制造的重要性，并将智能工厂建设上升到企业战略层面，全面统筹推进智能工厂的建设和改进。经过不断的努力，潍柴集团已取得了一定的成效，有力助推了企业

由制造型企业向服务型企业转型，为"低成本、高效率、高质量"地满足客户个性化定制需求奠定了坚实的基础。

5. 潍柴集团全球协同研发

潍柴集团以 PDM 系统为核心，集成 COPLAN、TDM、WEDP 等系统，建成了功能强大、基于互联网的全球协同研发 PLM 平台。

潍柴集团全球协同研发平台秉承统一标准、全球资源、快速协同、最优品质、集中管控五大原则，充分考虑数据的安全性，依托明确的信息共享机制，通过分布式部署，将法国、美国、上海、重庆、扬州、杭州等研发中心紧密地联系在一起，利用各地专业化技术优势资源，使同一项目可以在不同地区进行同步设计，加快了研发进程，大大缩短了新产品推向市场的时间。例如：目前对于船用发动机的研发，潍坊全球研发中心和法国博杜安公司的工程师已经可以进行协同设计工作，潍坊本部的总设计师确定装配基准坐标系，创建整机位置骨架，按照 EBOM 结构创建装配结构后，任务自动下达到位于潍坊和法国博杜安公司的分系统设计师进行相应的系统设计，编制相应的接口文件，在集成检入后检查部件之间的连接情况。另外，依托多视角 BOM 管理、图文档管理、项目研发管理、模块化设计等功能，以及在此平台上不断完善的 TDM、多维设计、计算机辅助制造等系统，为协同研发提供了信息化支撑。

以配套海监船的发动机为例，通过北美先进排放技术研究、潍坊和法国博杜安公司研发中心协同设计、杭州仿真验证的四地协同研发模式，研发周期由原来的 24 个月缩减至 18 个月，整体研发效率提升 25%，并为后续研发留存了大量的有用数据。

现在，潍柴集团还将利用互联网 + 的技术优势，进一步加大研发力度，整合五国十地的研发资源、多个国家级技术中心和世界水平的产品实验室，建立完整的持续研发创新体系和成果共享机制，构建了一套具有潍柴集团特色的、"模拟计算、配置优化、台架试验、整车匹配"为一体的数字化协同共享研发机制，聚集全球智慧为新产品研发提供优质资源。

6. 发动机生产全过程自动监控

随着精益生产、全面质量管理、快速售后服务等先进理念的推广和应用，企业需要进一步加强对车间生产现场的支撑能力和控制能力，实现对最基本生产制造活动全过程的监控和信息收集、分析。基于以上目标，潍柴集团自主研发了生产制造执行系统 MES，并利用其实现对发动机生产全过程的自动监控和信息采集、分析。

生产过程采集与分析主要以 MES 系统中的产品履历模块、关键件扫描追溯模块为主，实现发动机装配、试车、喷漆、完工全流程各环节的数据记录和采集，同时以 MES 集成了电动扳手数据采集系统、试车数据采集系统、加工设备采集系统、EAM 设备管理系统等底层智能设备信息采集系统，并以电子标签安灯拣选系统实现了生产过程异常信息采集、报警、管理和目视化展示。

通过对发动机生产全过程的自动监控及信息采集，潍柴集团对各关键环节信息进行有效分析，为售后服务过程提供了信息追溯及故障率分析依据，为供应商零部件品质考核提供了依据，全面提升了产品品质及服务质量。

二、潍柴集团智能制造创新模式

潍柴集团于 1946 年建厂，现有员工 5.48 万人，是中国 500 强企业。图 8-3 所示为潍柴集团的发展规划。

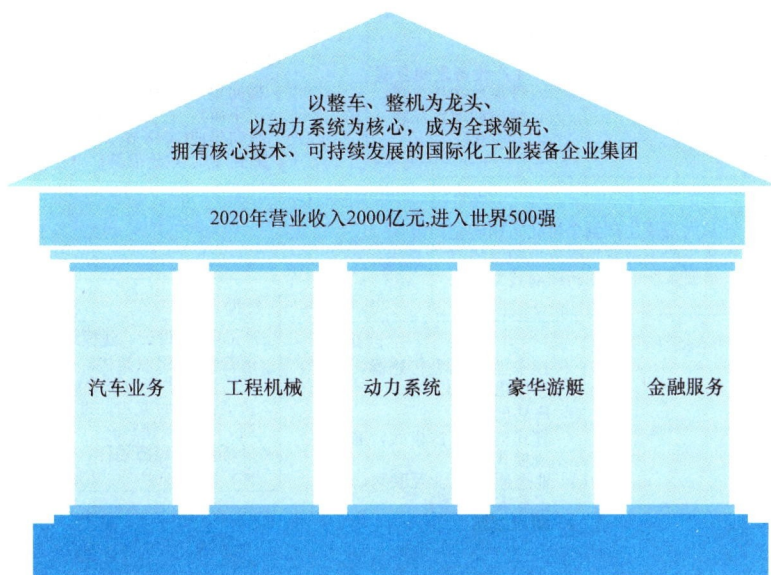

以整车、整机为龙头、
以动力系统为核心，成为全球领先、
拥有核心技术、可持续发展的国际化工业装备企业集团

2020年营业收入2000亿元,进入世界500强

| 汽车业务 | 工程机械 | 动力系统 | 豪华游艇 | 金融服务 |

图8-3　潍柴集团的发展规划

1. 潍柴集团的智能制造解读

1）潍柴集团对智能制造的理解包括创新、质量、绿色、结构和人才等方面，如图8-4所示。

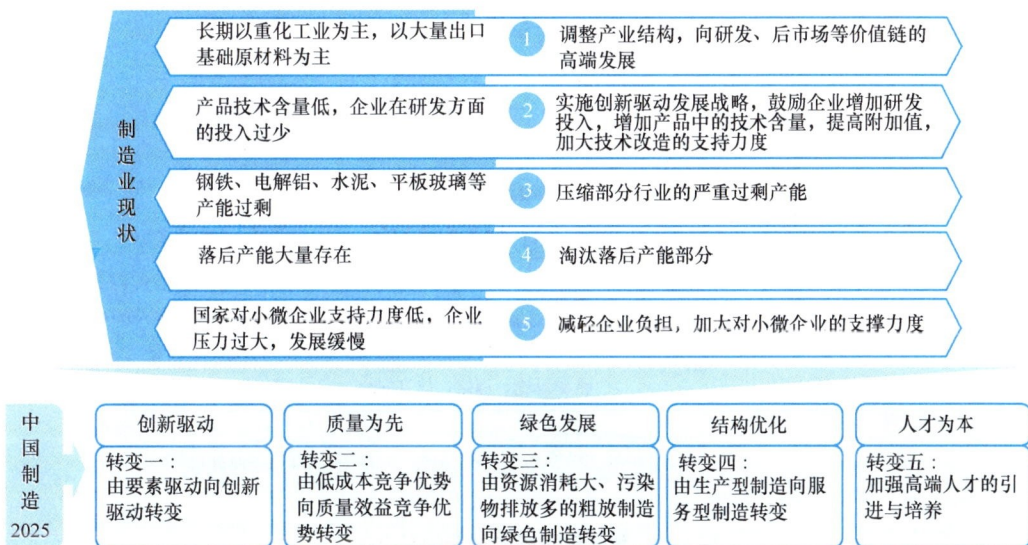

制造业现状

长期以重化工业为主，以大量出口基础原材料为主	①	调整产业结构，向研发、后市场等价值链的高端发展
产品技术含量低，企业在研发方面的投入过少	②	实施创新驱动发展战略，鼓励企业增加研发投入，增加产品中的技术含量，提高附加值，加大技术改造的支持力度
钢铁、电解铝、水泥、平板玻璃等产能过剩	③	压缩部分行业的严重过剩产能
落后产能大量存在	④	淘汰落后产能部分
国家对小微企业支持力度低，企业压力过大，发展缓慢	⑤	减轻企业负担，加大对小微企业的支撑力度

中国制造2025

创新驱动	质量为先	绿色发展	结构优化	人才为本
转变一：由要素驱动向创新驱动转变	转变二：由低成本竞争优势向质量效益竞争优势转变	转变三：由资源消耗大、污染物排放多的粗放制造向绿色制造转变	转变四：由生产型制造向服务型制造转变	转变五：加强高端人才的引进与培养

图8-4　潍柴集团智能制造的解读之一

2）潍柴集团对智能制造的理解包括互联、集成、数据、转型和创新等方面，如图8-5所示。

3）潍柴集团对智能制造的理解包括智能制造与企业运营的关系，如图8-6所示。

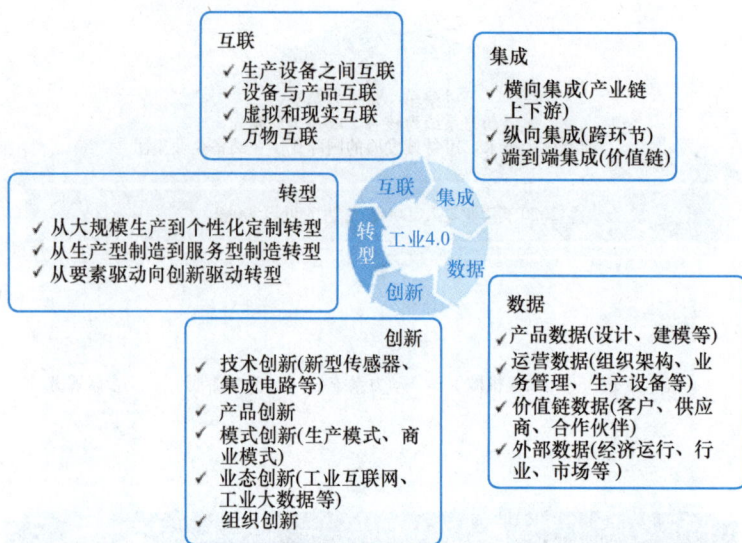

互联
- ✓ 生产设备之间互联
- ✓ 设备与产品互联
- ✓ 虚拟和现实互联
- ✓ 万物互联

集成
- ✓ 横向集成(产业链上下游)
- ✓ 纵向集成(跨环节)
- ✓ 端到端集成(价值链)

转型
- ✓ 从大规模生产到个性化定制转型
- ✓ 从生产型制造到服务型制造转型
- ✓ 从要素驱动向创新驱动转型

创新
- ✓ 技术创新(新型传感器、集成电路等)
- ✓ 产品创新
- ✓ 模式创新(生产模式、商业模式)
- ✓ 业态创新(工业互联网、工业大数据等)
- ✓ 组织创新

数据
- ✓ 产品数据(设计、建模等)
- ✓ 运营数据(组织架构、业务管理、生产设备等)
- ✓ 价值链数据(客户、供应商、合作伙伴)
- ✓ 外部数据(经济运行、行业、市场等)

图 8-5 潍柴集团智能制造的解读之二

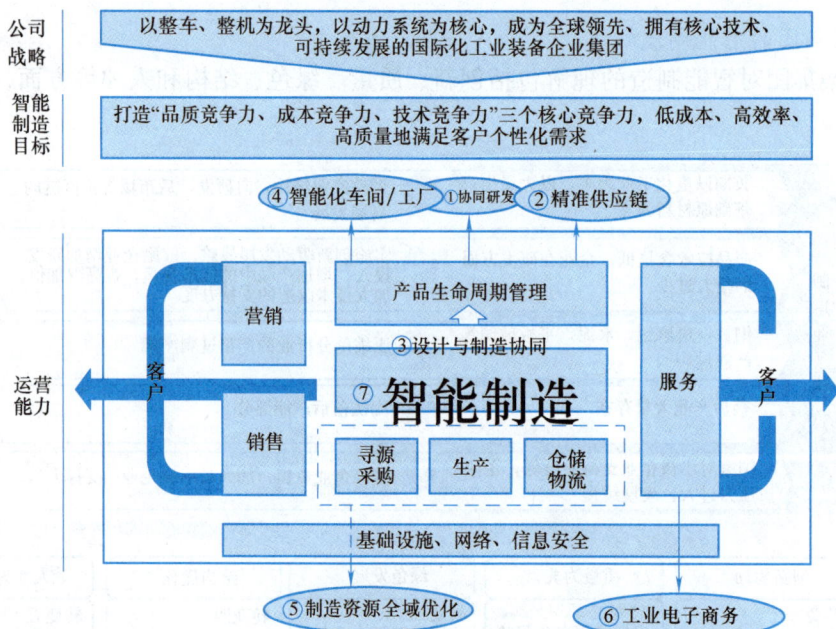

公司战略：以整车、整机为龙头，以动力系统为核心，成为全球领先、拥有核心技术、可持续发展的国际化工业装备企业集团

智能制造目标：打造"品质竞争力、成本竞争力、技术竞争力"三个核心竞争力，低成本、高效率、高质量地满足客户个性化需求

④智能化车间/工厂　①协同研发　②精准供应链

产品生命周期管理

③设计与制造协同

营销　销售

运营能力　客户　⑦ **智能制造**　服务　客户

寻源采购　生产　仓储物流

基础设施、网络、信息安全

⑤制造资源全域优化　⑥工业电子商务

图 8-6 潍柴集团智能制造的解读之三

2. 潍柴集团智能制造的总体目标

潍柴集团智能制造的总体目标如图 8-7 所示。

3. 潍柴集团智能制造的组织现状

潍柴集团建立了比较完整的智能制造组织保障体系，如图 8-8 所示。

图 8-7 潍柴集团智能制造的总体目标

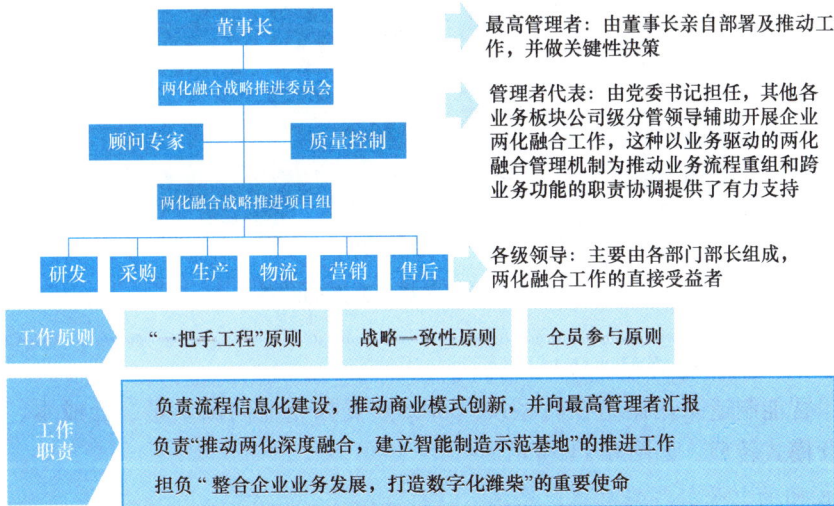

图 8-8 潍柴集团智能制造组织保障体系

4. 潍柴集团智能制造的成果

潍柴集团智能制造的主要成果表现在信息化与工业化融合以及车间的数字化，如图8-9所示。

5. 潍柴集团智能制造的装备

潍柴集团智能制造的装备包括柔性生产线、发动机安装过程跟踪系统、工业机器人、

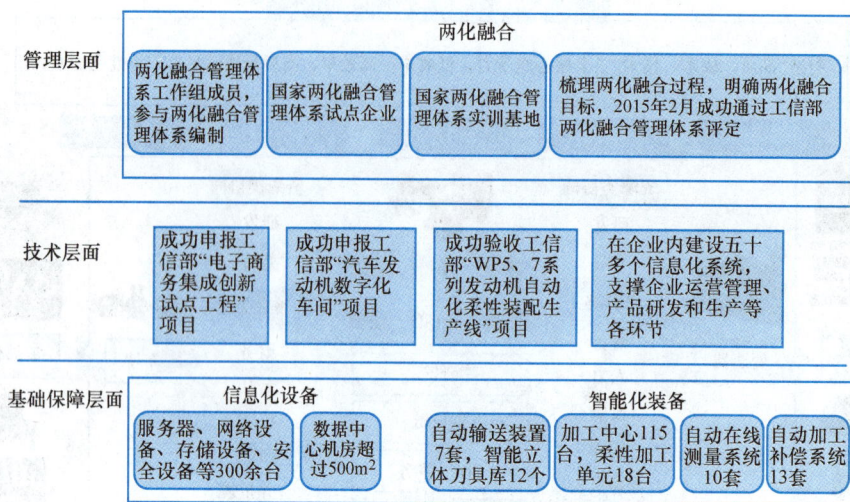

图8-9　潍柴集团智能制造的主要成果

AGV 小车及吊式总装装配流水线等，如图 8-10 所示。

图8-10　潍柴集团智能制造的装备

6. 潍柴集团智能制造的制造执行系统

潍柴集团智能制造采用制造执行系统（MES）支撑企业向高质量、低成本、高效率的生产制造运营模式转型，如图8-11所示。

7. 潍柴集团的电子标签安灯拣选系统

潍柴集团采用电子标签安灯拣选系统（DPS）支撑企业产业链协同增效，如图 8-12所示。

8. 潍柴集团智能制造的营销销售服务管理系统

潍柴集团采用营销销售服务管理（CRM）系统支撑企业向服务型转型，如图 8-13所示。

9. 潍柴集团智能制造的基础设施

（1）企业级基础设施　建立智能工厂内部整套设备系统、生产线、设施的互联互通，

原方式
- 原材料过磅称重，手动记录
- 手工将原材料数量录入系统
- 手动寻找货位
- 取货后手动将取货数量录入系统

现方式
- 采用电子称重设备
- 原材料数量自动录入库存系统
- 库存系统与ERP系统集成，ERP系统可自动获取原材料相关数据
- 清晰记录每项货物位置
- 取货后自动录入系统

达到的效果

提高了原材料计量及出入库效率

实现自助计量且数据自动上传到系统，大大降低了工作量

避免了人工录入系统作弊及受贿的可能性

清晰记录每项产品的存放位置，提升工作效率

图 8-11　潍柴集团智能制造的制造执行系统

过去状况
- 表单作业拣货速度慢
- 人为错误频繁发生
- 依赖熟练操作工
- 人工成本不断攀升
- 人员多,效率低,管理困难

摘取式(DPS)拣选

采用流利式货架组成U形线,实现线内分拣,线外补货的目的
- 每次需拣选的货物货柜都会自动亮灯,且显示需拣选的数量
- 线外补货根据线内零件布局及组装需求,设置不同的补货工作台

每次拣货时间由3h降低到0.5h,差错率降低到0.01%以下,实现无纸化拣货作业

图 8-12　电子标签安灯拣选系统

使设备之间、设备与人、设备与网络之间实现互联互通。潍柴集团智能制造设备间互联互通示意图如图 8-14 所示。

（2）车间级基础设施　潍柴集团构建了智能制造车间级的互联互通基础设施，实现了 7 个车间和 11 条生产线的互联互通。车间级的基础设施情况如下。

1）在智能工厂的车间互联方面，采用成熟的无源光网络 PON 技术，部署车间级互联 PON 网络，实现 7 个车间中的整套装备系统和 11 条生产线之间的互联互通。

2）将各类智能装备信息推送到生产应用系统（包括 PLM、ERP、SRM、SCP、MES、CRM 等）、安全监控系统及能源管理系统。

3）支持智能工厂间更多的智能装备、数据传送设备、传感设备接入，满足各类生产、

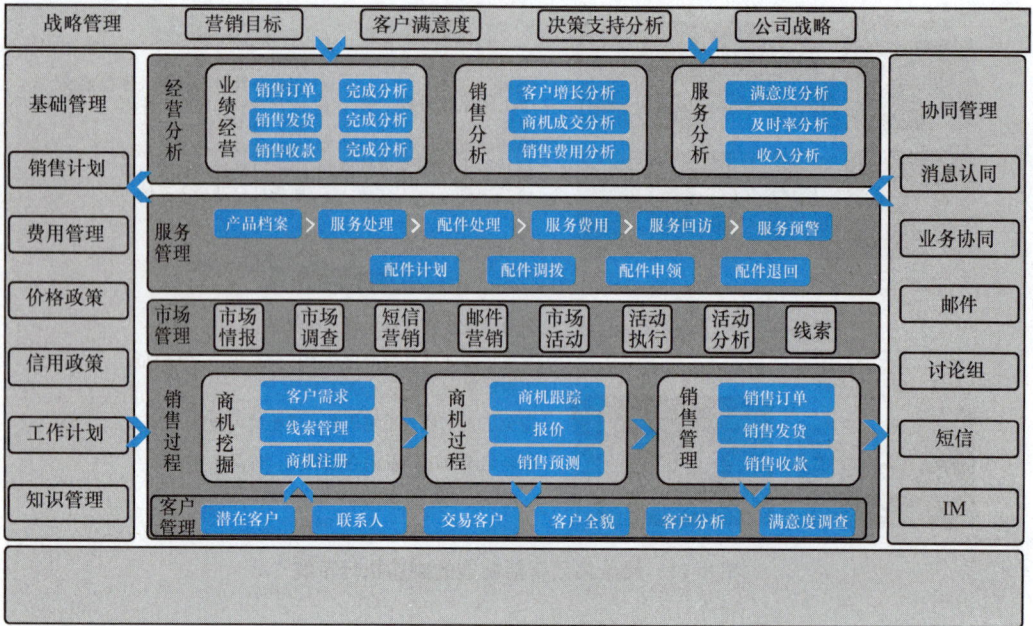

图 8-13　CRM 系统

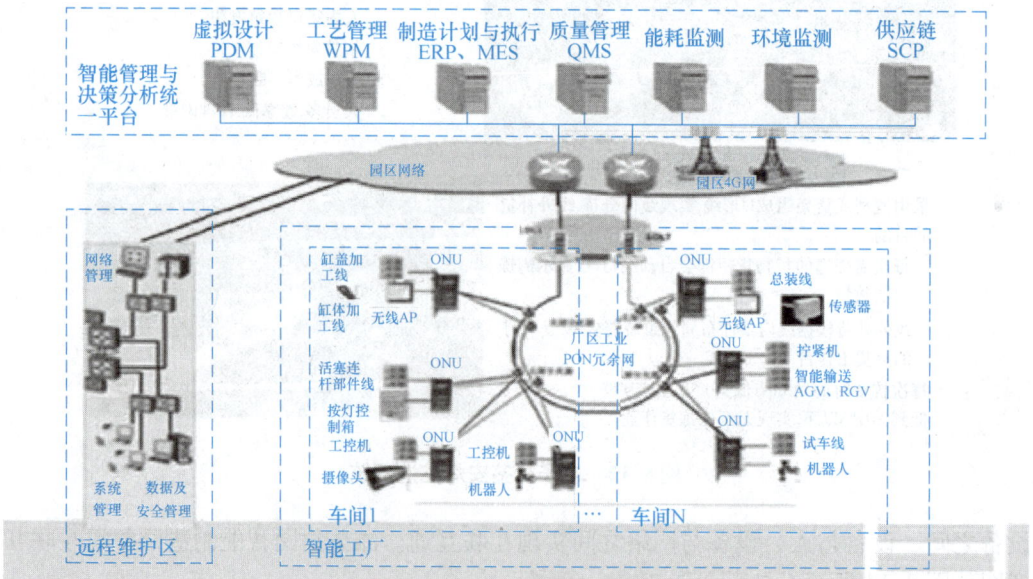

图 8-14　潍柴集团智能制造设备间互联互通示意图

物流、安全、节能等环节对通信网络的要求，有效提升网络的安全性、可靠性及可扩展性。

4）在智能工厂的信息安全保障方面，拟采用信息屏蔽、访问控制、密钥管理、安全路由、入侵检测与容侵容错等安全技术，充分保障智能工厂信息安全。

10. 客户价值管理

通过以客户价值为牵引的核心业务流程的集成，优化企业资源配置，消除职能壁垒，提高运行效率。客户价值管理示意图如图 8-15 所示。

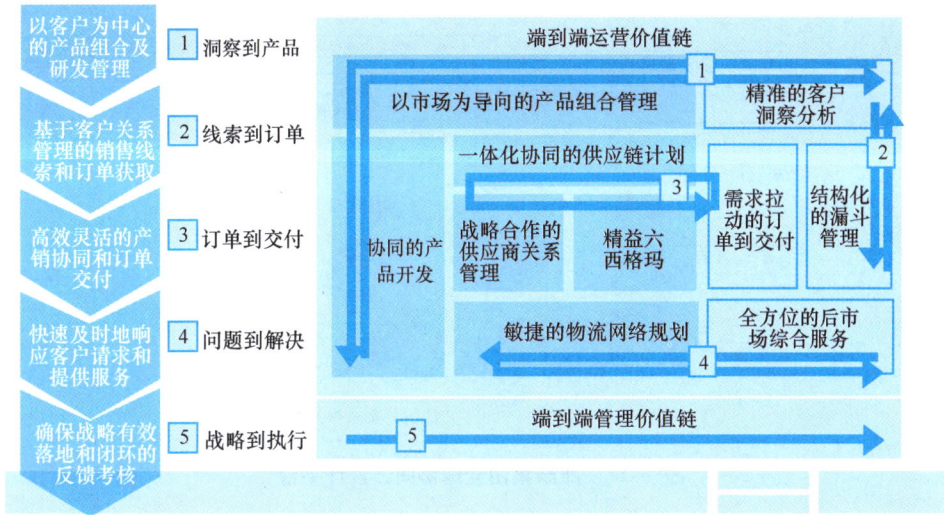

图 8-15 客户价值管理示意图

11. 实现管理决策智能化

潍柴集团采用信息物理系统、虚拟设备集成总线和新型人机交互等先进信息技术，对智能工厂的核心装备、生产线、设施和数据进行虚拟化与有效集成，实现决策的智能化。智能化决策系统示意图如图 8-16 所示。

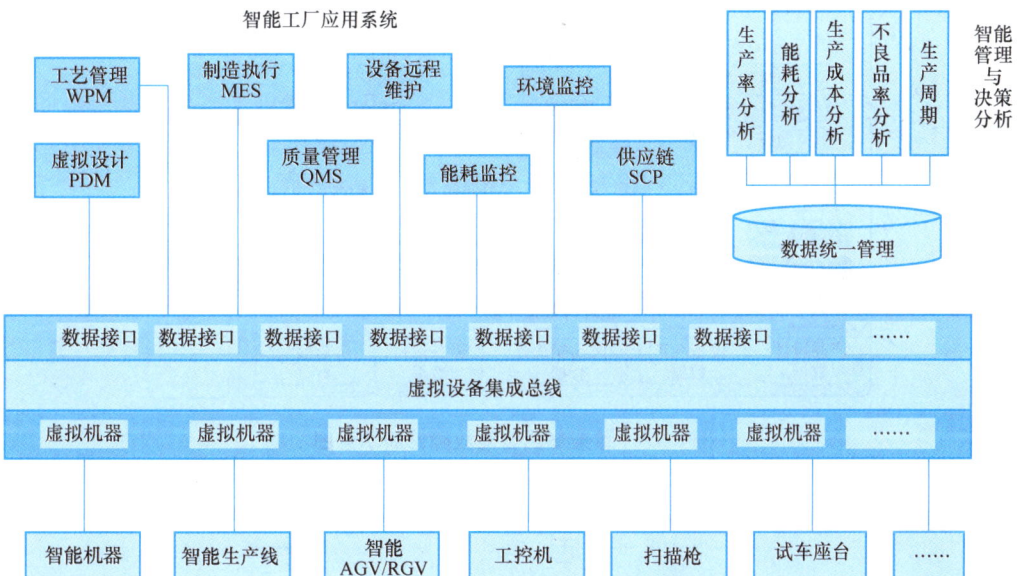

图 8-16 智能化决策系统示意图

12. 潍柴集团智能制造的云设计平台

构建潍柴集团研发共同体，搭建上下游产业协同云平台，实现跨企业协同设计与制造资源的共享和数据贯通。潍柴集团全球协同云设计平台如图 8-17 所示。

图 8-17　潍柴集团全球协同云设计平台

13. 潍柴集团的智能诊断与服务

潍柴集团基于制造服务业大数据的智能故障诊断等关键技术，通过对发动机全生命周期数据进行分析，实现智能化故障检测和基于优化资源调度的维修和服务。潍柴集团智能故障诊断示意图如图 8-18 所示。

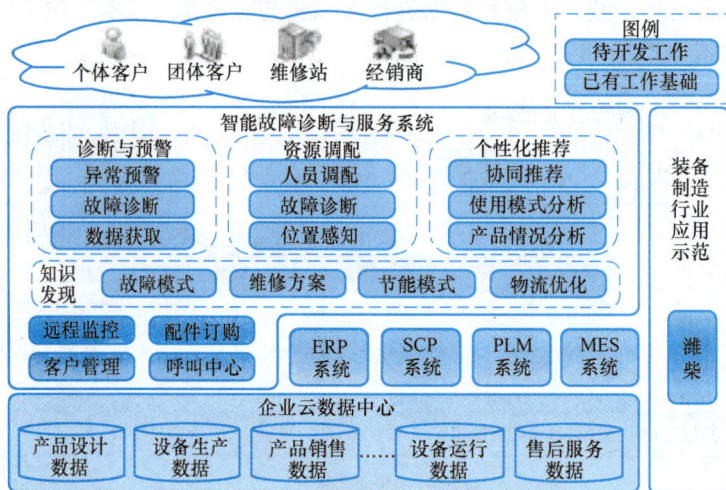

图 8-18　潍柴集团智能故障诊断示意图

思 考 题

1. 简述西门子双星轮胎智能化技术解决方案的特点。
2. 简述潍柴集团智能化工厂建设方案的主要内容。

参 考 文 献

[1] 保尔汉森，洪佩尔，霍尔泽，等．实施工业4.0［M］．工业和信息化部电子科学技术情报研究所，译．北京：电子工业出版社，2015．

[2] 布劳克曼．智能制造：未来工业模式和业态的颠覆与重构［M］．张潇，郁汲，译．北京：机械工业出版社，2015．

[3] 夏磊．虚拟现实引发的智能制造领域变革［R］．北京：机械工业信息中心，2016．

[4] 刘延林．柔性制造自动化概论［M］．武汉：华中科技大学出版社，2001．

[5] 吴澄．现代集成制造系统导论［M］．北京：清华大学出版社，2002．

[6] 王润孝．先进制造系统［M］．西安：西北工业大学出版社，2001．

[7] 杜晋．机床电气控制与PLC［M］．北京：机械工业出版社，2013．

[8] 王兰军，王炳实．机床电气控制［M］．5版．北京：机械工业出版社，2018．

[9] 姚立波．组态监控设计与应用［M］．北京：机械工业出版社，2011．

[10] 岳庆来．变频器、可编程序控制器及触摸屏综合应用技术［M］．北京：机械工业出版社，2006．

[11] 韦巍．智能控制技术［M］．2版．北京：机械工业出版社，2015．

[12] 杨凌，高楠．5G移动通信关键技术及应用趋势［J］．电信技术，2017（5）：30；33．

[13] 张岭．浅析4G-5G移动通信技术的发展前景［J］．数字技术与应用，2018，36（12）：15-16．

[14] 罗晓慧．浅谈云计算的发展［J］．电子世界，2019（8）：104．

[15] 严隽薇．现代集成制造系统概论：理念、方法、技术、设计与实施［M］．北京：清华大学出版社，2004．